ARCHITECT'S & INTERIOR DESIGNER'S

# GUIDE TO WESTERN AMERICA

## 미국 서부 건축 · 인테리어 로드맵

대표저자_김 문 덕

대표저자 김문덕
2012년 5월 20일 1판 발행

발행인 김기현
발행처 시공문화사 Spacetime
등 록 1993년 3월 12일
주 소 서울시 서대문구 독립문공원길 13 극동빌딩 5층
전 화 02) 3147-1212, 2323
전 송 02) 3147-2626
ISBN 978-89-5592-231-8

http://www.spacetime.co.kr
spacetime@korea.com

정가 26,000원

# Architect's & Interior Designer's Guide to
# Western America

# Architect's & Interior Designer's Guide to Western America

"진정한 여행의 발견은 새로운 풍경을 보는 것이 아니라 새로운 눈을 갖는 것이다."

마르셀 프루스트

며칠 전 신문에서 엔도 이사오라는 와세다 대학 교수의 기사를 읽었다. 그가 디지털 단식이란 책에서 직장인에게 있어 일이란 현장에서 새로운 것을 창조하는 것이란 말을 하였다는 것이 인상적으로 느껴졌다. 와세다 대학의 MBA 교수 겸 컨설팅 회사의 회장이라는 사람이 했다는 말은 필자에게도 여러 가지 시사를 하는 바가 있었기 때문이다.

요즈음 우리에게는 인터넷을 통하여 많은 정보들이 우리의 의지와는 상관없이 밀려들고 있다. 실내디자인을 전공하는 학생들에게도 질문을 하면, 먼저 스마트폰으로 손이 가는 것을 자주 목격한다. 그들에게 모든 진리는 스마트폰에 있는 것 같은 착각을 하게 하는 시대가 바로 현대인 것이다.

막상 서울에 있는 건축물이나 공간에 대한 이야기를 하면, 가보지 못한 장소가 많다. 그리고 그 앞을 자주 지나가 보았는데 들어가 보지는 못하였다고 한다. 그 이유는 스튜디오 때문에 너무 바빠서 라는 대답이다. 왜 스튜디오라는 수업을 통하여 디자인을 하는지를 모르는 것 같아서 안타까울 때가 많다. 실내디자인이나 건축은 이론과 함께 공간이 있는 현장에서 그 생생함을 느끼면서 터득이 가능하다고 느끼기 때문이다. 항상 이론과 공간이 있는 현장은 사물의 양 면처럼 디자인을 완성시키는데 중요한 보고라고 생각한다.

이 이야기를 장황하게 하는 것은 르 꼬르뷔지에나 안도 다다오의 디자인적인 성취 후면에는 여행, 즉 건축물이나 공간이 있는 현장을 방문, 오감으로 느꼈기 때문이다. 잘 찍은 사진으로 느끼지 못하는 건축물이나 공간이 있는 현장에서 느껴지는 머리칼을 휘날리게 하는 바람이나 향기, 빛의 느낌은 우리를 더 풍부하게 예민하게 공간을 이해하고 각인시키는데 도움을 준다고 믿기에 다시 2012년을 맞이하여 미국 서부의 건축과 실내디자인에 대한 가이드북을 발간하였다.

2010년 3월에 유럽의 건축과 실내디자인에 대한 가이드북을 출간한 후 2년이란 세월이 흘렀다. 책을 출간하였던 바로 그 해인 2010년 여름 미국 서부를 약 2주간 일정으로 방문한 기록을 토대로 다시 미국 서부의 건축과 실내디자인에 대한 책을 출간하게 되었다. 여행 후에 책을 만들려던 준비를 하지 않고 떠났던 유럽과는 달리 2010년의 여행은 귀국 후에 미국 서부의 가이드북을 만들겠다는 마음의 준비를 하고 떠났던 여행이었다.

건국대학교의 학부 및 석 · 박사과정생들을 주축으로 한 30명의 인원이 샌프란시스코, 산호세, LA의 건축과 실내디자인 프로젝트를 방문하였던 자료와 함께 본인이 방문하였던 시애틀, 박사과정생인 전필규, 박민석이 방문하였던 라스베가스, 그리고 셋이 같이 방문하였던 샌디에고의 사진 자료들을 가지고 미국 서부의 건축과 실내디자인에 대한 가이드북을 만들게 된 것이다. 항상 여행을 가기 전에 계획에 따라 책자를 만들어 가는데, 박사과정생 중 한 명이 설마 책자의 건축물을 다 보는 것은 아니겠죠 라고 하였던 말이 떠오른다.

사실 유럽과 미국은 환경이 다르기 때문에 모든 것을 다 보겠다고 필자 역시 큰 소리를 쳤지만, 마음속으로 쉽지만은 않은 일정일 것이라는 생각이 들었다. 제일 큰 문제는 유럽과 달리 안전 때문에 밤늦게까지 다니는 것이 제한되어서 그 일정 내에 다 볼 수 있을까 하는 의구심이 들었던 것이 사실이다. 그렇기에 LA 일정과 별도로 시애틀이나 라

# INTRODUCTION

스베가스, 샌디에고를 방문, 자료를 보완할 필요하다고 생각하였던 것이다. 즉 샌프란시스코와 LA만으로는 미국 서부의 가이드북을 만들기에는 볼륨이 부족하다고 생각하였기 때문이다. 여행을 한 초기부터 이번 책은 과거 출간되었던 다른 미국 가이드북과 다른 방식으로 접근하여 만들어야 하겠다는 생각을 하게 되었다.

대부분의 많은 미국 가이드북은 건축물을 찾아서 자동차로 이 도시, 저 도시로 옮겨 다니면서 방문해야 하게 구성하는 경우를 많이 보았다. 그러나 혹시 대학생들이 여행을 한다면, 자동차로 이동하면서 건축물을 구경하기에는 어려움이 있으리라는 가정 하에 될수록 한 지역의 건축물을 집중적으로 소개하기로 계획을 변경하였다.

책의 볼륨이 유럽보다 더 커지게 된 것은 LA, 샌프란시스코, 시애틀, 벨뷰, 샌디에고를 여행을 하는 중에도 건축가의 작품이라는 감이 오면, 무조건 사진을 찍어서 자료를 만들어 온 것을 구글로 검색하여 책에 넣었기에 예상보다 많은 건축물을 소개하게 되었으며 외국의 다른 가이드북과 차별화를 이룬 이유이다.

샌디에고의 USCD는 게이젤 도서관만을 보러 갔다가 학교의 다른 건축물들이 건축가의 작품이라고 판단, 일정을 변경하여 10개 이상의 건축물을 소개한 경우이고 벨뷰나 시애틀 역시 원래 보려고 했던 건축물 외에 많은 건축물이나 실내디자인 프로젝트를 추가하여 지금의 미국 서부의 가이드북이 나오게 되었다.

이 책이 나오게 된 배경에는 LA에서 인솔디자인이란 실내디자인 사무소를 운영하는 학부 졸업생인 강성훈과 심원섭의 안내와 도움이 큰 역할을 하였다. 윌턴 센터 내의 그들이 디자인한 카페에서 우리 일행을 대접하는 등 많은 도움을 준 것에 감사의 말을 전한다.

LA 유니온 스테이션의 사진은 그 전에 미국여행을 하였던 학부 졸업생인 이자연이 제공한 것이다. 그리고 책이 나오는 마지막까지 박사과정의 전필규를 비롯하여 지도를 만든 우창옥 등과 참여한 학생들의 노력으로 결실을 맺게 되었다.

미국 서부 여행은 같이 여행을 하였던 은영, 진관, 효성, 호정, 윤주, 세리 등 학부생들과 책에 같이 참여하였던 석 · 박사생들, 그리고 외부 인원들 모두가 한 마음으로 무사하게 마치면서 책으로 결실을 맺게 된 것에 감사한다.

건축과 실내디자인 기행은 그 기행의 과정 이상으로 기행 이후의 책 만들기라는 마무리를 통하여 완벽하게 완성된다는 것을 일깨워준 여행이었다.

2012년 5월

김 문 덕

# ARCHITECT'S & INTERIOR DESIGNER'S GUIDE TO WESTERN AMERICA

본 가이드 북이 담고 있는 정보는 미국 서부 LA 인근지역의 주요 도시들(LA, 샌프란시스코, 샌디에고, 시애틀 등)의 건축과 디자인을 찾아 여행을 떠나는 사람들을 위한 것이다. 전체적으로 책에서 해설과 함께 소개하고 있는 프로젝트는 미국 LA 인근지역 도시들의 작품들이다. 그리고 시간을 갖고 여행하는 사람들이 방문해 볼 수 있도록 지도에 작품의 위치를 표기했다. 작품별 프로젝트의 위치는 제공하고 있는 지도에서 작품별 해당 번호를 찾아보면 확인할 수 있다.

다음의 예는 작품 중 001번째인 웨스틴 보나벤처 호텔에 대한 내용이다.

작품소개 첫 페이지의 가이드에서는 지도를 첨부했다. 지도에서는 프로젝트의 위치를 표시했으며 프로젝트의 명칭은 목록에서 확인하도록 했다. 아래의 우측면은 지도이다. 좌측 페이지에서는 프로젝트 목록을 확인할 수 있고, 우측 페이지에서는 목록에 해당하는 프로젝트의 위치만을 확인할 수 있다. 작품마다 약간의 차이가 있기는 하지만 위치를 정확히 표시하기 위해 지도를 확대하여 편집했다.

### 세부 내용

- ▶ 작품명과 작품 분류번호는 지도상에 표기된 작품번호와 일치함
  지도에 위치만을 표기한 프로젝트는 각 도시의 지도와 함께 실은 프로젝트 리스트에서 작품명을 확인할 수 있음
- ▶ 건축가명은 한국어로 표기
- ▶ 작품의 위치를 정확하게 찾을 수 있도록 주소를 표기
- ▶ 작품과 관련한 웹사이트 등을 함께 소개함으로써 작품에 대한 더 많은 정보를 얻을 수 있도록 함

# INFORMATION

## 지역 위치

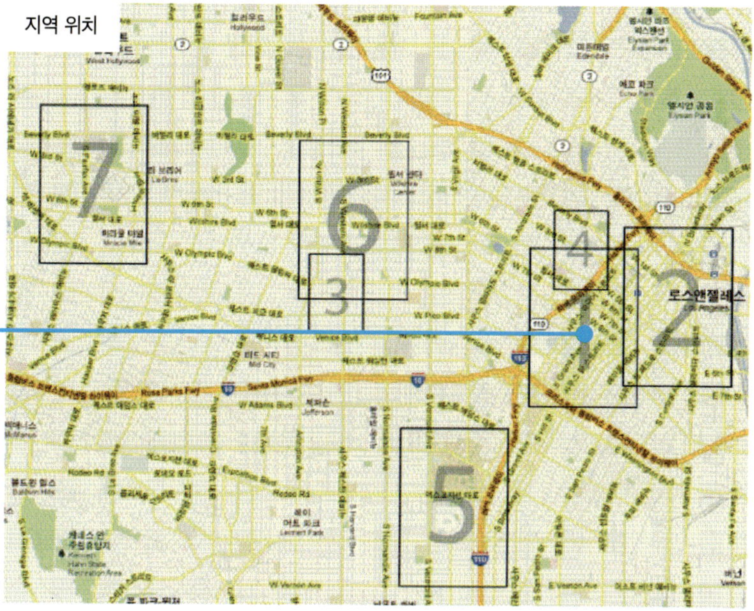


## 주요건물 위치

**1**

001 웨스틴 보나벤처 호텔 / 002 벙커 힐 스텝스 / 003 다운타운 LA 스탠더드 호텔 / 004 로스앤젤레스 공공도서관 / 005 밀레니엄 빌트모어 호텔 / 006 퍼싱 스퀘어 / 007 가스 컴퍼니 타워 / 008 투 캘리포니아 플라자 / 009 리츠 칼튼 호텔 & JW 메리어트 호텔 / 010 스테이플스 센터 / 011 라이브러리 타워 / 012 로스앤젤레스 컨벤션 센터

001 Westin Bonaventure Hotel / 002 Bunker Hill steps / 003 Downtown LA Standard Hotel / 004 LA Central Library Extension / 005 Millennium Biltmore Hotel / 006 Pershing Square / 007 Gas Company Tower / 008 Two California Plaza / 009 Ritz-Carlton Hotel & JW Marriott Hotel / 010 Staples Center / 011 Library Tower / 012 LA Convention Center

해설과 함께 소개된 프로젝트의 위치

해설과 함께 소개된 프로젝트의 목록

지역 위치

# CONTENTS

## ARCHITECT'S & INTERIOR DESIGNER'S GUIDE TO WESTERN AMERICA


■ 여는 글 INFORMATION 004

■ 로스앤젤레스 LOS ANGELES 010

LA 다운타운 LA DOWNTOWN 018

비버리힐스 BEVERY HILLS 108

UCLA UNIVERSITY OF CALIFORNIA, LOS ANGELES 158

산타모니카 & 베니스 스트리트 SANTA MONICA & VENICE STREET 180

컬버시티 CULVER CITY 212

기타 지역 ETC AREAS 234

■ 샌프란시스코 SAN FRANCISCO 276

산호세 SAN JOSE 374

■ 라스베가스 LAS VEGAS 398

■ 시애틀 SEATTLE 430

■ 샌디에고 SAN DIEGO 502

■ 엮은이 한마디 OUR STORY 552

■ 건축가 List ARCHITECT'S LIST 564

# ARCHITECT

# INTERIOR I

# LOS ANGE

S &

ESIGNER'S

GUIDE TO

ES

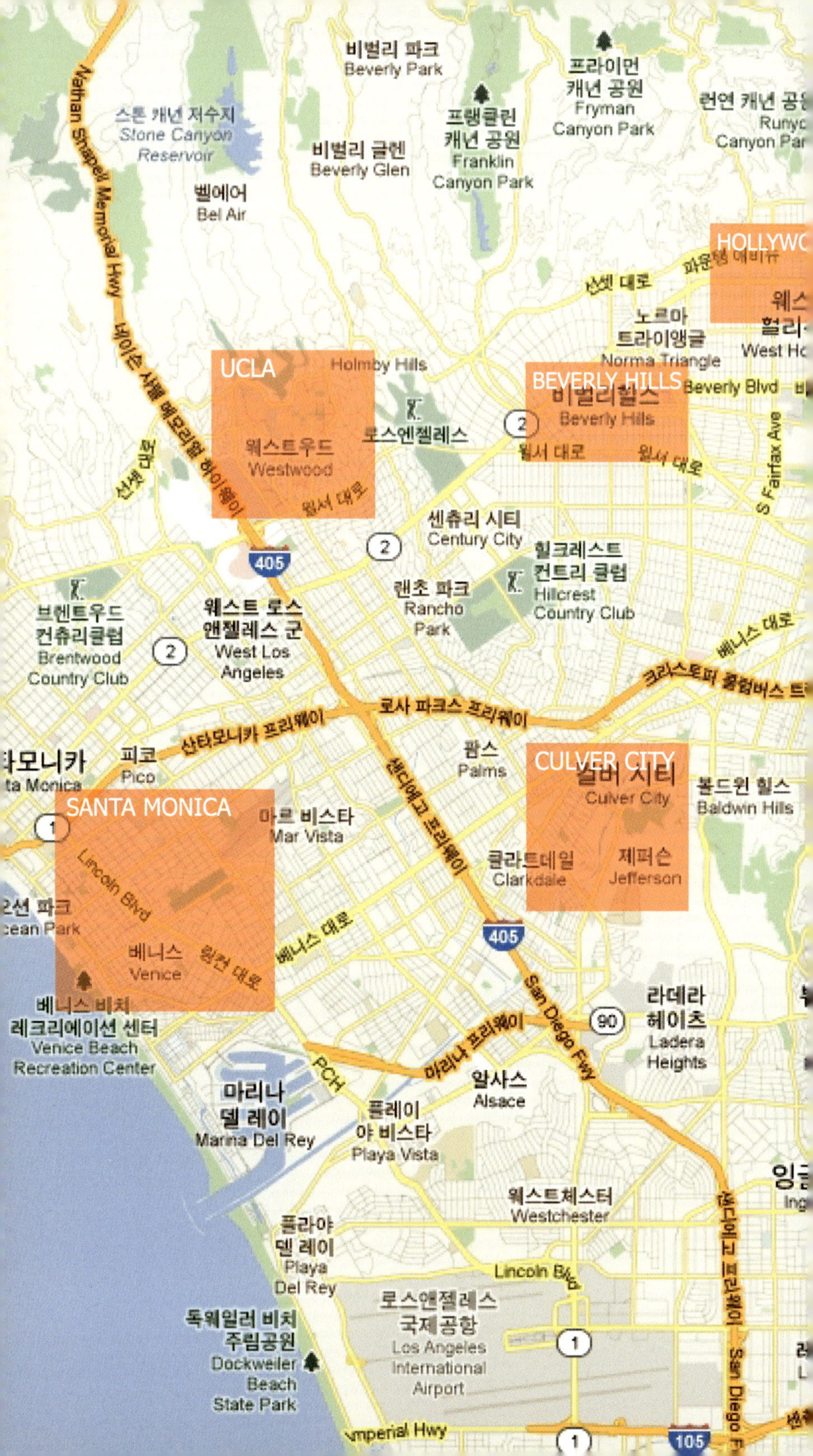

비벌리 파크
Beverly Park
프라이먼 캐년 공원
Fryman Canyon Park
스톤 캐년 저수지
Stone Canyon Reservoir
프랭클린 캐년 공원
Franklin Canyon Park
비벌리 글렌
Beverly Glen
벨에어
Bel Air
Nathan Shapell Memorial Hwy
HOLLYWO
선셋 대로
노르마 트라이앵글
Norma Triangle
West Ho
UCLA
Holmby Hills
BEVERLY HILLS
비벌리힐스
Beverly Hills
Beverly Blvd
로스엔젤레스
웨스트우드
Westwood
윌셔 대로
S Fairfax Ave
네이슨 샤펠 메모리얼 하이웨이
센츄리 시티
Century City
힐크레스트 컨트리 클럽
Hillcrest Country Club
405
랜초 파크
Rancho Park
브렌트우드 컨츄리클럽
Brentwood Country Club
웨스트 로스 앤젤레스 군
West Los Angeles
베니스 대로
크리스토퍼 콜럼버스 트
로사 파크스 프리웨이
산타모니카 프리웨이
피코
Pico
팜스
Palms
CULVER CITY
컬버 시티
Culver City
볼드윈 힐스
Baldwin Hills
SANTA MONICA
마르 비스타
Mar Vista
샌디에고 프리웨이
Lincoln Blvd
클라크데일
Clarkdale
제퍼슨
Jefferson
베니스
Venice
링컨 대로
베니스 비치 레크리에이션 센터
Venice Beach Recreation Center
San Diego Fwy
라데라 헤이츠
Ladera Heights
90
마리나 프리웨이
PCH
마리나 델 레이
Marina Del Rey
플레이아 비스타
Playa Vista
알사스
Alsace
웨스트체스터
Westchester
플라야 델 레이
Playa Del Rey
Lincoln Blvd
로스엔젤레스 국제공항
Los Angeles International Airport
독웨일러 비치 주립공원
Dockweiler Beach State Park
Imperial Hwy
105

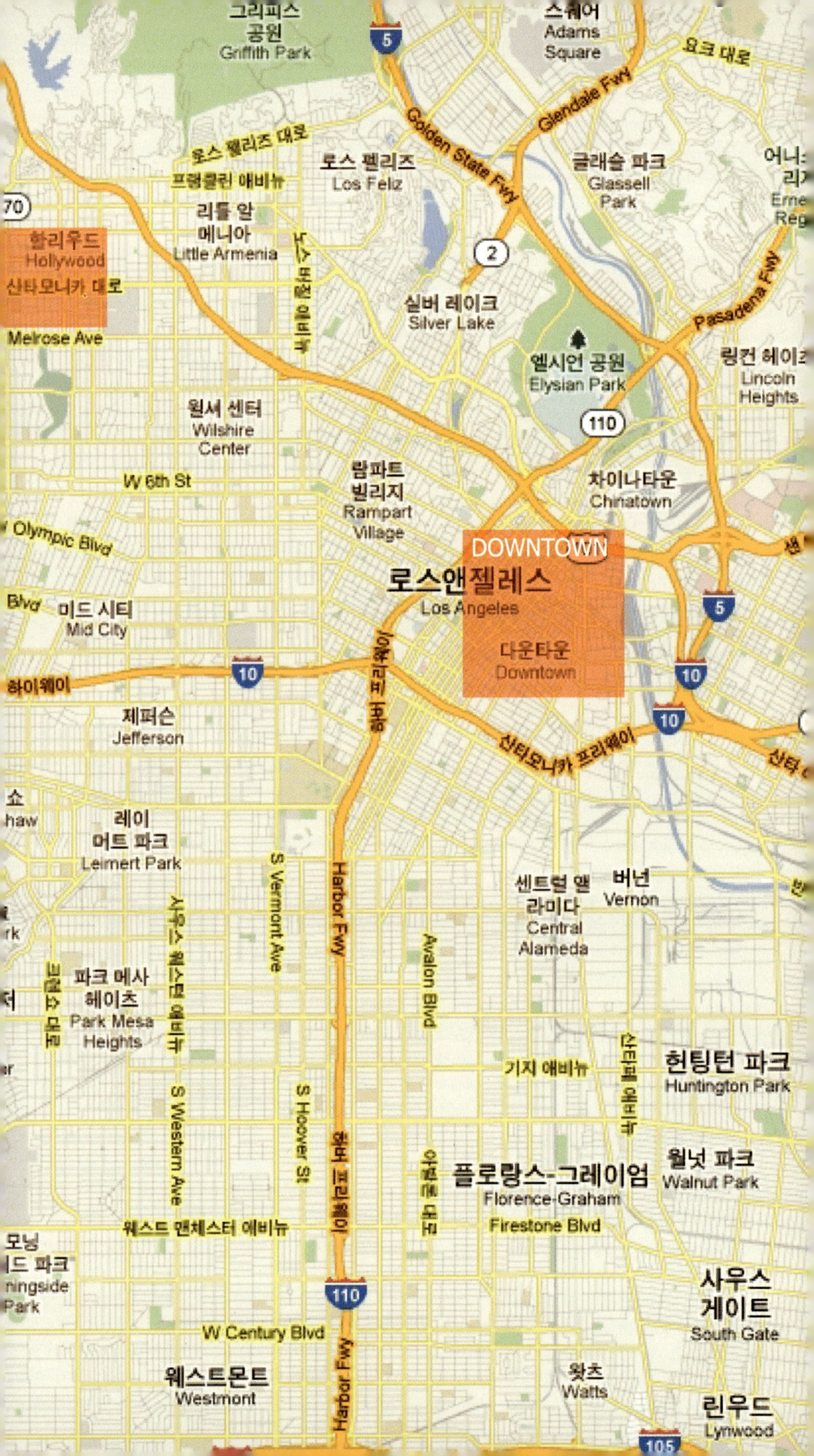
그리피스 공원
Griffith Park
스퀘어
Adams Square
요크 대로
Golden State Fwy
Glendale Fwy
로스 펠리즈 대로
로스 펠리즈
Los Feliz
글래슬 파크
Glassell Park
프랭클린 애비뉴
리틀 암메니아
Little Armenia
할리우드
Hollywood
산타모니카 대로
Melrose Ave
노스 버몬트 애비뉴
실버 레이크
Silver Lake
Pasadena Fwy
엘시언 공원
Elysian Park
링컨 헤이츠
Lincoln Heights
윌셔 센터
Wilshire Center
W 6th St
램파트 빌리지
Rampart Village
차이나타운
Chinatown
Olympic Blvd
DOWNTOWN
로스앤젤레스
Los Angeles
미드 시티
Mid City
하버 프리웨이
다운타운
Downtown
하이웨이
제퍼슨
Jefferson
산타모니카 프리웨이
레이머트 파크
Leimert Park
S Vermont Ave
Harbor Fwy
센트럴 앨러미다
Central Alameda
버넌
Vernon
사우스 웨스턴 애비뉴
Avalon Blvd
파크 메사 헤이츠
Park Mesa Heights
크렌쇼 대로
기지 애비뉴
산타페 애비뉴
헌팅턴 파크
Huntington Park
S Western Ave
S Hoover St
하버 프리웨이
아발론 대로
플로랑스-그레이엄
Florence-Graham
월넛 파크
Walnut Park
웨스트 맨체스터 애비뉴
Firestone Blvd
사우스 게이트
South Gate
W Century Blvd
Harbor Fwy
웨스트몬트
Westmont
왓츠
Watts
린우드
Lynwood

*Architect's & Interior Designer's Guide to*

# 로스앤젤레스
## Los Angeles

LA는 태평양 연안 캘리포니아 주 남부에 있는 미국 제3위의 대도시로 서부의 관문이기도 하다. 약칭해서 LA로 불리는 도시의 기원을 살펴 보면, 1781년 에스파냐가 LA 강변에 위치한 아메리카 원주민의 고대 촌락인 양나 부근에 세운 도시인 LA는 그 동안 다양한 명칭으로 변화하면서 발전하였다. 푸에블로를 창건한 에스파냐인은 그 이름을 엘푸에블로 데누에스트라 세뇨라라레이나 데 LA 데포르트티운쿨라라고 지었다. 그것은 성모 마리아와 천사들, 그리고 프란체스코 수도회를 창립하고 알타캘리포니아에 복음을 전한 아시시의 프란체스코가 13세기 초에 몸담은 이탈리아의 예배당을 기리는 명칭이었다. 그러나 이 공식 명칭은 너무 길었으므로 자연스럽게 줄여 부르기 시작하였다. 그래서 1822년까지 알타캘리포니아를 지배한 에스파냐와 그 후 1846년까지 그곳을 영토로 거느린 멕시코 공화국은 LA라는 명칭을 사용했다. 미국의 해군과 육군이 멕시코 전쟁에서 캘리포니아를 점령한 1846년부터 Los Angeles, 즉 LA는 캘리포니아 남부 축산업의 중심지로 떠올랐다. 엘몬테 갱단을 비롯한 초기 카우보이들은 총을 앞세워 터를 잡기에 급급했다. 그러다 1860~1870년대에 상업지구를 건설하기 시작했으며, 1870년에 세워진 미국 남서부의 최고급 호텔 피코하우스와 1876년 세워진 세인트 비비애너 성당 등 당시 건축물이 지금도 그 일부가 남아 있다. 1870년대에 도시가 자리를 잡으면서 외형적 발전을 이루어 1876년에는 샌프란시스코와 철도로 연결되었으며 1880~1890년대에는 중서부와 동부도 철도로 연결되어 중산층이 대거 유입되었다. 그럼에도 LA는 여전히 소도시였으며, 20세기 초까지도 캘리포니아 인구의 60% 가량이 샌프란시스코만 일대에 살았다.

하지만 스콧 피츠제럴드의 위대한 개츠비처럼 LA도 20세기에 새롭게 태어났다. 내륙으로 96km나 뻗어 있어 LA에는 항구가 없었으나, 1899년부터 연방기금을 이용해 데드맨스 섬을 폭파하고 1909년에 병합한 윌밍턴과 샌페드로에 수심이 깊은 항구를 만들었다. LA는 건조한 평원에 자리 잡은 탓에 19세기에 이미 지하

수가 고갈되었기에 1907년부터 1913년까지 토목기사 윌리엄 멀홀랜드의 지시에 따라 오언스 강에서 도시까지 수도교를 건설해 물을 끌어왔다. 그 물을 기반으로 LA는 인근 소도시를 병합하여 대도시로 떠올랐다. 헐리우드가 1910년에 병합되었으며 1915년에는 샌프란시스코 계곡을 더해 도시면적이 435km$^2$에 달했다. 1925년에는 산타모니카 해변의 휴양도시 베니스, 1926년에는 와츠를 병합하면서 1970년에는 1,205km$^2$로 늘었으며 LA는 자체 항구와 농업지역까지 갖춘 도시국가로 변신하였다.

1880년대에 전차가 발명된 덕에 도시는 더욱 팽창하여 태평양 일렉트릭 레일웨이의 빨간 전차와 LA 레일웨이의 노란 전차는 서쪽으로 산타모니카와 바다, 북서쪽으로 샌퍼낸도 계곡, 남쪽으로 윌밍턴과 샌페드로, 북동쪽으로 패서디나까지 운행했다. 아메리카 원주민이 소떼를 몰고 다니던 길에 놓인 도시 간 전차선은 이내 시가지와 대로로 바뀌었으며 1920년대부터 도시간 전차와 더불어 자동차가 교통수단으로 등장했다. 영화산업도 LA를 발전시킨 원동력으로 1909년에 영화감독 데이비드 워크 그리피스는 미션 샌게이브리얼에서 바이오그래프 영화사로 필름을 가져가 라몬을, 1913년 세실 B. 데밀은 바인 앤드 셀마의 창고를 임대하여 스쿼맨을 촬영했다. 1920년대까지 이곳의 촬영소들에서 제작한 영화를 전 세계 사람이 관람했으며, 덕분에 LA 일대에 대한 관심이 일면서 많은 사람이 서부로 이주했다. 영화가 성공하고 관광산업이 발달하면서 대규모 인구가 이동하자 자연스럽게 고급 호텔도 늘어났다. 눈 덮인 중서부에 살던 사람들이 햇볕과 건강을 찾아 LA로 이주하였으며 중서부의 농업이 더 이상 잉여 인구를 필요로 하지 않았기에, 또는 순전히 1910~1920년대의 호황 때문에 이주한 사람도 많았다.

20세기 초 30년 동안 LA로 온 사람은 100만 명이 넘었으며, 도시의 권역으로는 200만 명이나 왔다. 그 결과 1930년대의 LA는 서쪽으로 산타모니카의 윌셔 해변도로와 선셋 대로까지 뻗어나가면서 윌셔의 미러클 마일이 자연히 비버리힐스의 경계가 되었다. 산타모니카 산맥 기슭의 선셋 대로는 헐리우드를 거쳐 벨에어와 새로 지은 UCLA 캠퍼스, 바다가 내려다보이는 퍼시픽 팰리세이즈까지 이어졌다. 점점 도시는 국제화되어 토마스 만, 이고르 스트라빈스키 등을 비롯한 이주민들이 헐리우드의 황금기에 LA의 국제화를 이끌었다. 1920년대의 LA는 미국 도시의 위대한 개츠비였으며 독자적인 상상력이 만들어낸 허구였다. 1930년대의 LA는 미국 도시의 조지 거슈윈으로 실제 거슈윈은 형 아이라와 함께 LA의 헐리우드 볼에서 LA 필하모닉과 협연했다. 지금도 웨스트사이드에 가서 당시 리처드 노이트라와 루돌프 쉰들러가 지은 아름다운 집이나 도심의 오피스 빌딩을 보면 당시 LA의 유쾌하고 활기찬 분위기를 느낄 수 있다. 특히 윌셔 대로를 따라 헐리우드로 가는 길과 동서로 뻗은 선셋 대로의 반짝이는 네온사인이 정취를 더한다.

1960년대 중반 LA는 단순히 중서부 이주민의 도시가 아니라 훨씬 다양한 인구가 모인 도시가 되었다. 영국계, 멕시코계, 아시아계와 더불어 아프리카계 미국인도 증가했다. 특히 전쟁 중에는 서부의 조선소에 취업하러 오는 아프리카계 미국인 노동자가 많았다. 1965년에는 법 개정으로 이주의 제한이 풀렸고, 그 결과 아시아계를 비롯한 이주민 수가 늘어 도시는 더욱 달라졌다. 세기말에 이르자 LA는 시와 군을 합쳐 지구상에서 멕시코인과 한국인이 두 번째로 많은 도시가 되었으며, 그 밖에 이란인, 아르메니아인, 에티오피아인, 베트남인, 아메리카 원주민도 많았다. 또 미국 내에서 인구가 두 번째로 많은 도시로 뉴욕이 빅애플이라면 LA는 빅오렌지였다.

그런 과정을 거쳐 지금의 국제도시인 LA가 탄생했다. 도시는 80가지 언어와 다양한 문화, 종교가 공존하는 가운데 묘하게도 중심성과 공통의 정체성을 유지하고 있다. 지금도 LA는 천사의 도시, 꿈의 도시이면서 독자적 상상력이 만들어낸 허구로 존재한다.

LA라는 도시를 건축적인 측면에서 살펴보면, LA 모더니즘이라고 불리는 근대기의 흐름부터 살펴보는 것이 바람직할 것 같다. 레이너 밴함의 저서 『Los Angeles』 중 망명자라는 장에서 말하였던 것처럼, LA는 망명자, 추방자 등의 건축가들에 의해 근대건축의 개척이 이루어진 도시이다. 독일의 J.R. 데이비드슨이나 그리스 출신의 라파엘 R. 소리아노도 있지만, 본격적으로 LA 모더니즘을 전개한 것은 아돌프 로스의 문하생이었던 오스트리아 빈 출신인 루돌프 쉰들러와 리처드 노이트라의 건축이었다. 라이트의 건축을 동경한 쉰들러와 노이트라가 LA에서 유럽의 근대건축을 이식시킨 것이다. 쉰들러의 로벨 비치 하우스나 노이트라의 로벨 저택은 LA 모더니즘의 기념비적인 건축물인 동시에 유럽 근대건축의 영향을 LA에 뿌리내리게 하였으며, 그런 영향은 찰스 임스의 임즈 저택으로 연결되었다. 물론 프랭크 로이드 라이트의 홀리혹 하우스를 비롯한 일련의 주택 역시 자극의 기폭제가 되었다. 1930년대는 건축가 알버트 C. 마틴의 메이 컴퍼니 같은 유선형 아르데코 양식의 건축을 디자인하여 LA의 독자적인 건축을 형성하였으며, 그는 사후 6-70년대에도 아들이 계승한 알버트 C. 마틴 & 어쏘시에이츠의 뱅크 어브 아메리카를 통하여 LA에서 미스 풍의 건축을 전파하였다. 50년대 중반 월튼 베켓은 레코드 판을 여러 장 겹쳐 놓은 것 같은 건축물인 캐피톨 레코드로 LA의 또 다른 랜드마크를 만들었으며 60년대는 도로시 챈들러 파빌리온 등을 통하여 LA의 풍경을 변화시켰다.

70년대에 존 포트만이 디자인한 웨스틴 보나벤처 호텔의 등장은 LA 건축계의 화제를 불러 일으켰으나, 실제로 LA 건축의 정체성을 확립하는 사건은 프랭크 게리라는 건축가가 개수한 자신의 주택에서 시작되었다. 개발업자와 작업하였던 게리는 LA의 지역적인 환경에 어울리는 저렴한 재료로 만들어진 해체주의 풍의 건축을 선보였으며, 이 건축은 유럽의 신구성주의라는 해체주의와는 다른 LA 스타일의 해체주의를 확립하였다. 프랭크 게리의 자극에 힘입어 모포시스의 대두, 그리고 후에 유럽의 AA 스쿨에 필적하는 SCI-Arc이라는 전위적인 건축대학의 설립은 현대라는 시기에 LA 건축의 정체성을 확립하는 기반을 마련하였다. 현재 LA는 프랭크 게리라는 독보적인 존재의 건축가와 모포시스의 톰 메인, 로토 아키텍처의 마이클 로톤디를 비롯한 SCI-Arc과 연루된 닐 디나리, 에릭 오웬 모스, 하젯+훈, 또 다른 흐름을 형성하고 있는 마크 맥과 코닝 & 아이젠버그, 그리고 새로운 세대인 마이클 말찬, 디지털 건축의 그렉 린과 헤르난 디아즈 아론소 등이 그 풍경을 변화시키고 있다. 그런 LA의 건축에 대한 정보를 더 찾아보려고 한다면, you-are-here.com을 검색하여 보기 바라며 건축투어를 원한다면 www.architecturetoursla.com을 검색하여 알아보기 바란다.

Ⅰ. LA 다운타운: LA Downtown(001-040)

Ⅱ. 비버리힐스: Bevery Hills(041-062)

Ⅲ. UCLA: University of California, Los Angeles(063-070)

Ⅳ. 산타모니카 & 베니스 스트리트: Santa Monica & Venice street(071-080)

Ⅴ. 컬버시티: Culver city(081–091)

Ⅵ. 기타 지역: ETC Areas(092-104)

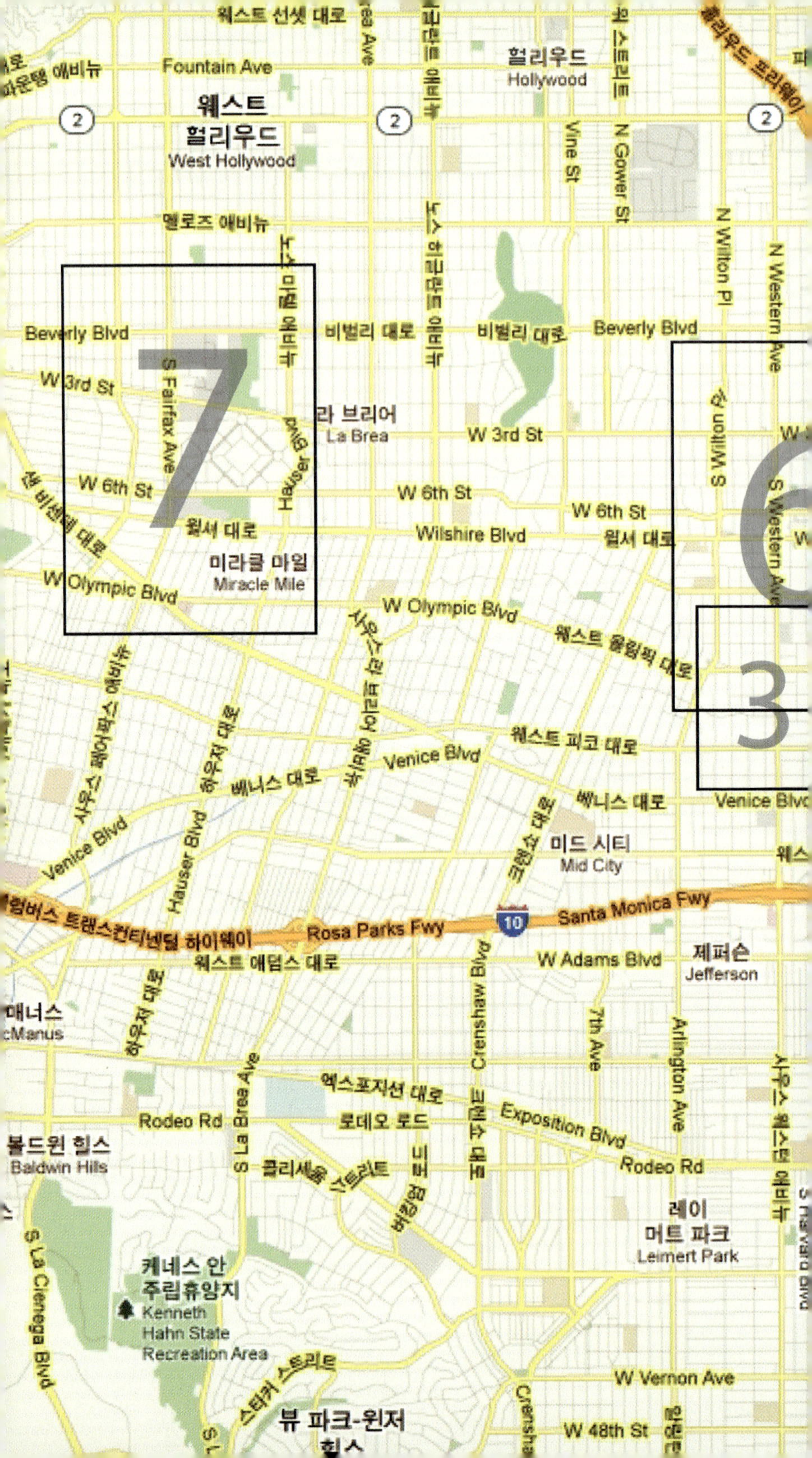

웨스트 선셋 대로
파운탱 애비뉴
Fountain Ave
헐리우드
Hollywood
헐리우드 프리웨이
2
웨스트 헐리우드
West Hollywood
Vine St
N Gower St
멜로즈 애비뉴
노스 하이랜드 애비뉴
노스 라브레아 애비뉴
N Wilton Pl
N Western Ave
Beverly Blvd
비벌리 대로
W 3rd St
S Fairfax Ave
라 브리어
La Brea
Hauser Blvd
S Wilton Pl
W 6th St
윌셔 대로
Wilshire Blvd
샌 비센테 대로
미라클 마일
Miracle Mile
W Olympic Blvd
S Western Ave
7
6
3
사우스 라 브리어 애비뉴
웨스트 올림픽 대로
사우스 페어팩스 애비뉴
하우저 대로
베니스 대로
Venice Blvd
웨스트 피코 대로
크렌쇼 대로
미드 시티
Mid City
Hauser Blvd
Santa Monica Fwy
Rosa Parks Fwy
10
트랜스컨티넨털 하이웨이
웨스트 애덤스 대로
W Adams Blvd
제퍼슨
Jefferson
매너스
McManus
하우저 대로
Crenshaw Blvd
7th Ave
Arlington Ave
사우스 웨스턴 애비뉴
S La Brea Ave
엑스포지션 대로
Exposition Blvd
Rodeo Rd
로데오 로드
크렌쇼 대로
볼드윈 힐스
Baldwin Hills
클리세올 스트리트
버킹엄 로드
Rodeo Rd
레이머트 파크
Leimert Park
S Harvard Blvd
S La Cienega Blvd
케네스 한 주립휴양지
Kenneth Hahn State Recreation Area
스타키 스트리트
W Vernon Ave
W 48th St
뷰 파크-윈저 힐스
Crenshaw

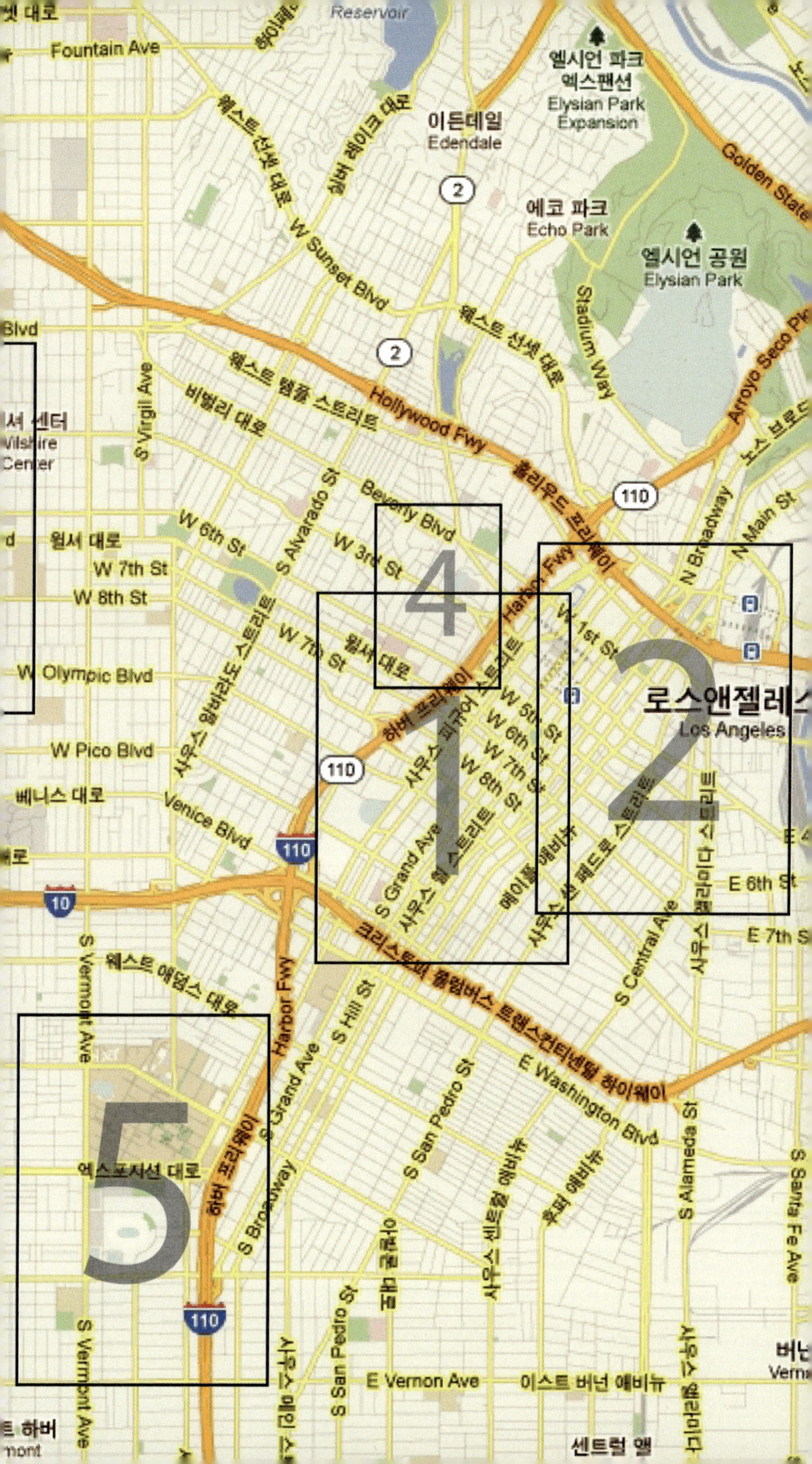

Reservoir
Fountain Ave
엘시언 파크 엑스팬션
Elysian Park Expansion
이든데일
Edendale
웨스트 선셋 대로
실버 레이크 대로
2
에코 파크
Echo Park
엘시언 공원
Elysian Park
Golden State
W Sunset Blvd
웨스트 선셋 대로
Stadium Way
Arroyo Seco Pkwy
Blvd
웨스트 템플 스트리트
Hollywood Fwy
S Virgil Ave
비벌리 대로
Wilshire Center
110
노스 브로드웨이
S Alvarado St
Beverly Blvd
할리우드 프리웨이
N Broadway
N Main St
윌셔 대로
W 6th St
W 7th St
W 8th St
W 3rd St
4
Harbor Fwy
W 1st St
사우스 알바라도 스트리트
W 7th St
윌셔 대로
W Olympic Blvd
2
로스앤젤레스
Los Angeles
하버 프리웨이
사우스 피규어 스트리트
1
W 5th St
W 6th St
W 7th St
W 8th St
W Pico Blvd
베니스 대로
Venice Blvd
S Grand Ave
사우스 힐 스트리트
메이플 애비뉴
사우스 산 페드로 스트리트
사우스 앨라미다 스트리트
E 6th St
E 7th St
S Central Ave
10
S Vermont Ave
웨스트 애덤스 대로
Harbor Fwy
S Hill St
크리스토퍼 콜럼버스 트랜스컨티넨털 하이웨이
S Grand Ave
S San Pedro St
E Washington Blvd
5
엑스포지션 대로
하버 프리웨이
S Broadway
S Alameda St
S Santa Fe Ave
S San Pedro St
E Vernon Ave
이스트 버넌 애비뉴
S Vermont Ave
센트럴 앨

I

*Los Angeles*

# LA 다운타운

## LA Downtown

LA에서 가장 오래된 구역인 LA 다운타운의 경계는 동측으로 LA 강, 북측은 헐리우드 고속도로, 남측은 산타모니카 고속도로, 서측은 하버 고속도로로 면하고 있다.

다운타운 북동측에는 과거부터 시청사를 비롯한 재판소, 주정부 청사 등 행정관청이 밀집한 지역으로 최근 근처에 모포시스의 칼트랜스 제 7지구 본사, LA 폴리스 디파트먼트와 부속 주차장 및 운송부가 들어서 있다. 북동측 가장자리에 위치한 유니온 역은 미국 대륙횡단 철도역 중 가장 마지막에 완성되었으며, 앰트랙 열차의 출발 · 종착역이자 뉴욕, 솔트레이크 시티, 시애틀, 샌디에고 등으로 떠나는 서부의 관문이다.

다운타운의 중심축을 형성하고 있는 그랜드 애비뉴를 따라 프랑크 게리가 디자인한 월트 디즈니 콘서트 홀, 뮤직 센터의 도로시 챈들러 파빌리온과 아맨슨 극장, 피라밋 형의 독특한 모습을 하고 있는 이소자키 아라타의 MOCA, HHPA의 콜번 학교, 라파엘 모네오의 성모 마리아 성당, 코프 힘멜블라우의 LA 공립 시각 & 무용예술 학교 등 유수한 건축물들이나 브래드베리 빌딩, 투 캘리포니아 플라자 등이 서 있다.

그랜드 애비뉴를 따라 지하철 퍼싱 스퀘어 역 근처에 오면, 최근 작고한 리카르도 레고레타의 퍼싱 스퀘어를 비롯하여 가스 컴퍼니 타워, 라이브러리 타워, LA 중앙도서관, 벙커 힐 스텝스 등과 존 포트만의 웨스틴 보나벤처 호텔, 코닝 & 아이젠버그의 다운타운 LA 스탠다드 호텔 같은 호텔들이 있는 지역과 만나게 된다.

이 지역에는 역사적인 건축물들도 많아서 슐츠 & 위버의 밀레니엄 빌트모어 호텔과 같은 건축팀의 서브웨이 터미널 빌딩, 워커 & 아이센의 파인 아츠 빌딩과 오비아트 빌딩, 파킨슨 & 벅스트롬의 패시픽 뮤트럴 빌딩과

LA 아틀래틱 빌딩, 존 & 도널드 파킨슨의 타이틀 개런티 & 트러스트 컴퍼니, 알리슨 & 알리슨의 서던 캘리포니아 컴퍼니, 로버트 파커와 조지 켈햄의 캘리포니아 클럽, 케네스 맥도널드 & 모리스 큐쇼의 머캔타일 아케이드 빌딩, S. 찰스 리의 LA 극장, 모건 월스 & 모건의 지아니니 빌딩 같은 1910년부터 30년대에 걸쳐 지어진 역사적인 건축물들을 볼 수가 있다.

이렇게 역사적인 건축물을 소개하는 것은 본 책에서는 소개하지 않은 건축물들이나 혹시 관심이 있다면, 구글 등을 검색해서 찾아볼 수 있게 하기 위해서이다. 또한 마천루들도 많아서 본 책에서는 소개하지 않았으나 시자 펠리의 777 타워, I.M. 페이 & 파트너스의 US 뱅크 타워도 근처에 있으니 시간이 있다면 방문해 보기 바란다.

남측으로 내려가서 다운타운의 컨벤션 센터가 있는 지역에는 1999년 종합 스포츠시설인 스테이플스 센터가 오픈, 2005년 스테이플스 센터 앞 주차장 부지에 노키아 플라자, 그래미 뮤지엄, ESPN 방송 스튜디오, 리츠 칼튼과 메리어트 호텔 등이 들어서 있는 등 주변이 엔터테인먼트 구역으로 조성되어 활성화 되고 있다.

# 1

001 웨스틴 보나벤쳐 호텔 / 002 벙커 힐 스텝스 / 003 다운타운 LA 스탠다드 호텔 / 004 로스엔젤레스 공공도서관 / 005 밀레니엄 빌트모아 호텔 / 006 퍼싱 스퀘어 / 007 가스 컴패니 타워 / 008 투 캘리포니아 플라자 / 009 리츠-칼튼 호텔 & JW 메리어트 호텔 / 010 스테이플스 센터 / 011 라이브러리 타워 / 012 로스엔젤레스 컨벤션 센터

**001** Westin Bonaventure Hotel / **002** Bunker Hill steps / **003** Downtown LA Standard Hotel / **004** LA Central Library Extension / **005** Millennium Biltmore Hotel / **006** Pershing Square / **007** Gas Company Tower / **008** Two California Plaza / **009** Ritz-Carlton Hotel & JW Marriott Hotel / **010** Staples Center / **011** Library Tower / **012** LA Convention Center

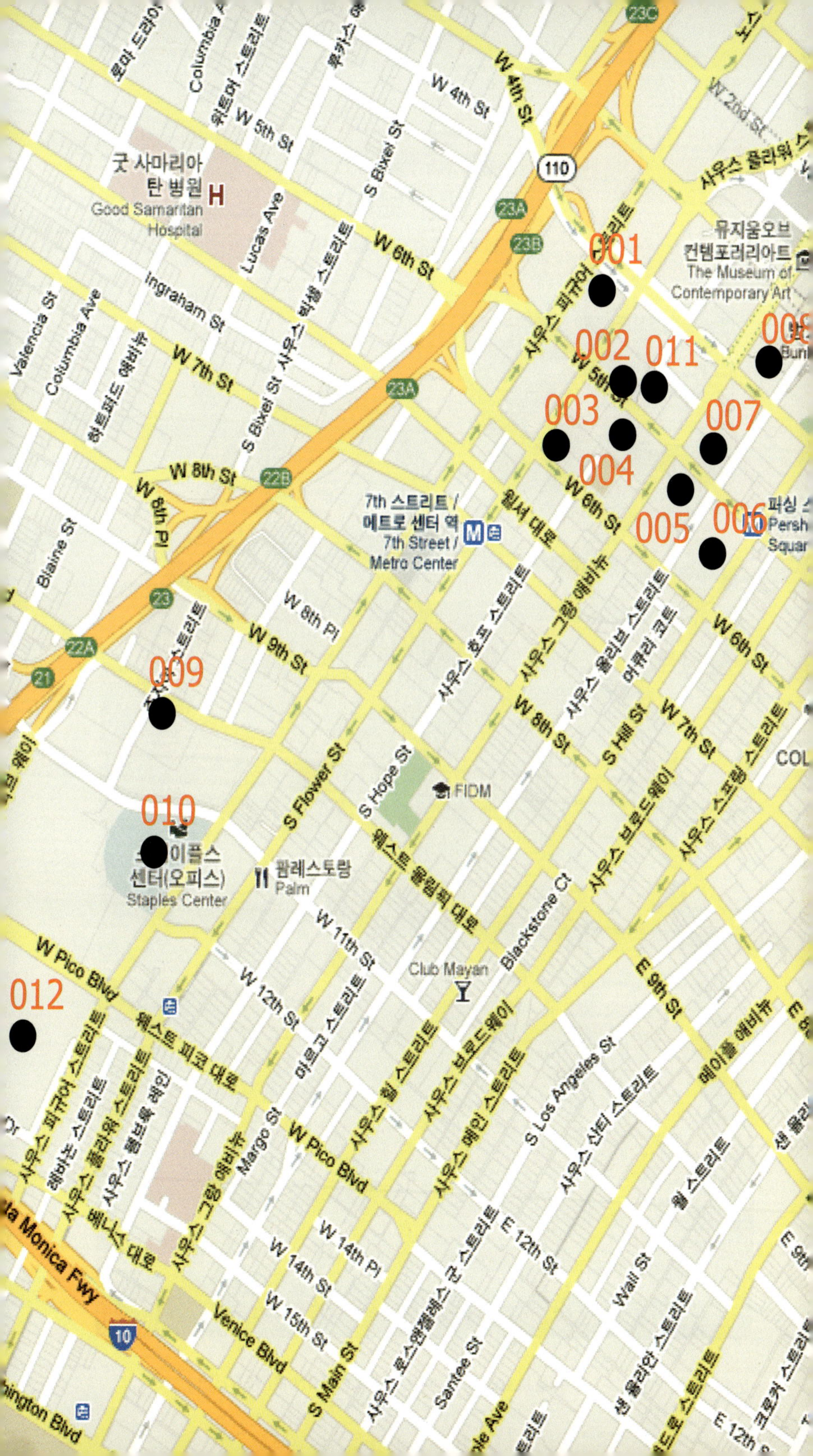

001
002
003
004
005
006
007
008
009
010
011
012
굿 사마리아 탄 병원
Good Samaritan Hospital
뮤지움오브 컨템포러리아트
The Museum of Contemporary Art
7th 스트리트 / 메트로 센터 역
7th Street / Metro Center
스테이플스 센터(오피스)
Staples Center
팜레스토랑
Palm
FIDM
Club Mayan
Columbia Ave
Valencia St
Lucas Ave
Ingraham St
S Bixel St
W 4th St
W 5th St
W 6th St
W 7th St
W 8th St
W 8th Pl
W 9th St
W 11th St
W 12th St
W 14th Pl
W 14th St
W 15th St
W Pico Blvd
Venice Blvd
Blaine St
S Flower St
S Hope St
S Hill St
S Main St
S Los Angeles St
Santee St
Wall St
Blackstone Ct
Margo St
E 9th St
E 12th St
Santa Monica Fwy
110
10
23A
23B
23C
22A
22B
23
21

- 존 포트만, 1976
- 404 South Figueroa Street, Los Angeles, California 90071, United States
- www.westin.com/bonaventure

*LA Downtown* | 001

# 웨스틴 보나벤쳐 호텔

## Westin Bonaventure Hotel

LA 시내에 위치한 35층에 1,354개의 객실과 레스토랑과 바, 부티크를 갖춘 웨스틴 보나벤쳐 호텔은 중심가의 랜드마크와 같은 존재이다. 거대한 콘크리트 매스의 기단 위에 자리 잡은 커튼월 마감의 4개 원형 실린더와 움직이는 엘리베이터가 기계미학적인 분위기를 연출하고 있는 외관은 대칭적인 구조를 하고 있다. 실내공간에서는 4개의 코어를 중심으로 색채로 길 찾기 기능을 강화하였으나, 처음 방문하는 사람들이 공간을 찾기가 어려운 것은 사실이다. 도시 안의 도시로 알려진 호텔 공간은 레스토랑, 상가 및 부티크를 수용하는 아트리움을 포함하도록 설계하였다. 각 코어의 수직 커튼월을 통하여 엘리베이터로 오르내리면서 LA 시내의 전망을 관람할 수 있기도 하다. 6층 높이의 아트리움과 보이드 공간 사이의 수공간은 조형물의 반사로 또 다른 재미를 연출하고 있다.

34층과 35층에 위치한 스카이라운지와 바는 시내의 야경을 볼 수 있는 웨스틴 보나벤쳐 호텔만의 명소이기도 하다. 이 호텔은 영화 트루라이즈 외 다수의 촬영과 시상식의 개최지로도 유명한 곳으로 주차 후 호텔로 들어오는 진입로에 호텔에서 촬영한 영화 포스터가 눈길을 끌고 있다. 건축가 존 포트만은 개발업자이면서 경영자로 인천 송도의 송도타워도 건축과 함께 개발에 참여하기도 하였다.

· 로렌스 할프린, 1990
· 500 South Hope Street, Los Angeles, CA 90071-2604

*LA Downtown* | *002*

# 벙커 힐 스텝스
## Bunker Hill Steps

벙커 힐 스텝스는 로렌스 할프린이 디자인한 계단식 공원과 같은 옥외공간으로 US 뱅크 타워의 원통형 기단부를 감싸면서 4층 높이의 고저차를 연결하고 있다. 보행자들은 LA 다운타운 빌딩 숲 사이 작은 휴식처에서 다양한 경관을 감상하고 휴식을 즐기게 된다. 로마의 스페인 계단과 비교되는 옥외공간은 전체적으로 붉은 색조의 석재로 마감된 계단으로 이루어져 있으며, 역사적 모티브를 참조한 포스트모던 형식이다.

103개의 스텝으로 구성된 계단과 이를 양분하는 중앙의 물줄기는 하단부로 내려오면서 폭이 넓어지며 웅장함을 더한다. 계단의 측면에는 에스컬레이터가 설치되어 있는데, 측벽의 장식물들과 상부의 아치는 역사적 모티브를 차용하였다. 보행자들은 계단과 에스컬레이터를 타면서 중간의 계단참의 간이 카페에서 차를 마실 수도 있고 상단부의 원형 광장에서 휴식을 취할 수도 있다.

할프린의 조경에서 자주 볼 수 있는 다양한 느낌의 수공간, 계단, 징검다리 등의 장치들은 사용자의 행위를 유발하게 되는데, 이 작품에서도 이용자들은 물의 역동적인 흐름과 함께 계단과 에스컬레이터를 오르내리며 주변 경관을 감상하는 유희를 즐기게 된다. 이는 알도 로시, 레온 크리에 등의 유럽 포스트모더니스트들이 무미건조한 도심에 광장, 분수대 등의 건축적 장소를 제공함으로써 도시공간에 친밀함과 활력을 부여한 것과 동일한 의미이다.

· 코닝 & 아이젠버그, 2002
· 550 South Flower at Sixth Street Los Angeles CA 90071
· www.standardhotels.com

*LA Downtown* | *003*

# 다운타운 LA 스탠다드 호텔

## Downtown LA Standard Hotel

LA 시내 중심 센트럴 공공도서관과 뮤직 센터 주변에 위치한 다운타운 LA 스탠다드 호텔은 LA 타운하우스들의 설계로 유명한 코닝 & 아이젠버그에 의해 리노베이션된 최신 시설을 갖춘 부티크 호텔이다. 203석의 객실과 비즈니스 센터, 바와 레스토랑, 옥상 야외 수영장과 클럽으로 유명한 호텔은 역사적 건축물인 석유 본사를 기존 상태를 보존하는 방식으로 세액 공제를 받아서 디자인한 호텔로 리노베이션한 독특한 호텔이다. 외관과 전면 도어, 로비의 기능은 그대로 사용하면서 일반 객실 이용자들의 원활한 사용을 위해 호텔 후면에 야외 라운지와 식당을 추가로 디자인하였다. 상부층은 넓은 사무실을 필요로 하는 이용자를 위해 필요한 공간을 제공해 줄 수 있도록 가변적인 공간으로 설계하였으며 옥상은 경제적인 비용으로 지역의 활성화에 기여할 수 있는 공간으로 디자인하였다.

호텔 내부의 미니멀리하게 디자인된 로비는 밤이 되면 DJ의 쿨한 음악과 영상으로 바뀌고, 옥상에서는 풀사이드 바와 썬텐을 즐길 수 있는 수영장을 설치하여 LA 빌딩 숲에서 전망을 즐기면서 휴식할 수 있는 곳이다. 옥상에 위치한 루프탑 클럽은 LA 젊은이들이 선호하는 장소로 최신 음악과 패션니스트들의 유행을 살피려면 꼭 가 보아야 할 장소이다.

· 베르트람 그로스베너 굿휴, 1926
· HHPA, 1993(개수 및 증축)
· 630 West 5th Street, Los Angeles, CA 90017
· www.lapl.org



# LA 공공도서관

## Los Angeles Public Library

LA 공공도서관은 1986년의 화재로 폐관되었다가 보수, 확장공사를 거쳐 1993년 재개관한 건축물이다. 도서관 남측의 증축과 개수는 LA 카운티 미술관을 설계하기도 한 HHPA의 노만 페이퍼가 디자인하였다. 건축물은 다운타운의 남북을 관통하는 플라워 거리와 글랜드 거리 사이의 두 블록에 위치하며, 메인 로비가 위치한 북측 출입구는 웨스트 5번가를 사이에 두고 벙커 힐 스텝스와 마주한다. 정교하게 복원된 북측의 중앙탑 상부는 피라밋 형태의 모자이크 타일로 장식되어 있으며, 전체적으로 고대 이집트, 지중해 양식을 차용하였다. 리노베이션을 통해 남측에 8개층의 아트리움이 덧붙여짐으로써 공공도서관으로서의 복합적이고 다양한 기능을 수행할 수 있는 면모를 갖추었다. 기존 도서관이 있던 북측은 1층에 위치한 메인 로비와 로툰다를 중심으로 한 2, 3층의 전시영역으로 구성된다. 메인 로비는 십자형 평면이며, 이를 중심으로 등록실, 대여 및 반납실, 회의실, 컴퓨터실 등의 시설이 배치되어 있다.

이용객들은 2층의 게티 갤러리에서 LA의 변천사를, 원형 홀에서는 캘리포니아의 역사를 묘사한 4개의 벽화를 볼 수 있다. 증축된 남측 부분은 전 시장에게 헌정된 아트리움인 토마스 브래들리 윙이 계단식으로 펼쳐지며 이 아트리움은 지하 4층부터 지상 4층을 수직적으로 관통한다. 이용자는 엘리베이터와 에스컬레이터를 통해 각 층으로 이동할 수 있으며, 수평, 수직으로 연속된 엘리베이터는 정적인 도서관에 활력을 불어 넣는다. 아트리움의 양 측면으로 과학, 언어,

사회, 역사 등 각 분야의 서고와 열람실이 층별로 배치되어 있다. 거대한 아트리움은 장식적인 외관, 외소한 출입구, 단조로운 복도 등과 대비되어 보는 이로 하여금 경외감마저 느끼게 한다.

· 슐츠 & 위버, 1923
· 506 South Grand Avenue Los Angeles, CA 90071-2607
· www.millenniumhotels.com

*LA Downtown* | 005

# 밀레니엄 빌트모아 호텔

## Millennium Biltmore Hotel

밀레니엄 빌트모어 호텔은 LA 다운타운 내 퍼싱 스퀘어에 면하여 있는 유서깊은 11층, 1,500실 규모의 호텔로 외관은 보자르 양식이 가미된 스페인 이탈리아 르네상스 양식이다. 당시 시카고 서부에 있는 호텔 중 가장 규모가 큰 호텔로 도시의 상징이었으며 현재는 리모델링을 거쳐 683개의 객실과 6,500m²의 연회 및 회의공간으로 운영하고 있다.

실내에는 LA시의 상징이자 호텔의 상징이기도 한 천사 문양이 광범위하게 사용되었으며, 특히 갤러리아와 크리스탈 볼륨 천정에는 백악관과 바티칸 교황청 내부 벽화를 그려 유명한 이탈리아 화가 조반니 스메랄디가 그리스와 로마의 신들과 천사 등이 등장하는 벽화를 그린 것으로 유명하다.

벽화는 1980년에 스메랄디의 제자인 안토니 하인즈 바긴에 의해 복원되어 현재에 이르고 있다. 바닥과 벽, 기둥은 트레버틴 대리석으로 마감되어 있으며 육중해 보이는 목재의 구조미를 보여주는 천장에는 직경 3.7m의 크리스탈 샹들리에가 장식이 되어 있다. 청동주물로 제작된 계단과 출입문, 일부 벽면과 창에는 프레스코화와 화려하게 자수된 커튼 등으로 장식되어 있다.

그랜드 애비뉴측 호텔 입구로 들어서면, 트레버틴 대리석과 오크 패널월이 있고 천장에는 스카이라이트 광천장, 바닥 대리석 위에는 천정의 형태와 유사한 카펫이 깔려 있다. 부대시설 중 헬스클럽과 실내 수영장은 1920년대 호화 크루즈선인 퀸 메리호의 갑판 데

크를 모티브로 하였고 해상을 테마로 디자인하였음을 알 수 있다.

호텔 내 빌트모아 연회장에서는 8차례 오스카 상 시상식이 열렸으며 2차 세계대전 중에는 군사 휴양시설로 이용되기도 하였다. 1960년에는 민주당 대통령 후보 존 에프 케네디가 호텔 내에 선거운동본부를 차린 바 있는 호텔은 1969년에 LA시에서 역사문화기념물로 등재되었다.

- 리카르도 레고레타, 1994
- 532 South Olive Street, CA 90013
- www.laparks.org/pershing square/

*LA Downtown* | *006*

# 퍼싱 스퀘어

## Pershing Square

퍼싱 스퀘어는 LA 다운타운의 중심부에 위치해 있다. 황폐화된 마약거래 장소로 슬럼화 된 이곳은 리카르도 레고레타에 의해 재계획된 후 LA의 랜드마크가 되었다.

대칭적이며 단순한 기능으로 사용하기에 너무 큰 이 대지를 친환경 건축가답게 레고레타는 두 개로 나누어 북쪽에는 녹지, 남쪽에는 물이라는 기능을 부여하였다.

두 공원의 중간은 보도로 연결되어 있으며, 북쪽에는 남쪽 방향으로 경사진 대지는 램프와 계단으로 레벨 변화를 수용한다. 공원의 중심은 약 38m의 종탑이다.

종탑의 기단부 측면으로는 물이 흐르는 가벽이 연결되어 있고, 가벽 위로 흐르는 물은 대지의 남쪽 방향에 있는 연못 위로 떨어진다.

또 밝은 노란색의 공원관리사무실은 공원의 남측과 북측 부분을 이루며, 공원쪽을 바라보는 노천카페는 유럽의 광장을 연상시킨다.

히스패닉 출신 인구가 점점 증가하는 LA에서 퍼싱 스퀘어는 히스패닉 인구층을 문화적으로 배려하는 듯하다. 이곳에 사용된 색과 공원의 주요 건축물을 마감하는 스타코는 히스패닉 문화의 한 단면을 보여주고 있다.

이 새로운 공원은 이제껏 LA가 잃어버렸던 공원의 역할을 시민에게 되돌려 주는 것 같다. 도시의 번잡함 속에 조용히 생각할 수 있는 공원의 역할을 제공하면서 동시에 커뮤니티의 회복을 시도하고 있다.

공원의 기능은 무엇보다도 사회적 환경에 성공 여부가 달려 있다.

· 리차드 키팅, 1991
· 555 West 5th Street, Los Angeles, CA 90013
· www.socalgas.com/index/

*LA Downtown* | *007*

# 가스 컴퍼니 타워

The Gas Company Tower

LA 시내 빌트모아 호텔 건너편에 위치하며 남가주 가스 회사 본사가 있는 건축물이다. 리차드 키팅에 의해 설계된 가스 컴퍼니 타워는 1990년대의 현대 건축을 엿볼 수 있는 작품으로 완공 즉시 LA의 랜드마크가 되었으며, LA 시민들의 가장 좋아하는 건축물 중 하나이기도 하다.

고층 건축물에서 유리와 돌을 사용하는 것으로 유명한 SOM의 표현과 파란 유리로 마감된 건축 볼륨은 이 건축물에 힘과 역동적인 움직임을 불어 넣는 것처럼 보여진다. 무거움과 가벼움에 대한 대비를 위해 사용된 창문 내는 수법 또한 유쾌하다.

특히, 측면부의 날카로운 유리 매스와 대비된 돌의 처리는 건축물을 세련되게 보이게 한다.

외부의 석회석 패널은 서로 결합되어 있는 것이 아닌 안쪽의 강철 프레임에 걸려 있는데, 이것은 지진에 대비해서 패널이 각각 따로따로 움직일 수 있도록 하기 위한 것이라고 한다.

이러한 치밀한 계획은 지진이 잦은 LA의 고층 빌딩에서 일하는 근로자들의 스트레스를 덜어주는 것으로 느껴진다.

뉴욕의 WTC가 한때 미국 경제를 상징했듯이 가스 컴퍼니 타워도 미국경제를 상징하는 건축물 중 하나이다. 최상부의 유리부분이 배 모양을 닮아서 '선박' 이라는 별명을 가지고 있고 영화 스피드와 아일랜드 등에 배경으로 등장하기도 했다.

- 아서 에릭슨, 1992
- 350 South Grand Avenue, CA
- en.wikipedia.org/wiki/Two_California_Plaza

LA Downtown | 008

# 투 캘리포니아 플라자

## Two Califonia Plaza

투 캘리포니아 플라자는 54층에 229m 높이인 복합 업무공간으로 이루어진 타워로 LA 중심가의 벙커 힐 지역에 위치하고 있는 건축물이다. 아서 에릭슨이 설계한 176m 높이의 원 캘리포니아 플라자와 워터코트라는 수공간을 중심으로 마주 보면서 서 있는 투 캘리포니아 플라자는 벙커 힐의 랜드마크로서 석재로 마감된 저층부와 커튼월로 마감된 고층부로 구성되어 있다. 모서리가 커튼월의 곡선으로 처리된 2개의 타워는 캘리포니아 프로젝트의 일부로 3개의 타워로 계획되었으나 현재는 2개의 타워가 저층부에서 브릿지로 연결된 상태로 건축되었다.

LA의 벙커 힐은 80년대 거대 도시개발로 유명한 곳으로 1983년에 건축이 시작된 투 캘리포니아 플라자는 LA 중심가의 부동산 시장이 상당한 침체기 동안인 1992년에 완공되었으며, 그 중심적인 시설인 투 캘리포니아 플라자는 건축가 아서 에릭슨이 현상공모에 당선하여 실현되었다. 캘리포니아 프로젝트는 4개의 블록에 해당하는 45,000m²의 대지에 업무공간, 750호의 맨션, 400실의 호텔과 판매공간으로 구성된 복합 업무공간은 저층부에 열주랑으로 디자인, 보행자들의 흐름을 활성화 하고 있다.

저층부의 선큰광장은 수공간인 워터코트가 사람들의 휴식과 만남을 위한 공간으로 활성화시키며 실외공간에 마치 항아리 오브제 같은 구조물로 디자인된 멕시칸 레스토랑인 카사가 유명하며, 실내 디자인도 특이하기에 방문 시 식사나 커피라도 하기를 권한다.

WaterCourt

- 겐슬러, 2010
- 900 W Olympic Blvd, Los Angeles, CA 90015
- www.ritzcarlton.com/en/Properties/LosAngeles/Default.htm

*LA Downtown* | 009

# 리츠-칼튼 호텔 & JW 메리어트 호텔 The Ritz-Carlton Hotel & JW Marriott Hotel

리츠-칼튼 호텔과 콘도미니엄 레지던시, JW 메리어트 호텔은 54층과 26층 규모의 호텔들로 6개의 스포츠와 엔터테인먼트 블록으로 이루어진 LA 라이브 프로젝트의 하나이다. 특히 LA 라이브는 스포츠 및 컨벤션 산업으로 활성화하여 도시 재개발을 꾀하는 목적을 가진 프로젝트인 종합 엔터테인먼트 타운으로서 세계적인 호텔, 멀티 콤플렉스, 대형 스포츠 바 및 클럽 등으로 구성되어 있다. 스테이플스 센터와 인접한 호텔동들은 고층동과 중층동이 ㄱ자형 평면으로 결합된 구성을 취하고 있는 LA 라이브 단지의 타워형 랜드마크로서 리츠-칼튼 호텔은 123실, JW 메리어트 호텔은 878실의 객실로 이루어졌다. 고층부로 올라가면서 푸른색의 커튼월이 곡선으로 디자인된 외관이 인상적인 리츠-칼튼 호텔은 레스토랑, 갤러리, 회의, 이벤트 공간이 메인이며 26층은 클럽 라운지와 전용 옥상의 수영장과 바가 있다.

또한 호텔의 거의 모든 부분에서 LA의 가장 좋은 전망을 즐길 수 있다. JW 메리어트 호텔은 1층 로비는 3층까지 오픈한 대공간에 천장에서 오브제처럼 랜덤하게 매달린 직사각형 대형 조명들이 LED 조명이며 다양한 분위기의 연출이 가능하다. 계단과 에스컬레이터를 오르고 내리면서 보여지는 로비의 풍경은 층의 레벨에 따라 변화가 풍부하다. 1층의 라운지와 바는 손님들이 도심 속에 편히 쉴 수 있는 휴식공간으로 전후면이 커튼월로 마감, 밝은 분위기로 디자인하였으며 바닥에 조명이 내장된 바는 색채감이 있는 가구들을 배치하여 현대적인 분위기로 연출하였다.

- NBBJ, 1999
- 1111 S. Figueroa Street, Los Angeles, CA 90015
- www. en.wikipedia.org/wiki/Staples_Center

*LA Downtown* | 010

# 스테이플스 센터

## Staples Center

스포츠 관련 시설답게 에너지와 역동성을 컨셉으로, 비스듬하게 기울어진 원형 외관으로 디자인한 스테이플스 센터는 88,257m² 규모의 다목적 스포츠 및 엔터테인먼트 시설로 LA 다운타운의 컨벤션 센터 단지 옆에 위치해 있다.

측면의 모습이 항해하는 선박을 연상시키는 스테이플스 센터는 인접한 녹색 커튼월의 컨벤션 센터와 흐름을 맞추려고 하여 주 출입구가 있는 부분을 배경인 회색 금속 패널과 대비되는 녹색 커튼월로 하면서 커다란 적색 로고로 입구와 함께 센터의 존재감을 명확하게 표출하고 있다.

원형의 평면을 기본으로 하면서 도로를 따라 호루라기처럼 매스의 일부를 길게 돌출시킨 이 센터는 28.7m×61m 크기의 경기장을 갖추고 있다.

컨벤션 센터를 마주 보는 광장에는 스틸 파이프와 금속 망으로 마감한 끝이 뾰족한 타원형 조형물들을 설치하고 측면의 스타 광장에는 웨인 그레츠키나 매직 존슨, 오스카 델라 호야 같은 선수들의 동상을 설치하여 시설의 성격답게 역동적인 분위기를 조성하고 있다.

센터에서는 스포츠 경기 외에도 머라이어 캐리, 비욘세, 마이클 잭슨 등 유명한 연예인들의 콘서트나 그래미상 수상식 등의 이벤트 장소로도 사용되었다.

스테이플스 주식회사의 후원에 따라 스테이플스 센터로 명명된 센터는 실내 스타디움으로는 미국 최대 규모를 자랑하며 야간에는 커튼월 부분 등이 LED 조명으로 다양한 모습을 연출하고 있다.

- 페이 콥 프리드, 1989
- 633 West Fifth Street, CA
- www.usbank.com/en/PersonalHome.cfm



# 라이브러리 타워
## Library Tower

LA 시내에 위치해 원형처럼 보이는 하얀 건축물에 왕관을 쓴 것 같은 가장 눈에 띠는 모습으로 흔히, "크라운 타워"라고 불리는 건축물은 아르데코 풍의 LA 시립 도서관과 연계해서 계획되어졌다.

라이브러리 타워는 1986년 대화재에 의한 LA 중앙 도서관 재개발지역의 일환으로 세워졌고 도서관 길 건너편에 위치해 있어 라이브러리 타워로 알려져 있다.

굿휴가 설계한 야외계단이나 정원은 그대로 보존되어 과거와 미래가 잘 어우러져 있는 모습을 보여주고 있다.

타워는 310.3m의 높이로 1989년 완공 당시 미국에서 7번째로 높은 빌딩이었다. 세계에서 헬기착륙장이 있는 가장 높은 건축물이며 규모 8.3 지진에 지탱할 수 있게 설계되었다.

이 건축물의 내부는 시민들의 방문이 엄격히 제한되어 있어 73층의 높이만큼 제 역할을 하지 못하는 것으로 평가된다.

현재는 LA를 대표하는 고층 빌딩 중 하나이며, 각종 영화 인디펜던스 데이, 핸콕 등에 나와 더욱 유명해졌으며 우리나라에서는 용가리에 나와서 주목받았다.

· 찰스 럭맨, 1971
· 페이 콥 프리드 + 그룬엔 어쏘시에이츠(증축), 1993, 1997
· 1202 S. Figueroa St., CA
· www.lacclink.com

*LA Downtown* | *012*

# LA 컨벤션 센터

## Los Angeles Convention Center

LA 중심에 위치한 세계적 규모의 컨벤션 센터로 찰스 럭맨이 1971년 세웠던 건축물을 페이 콥 프리드와 그루엔 어쏘시에이츠가 협력하여 연면적 185,800m$^2$로 증축하였다. 1993년과 1997년에 증축한 컨벤션 센터 별관은 45m와 37.5m 높이의 초록색 커튼월로 마감을 한 두 개의 곡선형 타워와 백색의 철골로 구성된 외관이 인상적인 건축물이다. 과거 벽으로 폐쇄된 구성의 컨벤션 센터에서 탈피하여 개방적인 조셉 팩스톤의 크리스탈 팰리스에 영향을 받은 것 같은 커튼월 구성의 컨벤션 센터는 정면을 향한 두 개의 글래스 타워가 도시의 랜드마크로 강한 아이덴티티를 부각시키고 있다. 2층에서 보행자 통로로 연결되고 있는 두 개의 글래스 타워나 드럼형의 전시장은 후면에 나 있는 곡선형의 고속도로와의 맥락을 고려한 디자인으로 판단된다. 사우스 홀, 켄티아 홀, 웨스트 홀, 페트리 홀이라는 전시장과 극장, 식당 등 편의시설로 구성되어 있는 컨벤션 센터는 국제 게임 전시회, LA 오토쇼 같은 전시회를 비롯하여 비디오게임 전시회, 애니메이션 엑스포 등 다양한 전시회를 개최하였다. 입구를 통해 들어가면, 글래스타워의 거대한 커튼월 공간 안에 트러스들이 노출된 공간은 구조와 커튼월을 통해 들어오는 빛에 의해 색다른 실내 풍경을 연출하며, 야간에는 조명에 의한 타워의 변화가 매우 인상적이다. 현재 컨벤션 센터가 위치한 다운타운은 컨벤션 센터를 중심으로 기존의 의류, 물류, 보석 타운에서 스포츠 및 컨벤션 산업 타운으로 변모시켰으며 LA 라이브라는 세계적인 종합 엔터테인먼트 타운으로 조성하는 계획의 2단계 사업이 진행 중이다.

# 2

013 LA 현대미술관 / 014 월트 디즈니 콘서트 홀 / 015 파티나 레스토랑 / 016 도로시 챈들러 파빌리온 / 017 마크 테이퍼 포럼 & 아맨슨 극장 / 018 성모 마리아 성당 / 019 LA 공립 시각 & 무용예술학교 / 020 LA 시청 / 021 콜번 학교 / 022 LA 폴리스 디파트먼트 / 023 칼트랜스 제 7지구 본사 / 024 LA 경찰서 자동차 운송부 + 주차장 / 025 브래드베리 빌딩 / 026 밀리언 달러 시어터 / 027 레인보우 아파트 / 028 SCI-Arc 전문 건축대학교 / 029 LA 유니온 스테이션

013 The Museum of Contemporary Art / 014 Walt Disney Concert Hall / 015 Patina Restaurant / 016 Dorothy Chandler Pavilion / 017 Mark Taper Forum & Ahmanson Theater / 018 Cathedral of Our Lady of the Angels / 019 #9 Central LA Public High School for The Visual & Performing Arts / 020 Los Angeles City Hall / 021 The Colburn School / 022 Los Angeles Police Department / 023 Caltran District 7 / 024 LAPD Motor Transport Division + Main Street Parking / 025 Bradbury Building / 026 Million Dollar Theater / 027 Rainbow Apartments / 028 SCI-Arc The Southern California Institute of Architecture / 029 Los Angeles Union Station

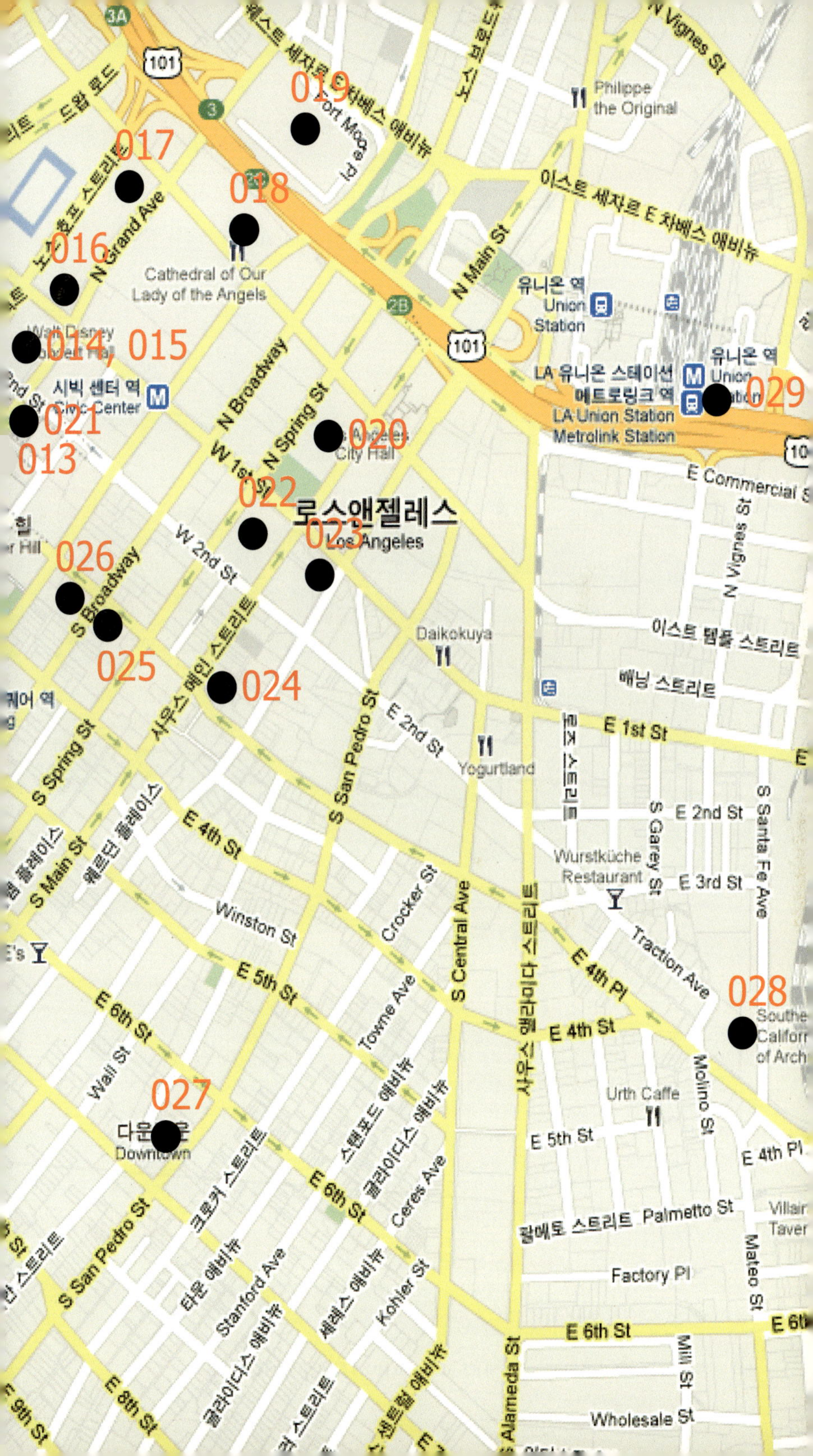
019
017
018
016
014, 015
021
013
020
029
022
023
026
025
024
028
027
Cathedral of Our Lady of the Angels
Philippe the Original
유니온 역 Union Station
LA 유니온 스테이션 메트로링크 역
LA Union Station Metrolink Station
시빅 센터 역 Civic Center
로스앤젤레스 Los Angeles
Los Angeles City Hall
Daikokuya
Yogurtland
Wurstküche Restaurant
Urth Caffe
다운타운 Downtown
N Grand Ave
N Broadway
N Spring St
W 1st St
W 2nd St
N Main St
이스트 세자르 E 차베스 애비뉴
E Commercial St
N Vignes St
이스트 템플 스트리트
배닝 스트리트
E 1st St
E 2nd St
E 3rd St
S Garey St
S Santa Fe Ave
Traction Ave
E 4th Pl
E 4th St
S Broadway
사우스 메인 스트리트
S Spring St
S Main St
웨르던 플레이스
E 4th St
Winston St
E 5th St
E 6th St
Wall St
S San Pedro St
E 2nd St
Crocker St
Towne Ave
S Central Ave
사우스 앨라미다 스트리트
Molino St
E 5th St
팔메토 스트리트 Palmetto St
Factory Pl
Mateo St
E 6th St
Mill St
Wholesale St
S Alameda St
Stanford Ave
Ceres Ave
Kohler St
E 8th St
E 9th St
101

· 아라타 이소자키, 1986
· 250 South Grand Avenue, Los Angeles, CA 90012
· www.moca.org

*LA Downtown* | *013*

# LA 현대미술관

## The Museum of Contemporary Art

LA 현대미술관은 아라타 이소자키가 처음으로 국제 설계경기에 당선되어 완성한 건축물로 그랜드 애비뉴 문화단지 거리 내 남쪽에 위치하고 있다. 미술관은 주거단지와 주차장을 연결하는 경사진 도로를 덮어서 만든 광장 위에 세워졌으며 동쪽에는 주거단지, 남쪽에는 사무단지, 서쪽에는 문화단지가 있다. 피라미드형의 외관이 인상적인 미술관은 2,280m$^2$의 규모의 건축물로 전시공간, 강당, 서점, 카페, 사무실과 관리시설 등으로 구성되어 있다. 건축물로 재료의 표면질감을 달리한 수평적 띠장의 붉은색 사암으로 마감되어 있으며, 두 개의 매스와 이를 연결하는 조형물이 있는 상부 광장과 출입구 개념의 하부 광장, 매스의 지붕은 기하학적 형태의 다양한 크기의 피라미드와 반원형의 볼트지붕으로 구성되어 있다.

전시장은 크게 7개의 연속된 방으로 나눠져 있고 각 방의 크기와 천정의 높이, 광천장의 크기를 달리 하여 전시품에 따라 다양한 수용이 가능하도록 설계되었으며, 특히 모든 전시실에 창문이 없는 구조로 인공조명을 통해 작가의 작품의도를 정확하게 반영하려고 하였다. 소장품들은 1900년대 이후 현대미술에서 현재 생존하는 작가의 작품들로 전시되어 있으며, 전시장 A, B에는 거대한 스카이라이트 아래 데이비드 스미스의 철조작품과 잭슨 폴록, 마크 로드코의 작품이 강렬하게 다가온다. 전시장 C, D에는 모제스, 비자 샐민스, 브라이스 마던의 작품이, 전시장 E에는 아그너스 마틴의 그림과 루이스 네벨슨의 조각이 어두운 조명 아래 신비스러운 자태를 드러내고 있다.

- 프랭크 게리, 2003
- 111 South Grand Avenue Los Angeles, CA 90012
- www.disneyhall.org

*LA Downtown* | *014*

# 월트 디즈니 콘서트 홀

## Walt Disney Concert Hall

LA 다운타운에 위치한 월트 디즈니 콘서트 홀은 월트 디즈니를 기리기 위하여 미망인의 의뢰로 건축된 공연장 용도의 콘서트 홀이다.

해체적인 외형을 한 콘서트 홀은 89,300m$^2$ 규모의 건축물로 장미꽃이 피어나는 모습을 형상화 하여 주변의 건축물들과는 대비되는 강렬한 형태를 취하고 있다.

이런 형태의 강렬함 때문에 좌측에 상자형의 매스를 배치하여 대비를 통해 완화시키려는 노력도 보인다.

외관의 주재료로 사용된 스테인리스 스틸은 빛을 반사하여 주변 지역의 온도를 상승시킨다는 비판도 있으나 건축가 프랭크 게리가 디자인한 독특한 외관은 피어나는 장미꽃이나 거대한 봉화, 혹은 돛이 펼쳐진 범선 같이 다양한 상상력을 만들어내는 LA의 랜드마크이기도 하다.

콘서트 홀의 내부는 도쿄의 산토리 홀을 설계한 일본의 음향학자 야스히사 도요타가 디자인하여 완벽한 음향효과가 나도록 하였다.

무대는 중앙에 위치한 아레나 타입으로 모든 청중이 무대를 향해 앉을 수 있도록 좌석을 배치하였으며 물결 모양의 천정 역시 음향을 고려하여 디자인된 것으로서 건축가가 디자인한 독특한 모양의 파이프 오르간이 정면에 설치되어 있다.

기울어지고 구부러진 월트 디즈니 콘서트 홀의 외부 계단을 오르내리면서 관람객들은 마치 큰 파도를 자유로이 헤엄치는 듯한 느낌을 받게 되며, 내외부에서 접근 가능한 건축물 상부에 위치한 정원과 릴리안 디즈니를 기리는 백장미 형태의 작은 분수가 인상적이다.

정원에서 오브제 같은 건축물 사이로 보이는 하늘의 풍경 역시 제임스 터렐의 작품처럼 새로운 느낌으로 다가온다.

콘서트 홀에 인접하여 북쪽에 마크 테이퍼 포럼, 아맨슨 극장, 도로시 챈들러 파빌리온과 함께 있는, 이 지역은 LA 공연문화의 본거지이기도 하다.

· 벨츠버그 아키텍처, 2003
· 111 South Grand Avenue Los Angeles, CA 90012
· www.disneyhall.org.
· www.belzbergarchitects.com

*LA Downtown* | *015*

# 파티나 레스토랑

## Patina Restaurant

월트 디즈니 콘서트 홀 1층에 위치한 파티나 레스토랑은 건축가 프랭크 게리의 해체적인 디자인의 맥락을 취하기 위하여 실내공간을 출렁이는 물결처럼 표현하였다. 과거 게리의 사무실에 근무하기도 하였던 벨츠버거는 공연 전후의 가장 활기찬 장소인 레스토랑을 극장의 커튼 이미지와 연결시켜 간접적으로 공간에 반영하였다.

실내공간은 시각적으로 스트레칭 모션을 연상시키는 스크린에 물결무늬를 만들어 고정시켰으며, 얇고 견고한 호두나무 패널을 출렁이는 극장식 커튼형으로 깎아서 설치하였다. 실내의 대부분에 커튼형의 벽체를 설치하면서 비대칭 배치를 통하여 개방된 공간에서 경계를 구획하였다.

물결모양이 가장 깊은 곳은 천정에, 곡선형 합판 표면에는 그 사이에 콜드캐소드 조명을 설치하여 연출하도록 디자인하였다.

줄무늬 사이에 위치한 조명이 만들어내는 커다란 물결무늬로 인하여 천정의 패널들은 곡선 간에 변화하는 스케일감을 만들어 주며 동적인 운동감을 부여한다.

주 출입구로 들어서면 대기실을 중심으로 큰 홀로 된 식음공간과 개별 파티실로 나누어지며, 정면에 위치한 바는 정렬된 와인병의 코르크 마개가 배경 조명처럼 반투명한 벽 패턴을 형성하고 있다.

· 월튼 베킷, 1964
· 135 North Grand Avenue
Los Angeles, CA 90012
· www.musiccenter.org

LA Downtown | 016

# 도로시 챈들러 파빌리온
## Dorothy Chandler Pavilion

LA 다운타운에 위치한 도로시 챈들러 파빌리온은 미국 내 규모가 가장 큰 3대 예술공연장에 포함되며, LA 오페라단과 뮤직 센터 무용단의 주 공연장으로 1987년까지 아카데미 시상식이 거행되던 역사적인 장소이다.

근대적이고 클래식한 외관은 27m 높이의 장엄한 기둥과 유리와 석재의 조화를 이룬 환상적인 모습으로 연주 홀과 로비를 감싸고 있다.

외부의 분수는 바닥에서 솟아 올라 다양한 변화와 함께 공연장을 찾은 사람들의 쉼터가 되는 광장이다.

약 3,200명의 관객을 수용할 수 있는 공연장의 객석은 모두 4층으로 이루어져 있고 넓은 곡선의 대리석 계단과 아름다운 샹들리에와 유명한 조각들이 배치되어 있다.

넓은 무대를 정면에 배치하고 관람석은 오케스트라(Orchestra), 서클(Circle), 로즈(Loge), 발코니(Balcony) 순서로 4개 부분으로 구분되어 있다.

· 리오스 클레멘티 헤일 스튜디오, 2008
· 135 North Grand Avenue, Los Angeles, CA
· www.centertheatregroup.org/theatres
· www.nytimes.com/interactive/2008/08/27/heater/20080827_mark_taper_forum2/index.html#



# 마크 테이퍼 포럼 & 아맨슨 극장 Mark Taper Forum & Ahmanson Theater

LA 그랜드 애비뉴선상 1가와 템플 스트리트 사이에 위치한 공연예술 단지인 마크 테이퍼 포럼 & 아맨슨 극장은 서부를 대표하는 문화의 중심지이자 LA 음악과 연극의 전당이라 할 수 있다. 1967년에 개관한 이 건물은 웰튼 베켓이 건축하고 토니 듀켓이 디자인했다. 건축물 원형공간의 외벽 부조는 잭크 오버홉이 디자인하였다.

이 거대한 단지의 플라자에 위치한 화려한 조명과 함께 물줄기를 뿜어대는 분수대와 잭크 립시츠의 조각 작품이 지나는 사람들의 시선을 끈다. 월트 디즈니 콘서트 홀과 도로시 챈들러 파빌리온, 마크 테이퍼 포럼, 아맨슨 극장 등 4개의 커다란 공연장으로 이루어져 있다.

이 중 마크 테이퍼 포럼은 공연장 중 가장 규모가 작은 원형극장으로서 전위극이나 개인의 미니음악회 같은 소규모 현대극이나 실내 연주 등 실험적인 작품을 공연하는 곳으로 이용된다.

뮤직센터 북쪽의 아맨슨 극장에서는 주로 대형 뮤지컬이나 오페라 등이 펼쳐진다.

총 4레벨, 그리고 세 개의 지하 주차장과 주차 라운지층, 광장 수준의 작은 2,508$m^2$ 공연장과 강당, 두 공간을 위한 사무실이 있다.

내부는 라운지가 원래 구조의 원호와 일치하고 베켓의 디자인의 일부처럼 보이며, 로비공간은 포럼의 건

축물 외관의 곡선을 그대로 유지하고 있다.

1967년 토니 듀켓이 디자인했던 그대로의 모습을 보존하고 있으며, 건축물 외관도 41년 전 월튼 베켓이 건축했던 모습 그대로이다. 잭크 오버홉의 외벽 부조 또한 그대로 보존하고 있다.

리오스 클레멘티 헤일은 실내의 카펫과 라운지의 세련된 알루미늄 천장에 원형의 모티브를 적용하였다.

남자, 여자, 가족, 장애가 있는 손님을 위한 화장실은 아래층 라운지 엘리베이터와 계단에 의해 접근이 편안하게 만들어졌다. 무대 부분은 드레싱 룸과 옷장 등을 포함하여 확장하였다.

· 라파엘 모네오, 2002
· 555 W Temple Street Los Angeles, CA90012-2707
· www.olacathedral.org

*LA Downtown* | 018

# 성모 마리아 성당

## Cathedral of Our Lady of the Angels

LA 다운타운 북단 고속도로변의 벙커 힐 지역에 위치한 24,090m²의 긴 정방형 입지에 세워진 성모 마리아 성당은 LA 대교구 주교좌 성당을 위한 건축물이다. 1994년 LA 지역의 대지진으로 성 비비아나 성당이 재건이 불가능할 정도로 파손되어 LA시가 1996년 성 비비아나 성당을 폐쇄하기로 결정하여 새로운 성당의 건립이 필요하게 되어 문화 중심지인 다운타운 벙커 힐 지역의 템플과 그랜드 애비뉴에 면한 입지에 건립되었다. 6년 후인 2002년 9월 성모 마리아 성당은 3,000명을 수용할 수 있는 대성당과 15층 높이의 종탑, 광장과 컨퍼런스 홀을 갖춘 성당으로 호세 라파엘 모네오에 의해 완공되었다. 건축가는 전형적인 성당에서 탈피하여 주 출입구가 전면에 위치하게 디자인, 방문객들이 주저 없이 성당으로 들어오도록

설계하여 진입 시 수공간에 새겨진 성경 구절들이 들어오는 사람들에게 마음을 순화시키도록 하였다.

따뜻한 느낌의 칼라 콘크리트로 마감된 기념비적인 외관의 성당은 야간에는 빛을 투과하는 알라바스타 대리석 벽체와 얇게 켠 반투명의 줄마노석 창 패널 사이로 내부의 조명이 흘러 나온다. 성당 입구의 25톤 무게에 달하는 청동 문과 그 위의 성모 마리아 조각은 멕시코 출신 조각가 로버트 그라함의 작품으로 유명하다. 실내에 들어서면, 파이프 오르간과 함께 천정에 매달린 오브제 같은 조명과 스피커는 천정과 벽체에 투과되는 빛에 의해 엄숙하면서 웅장하게 느껴지도록 연출되어 있다. 신자들이 좀 더 가까이 하기 쉽게 디자인된 성당은 라틴 십자 평면으로 설계되었으며, 넓은 중앙 제단을 축으로 회랑과 성체 조배실이 자리하고 있으며, 좌우 벽화에서 국내 최초의 순교자인 김대건 신부의 모습도 볼 수 있다. 외부 광장에는 숍과 카페가 있어 기념품과 담소를 나눌 수 있는 공간이 마련되어 있으며 관광객을 위하여 매일 오후 1시 투어를 진행하고 있다.

- 코프 힘멜블라우, 2009
- 450 N. Grand Ave. Los Angeles

*LA Downtown* | 019

# LA 공립 시각 & 무용예술 학교

## #9 Central LA Public High School for The Visual & Performing Arts

성모 마리아 성당 건너편의 구릉지에 성당과 대비를 이루는 나선형, 삼각형 등 다양한 매스들이 춤을 추는 듯하게 구성된 타워가 있는 인상적인 건축물을 발견하게 된다. 디즈니 콘서트 홀 등 LA 중심지의 문화, 예술지역과 연결된 지상 4층에 연면적 39,578m² 규모의 건축물은 다름아닌 LA 공립 시각 & 무용예술 학교로 국내의 고등학교와는 달리 건축물 자체에서도 예술을 하려는 청소년들을 위한 공간다운 역동적인 분위기가 감지된다.

시각과 무용예술을 가르치는 이 학교는 마치 작은 마을 같은 구성으로 구릉지의 레벨차를 이용하여 남쪽에 극장을 두고, 중앙에 도서관을 배치하면서 음악, 무용, 연극, 시각예술의 4개 학과별 건축물들의 매스를 배치하였다. 가장 시각적으로 부각되는 경사진 지붕을 한 극장 기능의 매스 위에 나선형 형태가 휘감고 있는 타워형 건축물은 학교의 명칭인 #9의 평면적인 형상을 입체화하면서 도심 속에서 성당과 대비되는 또 하나의 랜드마크가 되도록 표현하였다.

단지의 레벨차에 의해 형성된 옥외의 거대한 계단은 수직 동선이면서 다양한 이벤트를 위한 객석이 되기도 하며 휴식의 공간으로서의 기능도 한다. 외부에서 직접 접근이 가능한 1,000명을 수용할 수 있는 극장의 로비는 전시장으로도 활용이 가능하게 디자인하였으며, 지역의 시설로도 사용 가능하게 하였다. 중앙에 배치된 천창이 있는 원추형 도서관은 극장과 학과별 건축물들을 연결하고 있다.

인도에 면해 나 있는 커다란 원형 창들은 생동감 있는 외관을 만들면서 시민들에게 학교에서 어떠한 활동들이 이루어지나를 알려주는 시각적인 접촉의 창구이기도 하다. 오스트리아의 건축가 팀인 코프 힘멜블라우의 건축적 사인이라는 컨셉으로 디자인한 학교는 다양한 구성을 한 해체주의 스타일로 틀을 탈피하려는 전위적인 형태와 프로그램과 학교라는 보수적인 틀이 대립하고 있는 인상을 주고 있는 건축물로써 2011년 레드닷 디자인 어워드를 수상하기도 하였다.

· 존 파킨슨, 알버트 C. 마틴, 존 C. 오스틴, 1928, 2002(개수)
· 200 North Spring Street Los Angeles
· http://en.wikipedia.org/wiki/Los_Angeles_City_Hall



# LA 시청

## Los Angeles City Hall

LA 시청사는 유니온 스테이션 등 주요한 건축물들이 있는 시 중심부에 위치한 32층, 높이 138m를 한 46,000m2 규모의 관공서로 1964년까지 40여 년간 시의 스카이라인을 점유한 상징적인 존재였다.

대칭적인 기단부에 세워진 시청사의 상부는 그리스의 할리카르나소스에 건조된 마우솔레움과 1926년 건축된 LA 공공도서관을 모티브로 디자인한 건축물로 시청의 업무공간, 회의실, 시의회의 사무실 등이 있다.

기단부의 비잔틴 양식을 한 아치가 있는 기둥으로 구성된 주 출입구를 지나면, 인상적인 로툰다에 이어 아름다운 모자이크 돔의 실내공간이 나타나는 건축물로 존 파킨슨의 건축설계, 알버트 C. 마틴의 구조디자인, 존 C. 오스틴의 실시설계라는 협동작업에 의한 산물이다.

타워부의 콘크리트 구조는 LA 지역 58개 군의 모래와 역사적인 21개 장소의 물을 이용하여 시공한 것으로 유명하며 수퍼맨의 모험이나 페리 메이슨 등 영화나 드라마에 자주 등장하였다.

시청사는 1976년 LA의 역사문화 기념물로 지정되었으며 2002년 개수하였다.

· HHPA, 1998
· 200 South Grand Avenue, Los Angeles, CA 90012
· www.colburnschool.edu

*LA Downtown* | 021

# 콜번 학교
## The Colburn School

음악, 무용, 연극을 교육하는 콜번 학교는 LA 현대미술관 옆의 문화 중심지에 위치한 교육 용도의 건축물로 스트라이프가 있는 벽돌로 마감된 사각형 매스 위에 놓여진 금속의 박공형 지붕이 인상적인 외관을 하고 있다.

1950년 설립된 학교는 리처드 D. 콜번의 기부로 세워져 콜번 학교라고 불리게 되었으며, 무용예술학교, 콜번 아카데미 예비학교, 음악학교라는 3부분으로 구성되어 있다. 이 학교는 커튼월로 마감된 주 출입구를 중심으로 거대한 박공형 지붕으로 구성된 지퍼 홀과 사각형 매스 위에 작은 박공형 지붕을 한 리허설 룸, 마스터클래스, 댄스 스튜디오가 있는 매스로 구성되어 있다.

건축가 팀은 3층 규모의 학교를 주변 건축물과의 맥락을 고려, 벽돌로 마감하면서 유리와 금속의 적절한 조합과 함께 입면의 닫힌 부분과 열린 부분의 반복으로 리듬감있는 구성의 건축물로 디자인하였다.

실내로 진입하면, 로비에는 곡선의 벽면과 천창에서 쏟아지는 빛, 상승하는 듯 한 수직형 계단으로 역동감있는 공간으로 연출하였다. 좌측에는 곡선형 벽을 부각시켜 방향성을 유도하면서 우측에는 지퍼 홀을 배치하면서 2층에는 천창의 빛으로 공간의 깊이감과 풍부함을 느낄 수 있다. 야간에는 외관을 외부의 업라이트와 홀의 지붕을 따라 내부에서 새어나오는 조명으로 도심 속에서 인상적인 풍경을 연출한다.

- 로스 앤 셰퍼드 + 에이콤, 2009
- 150 North Los Angeles Street, Los Angeles, CA 90012

*LA Downtown* | *022*

# LA 폴리스 디파트먼트

## Los Angeles Police Department

LA 타임스와 교통국 근처에 위치한 LA 폴리스 디파트먼트는 커튼월의 ㄱ자형 매스에 석재로 마감한 삼각형 매스가 관통한 것 같은 외관이 인상적인 건축물이다.

이 건축물은 삼각형과 사각형 및 재료의 대비에 의한 역동적인 외관으로 경찰서라는 관공서 성격의 건축물을 강한 이미지로 부각시키고 있긴 하지만 또 한편으로는 휴먼스케일의 부속동을 통하여 그 이미지를 순화시키고 있다.

11층에 14,050m$^2$ 규모의 경찰서는 분리된 부속동의 카페, 강당과 광장, 방송국 등을 지역사회에 개방하여 지역과 교류를 활성화 하고 있다.

이것은 최근 경찰서도 수사와 대민 관련 존을 분리하여 지역에 시설을 개방하여 지역사회에 공헌하는 흐름과도 관련된 것이다.

경찰서와 부속동을 연결시키는 공공 광장은 녹색공간으로써 건축물 사용자뿐만 아니라 시민들에게도 휴식을 제공하고 있으며 벤치나 조경시설물들이 오브제처럼 디자인된 것이 인상적이다.

LA 폴리스 디파트먼트는 관공서이지만 친환경적인 조명과 지붕 시스템, 고성능 유리, 재생 가능한 건축 자재를 사용한 지속가능한 건축물이다.

LOS ANGELES POLICE

· 모포시스, 2004
· 100 South Main Street, CA 90012
· www.dot.ca.gov
· www.morphopedia.com

*LA Downtown* | *023*

# 칼트랜스 제 7지구 본사

## Caltran District 7

칼트랜스 제 7지구 본사는 LA 시내의 사우스 메인 거리에 위치한 캘리포니아 교통국의 업무용 건축물로 100번지라는 위치를 알리는 거대한 로고가 건축물과 일체화 되어 랜드마크 역할을 하는 인상적인 외관을 하고 있다.

도로측의 파사드를 알루미늄 펀칭메탈의 더블 스킨의 기계미학적인 외관으로 디자인한 13층의 본동과 저층부로 구성된 111,480m² 규모의 교통국을 위한 건축물은 그 기능과 연관시켜 모포시스의 톰 메인은 자동차를 디자인 컨셉으로 하였다.

자동차가 움직이는 건축물과 같은 역할을 하듯이 거대한 기계와 같은 분위기를 표출하고 있는 업무용 건축물은 더블 스킨의 패널이 태양 빛에 반응, 자동으로 개폐하여 파사드의 표정을 만들면서 빛을 차단하듯이 메카니컬 스킨으로 운전하는 사람을 보호하는 것 같은 자동장치를 갖춘 기계처럼 디자인하였다.

이외에도 남측 파사드 전체에는 광전지를 설치하여 건축물이 소비하는 소비에너지의 5%를 절감하는 태양광 발전시스템과 함께 엘리베이터도 3층마다 멈추는 스킵 스톱시스템을 채용하는 등 친환경적인 디자인을 하였다.

교통국 건축물의 가장 큰 특징은 메인 로비를 외부에 배치한 것으로, 역동적이면서 기계미학적인 구조물로 둘러싸인 옥외광장은 1,000명이 모일 수 있는 옥

외카페 기능도 하면서 전시실, 카페테리아를 1층 광장에 인접 배치하여 시민들을 위한 사교의 장으로 기능하게 한다.

자동차의 전조등에서 힌트를 얻어 디자인한 저층부의 외벽에 설치된 적색과 청색으로 구성된 키스 소니어의 네온 설치조형물인 모터돔과 함께 오브제 같은 광장의 벤치 구조물은 건축과 설치조형물, 가구가 하나로 통합된 분위기를 표출하고 있다.

· 존 프리드먼 앨리스 킴 아키텍처, 2010
· S Main St 260 Los Angeles California CA 90012
· www.jfak.net

*LA Downtown* | 024

# LA 폴리스 자동차 운송부 + 주차장 LAPD Motor Transport Division + Main Street Parking

LA 경찰서 자동차 운송부 겸 주차장 빌딩은 새로운 경찰서 본부 근처에 위치한 5층, 27,600m$^2$ 규모의 800대를 수용하는 건축물로 콘크리트 구조물 전면에 프린팅한 스테인레스 스틸 메쉬를 설치한 파사드가 인상적이다.

경찰서를 위한 주유소, 주차장과 세차장 등이 있는 건축물을 콘크리트 구조에서 돌출시킨 식물 문양을 프린팅한 메쉬를 변화감 있게 설치, 관공서 관련 시설답지 않게 경쾌한 이미지로 변신시켰다.

마치 베일처럼 파사드를 덮은, 두가지 패턴의 식물 문양을 열 처리로 프린팅한 폭 2.4m의 스테인리스 스틸 메쉬는 압력 스프링에 의해 팽팽한 상태로 유지가 가능한 파사드로 LA의 녹색 이미지를 상징하기도 한다.

야간에는 업라이트 조명에 의해 밝은 분위기를 연출하는 주차장 겸 경찰서 운송부 용도의 건축물은 기능적인 건축물인 동시에 LA시의 이미지를 개선하는 간판의 기능도 하고 있는 것이다.

마치 하이테크한 이미지와 간판으로서의 건축이란 이미지가 결합하여 만들어 낸 건축물은 한국인인 앨리스 킴이 파트너로 있는 존 프리드먼 앨리스 킴 아키텍처의 작품이기도 하다.

· 조지 H. 와이만, 레빈 & 어쏘시에이츠(개수), 1893, 1991
· 304 South Broadway, CA
· en.wikipedia.org/.../Bradbury_Building

*LA Downtown* | 025

# 브래드베리 빌딩

## Bradbury Building

브래드베리 빌딩은 광산업자였던 대부호 루이스 브래드베리의 이름을 따서 지은 5층 규모의 건축물로 이탈리안 르네상스 양식의 외관이 인상적이다.

갈색 벽돌과 테라코타로 마감한 이 건축물은 1893년 조지 H. 와이만이 설계하였으며 폐쇄적인 분위기의 외관과는 달리 천창과 함께 36m×14m 크기의 빅토리안풍 중정의 밝고 개방적인 실내공간으로 디자인한 것이 최대 특징 중의 하나이다.

실내에 들어서면, 밝은 분위기의 공간과 함께 중정을 향하여 설치된 금속제 난간과 높이 15m 중정에 설치된 개방된 구조의 엘리베이터가 눈에 들어 온다. 중정에서 보여지는 벽돌에 테라코타 타일로 마감된 벽, 멕시코산 타일의 바닥, 벨기에산 대리석과 프랑스산 철제 장식과 정교한 목조로 장식된 계단은 섬세하게 디자인된 것이 장인의 기술을 느끼게 한다.

브래드베리는 처음에는 건축물 설계를 지역 건축가인 샘너 헌트에게 맡겼으나 실제 완성한 것은 헌트의 사무실에 근무했던 조지 H. 와이만이 완성하였다.

와이만은 설계를 하면서 그 당시 베스트셀러였던 에드워드 벨라미가 2000년대의 유토피아 사회를 그린 소설 '뒤를 돌아보면' 에서 영감을 받아 디자인하였기에 폐쇄적인 외관과는 다른 인상적인 실내공간을 창조하였다.

현재 LA 경찰청의 일부 부서가 입주해 있으며, 그 외에 몇몇 정부 기구들이 입주해 있다. 이 건축물은 1971년에 정부등록문화재로 지정되었으며 1977년에는 국립사적지로 지정되었다.

다가 올 미래를 상상하여 만든 건축물이기에 미래 사회를 그린 블레이드 러너(1982) 같은 영화를 이곳에서 촬영한 것은 당연한 일인지도 모르겠다.

바로 마주 보는 건너편에는 알버트 마틴이 설계한 밀리온 달러 시어터(1918)나 그랜드 센트럴 마켓(1917) 같은 역사적인 건축물이 있으니 시간이 있다면, 방문해 보기 바란다.

- 앨버트 마틴(건축), 윌리엄 울렛(실내), 조셉 모라(조각), 1918, 2006(개수)
- 307 South Broadway, Los Angeles, CA 90013
- en.wikipedia.org/wiki/Million_Dollar_Theater

*LA Downtown* | *026*

# 밀리언 달러 시어터

## Million Dollar Theater

밀리언 달러 시어터는 기업가 그로맨이 미국에 건축한 첫 번째 궁전식 극장으로 LA의 역사적 건축물인 브래드베리 빌딩 건너편에 위치하고 있다. 저층부의 아치가 인상적인 밀리언 달러 시어터는 스페인 식민지 리바이벌 양식의 건축물로 알버트 마틴의 12층 빌딩과 기단부의 윌리엄 울렛이 디자인한 2,345석 규모의 극장이 합쳐진 것이다.

극장의 외부 조각들은 조셉 모라에 의해 스페인 바로크 양식으로 제작되었으며 건축은 건축가 알버트 마틴, 실내는 윌리엄 울렛이 디자인하는 등 각 분야의 최고 전문가들이 협력하여 만들어졌다.

외관처럼 화려한 디자인을 보여주는 극장은 높은 프로시니엄 아치를 갖춘 공간으로 영화 상영을 위해 만들어졌으나 무대 설치, 오케스트라 등의 다른 기능도 가능하다. 붉은색과 황금색이 주로 사용된 실내는 황금빛 조명으로 화려하고 풍부하게 연출하여 중세의 성당을 연상시킨다. 이 건축물의 실내디자인은 당시 지어진 대부분의 궁전식 극장에 비해 고전적인 느낌이 강하게 나지만 아직도 화려함과 웅장함은 보는 이들로 하여금 감탄을 자아내게 한다. 업무공간은 2006년 주거공간으로 개수하였으며 냇 킹 콜이나 호세 펠리치아노 등이 공연을 하였던 극장은 문을 닫았다가 2008년에 재개관하였다.

· 마이클 말찬 아키텍처, 2006
· 643 S. San Pedro Street, Los Angeles, CA 90014

*LA Downtown* | 027

# 레인보우 아파트

## Rainbow Apartments

LA 다운타운의 슬럼가인 산 페드로 스트리트에 위치한 6층 규모의 백색 매스를 한 저소득자를 위한 집합주거로 88개의 주거 유닛으로 구성되어 있다.

중정으로 중심으로 상층부에서는 부분적으로 열린 U자형 평면을 취하고 있는 집합주거용 건축물은 1층에 사무실과 컨퍼런스 등을 위한 공용공간, 나머지 5개 층은 주거공간으로 구성되어 있다.

주거공간은 88개의 주거 유닛과 식사공간, 부엌 및 미팅룸들과 세탁소 및 야외의 모임공간으로 구성하여 거주자들의 편의를 꾀하였다.

각 층에서는 중앙의 중정을 중심으로 가운데로 모이며, 이는 거주자들의 연결과 소통을 위한 공간이면서 사회적 개방감과 함께 공간의 깊이를 만들어 내고 있다. 또한 2층에서 브릿지처럼 연결된 매스의 옥상공간을 거주자들을 위한 휴식공간으로 사용하는 등 디자인을 통한 배려를 하고 있다.

외관은 단순한 백색의 매스이나 랜덤하게 구성된 창들이 만드는 입면의 리듬감, 그리고 창에 부착된 금속의 루버 안쪽이 적색으로 도장되어 있어 사람들이 움직이는 것에 따라 외관이 다르게 느껴지는 인상적인 건축물이다. 중정측에서도 외부의 이미지와는 다른 모습을 보여주는 등 저소득자를 위한 집합주거이지만 세심한 디자인적인 배려가 보이는 건축물이다.

· 해리슨 올브라이트, 게리 페이지 (개 · 보수), 1907, 2001(개 · 보수)
· 960 E. 3rd Street Los Angles, CA 90013
· www.sciarc.edu

*LA Downtown* | 028

# SCI-Arc

## The Southern California Institute of Architecture

SCI-Arc는 LA 다운타운에 위치한 건축대학교로 유럽의 AA스쿨에 필적하는 전위적인 교육을 하는 학교로 유명하다.

모포시스의 톰 메인, 닐 디나리, 에릭 오웬 모스 같은 유명 건축가들이 학장을 지내기도 한 건축대학교는 실제로 가보면, 슬럼가처럼 느껴지는 지역 환경과 창고 같은 학교 건축물이 AA스쿨처럼 과연 유명한 SCI-Arc인가가 의심이 들 정도이다.

원래 교사동은 1907년 건축가 해리슨 올브라이트가 설계한 두 동의 381m 길이의 긴 철근콘크리트구조의 차고였으나 1990년경 한 동은 파괴되었다. 2001년 SCI-Arc의 교수였던 게리 페이지는 기존의 건축물을 실내에 철골구조를 삽입하여 건축교육을 위한 공간으로 개수하였다.

천정고가 높은 공간에 맞추어 부분적으로 2개층이나 3개층으로 만든 공간은 공간의 성격에 맞게 층고가 낮은 곳은 세미나실이나 도서관, 층고가 높은 곳은 스튜디오나 전시공간으로 디자인하였다.

외관과 달리 공간 분위기는 거친 느낌은 들지만 공간의 부분 부분에 학생들이 설치한 전위적인 디자인의 실내 구조물들이 건축대학교의 디자인적인 분위기를 표출하고 있다.

공간은 교육공간이라는 기능적인 측면과 공간을 통

하여 창의적인 디자인을 체험하는 두 가지 측면을 만족시키고 있다.

SCI-Arc의 졸업생들이나 교사들은 미국 서부지역에서 활발하게 활동하면서 창의적인 분위기의 공간에서 교육받은 내용들을 전파하는 전도사의 역할을 충실하게 하고 있으며 마이클 로톤디나 닐 디나리 등이 바로 그들이다.

· H. L. 길먼 + 산타페 철도국 + 서던 패시픽 철도국 + 유니온 패시픽 철도국 + 존 & 도널드 파킨슨, 1939

· 800 North Alameda Street Los Angeles, CA 90012

*LA Downtown* | 029

# LA 유니온 스테이션

## Los Angeles Union Station

대륙 횡단 열차 및 암트랙이 발착하는 서부의 현관 역할을 하는 LA 유니온 스테이션은 백색으로 마김힌 외관에 주출입구의 거대한 아치, 비대칭적으로 배치한 종탑, 붉은 색 타일로 마감한 지붕 등이 인상적인 역 기능을 하는 건축물로 1939년에 오픈하였다.

T자형 평면을 한 역은 네덜란드 식민지 복고 양식의 외관과는 달리 실내공간은 스페인 복고주의, 아르데코, 인디안 양식을 절충하여 디자인하였다.

절충적인 디자인의 실내공간은 다양한 색의 테두리에 적갈색 바닥 타일, 스페인 양식에 영향받은 샹들리에, 유선형의 대기실 가구, 아르데코 양식의 사인 등으로 표현되었다.

역에서 가장 하일라이트는 높은 천정고를 한, 거대한 로툰다 형의 매표를 위한 공간으로 돔형 지붕에서 들어오는 빛과 사람들의 모습을 묘사한 거대한 벽화가 압권이다.

역은 여행객들에게 건축물 자체 외에도 옥외공간인 중정의 분수나 수목들이 우거진 환경으로 LA의 쾌적한 날씨에 걸맞는 분위기를 제공한다.

역의 대기공간은 리들리 스콧 감독의 전설적인 공상과학 영화인 블레이드 런너의 배경이 되기도 하였다.

# 3

030 조선갈비

**030 Chosun Galbee**

030
W 9th St
W 9th St
St Andrews Pl
S Gramercy Pl
스턴 애비뉴
엣플라자(코리아
타운플라자내)
Koreatown Plaza
샌 마리노 스트리트
San Marino St
Gramercy Dr
S Western Ave
S Serrano Ave
W Olympic Blvd
웨스트 올림픽 대로
S Gramercy Dr
사우스 세인트 앤드류스 플레이스
사우스 그라머시 플레이스
무등산숯불갈비
MuDungSan
Korean BBQ
W 11th St
S Oxford Ave
EL CHOLO
해링턴 애비뉴
사우스 세라노 애비뉴
컨트리 클럽 드라이브
S Manhattan Pl
사우스 웨스턴 애비뉴
W 12th St
W 12th Pl
W Pico Blvd
웨스트 피
선레이 이스트 컨
베일즈센트 병원
Sunray East
Convalescent
Hospital
W 14th St
사우스 옥스퍼드 애비
W 15th St
15th St
S Western Ave

· 스튜디오 RCL(리차드 커츠 룬드퀴스트), 2001
· 3330 West Olympic Boulevard Koreatown
· www.chosungalbee.com
· www.rcl.net

*LA Downtown* | *030*

# 조선갈비

## Chosun Galbee

LA 코리아타운의 중심에 신축한 한식당인 조선갈비는 리차드 룬드퀴스트라는 모포시스 출신의 건축가가 디자인한 건축물답게 금속의 골조를 사용하여 특이한 공간감을 연출하고 있다. 기존의 건축물을 개조하려던 것을 지진 등의 문제로 신축한 건축물은 높이 3m의 외벽으로 둘러싼 형식으로 외부의 소음을 차단하여 도심 속에서 외부의 자연과 실내공간의 구분이 없는 자연스러운 분위기를 연출한 식당으로 디자인하였다.

디자인의 초점은 외부에서 보았을 때는 폐쇄적이나 실내에서는 마치 갈비의 늑골을 연상시키는 철골구조와 유선형의 목조로 마감된 개방적인 분위기에서 식사를 하게 하려는 의도이다.

작은 외부의 정원을 통하여 철골재의 퍼골라 구조를 따라 진입, 오브제 같은 방게트룸들이 있는 공간을 지나면 메인 다이닝이 있는 리셉션 공간이 나타나는 공간 구성으로, 리셉션 공간의 알루미늄재 카운터도 하나의 기능적인 오브제처럼 디자인한 것이 인상적이다. 식당의 트레이드마크 같은 철골구조의 퍼골라는 공장에서 제작한 것을 현장에서 조립한 것으로 독특한 공간의 분위기를 연출하는데 일조를 하고 있으며 슬리트한 틈 사이로 보이는 외부의 풍경이나 하늘 등은 한국 전통건축에서 보이는 내외부의 연계성을 고려한 디자인으로 보인다. 외부에서는 담장에 따라 자라고 있는 식물로 실내공간에 대한 호기심을 유발하는 식당이라고 할 수 있어 한 번 방문해서 냉면을 먹으면서 공간도 감상하기를 추천한다.

# 4

031 미구엘 콘트레라스 학습 컴플렉스

031 Miguel Contreras Learning Complex

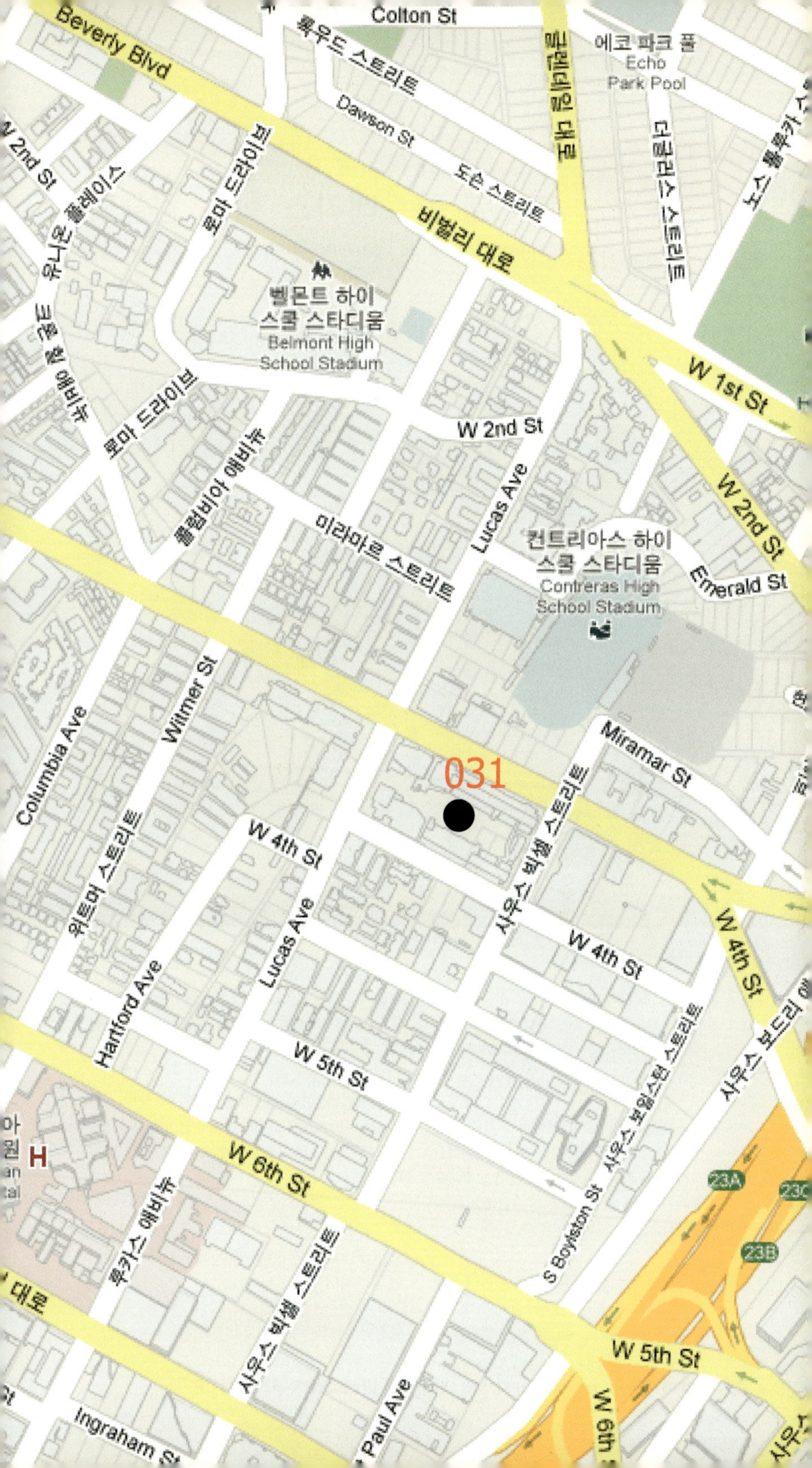

Colton St
Beverly Blvd
록우드 스트리트
에코 파크 풀
Echo
Park Pool
Dawson St
도슨 스트리트
글렌데일 대로
더글러스 스트리트
노스 볼루카 스
비벌리 대로
W 2nd St
유니온 플레이스
로마 드라이브
벨몬트 하이
스쿨 스타디움
Belmont High
School Stadium
W 1st St
W 2nd St
Lucas Ave
로마 드라이브
콜럼비아 애비뉴
미라마르 스트리트
컨트리아스 하이
스쿨 스타디움
Contreras High
School Stadium
W 2nd St
Emerald St
Witmer St
Columbia Ave
Miramar St
031
W 4th St
위트머 스트리트
사우스 빅셀 스트리트
W 4th St
W 4th St
Lucas Ave
Hartford Ave
W 5th St
사우스 보일스턴 스트리트
사우스 보드리 애
W 6th St
루카스 애비뉴
S Boylston St
23A
23B
사우스 빅셀 스트리트
W 5th St
Paul Ave
W 6th
Ingraham St

· 스콧 존슨, 2002
· 322 Lucas Avenue Los Angeles, CA 90017
· www.johnsontain.com

*LA Downtown* | 031

# 미구엘 콘트레라스 학습 컴플렉스
## Miguel Contreras Learning Complex

미국 노동조합 지도자의 이름을 교명에 사용한 미구엘 콘트레라스 학습 컴플렉스는 LA 크라운 힐 지역 루카스 애비뉴의 72,843.4m² 대지에 위치한 대규모 고등학교이다.

운동장, 체육관, 수영장과 강당, 행정동, 도서관, 강의동들이 있는 2개의 블록을 브릿지로 연결한 고등학교는 203,400m² 규모에 1,700명을 수용하는 학교로 강당 등을 지역사회와 공유하기 위해 수업에 방해 받지 않도록 배치하였다.

운동장이 있는 블록은 체육관과 로커실 2동이 축을 형성하고 있는 대지에 축구장을 비스듬하게 배치하여 변화를 부여하고 있으며, 강당이 있는 블록은 주출입구, 타운 스퀘어와 연결된 긴 잔디가 깔린 중정을 중심으로 강당, 행정동, 교실동 등을 마을처럼 구성, 배치하였다.

역동적인 유선형의 지붕이 인상적인 체육관이 위치한 블록에는 체육관 외에도 올림픽 경기를 할 수 있는 수영장, 그리고 축구장, 야구장과 함께 주차장이 있다.

중정이 있는 블록에는 학교의 정문을 통해서 진입하면, 타운 스퀘어와 잔디가 깔려 있는 레벨 차이가 있는 긴 중정이 나타난다.

중정의 주변에는 도서관을 비롯하여 행정동, 일반 교

실동과 함께 기악, 댄스, 조리 및 예술 관련 교실들, 그리고 허브 가든을 배치하여 자연과 어우러진 환경에서 교육을 받을 수 있도록 디자인적인 배려를 하였다.

# 5

032 닥터 테오도르 T. 알렉산더 사이언스 센터 스쿨 / 033 캘리포니아 항공우주 박물관 / 034 캘리포니아 아프리칸 아메리칸 뮤지엄 / 035 캘리포니아 사이언스 센터 / 036 LA 메모리얼 콜리세움

032 Dr. Theodore T. Alexander Science Center School / 033 California Aerospace Museum / 034 California African American Museum / 035 California Science Center / 036 Los Angeles Memorial Coliseum

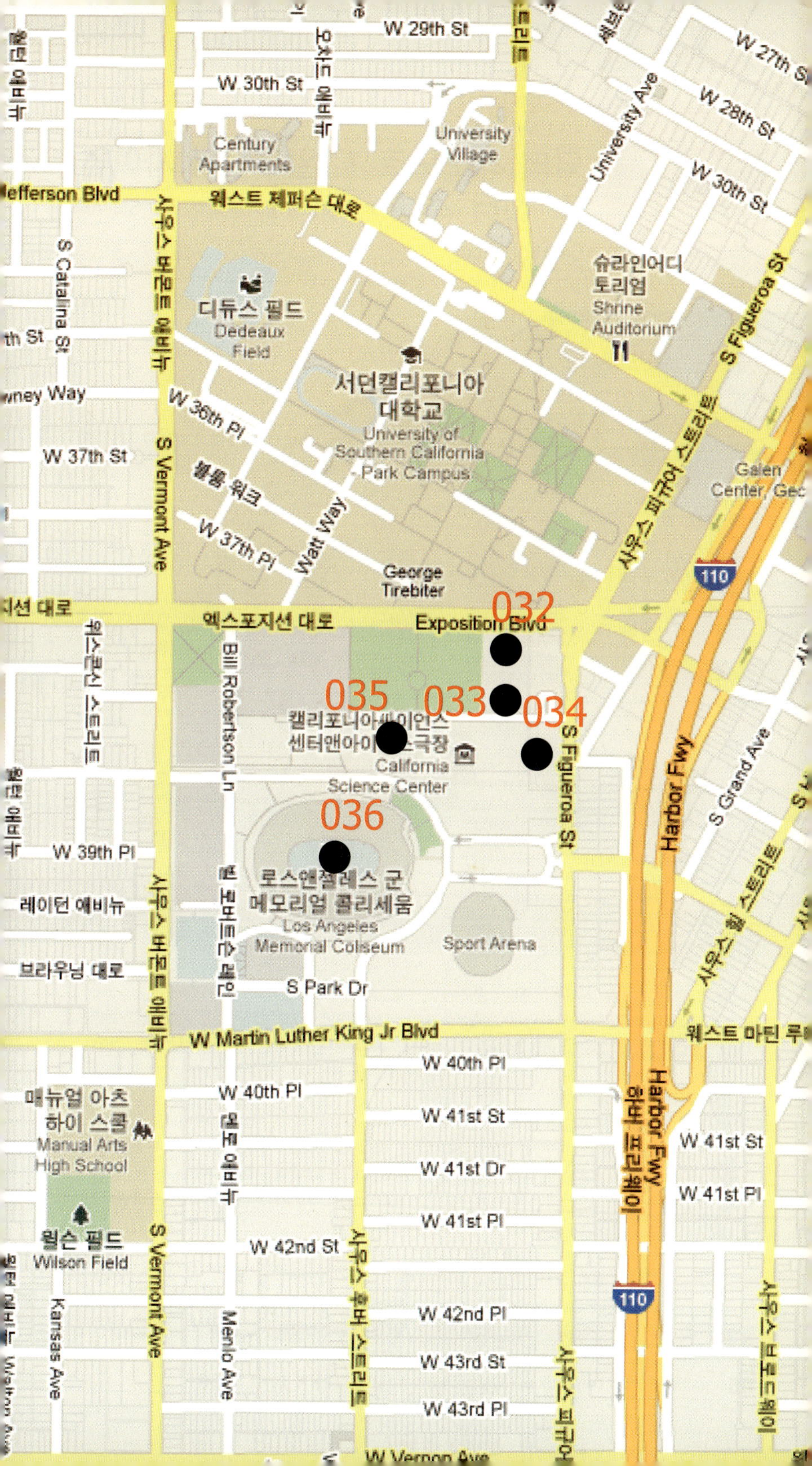
W 29th St
W 30th St
Century Apartments
University Village
University Ave
W 27th St
W 28th St
W 30th St
Jefferson Blvd
웨스트 제퍼슨 대로
S Catalina St
디듀스 필드
Dedeaux Field
슈라인어디토리엄
Shrine Auditorium
S Figueroa St
서던캘리포니아 대학교
University of Southern California - Park Campus
W 36th Pl
W 37th St
S Vermont Ave
사우스 버몬트 애비뉴
W 37th Pl
Watt Way
사우스 피규어 스트리트
Galen Center
George Tirebiter
110
032
033
034
035
036
엑스포지션 대로
Exposition Blvd
Bill Robertson Ln
캘리포니아사이언스센터앤아이맥스극장
California Science Center
S Figueroa St
Harbor Fwy
S Grand Ave
W 39th Pl
레이턴 애비뉴
로스앤젤레스 군 메모리얼 콜리세움
Los Angeles Memorial Coliseum
Sport Arena
브라우닝 대로
S Park Dr
W Martin Luther King Jr Blvd
W 40th Pl
W 40th Pl
매뉴얼 아츠 하이 스쿨
Manual Arts High School
W 41st St
W 41st Dr
W 41st Pl
W 41st St
W 41st Pl
하버 프리웨이
Harbor Fwy
윌슨 필드
Wilson Field
W 42nd St
W 42nd Pl
W 43rd St
W 43rd Pl
Kansas Ave
Menlo Ave
S Vermont Ave
W Vernon Ave

· 모포시스, 2004
· 3737 South Figueroa St., Los Angeles, CA 90007
· www.morphosis.com

*LA Downtown* | *032*

# 닥터 테오도르 T. 알렉산더 사이언스 센터 스쿨 Dr. Theodore T. Alexander Science Center School

닥터 테오도르 T. 알렉산더 사이언스 센터 스쿨은 사우스 LA 엑스포지션 공원 내의 캘리포니아 항공우주 박물관에 인접해 있는 18,200m² 규모의 학교이다.

유치원을 포함한 5학년으로 구성된 과학, 수학, 기술 위주의 교육을 하고 있는 사이언스 센터 스쿨은 2개 층으로 개방된 아트리움에 대나무 정원이 있는 거대한 무기고를 개수한 메인 홀동과 브릿지로 연결된 긴 북측의 교실동이라는 2개의 매스가 ㄱ자형으로 배치되어 있다.

메인 홀은 과학교육자원 센터, 도서관, 연구실, 회의실, 교실로 구성된 학교의 중심공간으로 아트리움 홀에서 이벤트나 전시회가 개최되기도 하는 공간이다.

메인 홀과 2개의 브릿지로 연결된 북측동은 엑스포지션 대로를 따라 배치된 교실동으로 개방적이고 유연한 교육환경을 제공하기 위하여 클러스터형 교실로 구성하였다.

지붕을 잔디가 덮인 옥상정원으로 처리된 친환경적인 디자인의 북측동은 부분 부분 매스에서 돌출시킨 구조물과 사선의 루버 구조물, 떠있는 듯 한 매스로 역동적이면서 해체적인 분위기를 외관에서 표출하고 있다.

옥상이 잔디로 덮인 교실동은 후면에 위치한 장미정원과의 연계를 위한 맥락적인 장치인 동시에 에너지 절약을 위한 친환경적인 건축물이다.

- 프랭크 게리, 1984
- 3200 Freedom Park Drive, CA 95652
- www.aerospacemuseumofcalifornia.org

*LA Downtown* | 033

# 캘리포니아 항공우주 박물관

## California Aerospace Museum

캘리포니아 항공우주 박물관은 다운타운 남쪽에 있는 캘리포니아 대학교와 함께 엑스포지션 공원 내에 위치해 있다.

실물이 날아오르는 듯 한 모습을 한 미국 전투기 오브제인 F14 스타파이터가 외벽에 부착된 지상 3층 규모의 건축물로 정면에 걸려 있는 오브제를 중심으로 크게 두 개의 매스로 구성되어 있다.

외부는 비행기 외부 마감재인 티타늄의 느낌처럼 은회색 금속으로 마감하여 항공우주 박물관을 상징적으로 나타내고 있다.

특히 외부에 설치된 우주 비행선은 박물관을 상징하는 확실한 사인이자 오브제 역할을 하며 기존 사고의 틀을 깨는 건축가의 직설적이며 유머스러운 건축적 특징을 잘 나타내고 있다.

초기에 건축가는 독일의 명 전투기 메사슈미트를 외벽에 부착하기를 희망하였으나 건축주의 거절로 단념하였다는 일화가 있다.

건축물의 입구는 기존의 건축물들과는 달리 뒤편에 위치하여 긴 램프를 돌아야 입장이 가능하게 계획되어 있으며 입구에서 시작된 동선은 브릿지를 통해 내부의 공간들을 연결시키고 있다.

실내공간에는 항공기와 우주공간에 관한 기록들이

실물과 함께 매력적으로 전시되고 있으며 방문객들은 개방된 통로를 자유롭게 돌아다니면서 다양한 각도에서 전시물들을 볼 수 있다.

- 잭 헤이우드 + 빈스 프로비, 1984
- 600 State Drive Exposition park LA, CA 90037
- www.caamuseum.org

*LA Downtown* | 034

# 캘리포니아 아프리칸 아메리칸 뮤지엄 California African American Museum

아프리카계 미국인들의 역사와 문화, 예술작품을 소개하는 박물관으로, LA 시내에 있는 엑스포지션 공원 내에 있다.

1981년에 캘리포니아 사이언스 센터의 일부로 개관하였고, 1984년에 아프리카계 미국인 건축가인 잭 헤이우드와 빈스 프로비가 설계한 신축 건축물로 이전했다. 2001년부터 2003년에 걸쳐 박물관 전체에 대한 대대적인 개보수를 했고, 박물관은 4,100m²로 전시 갤러리, 극장 갤러리, 조각 공원 및 컨퍼런스 센터 등으로 이루어져 있다.

3,500점 이상의 아프리카계 미국인 관련 유물과 사진, 회화, 조형물 등 예술작품이 전시되어 있다. 19세기 작품부터 현대의 전위 예술품까지 다양한 시대의 작품을 아우른다. 박물관 내에 있는 도서관에는 20,000권 이상의 아프리카계 미국인 관련 장서와 논문, 참고자료 등이 보관되어 있다.

박물관을 방문하는 학생과 일반인을 대상으로 아프리카계 미국인을 주제로 한 강좌와 워크숍, 체험행사 등 다양한 교육 프로그램을 제공한다. 입장료는 무료이며 매주 월요일은 휴관한다.

CALIFORNIA AFRICAN AMERICAN MUSEUM
CALIFORNIA AFRICAN AMERICAN MUSEUM

CALIFORNIA
AFRICAN AMERICAN
MUSEUM

- 짐머 건설 프라스카(ZGF), 1951, 2010(개수)
- 700 Exposition Park Drive, Los Angeles, CA 90037
- www.californiasciencecenter.org

*LA Downtown* | 035

# 캘리포니아 사이언스 센터

## California Science Center

직경 30m, 높이 24m의 형강을 사선으로 마감한 개방형 로툰다와 벽돌로 마감한 매스, 그리고 상부에 있는 녹색의 천창의 대비가 인상적인 캘리포니아 사이언스 센터는 LA 시내 엑스포지션 공원 내에 위치하고 있다.

체험 박물관의 시초가 되는 과학 박물관으로 1951년에 캘리포니아 주와 캘리포니아 사이언스 센터 재단이 합작하여 과학산업 박물관으로 개관한 후 2010년에 개수하여 재개관하였다.

개방형 로툰다는 형강 프레임 안에 스테인리스 스틸을 펀칭한 반투명 스킨으로 마감하여 공간에 개방감과 임팩트를 부여하며 전시공간의 로비는 거대한 천창이 있는 현대적인 분위기의 공간으로 에스컬레이터로 전시공간에 진입하게 되어 있다.

본관인 하워드 F. 아맨슨 빌딩, 아이맥스 극장 등으로 구성된 센터의 전시공간은 창조적 세상, 생명의 세계, 과학 마당, 과학 플라자, 그리고 2010년 완공한 생태시스템 전시관 등 주제별로 구성되어 있다.

공중 자전거 타기나 매우 춥거나 더운 상황을 체험하는 체험프로그램 등 다양한 체험과 전시프로그램이 있으며 2층 생명관에 있는 15m 크기의 인체 모형인 테스가 가장 인기가 있다. 이 센터는 매년 캘리포니아 주 과학박람회가 개최되기도 하는 곳으로 일반 전시는 무료이나 아이맥스 극장은 유료이다.

MUMMIES
Ecosystems
Now Open!

· 존 & 도날드 파킨슨, 존 저드(증축), 1923
· 3911 South Figueroa St, LA, Ca 90037
· www.lacoliseumlive.com

LA Downtown | 036

# LA 메모리얼 콜리세움

## Los Angeles Memorial Coliseum

1932년과 1984년, 두 차례 LA 올림픽이 개최된 종합경기장으로, 복합도시공원인 엑스포지션 파크 내의 사우스 피게로아 거리에 위치하고 있다.

건축가 존 파킨슨과 도널드 파킨슨이 설계했으며, 1921년 12월에 착공하여 1923년 5월에 개장하였다. 개장 당시 경기장 수용인원은 76,000명으로 LA에서 가장 큰 규모였다.

1932년에 올림픽을 개최하면서 경기장이 확대되어 총 수용인원은 101,574명이 되었다. 1984년에 올림픽을 두 번째로 개최하여, 세계에서 유일하게 올림픽을 두 차례 치른 경기장이 되었다. 1937년 미국에서 최초로 전광판이 설치된 경기장이기도 하며, 록 콘서트장으로도 쓰였고 1960년에는 존 에프 케네디가 연설했던 곳이기도 하다.

현재 서던 캘리포니아 대학소속의 미식축구팀인 USC 트로잔의 홈구장으로 이용되고 있다.

LOS ANGELES
MEMORIAL
COLISEUM

# 6

037 윌턴 센터-펠리셔 빌딩

037 Wiltern Center-Pellissier Building

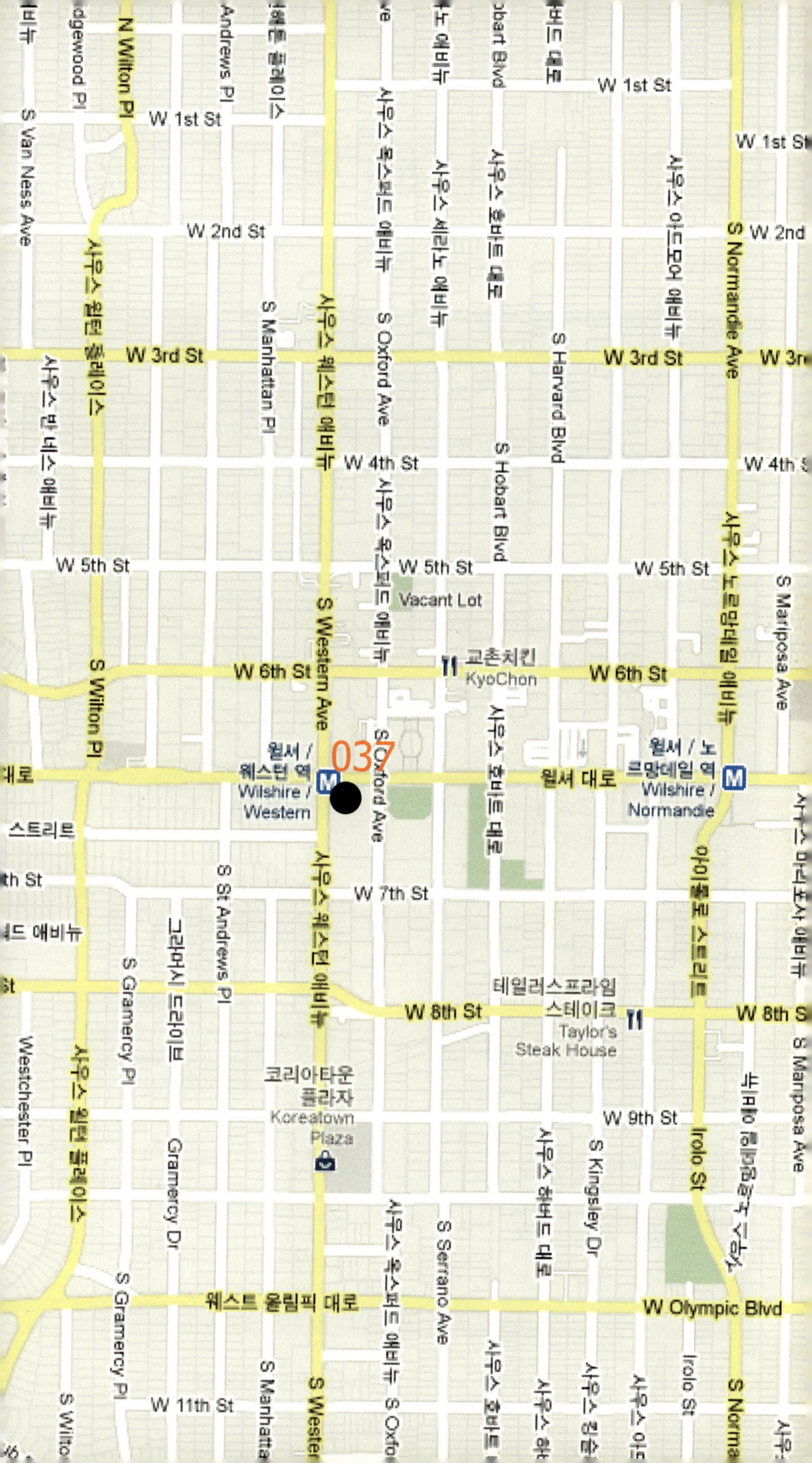
037
W 1st St
W 2nd St
W 3rd St
W 4th St
W 5th St
W 6th St
W 7th St
W 8th St
W 9th St
W 11th St
W Olympic Blvd
웨스트 올림픽 대로
윌셔 대로
N Wilton Pl
S Wilton Pl
사우스 윌턴 플레이스
S Van Ness Ave
사우스 반 네스 애비뉴
S Manhattan Pl
S Western Ave
사우스 웨스턴 애비뉴
S Oxford Ave
사우스 옥스퍼드 애비뉴
사우스 세라노 애비뉴
S Serrano Ave
사우스 호바트 대로
S Hobart Blvd
S Harvard Blvd
사우스 하버드 대로
S Kingsley Dr
사우스 아드모어 애비뉴
S Normandie Ave
사우스 노르망디일 애비뉴
S Mariposa Ave
사우스 마리포사 애비뉴
Irolo St
아이롤로 스트리트
S St Andrews Pl
S Gramercy Pl
Gramercy Dr
그래머시 드라이브
Westchester Pl
윌셔 / 웨스턴 역
Wilshire / Western
윌셔 / 노르망데일 역
Wilshire / Normandie
Vacant Lot
교촌치킨
KyoChon
테일러스프라임 스테이크
Taylor's Steak House
코리아타운 플라자
Koreatown Plaza

- 모건, 월스& 클래멘츠(건축), G. 앨버트 랜스버그 (실내 디자인), 1965
- 레빈 어쏘시에이츠(복원), 1985
- 3780 Wilshire Blvd Los Angeles, CA 90010
- www.ratkovich.net/development/mixeduse/wilterncenter

*LA Downtown* | 037

# 윌턴 센터–펠리셔 빌딩

Wiltern Center-Pellissier Building

LA의 서쪽 한인타운의 남동쪽 윌셔와 웨스턴 애비뉴의 모퉁이에 위치하고 있는 아르데코 양식의 건축물 중 가장 뛰어난 작품의 하나로 역사적 문화기념물로 지정되어 있다.

윌턴 극장과 인접해 있는 12층의 펠리셔 빌딩을 합쳐서 윌턴 빌딩이라고 불리고 있으며, 극장과 오피스가 복합되어 있다.

1931년 계획 당시에 체인극장 형태인 워너브라더스사의 연극 등을 하는 극장으로 건축되었으나, 후에 소유자의 이름이 바뀌면서 매각, 철거위기 등 풍파가 많았던 것으로 유명하다.

G. 앨버트 랜스버그가 디자인한 실내공간은 석고장식과 벽화타일로 화려하게 장식한 아르데코 디자인으로 유명하며, 윌턴 극장은 서부에서 가장 큰 파이프 오르간을 보유한 극장으로도 알려져 있다.

2003년에는 LG전자가 인수해서 윌턴 LG라는 이름으로 불려지다가 다시 윌턴으로 바뀌었다.

# 7

038 LACMA 브로드 현대미술관, 린다 & 스튜어트 레즈닉 파빌리온 / 039 LA 카운티 미술관 / 040 신엔 칸 파빌리온

037 Broad Contemporary Art Museum, Lynda &Stewart Resnick Exhibition Pavilion / 038 LA Country Museum of Art / 039 Shin'En Kan Pavilion

Rosewood Ave
로즈우드 애비뉴
N Sierra Bonita Ave
N Fairfax Ave
Beverly Blvd
비벌리 대로
W 1st St
Cbs Inc: CBS Broadcast Group
W Caruso Pl
The Grove Dr
판 퍼시픽 공원
Pan Pacific Park
파머스마켓
Melting Pot Tours
The Little Door
W 3rd St
사우스 페어팩스 애비뉴
W 4th St
Drexel Ave
W 5th St
S Crescent Heights Blvd
S Hayworth Ave
S Curson Ave
W 6th St
S La Jolla Ave
038
039
040
더페이지뮤지움
THE PAGE MUSEUM
오렌지 스트리트
S Fairfax Ave
Wilshire Blvd
윌셔 대로
Wilshire
카세이 스퀘어
Carthay Square
PETERSENAUTOMOTIVEMUSEUM
Petersen Automotive Museum
W 8th St
S San Vicente Blvd
San Vicente Blvd
W 9th St
미드웨이 종합병원
Olympia Medical Center
W Olympic Blvd
웨스트 올림픽 대로
Hi Point St
S Hayworth Ave
S Stanley Ave
S Curson Ave

- 렌조 피아노, 2008, 2010
- 5905 Wilshire Boulevard Los Angeles, CA 90036
- www.lacma.org/info/TransformPPIntro.aspx

*LA Downtown* | 038

# LACMA 브로드 현대미술관, 린다 & 스튜어트 레즈닉 파빌리온

Broad Contemporary Art Museum, Lynda & Stewart Resnick Exhibition Pavilion

LA 카운티 박물관 내에 세워진 브로드 현대미술관(BCAM)은 3층, 5,520m$^2$ 규모의 미술관으로 엘리 브로드의 기부에 의해 세워진 LACMA 변신 프로젝트의 하나이다.

LACMA의 새로운 관문 역할을 하는 BCAM은 커튼월을 중심으로 이탈리아산 트래버틴 대리석 마감의 상자형 매스가 대칭으로 배치된 구성이 인상적인 건축물은 날렵한 톱날형 지붕과 강철 와이어에 매달린 적색 계단 등에서 HHPA의 LACMA와의 맥락을 취하면서 이와 동시에 진취적인 의지를 외관에서 느낄 수 있다.

날렵한 톱날지붕은 실내공간에 자연채광을 유입하기 위한 장치이며 적색의 계단이나 엘리베이터는 미술관에서 사람들의 동선을 상징하는 기능적인 오브제이기도 하다.

미술관에 입장한 관람객들은 전시공간에서는 물론 상하층을 이동하는, 바바라 크루거가 디자인한 움직이는 방이란 3층 규모의 엘리베이터에서도 전시품을 즐길 수 있도록 디자인한 것이 인상적이다.

거대한 매스의 벽면이 미술관의 전시를 알리는 캔버스 역할을 하기도 하는 BCAM은 진입부의 광장에서는 크라이스트 버든의 가로등 설치물을, 전시실에서는 리처드 세라의 거대한 철판으로 이루어진 설치조형물로 공간적인 체험도 할 수 있다.

레즈닉 부부의 기부로 2010년 BCAM 북측에 세워진 4,140m$^2$ 규모의 린다 & 스튜어트 레즈닉 파빌리온 역시 렌조 피아노의 설계로 BCAM의 건축적 연속성을 유지하면서 완성하였다.

과거 다양한 건축가들이 건축물들이 모여 있는 미술관이라는 LACMA의 이미지를 개선하는 렌조 피아노의 변신작업을 기대해 본다.

- HHPA, 1986
- 5905 WILSHIRE Blvd., Los Angeles
- www.lacma.org

*LA Downtown* | 039

# LA 카운티 미술관

## LA Country Museum of Art

LA 카운티 미술관은 1910년 엑스포 공원에 세웠던 과학 · 역사 · 미술 박물관에서 시작되었으며 원래 3동의 미술관으로 운영되던 것을 1981년 장기 마스터플랜에 의거, 1동의 복합시설로 건축하기 위하여 HHPA에게 의뢰하였다. 미술관의 확장계획은 영구적인 컬렉션과 특별전, 광범위한 교육활동, 연구실과 도서실의 신설에 대처하기 위한 것으로 로버트 O. 앤더슨 빌딩과 신엔 칸 파빌리온이라는 일본미술관도 포함된 것이다. HHPA는 20세기 미술 컬렉션과 특별전을 위한 4,620m² 규모의 전시실을 갖춘 로버트 O. 앤더슨 빌딩을 신축하였으며, 빌딩 정면의 길이 90m, 높이 30m의 계단식 형태를 한 유리 블록과 라임스톤으로 마감한 스트라이프 구성의 벽면은 소음을 차단하는 필터와 정문 기능을 하고 있다. 이 빌딩은 1층과 2층은 관리 및 큐레이터를 위한 업무공간, 2층은 특별전을 위한 전시공간, 3층은 최근에 수집한 작품을 위한 전시공간, 4층은 1900년 이후의 추상표현주의를 위한 전시공간으로 구성되어 있다.

빌딩에 면하여 새롭게 신설한 기념비적인 정문은 폭 15m, 높이 5층 규모에 열주랑이 있는 공간으로 진입로를 따라 설치된 계단과 수공간으로 전시를 관람하러 오는 사람들에게 마음을 순화시키는 장치이기도 하다. 앤더슨 빌딩과 기존의 아맨슨, 해머, 빙이라는 3개의 빌딩에 의해 둘러싸여 조성된 레벨 차이가 있는 새로운 미술관 중정에는 거대한 조형물을 설치, 각기 다른 시기에 세워진 건축물들을 통합하는 역할을 하고 있다. 중정 주변에는 새로운 입구와 인포메이션

용 키오스크, 뮤지엄 숍과 카페테리어 등을 설치하여 공간을 활성화 하고 있다. 미술관의 소장품은 리차드 세라, 신디 셔먼과 디에고 리베라나 프리다 칼로 같은 라틴아메리카 예술가들의 작품들을 비롯하여 고대로부터 현재에 이르는 전 세계의 미술작품 11만점 이상이 소장되어 있다. 최근에는 핸콕 공원 주변을 대대적으로 새로 단장하였으며, 1939년에 세워진 알버트 C. 마틴이 설계한 유선형 아르데코 양식의 역사적인 메이 백화점을 미술관의 서관으로 꾸며 전시공간, 사무실, 미술품 수장공간으로 사용하고 있으니 역사적인 건축물과 함께 전시를 구경하고 싶은 사람들은 방문해 보기 바란다.

· 브루스고프 & 바트 프린스, 1988
· Los Angeles County Museum of Art(LACMA)
· 5905 Wilshire Boulevard, Los Angeles, CA 90036
· www.lacma.org

*LA Downtown* | 040

# 신엔 칸 파빌리온

Shin' En Kan Pavilion

LA 카운티 미술관 안에 위치한 신엔 칸 파빌리온은 오클라호마의 친일파 석유왕이었던 조 프라이스가 소장했던 기원전 1000년부터 20세기에 이르는 일본 작품들을 전시하고 있는 미술관으로 유기적인 형상이 인상적이다. 배를 모티브로 디자인한 것 같은 파빌리온은 거친 자연석으로 마감한 벽에 포물선 형상의 지붕과 파동치는 듯 한 진입로, 일본의 전통 종이인 쇼지를 닮은 합성섬유 마감의 파티션화 된 외벽 등 다양한 요소가 유기적인 조화를 이루는 형상의 미술관으로 2동으로 구성되어 있다. 주동인 동측동은 에도 시대의 병풍 등, 서측동은 칠기 등을 전시하는 공간으로 관람객들은 회유식의 일본 정원을 산책하는 것처럼 쇼지 병풍 같은 반투명 벽체를 통하여 빛이 은은하게 들어오는 실내공간을 나선형의 경사로를 내려오면서 바닥 위에 전시된 국보급의 작품을 근거리에서 감상할 수 있다. 파빌리온은 프랭크 로이드 라이트의 친구였던 브루스 고프가 설계했으나, 그의 사후 6년만인 1988년에 제자였던 바트 프린스가 완성한 건축물로 스승과 제자는 라이트 후기의 유기적인 건축에 영향을 받은 오클라호마 학파의 일원답게 주변 환경과 연결하면서 자연적인 재료를 사용한 유기적인 공간으로 디자인하였다.

ARCHITEC

INTERIOR

BEVERY H

S &

ESIGNER'S

GUIDE TO

LS

Coldwater Canyon Park
비벌리 파크
Beverly Park
프라이먼 캐년 공원
Fryman Canyon Park
브라이어 서밋 오픈 스페이스 보호지역
Briar Summit Open Space Preserve
프랭클린 캐년 공원
Franklin Canyon Park
Coldwater Canyon Dr
프랭클린 캐년 저수지
Franklin Canyon Reservoir
그리스톤 공원
Greystone Park
Sunset Blvd
선셋 대로
파운틴 애비뉴
Fountain A
노스 도헤니 드라이브
산타모니카 대로
노스 라 시에네가 대로
멜로즈 애비
N Beverly Dr
N Rodeo Dr
N Canon Dr
비벌리힐스
Beverly Hills
비벌리 대로
Beverly Blvd
Burton Way
버튼 웨이
W 3rd St
S Fairfax Ave
윌셔 대로
Wilshire Blvd
S Robertson Blvd
W 6th St
W Olympic Blvd
센츄리 시티
Century City
웨스트 피코 대로
사우스 라 시에네가 대로
사우스 페어팩스 애비뉴
Venice Blvd
Hauser Blvd
체비엇 힐스
Cheviot Hills
Manning Ave
Overland Ave
크리스토퍼 콜럼버스 트랜스컨티넨털 하이웨이
베니스 대로
산타모니카 프리웨이
10
1
2
3
4

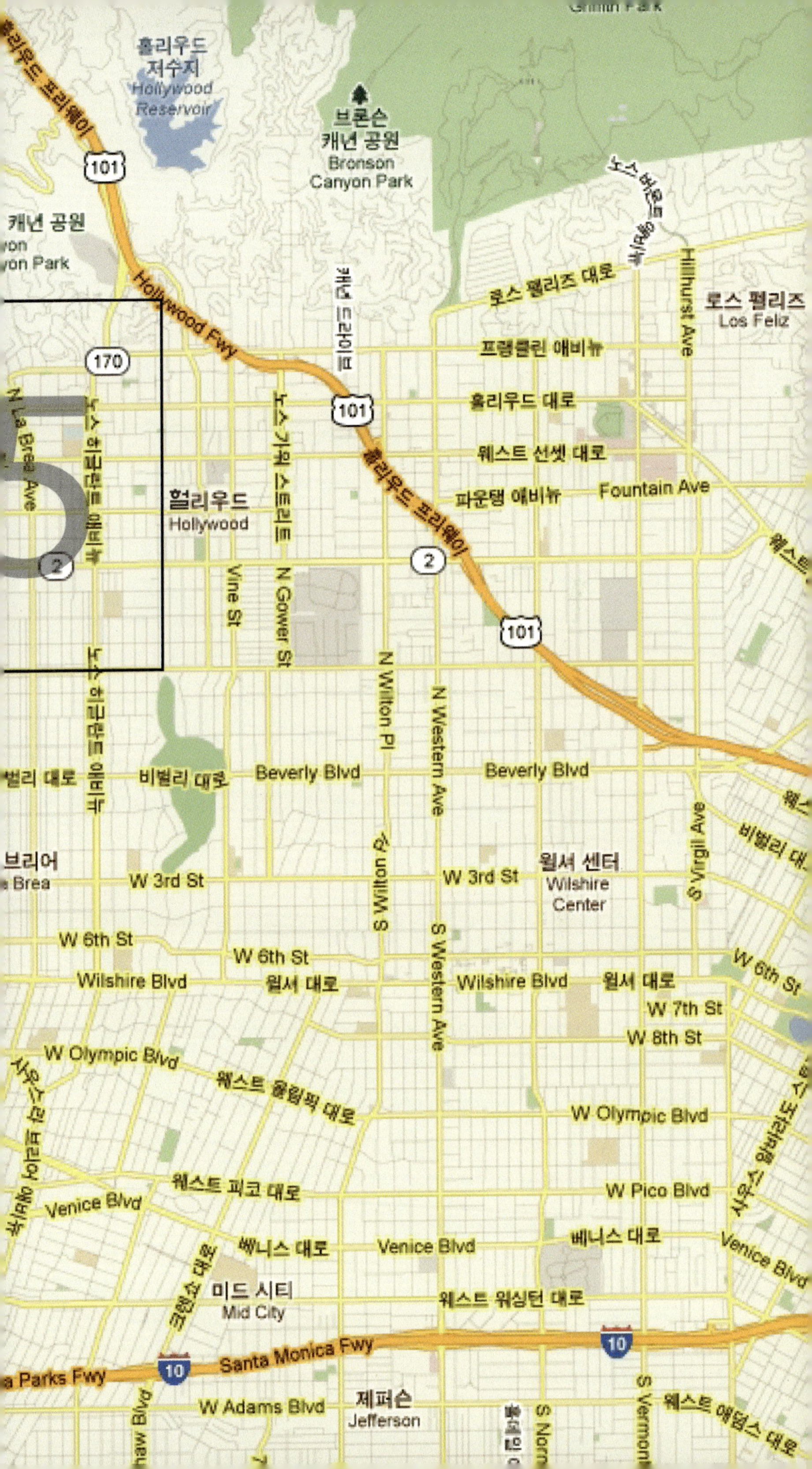
할리우드 프리웨이
할리우드 저수지
Hollywood Reservoir
브론슨 캐년 공원
Bronson Canyon Park
캐년 공원
101
Hollywood Fwy
노스 버몬트 애비뉴
로스 펠리즈 대로
로스 펠리즈
Los Feliz
Hillhurst Ave
캐넌 드라이브
170
프랭클린 애비뉴
홀리우드 대로
N La Brea Ave
노스 하이랜드 애비뉴
노스 가워 스트리트
할리우드 프리웨이
웨스트 선셋 대로
파운탱 애비뉴
Fountain Ave
헐리우드
Hollywood
2
Vine St
N Gower St
N Wilton Pl
N Western Ave
Beverly Blvd
비벌리 대로
벌리 대로
브리어
W 3rd St
S Wilton Pl
윌셔 센터
Wilshire Center
S Virgil Ave
W 6th St
Wilshire Blvd
윌셔 대로
W 7th St
W 8th St
S Western Ave
W Olympic Blvd
웨스트 올림픽 대로
사우스 알바라도 스트리트
사우스 라 브레아 애비뉴
웨스트 피코 대로
W Pico Blvd
Venice Blvd
베니스 대로
크렌쇼 대로
미드 시티
Mid City
웨스트 워싱턴 대로
10
Santa Monica Fwy
Parks Fwy
W Adams Blvd
제퍼슨
Jefferson
S Vermont
S Norm
웨스트 애덤스 대로

11

*Architect's & Interior Designer's Guide to*

# 비버리힐스

## Beverly Hills

미국 캘리포니아 주 남서부 LA 서쪽에 있는 비버리힐스는 원래 인디언이 살던 마을이었으나, 1769년 유럽인 최초로 스페인 사람이 이주하면서 물이 풍부한 곳이라 여겨 물이 모이는 장소라는 의미의 엘 로데오 드 라 아구아라 부르기 시작하였다. 현재는 로데오라는 명칭만 남아 있는 이 지역은 후에 스페인에서 독립한 멕시코에 속했으나, 별다른 발전을 이루지는 못했으며 과달루페 이달고 조약으로 1848년 캘리포니아가 미국으로 넘어온 후에도 오랫 동안 한적한 곳에 불과했다. 그러나 이 지역은 골드러시와 석유 개발로 LA가 성장하면서 1906년 버터 그린 등 몇몇 투자가가 회사를 설립, 교외 주택지로 개발하기 시작하여 마을이 생겨나면서 처음 이곳에 행정구역이 설정되었다.

비버리힐스라는 지명은 매사추세츠 주의 비버리에서 유래하였으며, 초기에는 정착민들이 적었으나 1914년 LA에서 분리되어 자치 시로 승격된 후 완전히 주거지역이 되었다. 후에 부동산과 영화산업의 발달로 성장하기 시작하였고, 1950년대에 헐리우드 근처에 인접해 있어 유명배우나 사업가들이 이 지역에 살기 시작하면서 호화로운 고급 주택단지가 형성되었으며 1970년대에 본격적으로 쇼핑가로 개발되었다.

LA 시에 둘러싸여 있으나, LA 시와는 완전히 별개의 행정구역으로 이외에도 벨에어, 웨스트 헐리우드와 경계를 접하고 있고 2011년 현재 수많은 헐리우드 유명 인사들을 포함한 약 3만 4천명이 거주하고 있다. 시의 재정은 풍부하여 LA 시 보안국 관할이 아닌 독자적인 시의 경찰을 운영, 높은 수준의 치안을 유지하고 있다.

대저택과 함께 고급 부티크가 늘어선 로데오 드라이브가 유명한 관광 명소이기도 하다. 한편, 영화산업의 중심지 헐리우드와 인접해 있어, 드라마나 영화 촬영장소로도 유명한 이곳은 시에서도 이에 대해 적극적으로 협력하고 있어 비버리힐스 캅, 귀여운 여인 등의 배경이 되었다. 비버리힐스 어느 곳이나 호화로운 주택과 볼거리 등을 제공하고 있지만 로데오 드라이브는 윌셔 블루버드와 산타모니카 블루버드를 축으로 골든 트라이앵글을 이루면서 전 세계적으로 알려진 부의 상징으로 비버리힐스를 특징짓고 있다.

뉴욕 타임즈가 미국 최대의 쇼핑거리라고 칭했을 정도로 세계적인 일류 브랜드들이 모두 모여 있는 로데오 드라이브에는 세계적인 건축가 렘 콜하스가 디자인한 프라다 매장을 비롯하여 구찌, 샤넬, 크리스찬 디올 등 일류 브랜드 점포가 입점해 있다.

일류 브랜드를 한 곳에서 볼 수 있을 뿐 아니라 리처드 마이어, 모포시스, 닐 디나리, 필립 스탁 등 세계적인 건축가와 디자이너들의 프로젝트도 함께 볼 수 있는 곳이기도 하다. 또한 1932년에 세워진 스페인 르네상스 풍의 건축물을 찰스 무어가 개수한 우아한 외관의 비버리힐스 시빅 센터도 만날 수 있다.

# 1

041 9350 시빅 센터 드라이브 / 042 비버리힐스 시빅 센터 / 043 유니온 76 가스 충전소 / 044 크레센트 호텔 비버리힐스 / 045 레미타지 비버리힐스 호텔 / 046 (구)텔레비전 & 라디오 박물관 / 047 프라다 LA 에픽 센터 / 048 엔데버 스크리닝 룸 / 049 가고시안 갤러리 / 050 아바론 호텔

**041** 9350 Civic Center Drive / **042** Beverly Hills Civic Center / **043** Union 76 Gas Station / **044** The Crescent Hotel Beverly Hills / **045** L'Ermitage Beverly Hills Hotel / **046** Museum of Television and Radio / **047** Prada Los angeles Epicenter / **048** Endeavor Screening Room / **049** Gagosian Gallery / **050** Avalon Hotel

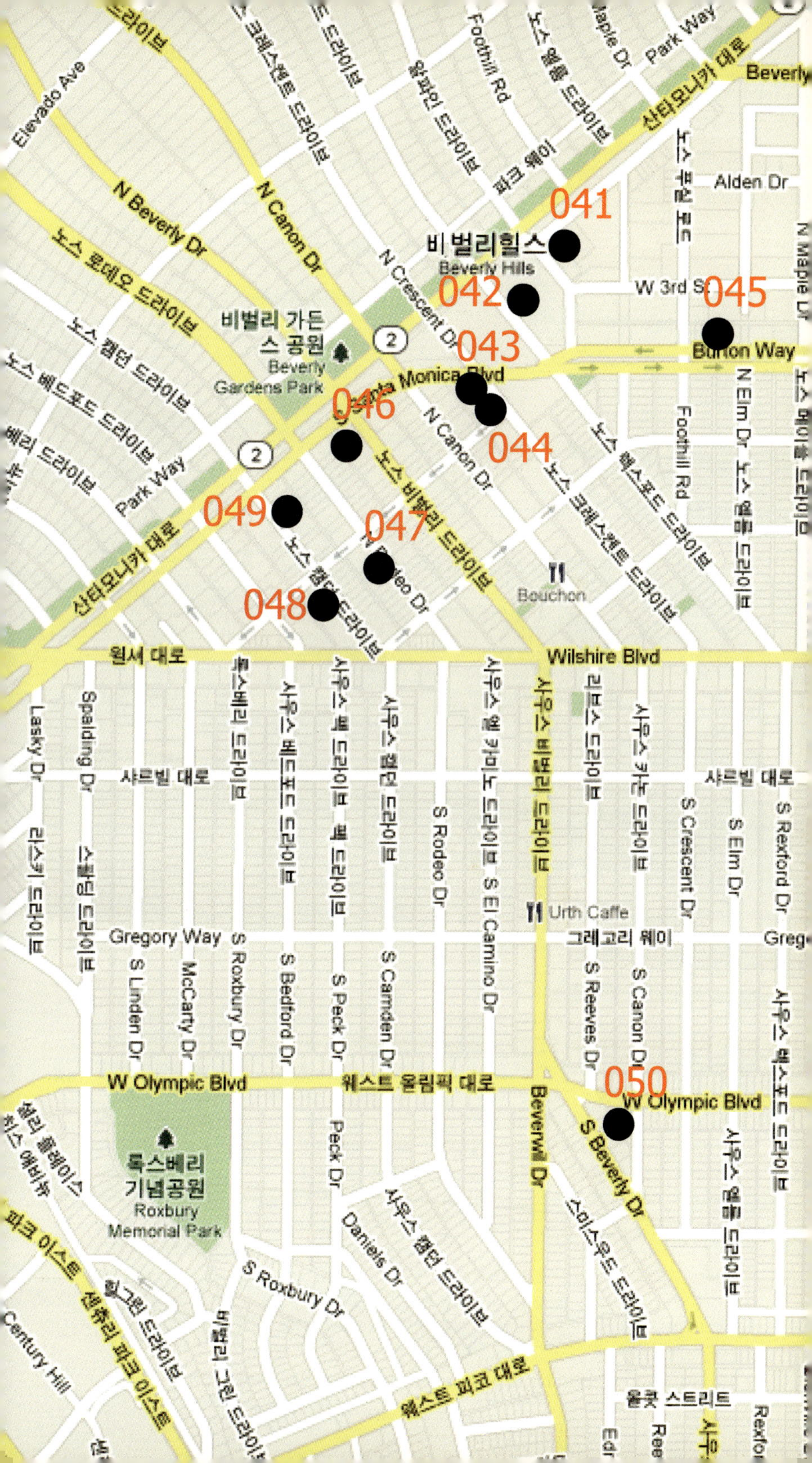

041
비벌리힐스
Beverly Hills
042
043
044
045
046
047
048
049
050
비벌리 가든스 공원
Beverly Gardens Park
Santa Monica Blvd
산타모니카 대로
Wilshire Blvd
윌셔 대로
W Olympic Blvd
웨스트 올림픽 대로
Burton Way
W 3rd St
Alden Dr
N Beverly Dr
N Canon Dr
N Crescent Dr
N Rodeo Dr
N Elm Dr
Foothill Rd
Park Way
Elevado Ave
Bouchon
Urth Caffe
샤르빌 대로
Gregory Way
그레고리 웨이
S Rodeo Dr
S El Camino Dr
S Crescent Dr
S Elm Dr
S Rexford Dr
S Reeves Dr
S Canon Dr
S Linden Dr
McCarty Dr
S Roxbury Dr
S Bedford Dr
S Peck Dr
S Camden Dr
Spalding Dr
Lasky Dr
Beverwil Dr
S Beverly Dr
Peck Dr
Daniels Dr
록스베리 기념공원
Roxbury Memorial Park
Century Hill
웨스트 피코 대로
올컷 스트리트

· 바튼 마이어스 어쏘시에이츠, 2001
· Beverly Hills, Calif
· www.bartonmyers.com

*Beverly Hills* | 041

# 9350 시빅 센터 드라이브

## 9350 Civic Center Drive

비버리힐스 시빅 센터 옆에 위치한 9350 시빅 센터 드라이브는 과거 1층 규모였던 2,800m² 면적의 벽돌 창고를 리모델링하여 만든 업무공간으로 옥상에는 70대를 수용하는 주차시설을 설치하였다.

비버리힐스의 공업지역과 시청사 사이에 위치한 건축물은 북서쪽 모서리에 엘리베이터와 계단타워를 불투명유리와 철골로 증축하면서 동측에 자동차용 경사로를 설치, 증축된 옥상 주차장으로 진입하게 하였다.

약 1,000m² 규모로 증축된 실내공간은 새롭게 중이층공간으로 설계, 기존 목재 트러스를 유지하면서 철골과 유리, 목재와 벽돌 거친 마감재를 사용하여 새로운 공간감을 느낄 수 있게 변모시켰다.

철골과 녹색의 반투명 유리로 세심하게 디자인된 커튼월 마감의 타워는 철골구조와 대비되면서 건축물 외관에 상승감을 부여하는 랜드마크로 자리잡고 있으며 서쪽과 남쪽 외관은 기존의 벽돌 건축물을 유지하면서 리듬감있는 긴 고창에 의한 채광으로 쾌적한 업무공간을 만들고 있다.

낡은 창고를 개수한 공간에 실내에 밝은 빛이 들어오게 한 업무공간과 옥상 주차장으로 개조한 훌륭한 개수의 사례로 평가되는 건축물이다.

- 윌리엄 게이지, 찰스 무어 + 어반이노베이션스 그룹(증축), 1932, 1990(증축)
- 464 North Rexford Drive Beverly Hills, CA
- www.beverlyhills.org/about/civic_center

*Beverly Hills* | 042

# 비버리힐스 시빅 센터

## Beverly Hills Civic Center

비버리힐스 시빅 센터는 윌리엄 게이지가 1932년 설계한 전형적인 관공서 스타일을 한 스페인 르네상스 건축물을 증축하는 현상설계에 찰스 무어가 당선, 현재의 모습을 하고 있다. 시민에게 개방된, 다양한 문화시설이 복합된 시청사로 요구한다는 설계요강에 따라 건축가는 극장, 카페, 아트 갤러리를 부가한 제안을 하여 실현된 건축물이 지금의 시빅 센터이다. 특히 이 설계안의 특징은 건축가의 포스트 모던한 경향답게 입지의 북동에서 남서 모서리로 대각선으로 연결된 타원형의 광장들을 조성하여 장소 만들기를 실현하였다.

기존의 종탑이 있는 상징적인 건축물의 역사적인 맥락을 도로를 면하고 세워진 새로운 건축물과 연결하면서 광장과 주랑에 의해 무더운 지역의 공간을 활성화 시킨다는 것이 디자인 전략이다. 보행자용 광장은 단순히 보행공간만이 아닌 각각 독특한 구성의 크고 작은 발코니, 아케이드, 개방된 동선 회랑, 식재된 조경 등으로 아르데코가 가미된 스패니쉬 콜로니얼 양식을 재현하였다. 건축가는 아치형 열주가 있는 공간으로 시청, 도서관, 경찰, 소방 부서들은 개수하여 매력이 있는 공공공간으로 변모시켰으며, 발코니와 계단에 접한 녹색의 정원은 독특한 장소 만들기에 일조를 하였다.

개수를 하면서 실내의 테라조 바닥, 대리석 벽과 천장, 돔과 화려한 둥근 지붕은 복잡한 세척과정을 거쳐 복원하였다. 바닥 패턴 등 모든 디자인은 건축된 당시

그대로의 모습으로 보존되었으며 세월이 지났음에도 전혀 느낌이 떨어지지 않는 단정하면서도 우아한 분위기를 느낄 수 있다. 찰스 무어는 건축가이면서도 에디큘러 등을 통하여 집 속의 집 같은 실내공간적인 장치를 만들었기에 건축이나 실내 디자인을 전공한 사람들은 한 번 방문하기를 권하는 건축물이다.

- 윌리엄 페레이라, 1965
- 427 N Crescent Drive, Beverly Hills, CA 90210
- getty.edu

Beverly Hills | 043

# 유니온 76 가스 충전소

## Union 76 Gas Station

비버리힐스 시빅 센터 근처를 지나다 보면, 영화 스타트랙에 나올 법한 미래지향적인 삼각형 형태의 유니온 76 가스충전소가 눈에 들어온다.

1965년 윌리엄 페레이라는가스충전소를 미래지향적인 건축물로 설계하였으며, 특징을 살펴보면 모던하면서도 구조적인 건축을 혼합한 조형적인 디자인을 추구하여, 그만의 독특한 성향을 나타내고 있다.

이 충전소는 1961년에 건축된 LAX 테마 빌딩의 우주선 형상을 디자인하면서 영감을 받아 설계한 것으로 삼각형 모양에 위쪽으로 휘어진 캐노피에 세 개의 가는 기둥을 연결해서 미래지향적으로 건축되어졌다.

조형적 기본 형태인 삼각형 형태에 변화를 주어 디자인한 부분과 테두리 부분의 정사각형 무늬를 주어 모던한 성향을 간접적, 장식적으로 드러내고 있고, 기둥과 캐노피 천정의 이음새 부분은 나뭇잎 가지 모양의 형태로 디자인한 구조적인 건축에 바탕을 두고 있는 것이 잘 나타나고 있다.

· 도드 미첼, 2003
· 403 North Crescent Drive Beverly Hills, CA
· www.crescentbh.com

*Beverly Hills* | 044

# 크레센트 호텔 비버리힐스

## The Crescent Hotel Beverly Hills

크레센트 호텔 비버리힐스는 비버리힐스의 노스 크레센트 드라이브에 위치한 부티크 호텔로 과거 배우를 위한 주택으로 사용되던 건축물을 호텔로 개수한 것이다.

야자수가 우거진 거리에 위치한, 노란색 벽면에 아치형 구조의 입구와 창호의 외관을 한 2층 규모의 호텔은 빅토리아 시대 건축물을 재해석한 양식으로 디자인하였으며 현대적인 분위기의 로비와 바, 객실 등의 실내공간과 함께 야외 테라스가 있는 쾌적한 공간을 제공한다.

실내공간에 들어서면, 로비 라운지는 세련되고 현대적인 가구와 실내 벽난로에 의해 아늑한 주택의 거실에 온 분위기를 연출한다. 호텔의 안뜰, 로비 라운지, 바 등은 10-100명의 손님을 수용할 수 있어 소규모 결혼식이나 칵테일 파티 및 가벼운 형식의 회의를 하는 것도 가능하다.

도드 미첼에 의해 디자인된 40개의 객실을 갖춘 호텔은 외관과 몰딩, 빈티지 타일로 마감된 벽을 보존하면서 실내공간을 현대적으로 연출하여 과거와 현재를 느낄 수 있게 하였다.

- 차다 셈비다 & 레미디오스 + 쓰리 아키텍처, 1998, 2005(개수)
- 9291 Burton Way Beverly Hills CA 90210
- www.lermitagebh.com

*Beverly Hills* | 045

# 레미타지 비버리힐스 호텔

## L'Ermitage Beverly Hills Hotel

래플스 레미타지 비버리힐스 호텔은 비버리힐스 시빅 센터 후면의 대로변에 위치한 8층 규모에 119실의 객실을 갖춘 5성급 호텔이다.

1970년대 건축된 콘도미니엄을 개수한 호텔은 반원의 캐노피를 기둥이 지지하고 있는 입구가 인상적인 공간으로 각 객실에 돌출된 발코니가 외관의 단순함을 완화시키고 있다.

원형 천장과 그에 맞춘 우아한 꽃꽂이로 화려한 분위기를 연출한, 따뜻한 아이보리색 대리석으로 마감한 로비는 일반적인 호텔과는 달리 낮은 천장의 공간으로 이루어져 있으며 객실로 가는 통로는 3단의 계단을 업시켜 천장을 더 낮게 처리하였다.

부속 시설로는 객실 외에 옥상수영장, 온천장, 헬스장, 바, 식당, 비즈니스센터, 애완동물을 수용할 수 있는 시설이 있으며 옥상 수영장은 대통령 수행도 가능한 수영장 방갈로를 추가하였다고 한다.

객실 내부는 격자 구성의 목재패널로 마감한 공간으로 동양적인 분위기를 느낄 수 있으며 벨벳 커튼과 백색의 벽이 조화를 이루고 있다.

줄리아 로버츠 등 유명 연예인 등이나 사업가들이 주요 고객층인 호텔은 고객들을 위해 철저한 보안과 쾌적한 공간, 최고급 서비스를 제공한다고 한다.

· 리차드 마이어, 1996
· 465 northe Beverly Drive, Beverly Hills, California

Beverly Hills | 046

# (구)텔레비전 & 라디오 박물관

## Museum of television & Radio

캘리포니아 비버리힐스에 위치한 박물관으로 방송 초창기에서 현대까지 텔레비전과 라디오에서 방송된 연예, 스포츠 등 사람들이 좋아하는 광고나 TV 프로그램을 찾아볼 수 있는 곳이다. 77년 동안 방송된 90,000여 프로그램들이 보관되어 있어 미국 대중매체의 흐름을 알 수 있는 곳이다. 건축물의 외관은 사거리 교차로 모퉁이에 위치한 장점을 살려 백색과 단순한 구조미가 돋보이는 매스의 두면을 투명한 외관의 파사드로 처리, 길거리에서 로비와 갤러리로 시선을 유도하도록 디자인하였다. 이 건축물의 특징은 투명한 유리벽으로 마감된 외부 파사드를 통해 내부의 수직 이동동선인 경사로가 역동감을 표현하면서 실내에서 상층으로 오르는 사람들에게 시각적인 시퀀스를 느끼도록 하였다. 화이트 컬러와 우아하고 심플한 구조미가 리차드 마이어의 건축 성향을 고스란히 보여주고 있다. 또한 북쪽의 파사드는 유리, 금속, 마블로 이루어져 있다. 메인 파사드에서 눈에 띄는 거대한 글라스 로툰다는 입구의 시작과 동선 중심의 시작으로서 내부에서도 1층의 갤러리와 극장, 그리고 라디오 청취룸으로 이끌고 있다. 내부 공간의 구성을 살펴보면 로툰다 내부는 천창의 밝은 빛을 끌어들이고 있으며, 이 원형의 유리형태는 외관의 건축형태가 고스란히 실내공간에서 기능적이고 비쥬얼한 접근성을 제공한다. 실내공간은 프로그램이 전산화 되어 있는 도서관이 있고, 150석의 극장에서 전람회나 세미나, 시사회 등이 열리기 때문에 매체와 가까이 있는 현대인이 즐길만한 곳이다.

- 렘 쿨하스, 2004
- 343 North Rodeo drive Beverly Hills, CA 90210-5105

*Beverly Hills* | 047

# 프라다 LA 에픽 센터

## Prada Los angeles Epicenter

이탈리아 패션 브랜드인 프라다의 LA 거점 매장인 프라다 에픽 센터는 지상 3층, 지하 1층 규모의 상업용 건축물로 비버리힐스의 노스 로데오 드라이브 거리에 면해 있다. 건축가는 뉴욕 프라다를 파도라는 컨셉으로 하여 구릉지가 있는 매장공간으로 연출한 데 비해 LA에서는 계단식 언덕이란 컨셉으로 매장공간을 차별화 시키고 있다.

또한 계단식 언덕이라는 공간 구성 외의 가장 큰 특징은 전통적인 매장들이 취하고 있는 전면에 쇼케이스를 배치, 파사드를 없앤 구성이라는 점이라고 할 수 있으며, 길을 가던 사람들이 자유롭게 매장을 둘러보게 하는 방식으로 도시공간과 건축물, 공적 공간과 사적 공간의 경계를 없애는 방식으로 디자인하였다.

사계절이 비교적 쾌적한 지역적인 장점을 이용하여 15m 길이의 개구부에 전통적인 파사드에 배치하는 쇼케이스를 없애면서 환경반응형의 에어커튼을 설치하여 야간에 바닥 하부에서 알루미늄 패널을 상승시키는 방식으로 해결했으며, 바닥 하부에 부분적인 쇼케이스를 설치하여 호기심을 유발하도록 하였다. 1층의 계단식 언덕이라는 구조물 위에 긴 장방형의 알루미늄 상자가 올려진 구성을 취하고 있는 매장은 2층에는 스폰지라고 불리는 공기와 물질이 반반으로 이루어진 신소재를 실내의 곳곳에 벽체로 사용한 반투명의 공간으로 환상적인 분위기를 만들어내고 있다. 3층에는 시나리오 공간이라고 불리우는 가변적으로 상품의 배치가 가능한 공간으로 지붕에서 자연광이 유입되도록 디자인하였다.

- 닐 디나리, 2004
- 9601 Wilshire Blvd. Beverly Hills, 90210
- www.nmda-inc.com

*Beverly Hills* | 048

# 엔데버 스크리닝 룸

## Endeavor Screening Room

엔데버 스크리닝 룸은 LA 비버리힐스의 캄덴 드라이브에 면해 위치하고 있는데 미국 유수의 탤런트 에이전시인 엔데버의 영화 시사회를 위한 상영실과 로비, 주방, 바 등의 기능이 있는 건물이다.

기계미학적이면서 유기적인 구성을 취한 백색의 파사드가 인상적인 공간은 의도적으로 긴 진입부를 통하여 공간적인 깊이와 함께 공간의 수축과 팽창에 의하여 실내공간에서의 확장감을 경험시키도록 디자인하였다.

마치 미래세계에 온 것 같은 유기적으로 디자인된 백색의 실내공간은 건축가가 과거 에어버스사에서 인턴으로 근무하였던 경험과 디자인적인 취향의 결과로 조명에 의해 부유하는 듯 한 분위기의 묘한 공간감을 표출하고 있다.

상연실 후면의 유기적인 구성의 벽면에는 초현실적으로 느껴지는 거대한 눈동자를 프린팅하여 실내공간에 포인트를 부여하고 있으며, 붉은색으로 마감한 상연실 실내를 통하여 로비의 백색 공간과 대비시키고 있다.

엔데버의 프로젝트는 건축가의 새로운 건축적인 도약을 이루게 한 프로젝트이기도 하다.

- 리차드 마이어, 1995
- 456 North Camden Drive, Beverly Hills, CA
- www.gagosian.com

Beverly Hills | 049

# 가고시안 갤러리

## Gagosian Gallery

가고시안 갤러리는 비버리힐스에 위치한 현대미술의 전시를 위한 건축물로 래리 가고시안에 의해 1979년 LA에 만들어졌다. 갤러리는 리차드 마이어가 기존의 갤러리와 오피스 건물을 증축한 연면적 2,790m$^2$ 규모의 건축물로 1층의 미술품 보관시설, 2층의 오피스, 그리고 1, 2층이 오픈된 전시실로 구성되어 있다. 비버리힐스의 건축 규제에 맞추어 기존 건물이 가지고 있는 대지의 조건을 최대한 활용하여 계획한 건축가는 1, 2층을 보이드시킨 단순한 공간에 역아치 형태의 지붕과 부식유리의 고창을 설치한 밝은 전시공간으로 디자인하였다.

좁고 긴 진입부와 1층의 천정고가 높은 공간, 1층에서 2층으로 오르는 좁은 계단이라는 공간의 수축과 팽창이라는 연출로 단순한 공간이나 변화감있게 느끼게 하면서 다양한 레벨에서 전시품의 감상이 가능하게 하였다. 백색 알루미늄 패널의 미니멀한 외관과 커튼월의 완벽한 비례감, 천장이나 반투명 커튼월을 이용한 빛을 이용한 연출은 르 꼬르뷔지에의 건축에 영향받은 건축가의 백색건축을 완벽하게 표현하였다.

2010년 증축한 갤러리는 방문 당시 낸시 루빈스의 전시회를 개최하고 있었으며, 과거 제프 쿤스, 장 미쉘 바스키아, 에드워드 류샤 같은 예술가의 전시회를 개최하기도 하였다. 현재 갤러리는 뉴욕, 런던, 로마, 아테네, 파리, 제네바, 홍콩 등 세계 여러 도시에서 운영하고 있다.

- 코닝 & 아이젠버그(건축 개수), 케리 웨아스틀러(실내 개수), 1999
- 9400 West Olympic Boulevard, Beverly Hills, CA
- www.avalonbeverlyhills.com

Beverly Hills | 050

# 아바론 호텔

## Avalon Hotel

아바론 호텔은 정체성이 필요한 세 건축물과 올림픽 볼드, 캐논 드라이브 및 비버리 드라이브라는 3개 입지로 구성되어 있는 호텔로 3층 규모에 88객실을 갖추고 있다. 중정에 위치한 수영장을 중심으로 구성되어 있는 호텔은 하늘색 격자 패턴의 모자이크 장식 캐노피가 인상적이다. 마릴린 먼로가 2년간 숙박을 하기도 했던 역사적인 호텔은 과거 3개의 입지에 1948, 1953, 1962년에 세워진 오래된 호텔로 1999년 건축가팀인 코닝 & 아이젠버그와 실내디자이너 케리 웨아스틀러가 리노베이션을 하였다. 디자이너팀은 도심 속에 위치하나 현대적이면서 조용한 분위기의 부티크 호텔로 만들기 위하여 ㄱ자형 평면에 중정에 위치한 수영장을 둘러싸는 내향적인 구성을 취하는 것으로서 문제를 해결하였다. 내외부 공간은 1950년대의 모더니즘을 주제로 하면서 LA의 분위기를 고려, 미니멀하면서도 색채감이 있는 공간으로 디자인하고 찰스 임스, 에로 사아리넨의 가구나 조명을 곳곳에 배치하였다. 전체적인 공간의 디자인은 캐노피에 있는 하늘색 격자 패턴이 상징하는 것처럼, 로비 등 실내공간에서는 백색을 주조로 한 공간에 하늘색 바닥과 소파들로 조화시키고 있다.

중정에 위치한 유선형 수영장은 내향적인 구성의 호텔에 있어 릴랙스한 분위기를 연출하는 포인트가 되면서 야간에는 수공간이 조경적인 요소가 되도록 연출하였다. 수영장 주변에 위치한 알코브형 휴식공간 후면에도 사선 패턴의 하늘색 타일로 마감하여 로비 등의 공간과 분위기를 연결시키고 있다. 또한 리노베이션을 하면서 대형 호텔과 다른 차별화된 서비스를 제공하기 위하여 수영장과 레스토랑, 피트니스룸을 설치하고 점성술이나 침 치료 등의 서비스를 제공하고 있다.

# 2

051 케이트 맨티리니 레스토랑 / 052 헬리오스 하우스

051 Kate Mantilini Restaurant / 052 Helios House

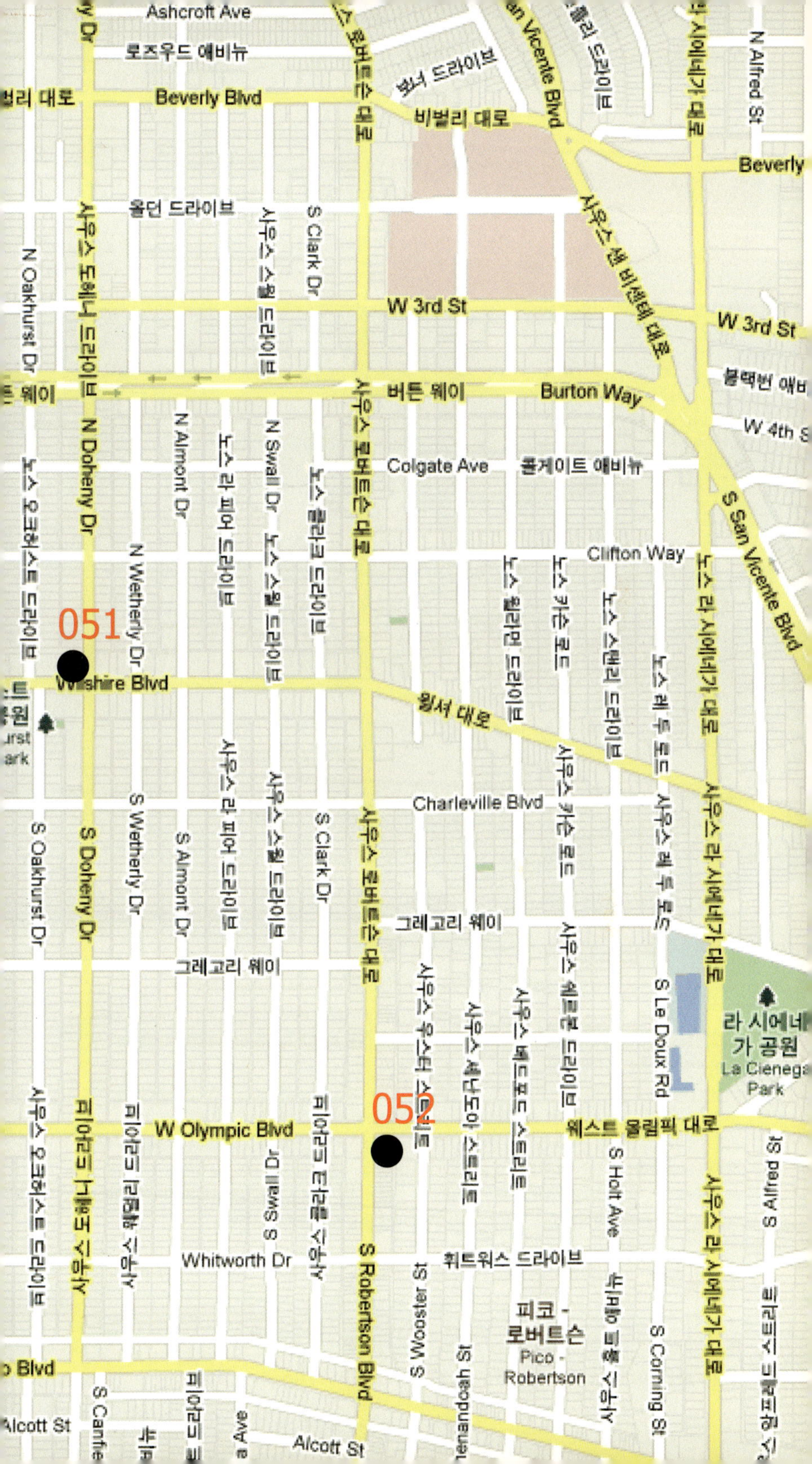

051
052
Ashcroft Ave
로즈우드 애비뉴
Beverly Blvd
비벌리 대로
Beverly
올던 드라이브
W 3rd St
Burton Way
버튼 웨이
Colgate Ave
콜게이트 애비뉴
Clifton Way
Wilshire Blvd
윌셔 대로
Charleville Blvd
그레고리 웨이
W Olympic Blvd
웨스트 올림픽 대로
Whitworth Dr
휘트워스 드라이브
N Oakhurst Dr
N Doheny Dr
S Doheny Dr
N Wetherly Dr
S Wetherly Dr
N Almont Dr
S Almont Dr
N Swall Dr
S Swall Dr
S Clark Dr
S Oakhurst Dr
S Robertson Blvd
S Wooster St
S San Vicente Blvd
N Alfred St
S Alfred St
S Le Doux Rd
S Holt Ave
S Corning St
W 4th St
라 시에네가 공원
La Cienega Park
피코 - 로버트슨
Pico - Robertson
Alcott St

- 모포시스, 1989
- 9101 Wilshire Boulevard, Beverly Hills
- morphopedia.com/projects/kate-mantilini

*Beverly Hills* | 051

# 케이트 맨티리니 레스토랑

## Kate Mantilini Restaurant

케이트 맨티리니 레스토랑은 비버리힐스 윌셔가에 있는 1950년대의 은행을 개수한 레스토랑으로 규칙적인 외관의 구성과는 달리 실내공간은 해체적인 분위기를 한 모포시스의 초기작 중의 하나이다.

건축주는 시계탑이 있는 진취적인 레스토랑으로 디자인하기를 요구하였으며, 건축가는 기존 은행의 철골구조를 살린 규칙성이 있는 외관과 달리 실내공간에서는 공업적인 소재를 사용한 역동적인 식음공간으로 반전시키는 전략을 취하였다.

긴 장방형 평면의 실내공간에는 곡선의 날렵한 주방용 카운터와 상부에 위치한 연속적인 동작의 권투를 하는 장면이 프레스코화로 그려진 곡선의 벽면, 그리고 천창으로 들어오는 빛에 의해 시간의 흐름을 알려주는 시계탑인 해시계의 오브제와 대비되는 규칙적인 실내의 벽들이 대위법적인 관계를 이루도록 디자인하였다.

이 당시 모포시스는 공간에 시각적인 포인트가 되는 공간적 장치의 삽입을 즐겨 하였으며, 해체적인 오브제인 해시계는 실내공간에 그래픽하게 느껴지는 곡선의 벽면과 함께 시간의 흐름에 따라 빛의 미묘한 변화를 즐길 수 있게 디자인하였다.

해시계의 오브제 옆에는 2층으로 올라갈 수 있는 계단이 있다.

아키그램이나 제임스 스털링, 그리고 영화에 영향을 받은 모포시스의 공간답게 공업적인 요소와 해체적 구성주의나 시퀀스적인 공간의 영향이 공간의 곳곳에 나타나고 있는 작품으로 아직도 디자인 당시 그대로 영업을 하고 있다.

1987년에 P/A 어워드를 수상한 건축물은 로버트 드니로와 알 파치노가 나오는 영화 히트의 촬영 배경으로도 사용되기도 하였으며, 모포시스의 존재를 일반에게 알린 작품이기도 하다.

- 존스톤 마크리 & 어쏘시에이츠, 2007
- 8770 West Olympic Blvd., LA
- www.notcot.com/archives/2007/03/bp-helios-house.php

*Beverly Hills* | 052

# 헬리오스 하우스

## Helios House

LA의 비버리힐스에는 역사적으로 유명한 주유소의 선례가 있는데, 그 중 하나가 페레이라 & 어쏘시에이츠가 1965년에 디자인한 유니온 76 가스스테이션이다.

60년대 스타일답게 유기적인 디자인을 한 미래지향적인 형태의 주유소에 이어 최근에 새로운 시대의 패러다임에 맞는 헬리오스 하우스라는 주유소가 마치 우주선이 착륙한 것 같이 혜성처럼 나타났다.

삼각형의 스테인리스 스틸 패널로 마감된 부정형의 형태를 취하고 있는 주유소는 차가운 이미지와는 달리 물과 열, 에너지, 조명, 재료 시스템에 있어 지속가능한 디자인을 추구하면서 에너지 효율을 극대화한 친환경적인 주유소이다.

휘발유라는 에너지원을 제공하는 주유소를 하나의 친환경을 실현하기 위한 실험장으로 사용하는 프로젝트이기도 한 헬리오스 하우스에 있어 가장 상징적인 디자인 요소는 캐노피 디자인이다.

일반적인 주유소에서는 캐노피, 기둥, 지불용 키오스크, 사인이라는 기능적으로 다른 요소들이 조합된 형태이지만, 이 프로젝트에서는 이런 요소들이 삼각형의 패널들이 모여서 전체를 형성하여 하나로 통합하는 유니크한 로직을 전개하고 있다.

즉, 디자인의 출발점으로서 구조적 부분을 사용하면

서 외장 시스템은 기둥의 베이스와 샤프트, 캐노피를 통합하고 표면 역시 같은 기술을 사용하여 각종 건축적인 기술요소를 파라메타적으로 일체화 시키고 있다.

옥상에서 우수를 저장, 사용하고 태양광으로 발전한 전력을 사용하며 옥상녹화에 의해 산소를 공급하고 화장실의 자재를 기존 건축물의 재료를 재사용한 헬리오스 하우스는 LA 미래건축의 랜드마크가 될 것이며 우리가 미래에 건축을 통하여 추구해야 할 목표점이라고 할 수 있다.

# 3

053 로버트슨 브랜치 도서관

**053 Robertson Branch Library**

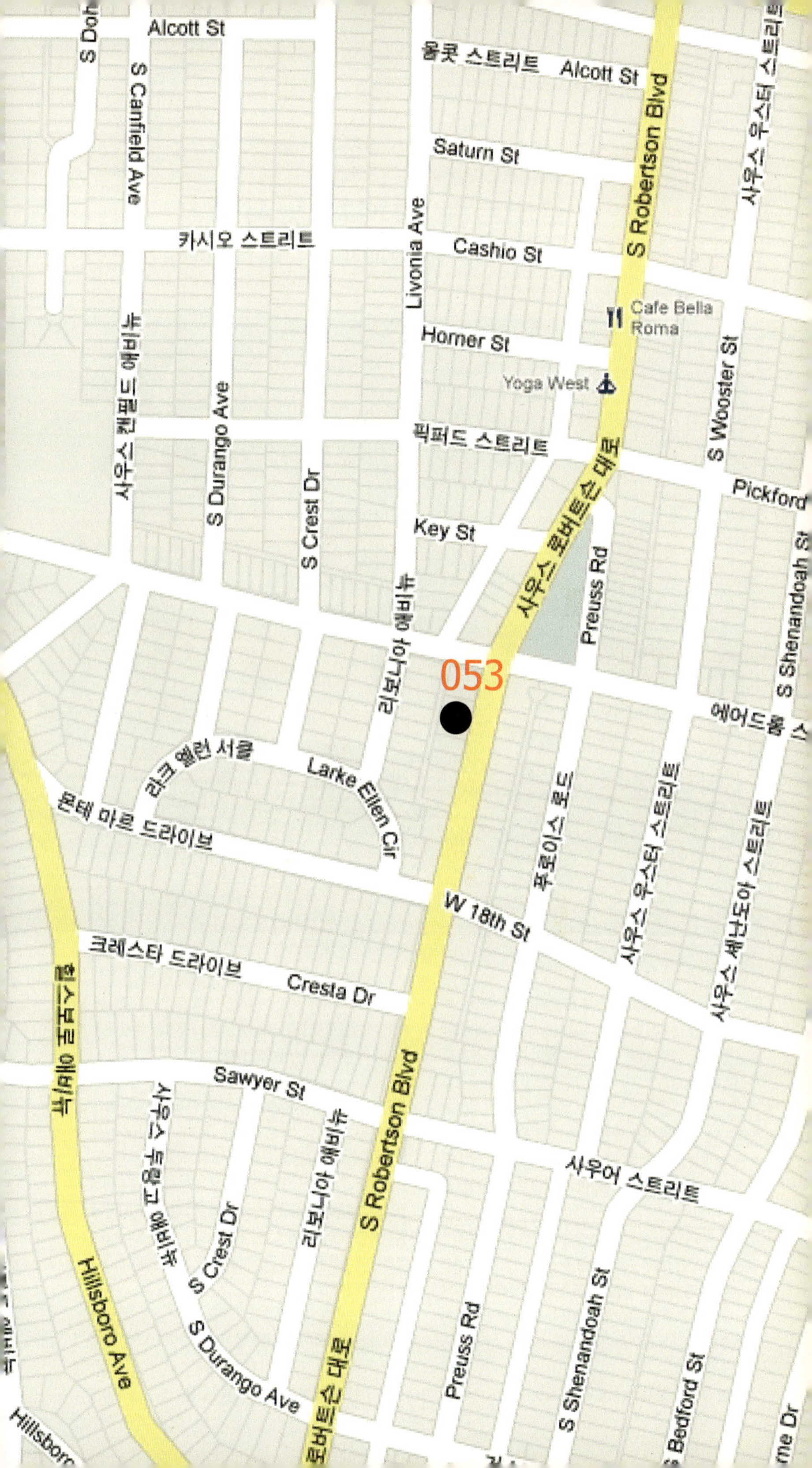
Alcott St
S Canfield Ave
올콧 스트리트
Alcott St
Saturn St
S Robertson Blvd
사우스 우스터 스트리트
카시오 스트리트
Cashio St
Livonia Ave
Cafe Bella Roma
Horner St
Yoga West
사우스 캔필드 애비뉴
S Durango Ave
S Wooster St
픽퍼드 스트리트
사우스 로버트슨 대로
Pickford
S Crest Dr
Key St
Preuss Rd
리보니아 애비뉴
S Shenandoah St
053
에어드롬 스
라크 엘런 서클
Larke Ellen Cir
몬테 마르 드라이브
프로이스 로드
사우스 우스터 스트리트
사우스 셰넌도아 스트리트
W 18th St
크레스타 드라이브
Cresta Dr
힐스보로 애비뉴
Sawyer St
사우스 두랑고 애비뉴
리보니아 애비뉴
S Robertson Blvd
사우어 스트리트
S Crest Dr
Hillsboro Ave
Preuss Rd
S Shenandoah St
S Durango Ave
로버트슨 대로
S Bedford St
Hillsboro

· 스티븐 엘리히, 1997
· 1719 South Robertson Boulevard, Los Angeles, California

Beverly Hills | 053

# 로버트슨 브랜치 도서관

## Robertson Branch Library

LA 다운타운의 번화가인 사우스 로버트슨 거리는 상업용 빌딩과 아파트들이 있는 거리로서, 이 거리에 위치한 로버트슨 브랜치 도서관은 불가사의한 표정을 지닌 건축물이다.

건축가인 스티븐 엘리히는 일반적인 평면에서 탈피한 도서관을 디자인 하고자 마치 선체 같은 구조의 대담한 유기적인 형태를 삽입한 도서관으로 디자인하였다.

2층 높이의 건축물에 선체같은 형상의 조형적인 요소는 건축물에 3층에 걸친 아트리움을 조성하고 있으며, 옥상에 돌출한 정상의 천창은 선체 내에 충분한 자연광을 실내에 끌어들이고 있다.

실내공간의 주 포인트는 청색을 주조로 선체 같은 형태의 계단실로서 2층 레벨에 공중 브릿지를 설치하여 중간층에 변화를 부여하고 있다.

공공공간은 2층에 위치하고 있고 선체 같은 형태의 아트리움과 밀접하게 연결되어 있으며, 그 시너지 효과에 의해 독서공간을 활성화 시키고 있다.

스티븐 엘리히 아키텍처는 1979년 설립, 컬버시티에 위치하고 있다. 사무소를 주재하는 스티븐 엘리히는 렌셀라에 폴리테크닉 인스티튜트를 졸업한 후, 2년간 평화봉사단으로 근무하였다.

1969년에는 모로코 마라케시에서 건축가로서 작업

을 처음 하였다. 4년간 북서아프리카에서의 토착적인 건축에 대한 연구, 교육, 여행과 삶을 산 것이 그의 건축에 영향을 주었다.

건축적인 인류학자로서 그는 건축에 건축과 문화, 사람과 장소에 대한 관계성을 표현하고 있다.

# 4

054 쉰들러 하우스 & 스튜디오 / 055 몬드리안 호텔 / 056 안다즈 호텔 웨스트 헐리우드

**054** Schindler House & Studio / **055** Mondrian Hotel / **056** Andaz Hotel West Hollywood

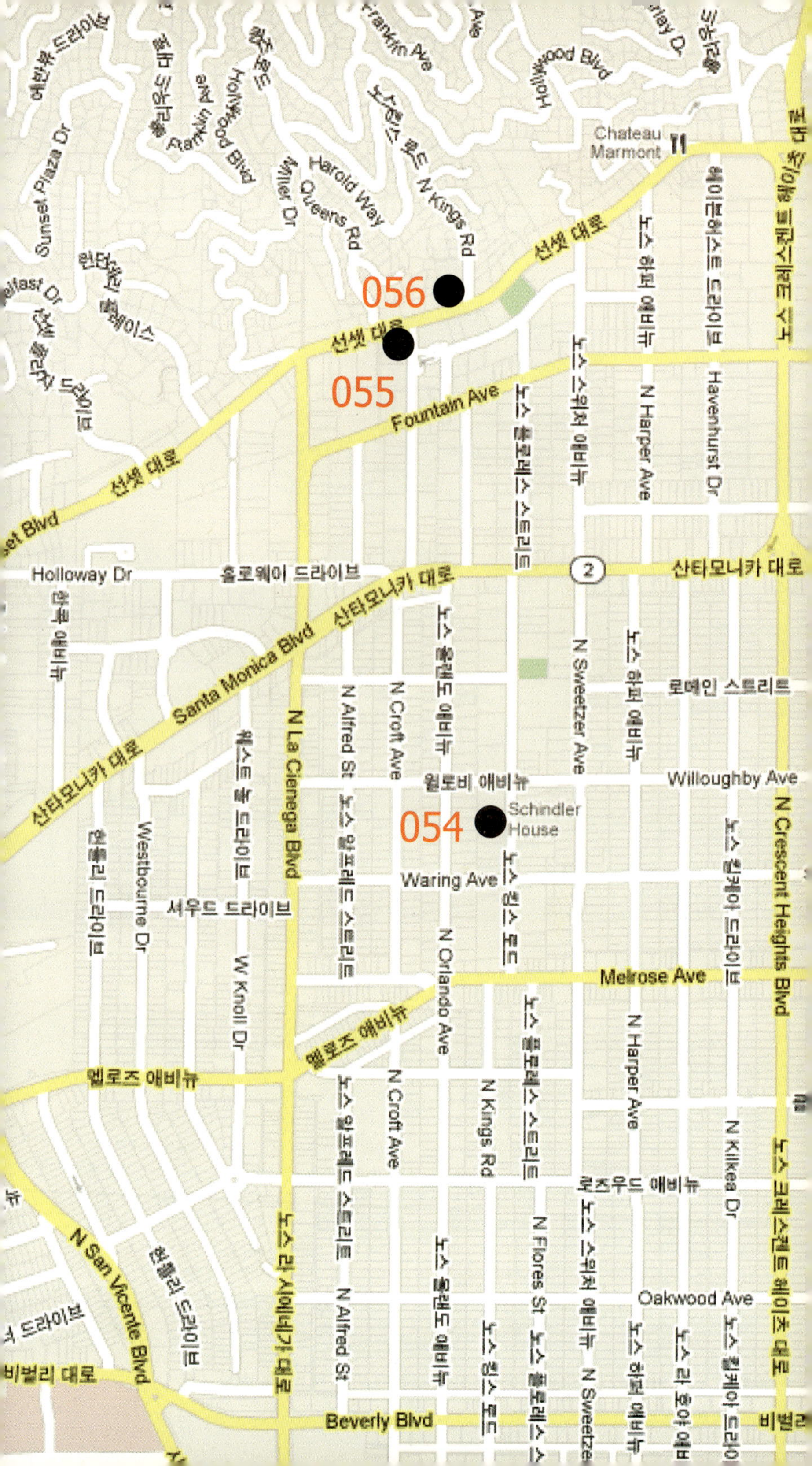

056
055
054
Schindler House
Chateau Marmont
선셋 대로
Sunset Blvd
Fountain Ave
Holloway Dr
홀로웨이 드라이브
산타모니카 대로
Santa Monica Blvd
Willoughby Ave
윌로비 애비뉴
Waring Ave
Melrose Ave
멜로즈 애비뉴
Beverly Blvd
비벌리 대로
Oakwood Ave
로즈우드 애비뉴
로메인 스트리트
서우드 드라이브
N La Cienega Blvd
노스 라 시에네가 대로
N Alfred St
노스 알프레드 스트리트
N Croft Ave
N Orlando Ave
노스 올랜도 애비뉴
N Kings Rd
노스 킹스 로드
N Flores St
노스 플로레스 스트리트
N Sweetzer Ave
노스 스위처 애비뉴
N Harper Ave
노스 하퍼 애비뉴
Havenhurst Dr
헤이븐허스트 드라이브
N Kilkea Dr
노스 킬케아 드라이브
N Crescent Heights Blvd
노스 크레스켄트 헤이츠 대로
N San Vicente Blvd
Westbourne Dr
W Knoll Dr
웨스트 놀 드라이브
Harold Way
Queens Rd
Miller Dr
Franklin Ave
Hollywood Blvd
Sunset Plaza Dr
Belfast Dr

· 루돌프 쉰들러, 1922
· 835 North Kings Road, West Hollywood, CA 90069-5409
· www.makcenter.org

*Beverly Hills* | 054

# 쉰들러 하우스 & 스튜디오

## Schindler House & Studio

쉰들러 하우스와 스튜디오를 설계한 루돌프 쉰들러는 LA 모더니즘 건축에서 중요한 건축가들 중의 한 사람으로 같은 오스트리아 출신인 리차드 노이트라와 함께 미국 근대건축의 발전에 지대한 기여를 한 인물이다. 건축가 쉰들러는 오토 바그너, 아돌프 로스, 프랭크 로이드 라이트의 영향을 받았으며 라이트의 사무실에 근무하기도 하였다. 이후 독립하여 자신과 친구인 체이스 부부를 위한 쉰들러 하우스를 설계하였으며, 이 작품 이후에도 라이트에게 영향받은 유기적인 건축개념을 자신의 방식으로 완벽하게 소화하였다는 평을 받고 있다. 웨스트 헐리우드의 킹스 로드에 위치한 230m² 규모의 주택은 두 부부가 사는 주거공간이라는 점을 고려하여 중앙의 공동 부엌을 사이에 두고 벽난로를 중심으로 L자 형태의 평면 위에 북쪽은 체이스 부부공간, 남쪽은 쉰들러 부부공간을 배치하면서 각 부부가 독자적인 출입구, 욕실 그리고 각자의 공간을 가질 수 있도록 계획하였다.

건축가 부부가 요세미티로 휴가를 다녀온 후에 여행에서 얻은 영감을 바탕으로 캠핑하는 것 같은 삶을 목표로 주택을 디자인 하였다. 이 주택에서 친구 부부는 2년을 머물다 떠나고 20년대 후반에는 노이트라 부부가 잠시 머무르기도 하였다. 쉰들러 부부는 31년간 이곳에서 생활하였다. 평면계획에서 일상적인 주거공간에 있는 거실과 침실이 없는 것은 여행에서 영감을 받은 것이며, 스튜디오 중심 생활공간과 옥상에 적삼목과 유리를 사용한 옥외 침실공간에서 온화한 기후를 이용하여 잠을 청하도록 계획된 것이다. 콘크리

트 벽체는 공사장 바닥의 거푸집 틀에 콘크리트를 채워서 양생 후에 세우는 틸트 업 공법으로 시공하였으며, 재료의 사용에 있어서도 자연재료의 본질을 그대로 노출하여 표현하는 방식으로 사용하였다. 쉰들러만의 모듈 방식을 사용한 이 공간은 건축물 전체에 질서를 부여하고 있으며, 낮은 천정고의 휴먼스케일적인 공간의 단점을 해소하기 위하여 벽면 상부에는 고창을 설치하는 등 건축가의 독창적인 디자인 감각이 엿보이는 곳이다.

쉰들러 하우스는 LA 모더니즘 건축의 대표작 중 하나로, 현재는 맥센터로 불리우고 있다. 이 주택은 일반인들에게는 주말에만 개방하며, 단체 방문자들은 주중에 예약을 해야만 입장이 가능하므로 관람에 유의하기 바란다. 뉴포트 비치에 위치한 건축가의 또 다른 주택인 로벨 비치 하우스(1926) 역시 초기 국제주의 양식의 걸작으로 방문할 가치가 충분하기에 근대기의 건축물에 관심이 있다면, 함께 방문해 보기를 권한다.

· 필립 스탁, 1959, 1996(개수)
· 8440 Sunset Boulevard, West Hollywood, CA
· www.mondrianhotel.com

*Beverly Hills* | 055

# 몬드리안 호텔

## Mondrian Hotel

몬드리안 호텔은 웨스트 헐리우드의 언덕에 위치한 12층, 237실 규모의 부티크 호텔로 1959년에 세워진 아파트를 호텔로 개수한 것이다.

1985년 레미타즈 호텔 그룹이 개수한 르 몬드리안을 백색의 미니멀한 외관의 인상적인 호텔로 변모시킨 필립 스탁은 그가 디자인한 호텔답게 입구에는 거대한 마호가니 문을 설치하여 초현실적인 세계로 초대하고 있다.

외관은 직사각형 건축물의 화이트 도장의 심플한 건축물이지만 입구에 들어서면 커다란 마호가니 문이 양쪽으로 맞이하고 있다. 커다란 화분은 입구성을 강조하고 있다.

언발란스하게 조합된 기구들이 놓여 있는 로비는 초현실적 분위기를 제공한다.

로비를 지나 야외 테라스 쪽으로 나가면 수영장이 나타나고, 수제 가구가 야외와 함께 어울린다. 또한 오버 스케일의 테라코타 화분으로 구성된 멋진 정자영역을 포함한 감각적인 안뜰에서는 식사를 제공한다.

우아한 실내 분위기는 부티크 개념으로 필립 스탁에 의해 재창조되었다.

- 잰슨 골드스타인 LLP, 2009
- 8401 Sunset Boulevard West Hollywood, CA 90069
- www.westhollywood.andaz.hyatt.com/hyatt/ hotels

*Beverly Hills* | 056

# 안다즈 호텔 웨스트 헐리우드

## Andaz Hotel West Hollywood

안다즈 호텔 웨스트 헐리우드는 하얏트 호텔이 새로운 브랜드로 오픈한 2번째의 부티크 호텔로 헐리우드 언덕의 몬드리안 호텔 건너편에 위치한 14층 규모의 건축물이다. 우르두어로 개인의 생활상이라는 의미를 지닌 안다즈 호텔은 1963년 문을 연 호텔을 개수한 건축물로 현대적인 분위기의 20실의 스위트룸을 포함한 257개의 객실을 갖추고 있다.

과거 진 오트리 호텔로 오픈하였던 건축물을 뉴욕을 중심으로 활동하고 있는 잰슨 골드스타인 LLP가 럭셔리하면서 미니멀한 분위기로 개수한 호텔은 로비를 비롯한 공공공간에는 설치미술가 제이콥 하시모토가 만든 핸드페인팅한 메탈 원판들로 만들어진 3.3m 높이의 조각이 포인트로 자리잡고 있다. 1층 로비는 대리석을 벽면에 병풍처럼 설치한 공간에 부분적으로 상부를 오픈, 철골 계단이 오브제처럼 자리잡게 디자인하였다.

옥상의 풀장과 객실에서는 헐리우드 언덕과 LA 시내의 스펙타클한 파노라마 뷰를 즐길 수 있게 디자인한 것이 인상적으로 객실 역시 미니멀하지만 세련된 디자인으로 손님들에게 편안한 분위기를 제공하고 있다. 안다즈 호텔은 건너편에 위치한 몬드리안 호텔을 의식한듯, 미국 서부의 건축과 실내디자인 관련 가이드북을 만든다는 내용을 듣고서 전 층의 주요한 공간들을 안내하여 주었던 기억이 있는 호텔로 60-70년대에는 레드 제플린, 롤링 스톤즈와 같은 영국 락 그룹들이 주로 찾는 숙박지여서 당시에는 폭동의 집이라는 별명이 붙기도 하였다고 한다.

# 5

057 플러머 파크 커뮤니티 센터 / 058 마담 투소 / 059 코닥 극장 / 060 그로맨즈 차이니스 극장 / 061 아메리칸 시네마테크 / 062 헐리우드 루즈벨트 호텔

**057** Plummer Park Community Center / **058** Madame Tussauds / **059** Kodak Theater / **060** Grauman's Chinese Theater / **061** American Cinematheque / **062** Hollywood Roosevelt Hotel

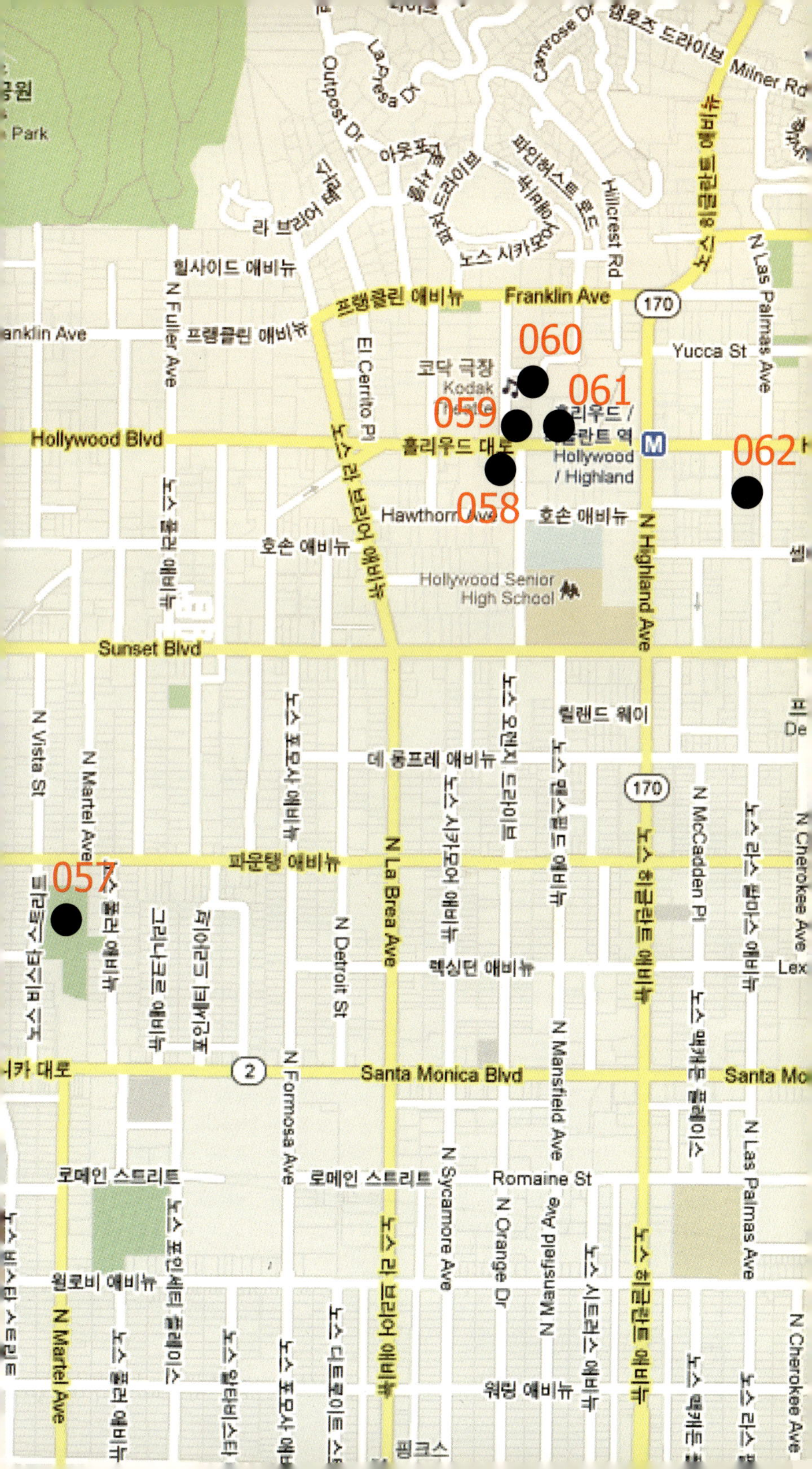

Outpost Dr
La Presa Dr
Camrose Dr
캠로즈 드라이브
Milner Rd
아웃포스트
파인허스트 로드
노스 시카모어
Hillcrest Rd
노스 하이랜드 애비뉴
N Las Palmas Ave
라 브리아 테라스
힐사이드 애비뉴
Franklin Ave
프랭클린 애비뉴
170
Yucca St
El Cerrito Pl
N Fuller Ave
코닥 극장
Kodak Theatre
060
061
059
058
062
홀리우드 / 하이랜드 역
Hollywood / Highland
Hollywood Blvd
홀리우드 대로
노스 라 브리아 애비뉴
노스 풀러 애비뉴
Hawthorn Ave
호손 애비뉴
Hollywood Senior High School
Sunset Blvd
N Highland Ave
N Vista St
N Martel Ave
노스 포모사 애비뉴
노스 오렌지 드라이브
노스 맨스필드 애비뉴
노스 시카모어 애비뉴
데 롱프레 애비뉴
N McCadden Pl
N Cherokee Ave
노스 라스 팔마스 애비뉴
파운탱 애비뉴
057
N La Brea Ave
N Detroit St
렉싱턴 애비뉴
Santa Monica Blvd
2
N Mansfield Ave
N Formosa Ave
N Sycamore Ave
로메인 스트리트
Romaine St
N Orange Dr
노스 하이랜드 애비뉴
노스 맥캐든 플레이스
N Las Palmas Ave
윌로비 애비뉴
노스 포인세티 플레이스
노스 풀러 애비뉴
노스 윌튼/비스타
노스 포모사 애비뉴
노스 디트로이트 스트리트
노스 라 브리아 애비뉴
워링 애비뉴
노스 시트러스 애비뉴
노스 비스타 스트리트
N Martel Ave
핑크스
N Cherokee Ave

· 코닝 & 아이젠버그, 2007
· 7377 Santa Monica Blvd West Hollywood, CA 90046
· www.kearch.com/inst_rec/inst_rec_plummers.html
· www.kearch.com/index.html

*Beverly Hills* | 057

# 플러머 파크 커뮤니티 센터

## Plummer Park Community Center

플러머 공원 내에 위치한 커뮤니티 센터는 과거 카드, 도박, 흡연으로 얼룩진 슬럼가였는데, 지역 커뮤니티 서비스 센터로 노인시설과 영유아 보육시설을 통합하여 하나의 지붕으로 리모델링한 프로젝트이다. 특히 이곳은 이민자가 많아 140개국 이상 224개의 언어가 혼재해 있고, 54.1%의 가정에서 영어 외의 언어를 구사하고 있기 때문에 시 당국은 이 문제를 해결하기 위해 영어교육에 대해 특화된 전문성을 구축하였다. 그 외에 영유아 보육, 청소년 센터, 노인들의 평생학습 지원, 사회봉사 지원, 공원사무실, 미술실, 컴퓨터실, 휴게실, 교육실을 갖추고 있으며, 옥외에는 공원, 테니스 및 농구코트, 월요 농부시장, 놀이터, 110대의 주차공간을 갖추고 있다. 특이한 것은 대규모 오픈 잔디로 강아지 휴식공원을 조성한 것이었는데 시민들의 큰 호응을 얻고 있다. 디자인 전략은 녹색 주차공간과 오수를 재활용하는 시스템, 아연골판 사이딩, 플라스틱 필름의 천장, 고밀도 섬유판, 자연환기 및 전기 부하를 줄일 수 있는 집열판 설치 등으로 검소한 건축과 환경을 생각하는 지속성에 있다. 25주년 수도 개선 프로젝트로 피에스타 홀의 확장 등을 포함한 뉴 플러머 공원 마스터플랜이 연내 착공 예정으로 시행된다고 한다.

· 로토 아키텍처, 2006
· 6933 Hollywood Boulevard
Hollywood, CA 90028
· www.madametussauds.com/hollywood/

Beverly Hills | 058

# 마담 투소

## Madame Tussauds

마담 투소 헐리우드는 4,600m² 규모의 밀납인형 박물관으로 헐리우드 대로 서쪽 끝 부분에 차이니스 극장 바로 옆에 위치한 랜드마크형 건축물이다.

박물관은 프랑스 출신의 마담 투소가 만든 밀납인형 전시물들이 시초가 된 전세계 박물관들 중 헐리우드 분관으로 모포시스의 멤버였던 마이클 로톤디가 주도하는 로토 아키텍처가 디자인한 대규모 프로젝트이기도 하다.

광장을 중심으로 양측면에 유리 커튼월과 부정형한 금속 벽체가 대비되는 돌출된 구조로 ㄷ자형 평면을 구성하고 있는 박물관은 상업적인 성격의 박물관이라는 속성상 보행자나 차량에서의 시각적인 인지성을 고려하면서도 동시에 인접한 차이니스 극장과 마찬가지로 광장을 만들어서 건축물과 연결시키겠다는 의지를 공간에서 읽을 수 있다.

마이클 로톤디는 어린 시절부터 헐리우드 대로를 잘 알고 있는 건축가였기에, 그는 이 공간을 통하여 전통과 장소의 맥락이 반영된 장소화된 건축물을 디자인하고자 하였다.

그는 단순히 유명한 배우들을 밀납인형으로 만들어 전시하는 박물관을 헐리우드 대로에 면하여 건축한다는 것 이상의 건축물을 만들기 위하여 인공적인 언덕이라는 개념을 도입하여 광장에서 박물관의 옥상으로 연결하는 계단과 돌출된 우측동과 연결하는 브

릿지 등으로 회유하는 공간, 즉 건축적 산책로로 영화 처럼 움직임 속에서 새로운 풍경을 만나는 공간을 창조하고자 하였다.

박물관은 광장이 있는 다층적인 공공공간이면서 순회하는 형식으로 옥상 광장으로 연결되도록 하여 지상의 광장은 축제나 쇼에 참가할 사람들이 모이는 이벤트 공간, 헐리우드 대로의 전후면을 조망할 수 있는 옥상광장은 길거리 문화를 흡수하면서 밀랍인형을 통해 역사적 혹은 동시대의 사람들과의 커뮤니케이션을 유도하는 장으로 디자인하였다.

마이클 잭슨이나 안젤리나 졸리의 밀납인형을 보며 즐기는 공간 이상으로 건축물에 있어서 공공성의 확대, 그리고 영화가 장면들의 구성으로 만들어지듯이 광장에서 옥상광장으로 회유하면서 구조물의 틈새로 보여지는 헐리우드의 풍경을 통한 새로운 공간 인식 등으로 인해 박물관은 AIA 골드메달과 함께 2010년 LA 베스트 건축물 20선에 선정되었다.

· 데이비드 락웰, 2001
· 6801 Hollywood Boulevard, Los Angeles, CA 90028
· www.kodaktheatre.com



# 코닥 극장
## Kodak Theater

코닥 극장은 유명 스타들의 이름이 담긴 별들을 새겨 넣은 헐리우드 거리의 노스하이랜드 센터에 위치한다. 타임 스퀘어의 노키아 극장, 월트 디즈니 뮤지엄을 디자인한 데이비드 락웰의 작품이다. 극장은 거리에서 안쪽으로 셋백되어 있으며 거리에 면하여 있는 곡선형의 게이트가 3층 높이로 솟아 있어 전체적으로 웅장한 인상의 외관이다.

입구에 들어서면 양 옆에 세워진 석회암 기둥이 주랑을 이루고, 진입 홀을 지나 중정에 다다르면 5개층의 로비와 중심에 있는 나선형 계단을 만나게 되며 은색의 타원형 돔이 그 위 천정을 덮고 있다. 외관의 일부 라인과 바닥, 계단, 실내 벽에 일관되게 적용된 반짝이는 타일이 포인트로 사용되어 있고, 체리우드의 계단, 백라이트 캐스트 유리를 넣은 기둥들과 벽에 실버 잎이 액센트가 되어서 웅장함 가운데 디테일하고 여성스러운 느낌을 주기도 한다.

극장은 3,401명의 관람객을 수용할 수 있으며 내부 공간은 체리우드 마감을 주조로 하여 짙은 자두색 의자와 몬드리안 스타일 선염 패턴의 음향패널이 청색과 적색을 수놓고 있어 비교적 화려하면서 따뜻한 색채이다.

오스카 아카데미 시상식이 개최되는 곳으로 유명한 극장은 설계에서부터 시상식을 염두에 두고 디자인되었고, 계단 진입 홀과 레드 카펫을 하나의 기호로 만들어 연출하였다.

- 메이어 & 홀더, 1927
- 6925 hollywood Blvd, Hollywood, CA 90028
- www.manntheatres.com

Beverly Hills | 060

# 그로맨즈 차이니스 극장

## Grauman' s Chinese Theater

헐리우드 중심부에 위치한 그로맨즈 차이니스 극장은 중국 사원을 모티브로 디자인된 역사적인 영화관으로 1927년 극장왕 시드 그로맨의 의지로 완성하였다. 1968년 문화적 랜드마크로서 역사적인 자격이 선포되었고, 1994년 LA 지진 후 지질전문가의 자문을 통해 전체 구조가 강화되었다. 이 극장은 27.5m의 거대한 두 개의 빨간색 산호기둥이 연철 마스크가 쌓여져 있는 청동지붕을 들어 올리고 있는데 빨간색과 녹색이 선명하게 대비되는 건축물이기도 하다.

두 기둥 사이에 10m 높이의 돌로 된 용의 부조와 기둥 앞에서 극장 입구를 지키는 천국개는 중국풍의 사원을 연출하고 있다. 그림 속 궁전 같은 중국풍의 사원을 연출하기 위해 중국 본토에서 직접 사원의 기둥들, 성전의 종, 탑, 돌과 천국개, 여러 유물들을 가져와서 건축하였고, 극장의 화려한 내부 장식에 사용되었다. 극장 내부의 황금색 장식과 붉은 조명, 벽은 정교하게 공을 들인 거대함과 화려함으로 옛날 헐리우드의 글래머러스한 분위기를 내고 있으며, 매일 30분 정도 제공하는 내부 투어를 통해 만나볼 수 있다.

극장 앞 마당의 그림 및 메모와 함께 인도에 새겨진 헐리우드 스타들의 손/발자국은 상당히 관광친화적이다. 극장 건립 중 아직 마르지 않은 시멘트 바닥을 걷는 바람에 발생한 우연이 극장의 명물이 되었다. 헐리우드 중심부에 있으며 인상적인 80여 년의 역사를 지닌 그로맨즈 차이니스 극장은 완전한 헐리우드 경험을 얻기 위해 꼭 방문해야 할 장소라 할 수 있다.

- 하젯 + 훈, 1998
- 6712 Hollywood Boulevard Hollywood, CA 90028
- www.americancinematheque.com

*Beverly Hills* | 061

# 아메리칸 시네마테크

## American Cinematheque

LA 에인젤스의 이집트 극장 내에 있는 아메리칸 시네마테크는 미국 영화역사를 기념하기 위해 만들어졌으며, 외형적인 이미지와 다르게 기계미학적인 디자인의 영화관이다.

건축물의 규모는 수용인원 400명이 관람 가능한 영화극장을 중심으로 600명이 특수한 프리미어 쇼를 관람 가능한 규모이다. 그 외에 세미나, 비디오 프레젠테이션, 프라이빗 영사용으로 75석의 소규모 홀도 준비되어 있다.

실내공간의 특징은 기계적인 마감에 의한 가동적인 장치의 자동식 좌석으로 이것은 기존의 역사적인 공간 내에 있는 오브제로서 역사성을 디자인한 것이다. 이로 인해 기존의 낮은 천정 밑의 영상실 공간을 보다 넓은 로비로 사용할 수 있게 하였다.

부부 건축가팀인 하젯+훈은 문화적인 차이를 극복한 이상적인 협동 관계를 형성하고 있는 파트너십의 건축가팀이다. 그들은 작품은 UCLA의 가설적인 구조의 타우웰 도서관, LA 에인젤스 아츠 파크, LA 헐리우드 보울 등이 있다.

- 피셔 레이크 & 해리슨 B 트래버/도드 미첼, 2005(개수)
- 7000 Hollywood Boulevard Los Angeles, CA 90028
- www.hollywoodroosevelt. com

*Beverly Hills* | 062

# 헐리우드 루즈벨트 호텔

## Hollywood Roosevelt Hotel

루즈벨트 대통령의 이름에서 유래한 헐리우드 루즈벨트 호텔은 헐리우드 대로에 위치한 유명한 스패니쉬 스타일 호텔로 기업가 찰스 토버만이 더글러스 패어뱅스, 메리 픽포드 등의 투자를 받아서 건축하였다. 12층 규모로 300석의 객실과 레스토랑, 바와 라운지, 옥외 풀장과 볼룸, 소규모 회의실을 갖추고 있는 호텔은 1929년 1회 아카데미 수상식이 개최되기도 한 역사적인 장소이기도 하다.

실내를 디자인한 해리슨 B. 트래버는 주 출입구로 진입하는 공간에서 아치구조로 격리된 3층 규모 라운지를 레벨을 낮추면서 스패니쉬 양식의 샹들리에, 다양한 색채의 목재 천정, 화분에 심은 야자나무 등으로 어둡게 디자인, 헐리우드 대로의 복잡한 분위기에서 탈피한 호젓하고 우아한 분위기로 연출하였다. 이외에도 메인 로비에 위치한 테라스와 수영장이 유명하며 수영장과 주위를 둘러싸고 있는 간이 탈의실이 있는 풍경은 마치 오래된 헐리우드 영화의 한 장면을 연상시킨다. 리노베이션을 할 때, 수영장 바닥은 데이비드 호크니가 그린 그림으로 장식하여 야간에는 조명으로 낭만적인 분위기를 연출한다. 2005년 도드 미첼이 나이트클럽, 레스토랑과 함께 객실을 현대적이면서 안락한 분위기로 리노베이션하였으며, 실내는 하이테크 제품이나 설비로 쾌적하게 디자인하였다.

과거 이 호텔에 마릴린 먼로 등 유명 배우들이 묵었던 호텔임을 상기하면서 공간의 곳곳을 살펴보는 것도 흥미로울 것이다.

ARCHITEC

INTERIOR

UCLA

S &

ESIGNER'S

GUIDE TO

*Architect's & Interior Designer's Guide to*

# UCLA

## University of California, Los Angeles

LA 도심지의 웨스트우드에 위치한 캘리포니아 대학교 로스앤젤레스(University of California, Los Angeles)는 사립 종합대학교로 UCLA로 불리고 있다. 1882년 시민들의 헌금으로 개교한 캘리포니아 주립 보통학교 로스앤젤레스 분교가 그 기원으로 1919년에 캘리포니아 주에서 캠퍼스가 그 자체로 하나의 거대한 대학교 규모를 갖춘 종합대학군인 주립 대학교가 되었으며 1927년에 지금의 UCLA로 교명이 변경되었다.

1929년 현재 위치로 이전한 UCLA는 처음에는 4동 밖에 없었으나 현재는 약 1,7km²의 면적에 163개의 건물들로 이루어진 학생수 대학 2만 6,500여명, 대학원 1만 2,700여 명의 규모를 가진 대학교가 되었다.

연구 중심 대학으로 문리과대학과 예술 · 건축, 교육 · 정보학, 공학 · 정보학, 법학, 경영, 공공정책, 연극 · 영화 · 텔레비전스쿨, 5개 전문보건대학원을 두고 있다. 총 118개의 학부과정, 200개의 대학원 과정을 제공하고 있으며 특히 의과대학, 교육 · 정보학대학의 수준이 높은 것으로 평가되고 있다.

초기의 건축은 지역 건축사무소인 알리슨 & 알리슨에서 로마네스크 건축 형식으로 지어졌으나, 1950년대 웰튼 베켓이 캠퍼스 건축물들의 증축에 대한 감독을 하면서 캠퍼스 분위기가 변하기 시작하였다.

그 후 캠퍼스 건축물들의 설계는 퀸시 존스, 월리엄 페레이라, 로버트 벤츄리, 리차드 마이어, 시자 펠리, 라파엘 비놀리, 리카르도 레고레타 등이 참여하였으며 최근에는 HHPJ 같은 비교적 젊은 건축가들의 작품이 들어서기 시작하였다.

일반적으로 오래된 건축물들이 많은 북측 캠퍼스와 주로 현대식 건축물이 있는 남측 캠퍼스로 구분된다. 부속시설로 도서관, 미술관, 수목원, 실험용 농장, 라디오 방송국, 지구물리천체연구소, 고분자생물학연구소, 두뇌연구소, 생의학 · 환경과학연구소, 의학공학연구소, 치과연구소, 영화보관소 등이 있다.

캠퍼스의 인근에는 헐리우드나 비버리힐스 등의 관광 명소와 더불어 로스앤젤레스 한인 타운이 있다.

**063** 로날드 레이건 UCLA 메디컬 센터 / **064** 곤다 신경과학 연구소 & 맥도날드 의료 연구소 / **065** UCLA 칠러/코제네레이션 플랜트 / **066** UCLA 애커맨 유니온 / **067** UCLA 톰 브래들리 인터내셔널 홀

**063** Ronald Reagan UCLA Medical Center / **064** Gonda Neuroscience and Genetics Research Center / **065** UCLA Chiller/Cogeneration Plant / **066** UCLA Ackerman Union / **067** UCLA Tom Bradley International Hall

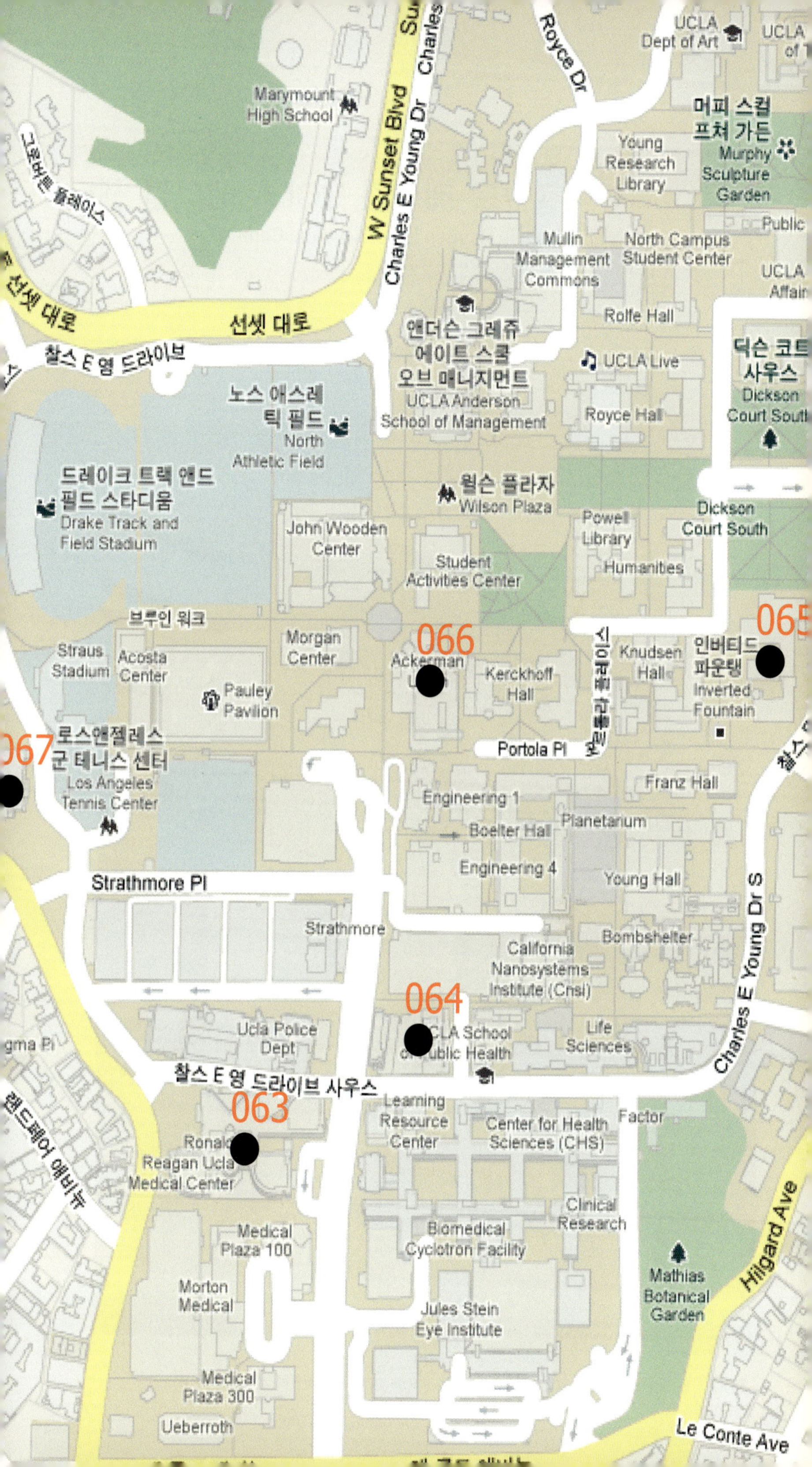

Marymount High School
W Sunset Blvd
Charles E Young Dr
Royce Dr
UCLA Dept of Art
머피 스컬프처 가든
Murphy Sculpture Garden
Young Research Library
Mullin Management Commons
North Campus Student Center
선셋 대로
찰스 E 영 드라이브
앤더슨 그래쥬에이트 스쿨 오브 매니지먼트
UCLA Anderson School of Management
Rolfe Hall
UCLA Live
Royce Hall
딕슨 코트 사우스
노스 애스레틱 필드
North Athletic Field
드레이크 트랙 앤드 필드 스타디움
Drake Track and Field Stadium
윌슨 플라자
Wilson Plaza
John Wooden Center
Student Activities Center
Powell Library
Dickson Court South
Humanities
브루인 워크
Morgan Center
066
Ackerman
Kerckhoff Hall
Knudsen Hall
065
인버티드 파운탱
Inverted Fountain
Straus Stadium
Acosta Center
Pauley Pavilion
로스앤젤레스 군 테니스 센터
Los Angeles Tennis Center
067
Portola Pl
Franz Hall
Engineering 1
Boelter Hall
Planetarium
Engineering 4
Young Hall
Strathmore Pl
Strathmore
Bombshelter
California Nanosystems Institute (Cnsi)
Charles E Young Dr S
064
Ucla Police Dept
UCLA School of Public Health
Life Sciences
찰스 E 영 드라이브 사우스
063
Learning Resource Center
Center for Health Sciences (CHS)
Factor
Ronald Reagan Ucla Medical Center
Clinical Research
Medical Plaza 100
Biomedical Cyclotron Facility
Mathias Botanical Garden
Hilgard Ave
Morton Medical
Jules Stein Eye Institute
Medical Plaza 300
Ueberroth
Le Conte Ave

· 페이 콥 프리드, 2004
· Los 757 Westwood Plaza, CA 90095
· www.uclahealth.org/homepage_med.cfm

UCLA | 063

# 로날드 레이건 UCLA 메디컬 센터

Ronald Reagan UCLA Medical Center

로날드 레이건 UCLA 메디컬 센터는 UCLA 캠퍼스 초입에 위치한 98,000$m^2$ 규모를 지닌 격자형 구성의 외관을 한 병원으로 날렵한 V자형 캐노피가 인상적이다.

고인이 된 로널드 레이건 대통령의 이름을 딴 병원은 1994년 지진에 구조적인 손상을 입어 신축된 건축물로 사각 매스의 평면을 각각 반대면을 V자로 절단과 돌출시킨 주동을 중심으로 동, 서, 북측에 사각형의 한 모서리가 곡면으로 처리된 동들이 부속된 구성을 취하고 있다.

1층 로비는 백색의 현대적으로 디자인된 공간에 지하로 연결되는 계단을 원형으로 보이드된 공간에 설치, 오브제처럼 디자인하는 등 실내외의 구성은 기하학적인 구성을 취하면서 부분적으로 사선과 곡선을 도입하여 역동성과 함께 부드러운 분위기를 부여하려고 했음을 알 수 있다.

525개의 병실이 있는 이 병원은 대형 창문에 의해 자연채광이 가능하게 하였으며 길찾기를 쉽게 만든 실내공간은 의사와 간호사가 진찰을 용이하게 할 수 있도록 디자인하였다.

강도 8의 지진에도 견디도록 디자인된 병원의 주 출입구가 있는 동측동과 약간 돌출되어 배치된 북측동 사이에는 평화의 정원이란 수공간이 있는 외부 공간을 조성하여 날씨가 좋은 날 환자들이 수공간과 수목을 바라보면서 휴식을 취할 수 있게 하는 등 미국에서 최우수 병원 5위 내에 랭크되어 있는 병원다운 배려가 엿보인다.

· 로버트 벤츄리 & 스캇 브라운, 1998, 1991
· Westwood Plaza, Los Angeles, CA 90024
· www.gonda.ucla.edu

UCLA | 064

# 곤다 신경과학 연구소 & 맥도날드 의료 연구소 Gonda Neuroscience & Genetics Research Center

곤다 신경과학 연구소와 맥도날드 의료 연구소는 UCLA 대학 단지의 입구부 경사지에 광장을 중심으로 서로 마주 보며 위치한 포스트 모던한 경향의 건축물들이다.

1991년 건축된 7층 규모의 맥도날드 의료연구소는 캠퍼스 내의 기존 벽돌 건축물들의 맥락을 고려하면서 이탈리아 롬바리디아 지방의 로마네스크 건축을 참조한 건축물로 외벽, 입구의 대계단, 열주랑들에서 포스트 모던한 건축의 어휘들을 발견할 수 있다.

열주랑이 인상적인 이 건축물은 중앙 코어를 중심으로 주변에 업무와 연구공간이 배치된 형식이다.

인접한 경사지에 1998년에 건축된 곤다 신경과학 연구소는 맥도날드 의료연구소와 광장을 중심으로 비스듬하게 배치된 건축물로 같은 건축가팀의 작품답게 포스트 모던 경향을 나타내면서도 정면과 대비되는 측면의 커튼월과 하부의 장식 패턴 등에서 건축 어휘의 주제와 변주를 볼 수 있다.

경사지에 난 계단을 따라 오르면서 나타나는 기둥, 아치형 게이트들이 상징적인 오브제로 느껴지는 공간과 비스듬하게 배치된 두 동 사이에서 느껴지는 퍼스펙티브한 외부 공간이 인상적인 건축물들은 건축가인 로버트 벤츄리의 저서인 건축에서의 복합과 대립의 이론을 공간으로 체험할 수 있는 사례라는 점에서 의미있다고 생각한다.

· 홀트 힌쇼 파우 존스, 1994
· UCLA, 731 Charles Young Drive South, L.A, CA

UCLA | 065

# UCLA 칠러/코제네레이션 플랜트

UCLA Chiller/Cogeneration Plant

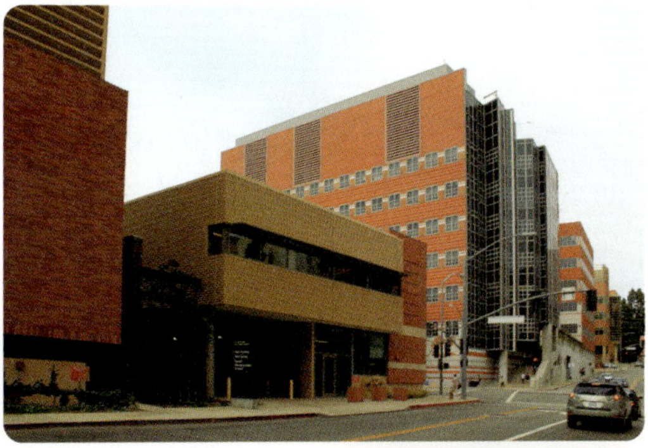

UCLA 캠퍼스 중앙에 위치한 UCLA 칠러/코제네레이션 플랜트는 8,400m$^2$ 면적의 거대한 중앙 발전시설용 건축물로 캠퍼스 전체에 에어컨용 냉각수를 제공하는 두 개의 연소 및 증기터빈, 구동 원심 냉각기, 광물질 제거장비, 펌프 및 전기분배 시스템, 긴급 서비스 장치로 구성되어 있다.

건축물의 외관은 두 가지 상반된 마감재료인 벽돌과 금속제 루버를 사용하여 캠퍼스의 다른 건축물들과의 조화를 이루면서 건축가팀의 건축 스타일을 표현하였다.

상부는 금속제 루버를 이용, 작동하는 기계 소음의 방음 역할과 함께 기계들이 작동 가능하도록 노출하거나 가리게 디자인 하였으며 하부는 캠퍼스 내의 건축물들과의 조화를 이루도록 벽돌로 마감을 하였다.

외관에 사용된 루버는 규격을 각각 다르게 디자인하여 리듬감을 주었으며 벽돌로 마감한 하부는 붉은색과 황색 벽돌 패턴의 벽을 주조로 하면서 검정색 벽돌벽을 부분적인 포인트로 사용하였다.

· 레베카 L. 빈더, 1998
· 308 Westwood Plaza Ackerman Union Los Angeles, CA 90024-1645
· www.uclastore.com
· www.binderarchitects.com

UCLA | 066

# UCLA 애커맨 유니온

## UCLA Ackerman Union

애커맨 유니온은 비버리힐스와 웨스트 LA, 벨에어 등이 있는 웨스트우드에 자리 잡은 UCLA 캠퍼스 내의 학생회관 용도의 건축물이다.

천창 구조물로 대칭적인 구성을 강조하면서 스트라이프형 석재로 마감한 외관과 옥상층의 아치형 퍼골라가 인상적인 이 학생회관은 지하 2층, 지상 2층 규모로 판매공간, 서점과 3개의 휴식 및 식음공간, 라운지, 회의실로 구성되어 있다.

외부에서 계단으로 직접 2층으로 진입하게 하는 등 다양한 경로로 학생들이 회관을 사용하도록 디자인하였으며, 대칭에 3부 구성의 외관에서 포스트 모던 건축의 영향을 읽을 수 있다.

와플구조가 천정에 노출된 실내공간은 중앙에 기단이 있는 계단을 설치하여 동선의 중심축과 공간의 포인트가 되게 하였으며 실내의 부분에 밝은 색채를 사용, 학생들의 공간다운 분위기로 연출하였다.

UCLA 출신으로 SCI-Arc의 교수였던 레베카 L. 빈더가 1998년 학생회관에 대한 리노베이션과 증축을 하면서 캠퍼스의 시설도 정리하는 프로젝트를 수행하였다.

외관을 스트라이프로 처리한 것은 기존 오래된 건축물의 스트라이프 패턴 마감의 주변 환경과의 맥락성을 고려한 것으로 버스 정류장 역시 스트라이프로 처리하여 캠퍼스 내의 흐름을 유지하려고 하였다.

옥상에 설치된 아치형 집성목재로 만든 퍼골라는 옥상공간을 휴게공간과 동시에 또 다른 동선공간으로 활성화 시킨다.

· 리카르도 레고레타, 1998
· 417 Charles E young Dr west Los Angeles, California 90095, United States
· www.tombradleylegacy.org/gallery-ucla-intl-center.html

UCLA | 067

# UCLA 톰 브래들리 인터내셔널 홀 UCLA Tom Bradley International Hall

캘리포니아 UCLA 캠퍼스에 위치해 있는 톰 브래들리 인터내셔널 홀은 최고의 다문화 학생과 커뮤니티를 위한 시설이다.

서쪽에 놓여 있는 빌딩 캠퍼스는 다양한 프로그램과 서비스를 위한 건축물이다. 세계 각지로부터의 학생과 학자, 교수간의 지적 교류를 위한 건축물은 캠퍼스에서 국제적 활동을 위한 중심 포인트로서 제공되며, 개인과 사회의 교류의 장소이기도 하다.

리카르도 레고레타에 의해 디자인되었으며, 외관 구성은 날아오르는 듯 한 세 개층의 연합로비 형태와 거대한 무도회장, 회의장, 카페와 서쪽 캠퍼스가 내려다 보이는 식당이 있으며, 실내공간은 댄스스튜디오, 크고 작은 스터디 룸, 다양한 문화활동을 위한 룸들로 이루어져 있다.

브래들리 인터내셔널 홀은 돌출된 캠퍼스 위치를 가진 독특한 건축적 스타일로 결합되어 있으며 이종문화의 배움의 기회를 제공한다. 국제학생들과 학자와 UCLA 케이터링 또한 이 건축물에서 이루어진다.

또한 이 홀은 톰 브래들리의 이름에서 기인했으며, 그의 기록들이 보관되어 있고 시장으로서의 그의 활동의 해에 수집된 수집품들이 구성되어 있다.

TOM BRADLEY INTERNATIONAL

## 068 해머 미술관 / 069 웨스트우드 센터 / 070 킨로스 스테이징 빌딩

## 068 Hammer Museum / 069 Westwood Center / 070 UCLA Kinross Staging Building

Ueberroth
레 콩트 애비뉴
레 콩트 애비뉴
W Los Angeles-Westwood
Regency Village Theatre
게일리 애비뉴
Westwood Blvd
클렌딘 애비뉴
힐가드 애비뉴
Tiverton Ave
웨이번 애비뉴
Broxton Ave
Weyburn Pl
게일리 애비뉴
069
웨스트우드 대로
Lindbrook Dr
068
Gayley Ave
킨로스 애비뉴
070
윌셔 대로
Hammer Museum
콩코드 법학 전문대학원
Concord Law School
Wilshire Blvd
미드베일 애비뉴
애쉬튼 애비뉴
웨스트우드 대로
웨스트우드 브랜치 도서관
Westwood Branch Library
Veteran Ave
Ashton Ave
Midvale Ave
웰워쓰 애비뉴
베테랑 애비뉴
로체스터 애비뉴
Veteran Ave
웨스트우드 대로
Wilkins Ave
Midvale Ave
Kelton Ave
웨스트 우드 공원
Westwood Park
Ohio Ave
베테랑 애비뉴

· 에드워드 래러비 반스, 1990
· 10899 Wilshire Blvd Los Angeles, CA90024 Neighborhood: Westwood
· www.hammer.ucla.edu

UCLA | 068

# 해머 미술관

## Hammer Museum

해머 미술관은 웨스트우드 지역의 윌셔 대로에 위치하고 있는 UCLA가 운영하는 미술관으로 정면의 거대한 아치형 개구부와 백색과 회색의 석재로 마감한 스트라이프로 디자인된 외관이 인상적인 건축물이다. 1990년 11월에 옥시덴탈 석유회사의 회장이었던 아르망 해머 박사에 의해 설립, 개관한지 3주만에 설립자가 사망하면서 폐관 위기에 처했으나 1992년에 UCLA가 공동경영자로 참여하면서 현재에 이르고 있다.

폐쇄적인 느낌의 미술관은 내부에서는 중정을 중심으로 구성한 건축물로 수목이 우거진 조각정원과 조각들이 군데군데 놓여진 중정과 연결된 넓은 복도공간이 도심 속이란 외부 환경에서 탈피한 쾌적한 환경에서 예술품을 즐길 수 있는 공간이다. 5개의 전시공간과 함께 그래픽 아트센터 및 비디오 갤러리, 테라스가 전시공간으로 사용되고 있는 미술관은 비디오아트, 사진, 설치, 회화, 만화에 이르는 다양한 장르를 한 번에 볼 수 있다.

미술관은 2~3층을 오르는 1층 로비에서 2층으로 이어지는 계단 벽면에도 작품들을 전시하고 있어 매우 인상적이며 해머 박사의 소장품을 포함한 다양한 현대 미술작품과 렘브란트, 샤르뎅 등 유럽 거장들의 회화작품이 전시되어 있다. 특히 인상파와 후기 인상파 작품을 다수 소장하고 있으며, 프랑스 출신의 풍자 화가인 도미에의 작품 7,500여 점을 수집, 전시하는 것으로도 유명하다.

- 나델 아키텍처, 1964, 2000(증축)
- 1100 Glendon Avenue Los Angeles, CA 90024

UCLA | 069

# 웨스트우드 센터

## Westwood Center

웨스트우드 센터는 LA 서쪽 지역의 글렌던 애비뉴에 위치한 22층, 30,470m² 규모의 업무용 빌딩으로 커튼월로 마감한 역동적인 외관이 인상적인 건축물이다. 해머 미술관의 바로 건너편에 위치한 센터는 원래 18층이었던 업무용 빌딩을 2000년에 22층 규모로 증축, 현대적인 디자인의 외관으로 개수하면서 기단부 위에 구조의 일부가 삼각형으로 돌출한 몸체부, 최상부의 캐노피 같은 구조에 의한 날렵한 파사드는 최근에 세워진 건축물처럼 느껴지게 한다.

센터는 21세기로 향한 창이란 디자인 컨셉처럼 최상층에서 대서양과 주변의 산들이 보이는 훌륭한 전망을 확보한 건축물로서 외피도 푸른색의 커튼월과 대비되는 회갈색 패널로 마감하여 현대적으로 느끼게 한다. 주 출입구 부분의 로비는 미스 반 데 로에의 바르셀로나 체어 등이 놓여진 현대적인 분위기로 개조하였으나 저층부에 위치한 레스토랑은 스페인 풍 토착적 디자인의 실내공간과 정원이 있는 테라스로 도심 속에서 탈피한 곳에 있는 것처럼 연출하였다. 새로운 모습으로 변신한 센터는 2000년에 LA 시에서 수여하는 리모델링 부문의 도시경관상을 수상하기도 하였다.

· 스티븐 엘리히, 2002
· 501 Westwood Plaza, Westwood, Los Angeles, CA 90095
· www.ehrlicharchitects.com

UCLA | 070

# 킨로스 스테이징 빌딩

## UCLA Kinross Staging Building

킨로스 스테이징 빌딩은 170만$m^2$ 규모의 UCLA 캠퍼스 내에 위치한 160개 건축물들을 지진과 화재로 개수할 때 임시로 사용하도록 계획된 건축물이다.

지진과 화재에 대비하여 저예산으로 철골조와 콜게이트 강판, 블록 등 불연재를 사용한 3층 규모의 건축물은 외부에 돌출한 계단실을 경계로 다른 재료로 마감한 외관이 인상적으로 주변과 어울리게 재료와 형태를 취하고 있다.

북측은 블록을 사용하여 주변 건축물과 유사하게 디자인하면서 남측 부분은 외부와 소통을 위하여 유리와 철골을 사용하였다. 건축물을 가변적인 공장으로 디자인하였다는 건축가의 말처럼, 실내공간은 천정의 설비들이 노출된 공장 같은 분위기의 공간이면서 예술과 미술 관련 학과를 위한 강당 등을 가변적인 공간으로 디자인하였다.

2층의 업무공간은 공연을 위한 강당이 있는 층과 다른 층과의 사이에 위치하여 소음을 차단하는 완충 역할을 하게 하는 등 디자인적인 세심한 배려가 보이는 건축물이다.

ARCHITECT

INTERIOR I

SANTA MO

VENICE ST

S &

DESIGNER'S

GUIDE TO

NICA &

EET

Sunset Blvd
샌 비센테 대로
웨스트 선셋 대로
선셋 대로
팔리사데스 파크 앤드 레크리에이션 센터
Palisades Park and Recreation Center
퍼시픽 팔리사데스
Pacific Palisades
San Vicente Blvd
Montana Ave
26th St
14th St
20th St
윌셔 대로
Santa Monica Blvd
7th St
윌셔 몬타나
Wilshire Montana
Colorado Ave
Ocean Ave
4th St
Santa Monica Fwy
산타모니카
Santa Monica
PCH
다운타운
Downtown
10
피코 대로
Pico Blvd
오션 파크
Ocean Park
오션 파크 대로
Lincoln Blvd
베니스 비치 레크리에이션 센터
Venice Beach Recreation Center
베니스
Venice
Pacific Ave
1
2
3

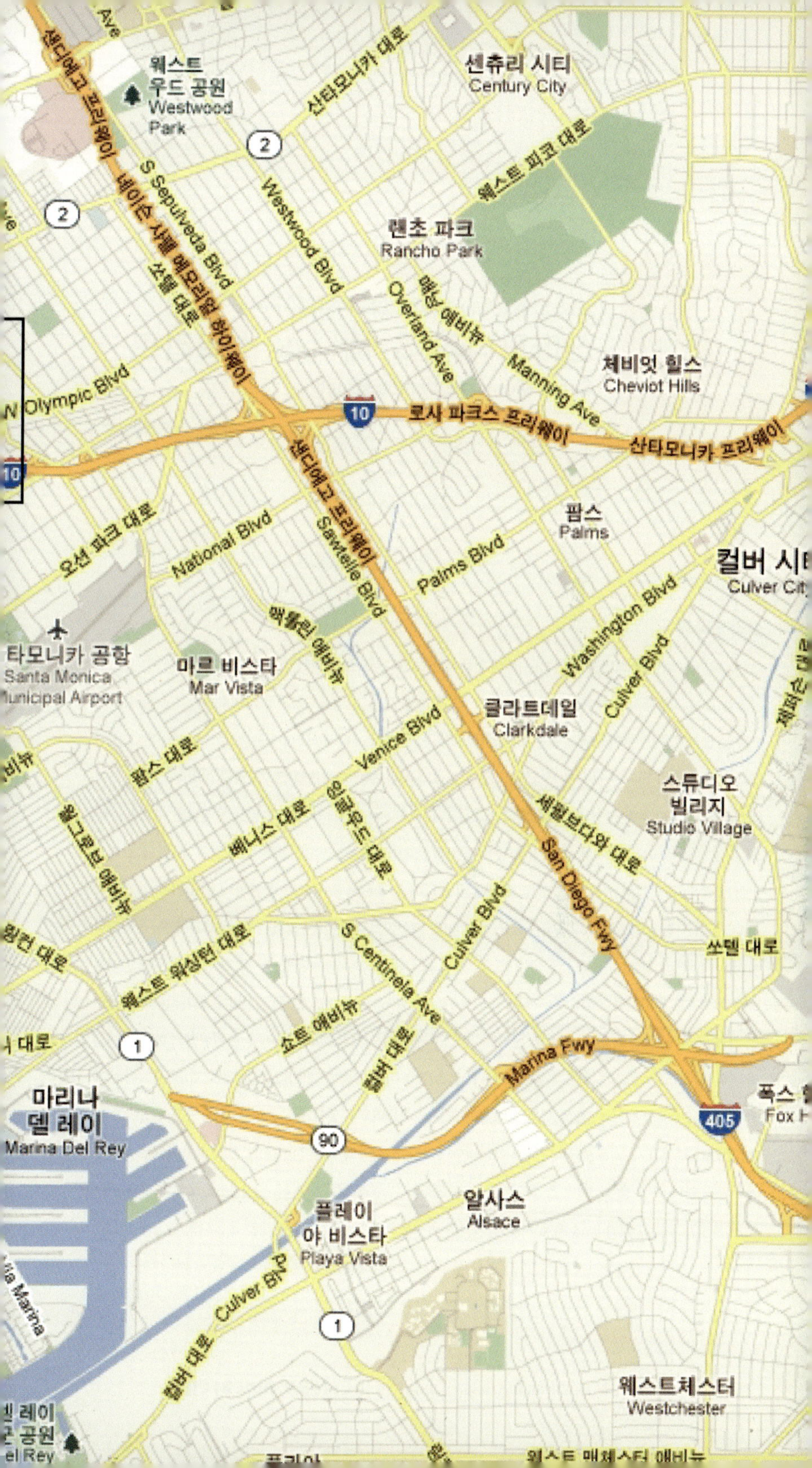

웨스트 우드 공원
Westwood Park
센츄리 시티
Century City
산타모니카 대로
웨스트 피코 대로
렌초 파크
Rancho Park
샌디에고 프리웨이
S Sepulveda Blvd
Westwood Blvd
Overland Ave
Manning Ave
체비엇 힐스
Cheviot Hills
W Olympic Blvd
로사 파크스 프리웨이
산타모니카 프리웨이
오션 파크 대로
National Blvd
Sawtelle Blvd
Palms Blvd
팜스
Palms
컬버 시티
Washington Blvd
Culver Blvd
타모니카 공항
Santa Monica
마르 비스타
Mar Vista
클라크데일
Clarkdale
Venice Blvd
팜스 대로
베니스 대로
스튜디오 빌리지
Studio Village
San Diego Fwy
웨스트 워싱턴 대로
S Centinela Ave
쏘텔 대로
쇼트 애비뉴
Marina Fwy
마리나 델 레이
Marina Del Rey
알사스
Alsace
플레이 야 비스타
Playa Vista
Culver Blvd
컬버 대로
웨스트체스터
Westchester

IV

*Architect's & Interior Designer's Guide to*

# 산타모니카 & 베니스 스트리트

Santa Monica & Venice street

## 산타모니카

산타모니카는 베이와 해변을 굽어보는 절벽에 위치한 해안지역으로 상점과 레스토랑 등이 모여있는 곳으로 사계절 많은 사람들이 방문하는 장소이다. LA 다운타운과 가장 가까운 해안가로 피어와 3번가 프롬나드 등으로 관광객과 주변 주민들에게 많은 사랑을 받고 있는 곳이다. 3번가 프롬나드는 브로드웨이와 만나는 곳에서 윌셔 대로와 만나는 곳까지 세 블록에 걸쳐 형성되어 있으며, 차량통행 금지구역인 이곳에는 멋진 카페와 영화관, 젊은이들이 많이 찾는 상점들이 모여 있다. 또한, 푸른 바다와 야자수 넓은 모래밭뿐 아니라 산타모니카는 서점, 예술, 실외 명소 등의 다양한 문화의 공간으로서도 인정받고 있다. 이곳은 1542년 스페인 탐험가 후안 카브리요가 멕시코 항을 출발해서 샌디에고 항으로 북쪽으로 항해하다가 발견하기 전까지 2500년간 추매시 족과 통바, 가브리엘리노 족의 삶의 터전이었다고 한다. 그러던 중 19세기 초반, 산타모니카 베이의 '랜초 산 빈센트 이 산타모니카' 와 '랜초 토팡가 말리부 세쿠이트' 등 몇 개 지역이 주 의원에게 분배되기 위한 무상불하 지역으로 지정되었고, 1875년 네바다 주 상원의원 존 퍼시벌 존스가 LA 항이 들어설 것을 예상하고 '랜초 산 빈센트 이 산타모니카' 의 지배권을 샀다. 그러나 다행히 상원위원의 예측과는 달리 산타모니카와 베니스는 해변 휴양지로 LA의 명소 중 하나로 자리를 잡았다. 1920년대와 30년대에는 케리 그랜트와 메리 피크포드 등의 영화 스타들이 이곳을 사들이면서 골드 코스트라는 말을 만들어 냈다고 한다. 해안과 부두가 주요 관광명소이지만 식당이나 야외 쇼핑상가와 예술 전시장, 길거리 예술가들로 유명한 곳이기도 하다. 1년 중에 328일간 해가 뜨는 LA 온화한 기후와 쾌적한 거리, 넓은 모래 해변과 절벽 등의 자연 자체가 매력이 되었고 그 속에 자리한 예술이 거주하고 있는 사람을 비롯해서 관광객의 발길을 이끄는 명소가 된 것이다. 산타모니카에는 산타모니카 피어와 3번가 프롬나드가 유명하며, 산타모니카 피어는 지역을 상징하는 488m 길이의 목조 부두가 유명하다.

1909년 만들어진 목조 부두는 아름다운 태평양과 운치있는 다리가 어우러져 그림 같은 풍경을 연출한다. 3번가 프롬나드는 의류 매장, 서점, 카페 등이 있는 대표적인 쇼핑가로 다양한 예술서적을 판매하는 서점도 있어 UCLA 학생들에게 인기가 높다. 지역의 유명한 건축물로는 책에 소개된 코로라도 코트 등 외에도 무어 루블 유델의 산타모니카 공공도서관, 찰스 임스의 주택과 스튜디오, 프랭크 게리의 자택, 스티븐 엘리히의 소니 캠퍼스, 코닝 & 아이젠버그의 PS #1 초등학교 등의 프로젝트가 있다.

## 베니스스트리트

산타모니카 비치 바로 아래쪽에 위치한 베니스 비치는 운하, 해변, 그리고 각종 노점상, 점술인, 상점, 레스토랑, 부티크, 거리의 공연 등 각종 엔터테인먼트가 있는 오션 프런트 워크로 유명하다. 걸으면서 거리의 각종 엔터테인먼트를 즐기거나 자전거를 타거나 하는 것이 용이하며 사람을 구경 하기에도 좋은 장소로 인기가 있다. 베니스 비치의 거주지역은 초기 LA 지역의 예술인, 시인들의 홈으로 독특한 보헤미안 특징을 간직하고 있다. 거리의 예술가들이나 한가로이 거리를 산책하는 사람들을 위한 최고의 장소로 마술사, 곡예사, 음악가 등 전위 예술가들이 모여드는 독특한 분위기의 공동체로 해안에는 레스토랑과 썬글라스, 옷, 악세사리, 스포츠웨어, 티셔츠 등을 파는 다양한 상점들, 롤러 스케이트, 자전거 대여점 등이 즐비하고 비키니 차림으로 롤러 스케이트와 스케이트 보드를 타는 젊은이들을 볼 수 있는 곳이기도 하다. 산타모니카가 보수적인 반면 이곳에는 기발한 패션을 한 젊은이들을 볼 수 있는 등 자유분방한 비치 풍경을 즐길 수 있다. 백년 전만 해도 베니스 비치는 습지로 형성되어 있었지만 재력가 애보트 키니에 의해 1905년에 비치 리조트 타운으로 미국 내의 베니스로 개발이 되었고 '플레이랜드 오브 더 퍼시픽' 이라고 명명되었다. 베니스 비치는 쇼핑과 신선한 쥬스 등 먹거리와 볼거리가 가득한 활기찬 곳이며 다양한 건축미를 자랑하는 아름다운 집들이 늘어선 운하는 이태리의 베니스를 모델로 만들어졌다. 베니스에서는 오션 프런트 워크나 베니스 운하, 애보트 키니 거리가 유명하다.

오션 프런트 워크는 해안을 따라 나있는 보행자 전용도로로 도로 한쪽에 개성이 있는 노점상들이 들어서 있으며, 동시에 이 거리에서 행해지는 예술가들의 공연이 하이라이트이다. 베니스 운하는 베니스라는 지명에 가장 걸맞는 운하와 나즈막한 유럽풍의 주택이 있는 한적한 분위기가 일품인 곳이다. 애보트 키니 거리는 베니스의 대표적인 쇼핑가로 골동품점, 공예품점, 부티끄, 화랑 등이 모여있는 곳으로 마치 서울의 가로수길을 연상시키는 카페와 예술가들이 작업하면서 사는 주거들이 만들어 내는 분위기가 인상적이다. 건축적으로 베니스 비치에는 이소자키 아라타의 베니스의 주택, 프랑크 게리의 노톤 저택이나 스필러 저택, 안토닌 프레독의 베니스 비치 하우스가 있으며 안쪽에는 프랭클린 D. 이스라엘의 브라이트 & 어쏘시에이츠, 브라이안 머피의 베니스 스튜디오, 프랑크 게리의 아놀디 트리플렉스가 있다. 애보트 키니 거리에는 코닝 & 아이젠버그의 일렉트릭 아트 블록이란 집합주택도 있는 지역으로 개성적인 디자인의 카페나 건축물들이 우리들의 눈을 즐겁게 하는 지역이기에 디자인이나 건축을 하는 사람들은 필히 방문해 보기를 권한다.

# 1

071 애보트 키니 로프츠 / 072 A. 키니 코트 / 073 인텔리젠시아 커피

071 Abbot Kinney Lofts / 072 A. Kinney Court / 073 Intelligentsia Coffee

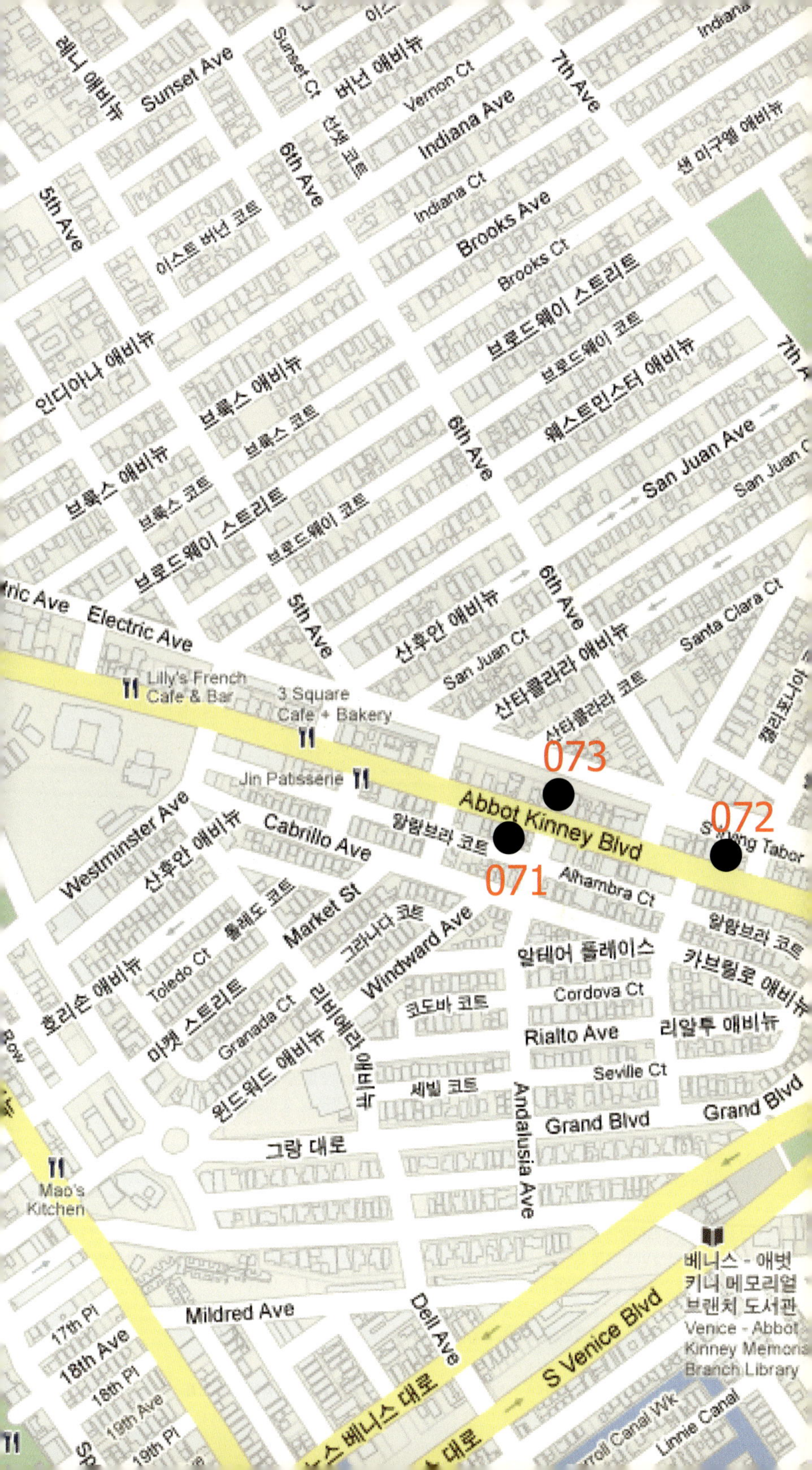

073
072
071
Abbot Kinney Blvd
Sunset Ave
Sunset Ct
Vernon Ct
Indiana Ave
Indiana Ct
7th Ave
6th Ave
5th Ave
Brooks Ave
Brooks Ct
San Juan Ave
San Juan Ct
Santa Clara Ct
Electric Ave
Lilly's French Cafe & Bar
3 Square Cafe + Bakery
Jin Patisserie
Westminster Ave
Cabrillo Ave
Market St
Windward Ave
Alhambra Ct
Cordova Ct
Rialto Ave
Seville Ct
Andalusia Ave
Grand Blvd
Toledo Ct
Granada Ct
Mao's Kitchen
Mildred Ave
Dell Ave
S Venice Blvd
17th Pl
18th Ave
18th Pl
19th Ave
19th Pl
Linnie Canal
베니스 - 애벗 키니 메모리얼 브랜치 도서관
Venice - Abbot Kinney Memorial Branch Library
버넌 애비뉴
선셋 코트
이스트 버넌 코트
인디아나 애비뉴
브룩스 애비뉴
브룩스 코트
브로드웨이 스트리트
브로드웨이 코트
웨스트민스터 애비뉴
샌 미구엘 애비뉴
산후안 애비뉴
산타클라라 애비뉴
산타클라라 코트
알함브라 코트
알테어 플레이스
카브릴로 애비뉴
리알투 애비뉴
코도바 코트
세빌 코트
그라나다 코트
톨레도 코트
마켓 스트리트
호리손 애비뉴
윈드워드 애비뉴
그랑 대로

· 마크 맥, 2001
· 1312 Abbot Kinney Boulevard, Venice, CA 90291
· www.markmack.com



# 애보트 키니 로프츠

## Abbot Kinney Lofts

우리나라의 신사동 가로수 길과 같은 곳인 로프츠는 베니스 스트리트에 위치하고 있다. 예술가들이 살면서 작업하는 공간들이 많이 있으며, 특히 애보트 키니 거리 근처는 아티스트 지구로 개발되어 브라이언 머피 또는 코닝 & 아이젠버그, 이소자키 아라타, 프랭크 D. 이스라엘 같은 건축가들이 디자인한 예술가를 위한 로프츠, 스튜디오, 주택 등 그들을 위한 공간으로 디자인되어졌다.

판교 집합주택 단지와 후쿠오카 넥서스월드 집합주택 등을 디자인한 마크 맥은 애보트 키니 거리에 판교 프로젝트처럼 색채감 있는 입면을 이용하였고, 각 동의 중정을 활용해 중이층 공간으로 설계하면서, 조닝과 함께 채광, 환기를 해결하였으며, 다양한 공간감을 느낄 수 있게 하였다. '아티스트의 다락방' 이라고 불리는 로프츠는 예술가들이 이용하는데 최적화 하기 위해 건축물의 크기, 대형유리, 내부 인테리어, 오픈 발코니 등 내부를 넓게 오픈 시켜 최적의 장소를 제공하고 있는 것을 알 수 있다.

또한, 디자인 감각이 엿보이는 상점들과 카페, 야자수가 있는 거리 분위기에 맞게 무채색의 콘크리트 벽돌 마감을 배경으로 색채감 있는 몬드리안풍 구성으로 설계되었다. 베니스 지역을 근거지로 활동하는 마크 맥은 지역과 기후를 고려하면서 명확한 형태와 구조, 전통적 특성, 재료를 고려한 디자인을 하며, 로프츠에도 이러한 특징이 잘 나타나고 있다.

- 일란 데이 스튜디오, 2010
- 1423 Abbot Kinney Venice CA 90291



# A. 키니 코트

## A. Kinney Court

A. 키니 코트는 애보트 키니 거리에 위치한 패션 부티크와 안경점이 공존하는 매장으로 올리버 피플스의 설립자 아들인 개럿 라이트가 운영하고 있다.

청보라색으로 도색된 외관에 공 같은 싸인 구조물이 매달린, 인상적인 매장은 합판을 이용하여 유기적이면서 해체적인 분위기로 디자인한 안경들을 전시하기 위한 구조물이 눈에 먼저 들어 온다.

패션 부티크 갤러리라는 컨셉으로 만든 매장 디자인에 있어 디자이너인 일란 데이는 그 디자인을 서핑, 모래, 스케이트 문화에서 영감을 받았으며, 일본의 미니멀리즘과 찰스 임스 같은 캘리포니아 모더니즘의 디자인적인 영향을 받은 그는 매장에서 파라메트릭한 구조물을 찰스 임스의 성형합판 가구와 스케이트보드를 만드는 가공 기법을 참조하여 시공하였다.

천정이 노출된 실내공간에 마치 흐르는 듯한 유기적인 곡선의 형태와 그 구조물 안에 안경을 전시하기 위하여 만들어진 격자형 전시대의 대비가 역동적인 구성을 취하고 있으며, 타원형으로 절단된 구조물은 안경의 형태를 연상시키고 있다.

또한 붉은 오렌지 색으로 도색한 의상을 위한 행거나 신발의 전시를 위한 돌출된 금속 봉 등은 합판과 대비되는 미니멀한 구성으로 매장에서 부가적인 포인트가 되고 있다.

- 매스아키텍처 & 디자인 , 2009
- 1331 Abbot Kinney Blvd, Venice, CA 90291



# 인텔리젠시아 커피

## Intelligentsia Coffee

애보트 키니 거리에 위치한 184m² 규모의 인텔리젠시아 커피는 본사가 시카고에 있는 커피 회사의 매장으로 그 맛이 전 세계적으로 알려져 있다. 벽돌로 마감된 아치 구조의 입구를 통해 들어가면, 천창이 있는 높은 천장고의 진입부가 나타난다. 경사로와 계단으로 이루어진 진입부는 청색으로 도색된 벽면에 덩쿨식물들이 자라고 있으며 하부는 보행공간과 핸드레일로 분리된 공간에 긴 벤치를 배치하여 사람들이 커피를 마시도록 배려하였다. 벽면의 덩쿨식물과 천창을 통하여 하늘이 보이는 진입부는 벽돌 마감의 외관과 대비되어 도심 속에서 오아시스 같은 공간으로 진입을 알리는 것 같은 느낌을 받는다. 커피를 만들면서 손님을 응대하는 접객공간은 높은 천정고를 좀 더 친근한 분위기로 연출하기 위하여 집 속의 집처럼 커피머신 등이 있는 공간 상부에 폴리카보네이트로 만든 지붕을 설치, 높은 천정고를 완화시키고 있다.

매스 아키텍처 & 디자인의 아나 헨톤과 그레고리 윌리엄스는 커피를 만드는 과정을 보여주는 커피숍으로 디자인해 달라는 클라이언트의 요구에 맞추어 설비 등을 노출한 커피 공장 같은 분위기로 디자인하였다. 오픈 키친처럼 개방된 공간에 설치된 커피 머신은 마치 바퀴가 달린 가동하는 기계처럼 움직이면서 커피를 만드는 모습 자체가 하나의 퍼포먼스처럼 보인다. 손님들이 극장의 객석 같은 좌석에서 커피를 마시면서 만드는 과정을 보면서 즐기도록 디자인된 이색적인 커피숍이니 한 번 커피를 마시면서 분위기를 즐겨 보기바란다.

# 2

074 TBWA/치애트/데이 광고회사 빌딩

074 TBWA/Chiat/Day Advertising Agency Building

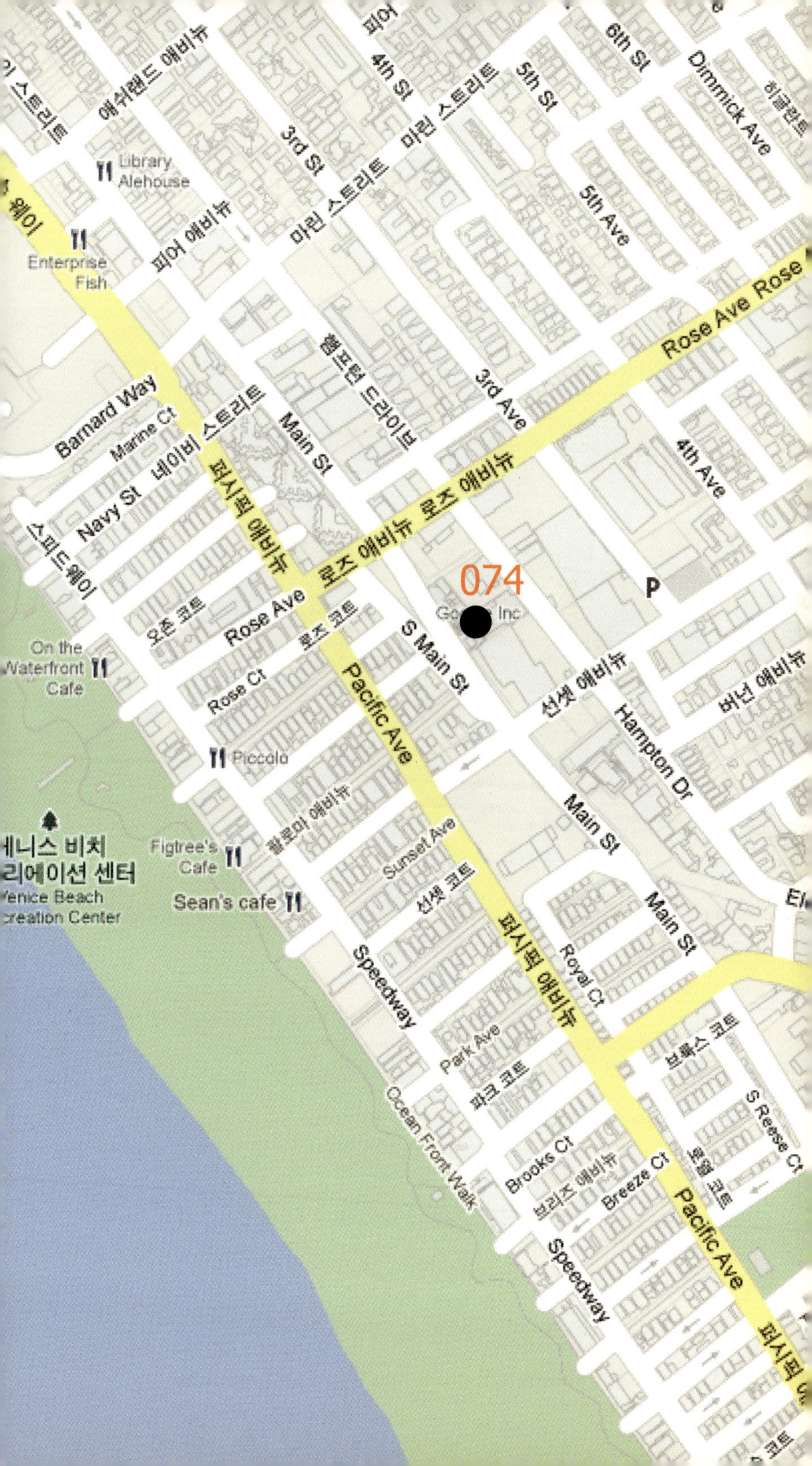
074
Library Alehouse
Enterprise Fish
On the Waterfront Cafe
Piccolo
Figtree's Cafe
Sean's cafe
베니스 비치 리크리에이션 센터
Venice Beach Recreation Center
애쉬랜드 애비뉴
피어 애비뉴
마린 스트리트
3rd St
4th St
5th St
6th St
Dimmick Ave
5th Ave
Rose Ave Rose
3rd Ave
4th Ave
햄프턴 드라이브
Main St
Barnard Way
Marine Ct
Navy St
네이비 스트리트
스피드웨이
퍼시픽 애비뉴
로즈 애비뉴
로즈 애비뉴
Rose Ave
오존 코트
로즈 코트
Rose Ct
S Main St
선셋 애비뉴
Hampton Dr
버닌 애비뉴
Pacific Ave
팔로마 애비뉴
Sunset Ave
선셋 코트
Main St
Main St
Speedway
Royal Ct
퍼시픽 애비뉴
Park Ave
파크 코트
브룩스 코트
S Reese Ct
Ocean Front Walk
Brooks Ct
브리즈 애비뉴
Breeze Ct
Speedway
Pacific Ave
P

· 프랭크 게리, 1991
· 340 South Main Street, Venice, California, CA 90291
· www.tbwachiat.com



# TBWA/치애트/데이 광고회사 빌딩

## TBWA/Chiat/Day Advertising Agency Building

TBWA/치애트/데이 광고회사 빌딩은 세계적인 광고회사인 TBWA와 치애트 데이가 1993년 합병하여 만든 조각적인 건축물을 한 미국 본사로서 LA 베니스의 메인 거리에 면하여 위치하고 있다.

작은 물체를 극대화 시켜 비일상적인 느낌의 조형물로 만드는 팝아트 조각가인 클레이스 올덴버그와 C. 반 브루겐의 협력으로 만든 거대한 쌍안경의 오브제는 도시 공간에서 건축물을 홍보하는 장치이면서 동시에 랜드마크의 기능을 하고 있으며, 크게 3부분으로 구성되어 있다.

거대한 쌍안경의 게이트 구조물을 중심으로 좌측에는 금속의 숲을 모티브로 동판으로 마감한 조형적인 건축물과 우측의 곡선형의 백색 건축물은 불협화음 같은 대비를 이루면서 작은 도시 속의 군을 이루고 있다.

연면적 7천$m^2$의 실내공간은 오픈된 공간에 변화 있는 천정고와 천창을 통하여 들어오는 자연광으로 쾌적한 업무공간을 조성하였고, 높이 13m의 쌍안경 구조물의 2층 부에는 원형의 명상공간을 두 군데 설치하여 기능적인 공간으로서 사용하고 있으며, 접안렌즈에 해당하는 부분에는 천창을 설치하여 자연광이 충분하게 실내에 들어오도록 하였다.

# 3

075 이즈마 센터 / 076 산타모니카 시빅 센터 주차장 / 077 산타모니카 공공 안전 빌딩 / 078 콜로라도 코트 / 079 켄 에드워즈 커뮤니티 센터

075 Edgemar Center / 076 Santa Monica Civic Center Parking Structure / 077 Santa Monica Public Safety Building / 078 Colorado Court / 079 Ken Edwards Community Center

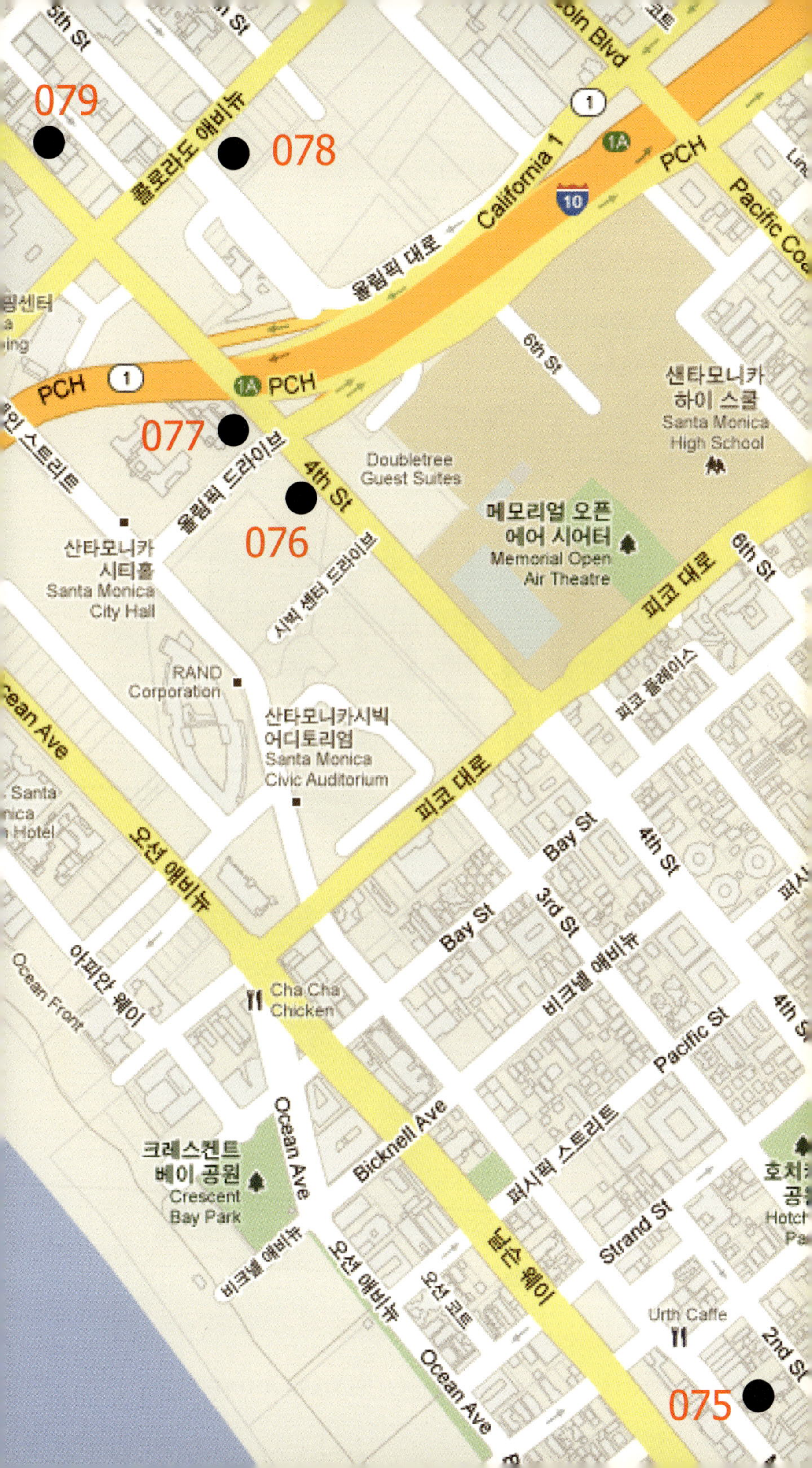

079
078
077
076
075
PCH
California 1
Pacific Coast
올림픽 대로
콜로라도 애비뉴
올림픽 드라이브
4th St
6th St
센타모니카 하이 스쿨
Santa Monica High School
Doubletree Guest Suites
메모리얼 오픈 에어 시어터
Memorial Open Air Theatre
피코 대로
산타모니카 시티홀
Santa Monica City Hall
시빅 센터 드라이브
RAND Corporation
산타모니카시빅 어디토리엄
Santa Monica Civic Auditorium
피코 플레이스
오션 애비뉴
Ocean Ave
Bay St
3rd St
비크넬 애비뉴
아피안 웨이
Ocean Front
Cha Cha Chicken
Pacific St
크레스첸트 베이 공원
Crescent Bay Park
Bicknell Ave
퍼시픽 스트리트
메인 스트리트
Strand St
오션 코트
Urth Caffe
2nd St

- 프랭크 게리, 1987
- EDGEMAR 2415-2449 Main Street, Santa Monica, CA 90405
- www.edgemar.com



# 이즈마 센터

## Edgemar Center

LA의 메인거리를 지나 거대한 쌍안경모양의 치애트/데이 광고회사 빌딩을 지나다 보면 산타모니카 방향에서 이즈마 센터를 만날 수 있다.

이곳은 1908년 얼음 저장창고였던 건축물을 1940년대 미국에 냉장고가 출현하면서 제빙사업이 쇠퇴, 유제품회사의 달걀 가공시설로 사용하였다. 1984년 건축주는 프랭크 게리에게 설계를 의뢰하면서 기존 건물의 구조를 보존해 줄 것을 요청한다.

게리는 당시 구조, 형태, 재료에 대한 다양한 실험과 연구에 몰두해 있었으며, 기존 건물을 보전하면서 정육면체의 프레임과 다양한 마감을 통해 공간에 어떻게 표현 되어지고 작용할 것인지에 대한 많은 고민의 흔적들을 보이게 된다.

얼음공장, 별채, 작은 사무소 등 작은 공간을 이용하여 디자인 하였고, 그로 인해 기존 건물의 구조만을 남기고 정육면체의 매스들을 조합, 배치하여 공간을 계획하게 된다.

다양한 매스의 형태들이 오밀조밀하게 모여 있어 안으로 들어서면 작은 마을의 골목과 같은 느낌과 다양한 형태의 공간을 경험할 수 있다.

1층은 레스토랑, 헤어숍, 커피숍 등 주로 상점으로 이루어져 있고, 이용자는 상점으로 이어진 통로를 통해 건축물 안으로 접근할 수 있으며, 2층은 오피스가 입주해 있다. 주차장은 센터의 북쪽에 배치되었고, 주차장과 가운데 오픈 스페이스는 바로 연결된다.

콘크리트에 시멘트로 마감 되어진 부분이 있기는 하나 전체적으로는 철 부재로 마감되어져 있으며, 센터의 각 건축물 위에는 철제 부재로 된 프레임이 있고 엘리베이터 홀과 자연광을 이용한 보이드 된 휴게공간으로 사용되고 있다.

다양한 재료의 실험은 후에 설계한 디즈니 콘서트 홀, 빌바오 구겐하임 뮤지엄 등에서도 보여진다.

· 무어 루블 유델 아키텍처 앤 플래너, 2008
· 1703 4th Street Santa Monica, California, CA 90401
· www.mryarchitects.com

*Santa Monica & Venice Street* | *076*

# 산타모니카 시빅 센터 주차장

## Santa Monica Civic Center Parking Structure

산타모니카 시빅 센터 주차장은 6층 규모에 900대의 주차공간을 확보하고 있는 주차장 용도의 건축물로 캘리포니아 고속도로 올림픽대로와 네 번째 도로 교차점에 위치하고 있다.

이 중에 14곳은 전기자동차를 위한 공간으로 전용 전기 충전시설이 갖춰져 있다. 또한 미국에서 최초로 LEED 인증을 받은 친환경 건축물로서 태양열을 이용한 에너지 세이빙 주차공간이다.

차광의 용도로 계획된 외관의 유리는 재활용한 색유리를 사용하였으며, 우수/집수 시설을 갖추고 있어 이 지역의 폭우에 의한 피해를 완화할 수 있다. 지붕의 태양광 패널과 세 외관에 내장된 패널들로 인해 건축물에 에너지를 제공함으로써 많은 절약이 가능하다.

직각의 태양광 패널의 배열은 스카이라인을 더욱 강조하는 역할을 할 뿐만 아니라, 삭막한 주차장의 이미지를 재미있고 흥미로운 도시의 상징물로 변화시켜 관광객과 시민들에게 상징적인 건축물로 알려지게 되었다.

여러 가지 색상의 유리패널은 낮에는 인공조명의 양을 감소시키고, 밤에는 빛나는 아름다움을 추구하는 네온소스로서의 역할을 톡톡히 하고 있으며, 빛의 유출을 최소화하기위해 백색 천장을 반영하는 세심한 디테일도 엿볼 수 있다.

- 야즈다니 스튜디오, 2003
- 333 Olympic Drive, Santa Monica CA 90401
- www.cannondesign.com



# 산타모니카 공공 안전 빌딩

## Santa Monica Public Safety Building

산타모니카 공공 안전 빌딩은 산타모니카 시빅 센터 주차장 근처에 위치한 4층, 10,760m² 규모의 건축물로서 경찰서, 소방서, 911 통신 시스템 등이 있는 시민들의 안전과 법 집행을 통합하는 기능을 갖추고 있다.

상하로 겹치는 두 도로의 상황에 맞추어 곡선으로 처리된 날렵한 외관의 빌딩은 금속 망의 외피를 한 외부 계단실과 각진 하부 구조물, 그리고 변화있는 개구부의 구성 등이 리듬과 함께 전체적인 흐름에 변화를 부여하고 있다.

지형 레벨 차이가 있는 반대측 보행자의 주 출입구가 있는 매스는 도로측의 곡선 매스와는 달리 분절된 큐브 매스들이 쌓여 있는 구성을 취하고 있으며, 북측면의 파사드는 금속의 다양한 루버들이 햇빛을 차단하는 동시에 입면에 변화를 부여하고 있다.

공공 안전 빌딩이라는 관공서의 이미지를 완화시키기 위하여 외부 공간에는 레벨 차이를 이용한 폭포와 수공간 설치, 야자수 나무의 식재, 저층부 매스를 연한 갈색 석재로 마감하여 방문하는 사람들에게 휴먼 스케일적인 친밀감있는 공간으로 디자인하고 실내공간은 천창에 의해 밝은 공간으로 연출하였다.

Police Department
Fire Administration

· 퓨 스카르파 코다마, 2002
· 502 Colorado Avenue, Santa Monica, CA
· www.pugh-scarpa.com



# 콜로라도 코트

## Colorado Court

2003년 미국건축가협회(AIA)가 10대 그린디자인 건축물의 하나로 선정하였던 콜로라도 코트는 미국 최초 100% 에너지 자급자족형 공동주택 프로젝트로 산타모니카 해변가 근처의 콜로라도 거리에 위치하고 있다.

중정을 중심으로 배치된 공동주택은 10평 규모의 독신용 주호 44호가 들어선 건축물로써 태양의 방향, 풍향, 건축물의 형태, 방위, 개구부의 형상을 면밀하게 고려하여 자연에너지를 극대화한 설계전략으로 디자인된 시범적인 사례이다.

구체적인 에너지 효율 개선방안으로 남향 창문에 대한 차광, 서측면에 유리 설치의 최소화, 이중유리, 고효율 유리 사용, 저수은 전구 사용, 옥내 및 옥외 동작감지 조명기구 설치, 단열재의 사용 등의 방안들을 모색, 적용하였다.

건축물은 천연가스 터빈에 의하여 기본적인 전력 공급과 급탕을 제공하면서 피크타임 시에는 지붕과 외벽에 설치된 태양열 집열판에 의해 전력을 공급하는 시스템으로 되어 있다.

과거 태양열 집열판을 이용한 건축물이 집열판이 디자인을 방해하는 요소였으나, 건축가 팀은 외벽에 설치한 집열판은 집열기능 외에 일사를 차단하면서 갈색 벽돌과 대비시키는 등 적극적인 디자인 요소로 활용하여 신선한 느낌을 부여하였다.

산타모니카 시는 지속가능성을 도시 경영의 기본적 가치로 설정하고 있는 대표적인 도시로써 에너지 절약 실천에 앞장서고 있으며, 콜로라도 코트는 10년 이내에 태양열 집열판을 위한 설치비를 회수한다고 한다.

- 코닝 & 아이젠버그, 1990
- 1527 4th Street Santa Monica, California, CA 90401
- www.kearch.com/inst_rec/inst_rec_edwards.shtml

*Santa Monica & Venice Street* | 079

# 켄 에드워즈 커뮤니티 센터

## Ken Edwards Community Center

켄 에드워즈 커뮤니티 센터는 2,300m² 규모의 노인 서비스 시설로 산타모니카 4번가 도로에 위치하고 있다.

센터는 복지시설로서 두 개의 독립된 노인 복지국과 시 지원 무료 급식 프로그램, 지역공동체 회의 센터 등의 다양한 프로그램이 이루어지고 있다.

코닝 & 아이젠버그가 설계하였고, 그들의 디자인 특징인 주변 환경과의 조화, 빛, 공기 등을 이용한 자연 친화적인 환경을 조성하고 다양한 프로그램을 조합한 사람 중심의 공간을 계획하는 성향이 잘 드러나 있다.

외관의 형태를 보면, 우진각 지붕, 평평한 지붕과 둥근 모양 지붕의 세 가지 다른 지붕 형식을 가지고 있다.

이는 사용자 친화를 생성하는 데 목적이 있으며, 세부적인 건축설계에서는 노인과 신체장애인의 시설 사용을 편리하게 하기 위하여 명확하고 인지하기 쉬운 구성을 제공하였고, 지역주민들의 활동을 위해 비규격화된 외관과 배치를 만들어내는데 초점이 맞추어져 있다.

# 4

080 허쉬 & 베드너 사무소(HBA)

080 Hirsch & Bedner Associates

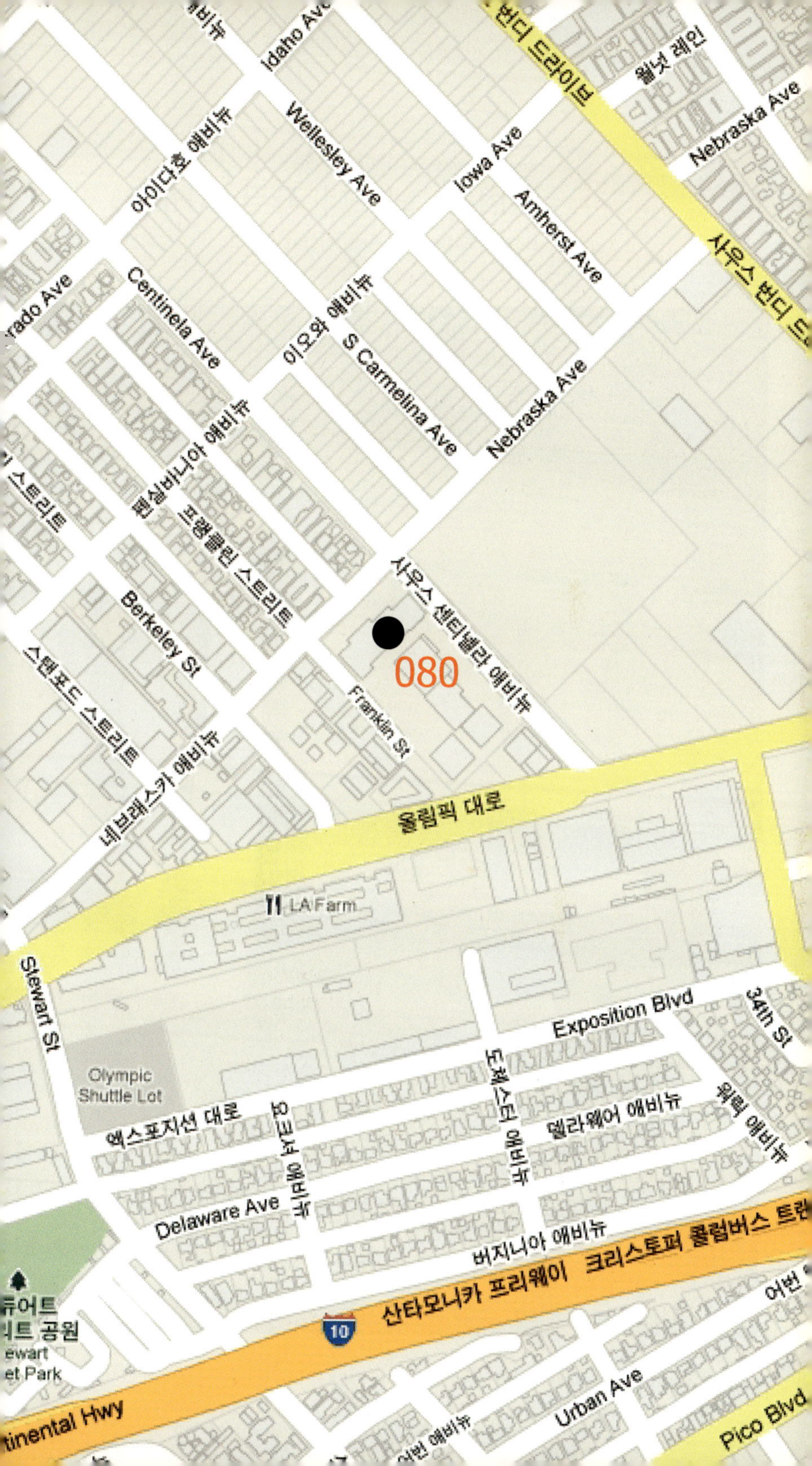
080
Idaho Ave
아이다호 애비뉴
Wellesley Ave
Iowa Ave
Amherst Ave
Nebraska Ave
월넛 레인
사우스 번디 드라이브
Centinela Ave
이오와 애비뉴
S Carmelina Ave
펜실베니아 애비뉴
프랭클린 스트리트
사우스 센티넬라 애비뉴
Berkeley St
스탠포드 스트리트
Franklin St
네브래스카 애비뉴
올림픽 대로
LA Farm
Stewart St
Exposition Blvd
34th St
Olympic Shuttle Lot
엑스포지션 대로
요크셔 애비뉴
도체스터 애비뉴
델라웨어 애비뉴
워릭 애비뉴
Delaware Ave
버지니아 애비뉴
크리스토퍼 콜럼버스 트랜
산타모니카 프리웨이
10
Urban Ave
Pico Blvd
tinental Hwy

- 허쉬 & 베드너 사무실
- Santa Monica, CA 90404
- www.hbadesign.com



# 허쉬 & 베드너 사무소(HBA)

## Hirsch & Bedner Associates

LA의 산타모니카 네브라스카 애비뉴에 위치한 HBA는 하워드 허쉬와 마이클 베드너가 파트너로 하여 1964년 설립한 실내 디자인 사무소이다.

4개 대륙에 11개 사무소로 구성된 다국적의 사무소인 허쉬 & 베드너는 300명 이상을 고용하고 있는 세계 최고의 접객공간 디자인을 전문으로 하는 사무소로서 실내 디자인과 그래픽 및 아트 컨설팅을 통합적으로 실시하고 있다.

UCLA 출신 CEO인 마이클 베드너는 하워드 허쉬와 30년간 파트너가 되어 자신의 디자인과 컨셉으로 호텔과 리조트, 스파, 카지노 등의 프로젝트를 진행해 왔다.

HBA의 디자인 철학은 공간에 독특한 감각의 부여와 고객의 시간과 경제적 조건에 맞는 효과적인 결과의 제시, 그리고 혁신적인 디자인 해결책의 제시를 목표로 하여 새로운 기술과 지속 가능성에 관심을 가지며, 프로젝트에 강한 미학적인 힘을 불어 넣으면서 선입관과 관행을 파괴하는 총체적 디자인을 추구하는 것이다.

외관이 단순한 상자형의 건축물인데 반하여 사무실의 실내공간은 높은 천정고를 가진 공간을 활용하여 집 속의 집 같은 공간으로 연출하고 있다.

실내공간은 동양적 오브제들로 이루어져 있는 포이어를 만날 수 있으며, 좌측의 회의실과 우측의 대기 및 휴식공간과 함께 나머지 영역을 업무공간으로 구성한 공간은 파티션으로 개인영역을 구분하고 있다.

천정고가 높은 공간적인 이점을 활용하여 천정에 여러 나라의 국기들이 매달려 있으며, 이것은 HBA가 수행한 프로젝트들이 있는 세계 각국의 국기들로 다국적의 프로젝트들을 수행하는 실내 디자인 사무소임을 상징적으로 보여 주고 있다.

ARCHITECT

INTERIOR

CULVER C

S &

ESIGNER'S

GUIDE TO

TY

V

*Architect's & Interior Designer's Guide to*

# 컬버시티

## Culver City

컬버시티는 1913년 해리 컬버에 의해 형성된 마을이 발전되어 1917년 도시가 설립된 지역으로 지명은 그의 이름에서 유래가 되었다. 1918년 TV와 영화 제작 스튜디오들이 설립되면서 엔터테인먼트 산업의 중심지가 되었으며 MGM 스튜디오 등이 컬버시티를 기반으로 미국 영화의 전성기를 이끌면서 알려지게 되었다. 그러나 60, 70년대 영화산업의 쇠퇴로 한 때 쇠락하였던 시절도 있으나 현재는 영화와 TV 프로그램 스튜디오 외에도 상업지구, 고급 주거단지 등이 형성되어 있으며 명소로는 소니픽처스 뮤지엄, 컬버시티 시청사, 컬버시티 공원 등이 있다. 이 지역은 LA 카운티에 포함된 인구 3만8천명 정도의 도시군 중 하나로 서울과 비교하면 동 하나 정도의 인구를 가지고 있다.

LA 중심부 서남쪽에 위치한 컬버시티는 13.25Km$^2$의 면적을 가진 지역으로 해변가와의 거리는 6Km 정도, LA 공항과는 8Km 정도 떨어져 있으며 기후는 위치 때문에 겨울이면 따뜻하고 여름에는 시원한 것이 특징이다. 과거 한 때 쇠락하였던 컬버시티가 독특한 도시풍경과 건축으로 특히 건축가나 디자이너들에게 회자되기 시작한 것은 에릭 오웬 모스라는 건축가의 지속적인 실험 정신의 결과 때문이다.

특히 하이든 지역 일대는 십여년 전부터 대대적인 개발이 진행되고 있으며, 이러한 개발은 일대의 땅을 소유하고 있는 프레데릭 스미스라는 자산가이며 개발업자가 에릭 오웬 모스와 함께 도시 재개발에 적극 동참, 지원을 하고 있기 때문이다. 마치 안토니오 가우디와 구엘 백작처럼 에릭 오웬 모스와 프레데릭 스미스는 컬버시티의 기존 창고나 공장들을 독특하고 창의적인 디자인의 건축물로 개조하는 작업을 시행하고 있다.

토지에 건축물을 짓고 상업시설로 분양, 매매를 하는 경제성과 이익의 논리가 철저히 적용되는 도시개발 사업에 건축의 실험 같은 비경제적 논리가 적용될 수 있을까라는 의문이 들지만 그럼에도 불구하고 컬버시티의 개발사업이 주목되는 이유는 개발자의 관심이 투기성보다 건축과 도시 디자인을 우위에 두는 것 때문이다.

또한 장기적인 안목으로는 이런 시도들이 컬버시티라는 브랜드 가치를 높이면서 개발자에게도 이익이 되리라는 생각이 드는 것도 사실이다. 이러한 도시 재생 프로젝트가 중점적으로 이루어지고 있는 곳은 하이든 지역과 인접 교차로의 동쪽과 남쪽지역이다. 이러한 유기적인 도시 재생 계획에서 마스터플랜에 의한 것보다는 모스라는 건축가는 마치 연금술사처럼 도시의 흐름과 맥락, 건축물의 목적이나 부지의 용도, 구성 등을 고려하면서 평범한 창고 같은 건축물들을 디자인적인 건축물로 변신시키고 있다. 길을 따라 다니다 보면 건축물 하나하나가 단계적으로 성형을 하는 듯 변화하고 있지만 단지 건축물 하나에 주목하기보다 토지와 도로와 사람과 자동차의 동선 등 복합적인 도시계획 차원의 개조가 이루어 지고 있음을 볼 수가 있다.

모스와 스미스라는 두 명의 협동자들은 재개발을 추진하면서 건축이 사회적인 문제를 해결할 수 있도록 공동체적 기여를 해야 한다는 논리를 주장하였다. 파격적인 에릭 오웬 모스의 디자인은 초창기에는 지역 행정가들에게 부정적인 반응을 나타나게 하였으나 시간이 흘러감에 따라 지지자들이 늘어났다. 급기야는 일부 도시계획가들에 의해 이 곳을 건축가들의 자유 사업 지역으로 정하자는 주장이 제안 될 만큼 활기를 띄게 되었다. 개조된 건축물들은 LA와 헐리우드라는 지역적 여건에 맞추어 영화 관련 사업 사무실들인 필름, 음반, 광고, 그래픽, 소프트웨어 계통 회사들이 입주하였다.

이들은 유행과 디자인에 민감한 변화를 보이면서 컬버시티에서 행해지는 모스의 디자인 성향을 따라가 주고 있다. 모스의 도시 개발 재생 프로젝트는 대부분 신축보다 개수나 재건축을 하고 있어 허물고 무조건 새로 만드는 고밀도, 고층화 경제 논리를 내세우지 않고 기존의 도시 질서를 유지하면서 건축물들을 재활용하는 경제적인 개발 방식을 택하고 있다.

모스와 스미스에 의해 시작된 컬버시티의 성형 프로젝트는 끊임없는 제 3의 추종자들을 낳고 있으며 지속적으로 이루어 질 것이라고 예상된다. 또한 컬버시티의 작업은 스미스, 모스 외에도 톰 파라게라는 시공업자 겸 건축가의 기술적인 뒷받침이 있기에 가능했을 것이란 생각도 들며, 2012년 3월 LA 중심부와 컬버시티를 연결하는 지하철인 엑스포 라인의 개통으로 더욱 활성화 될 것이라고 생각한다.

**081** HSI 프로덕션스 / **082** 왓 월 / **083** 더 스파 / **084** 스텔스 / **085** 디 엄브렐라 / **086** 슬래쉬 & 백슬래쉬 / **087** 3535 헤이든 거리 / **088** 사미토어 타워 / **089** 3520 헤이든 거리 / **090** 비하이브 / **091** 더 박스

**081** HSI Productions / **082** What Wall / **083** The Spa / **084** Stealth / **085** The Umbrella / **086** Slash & Backslash / **087** 3535 Hayden Avenue / **088** Samitaur Towers / **089** 3520 Hayden Avenue / **090** Beehive / **091** The Box

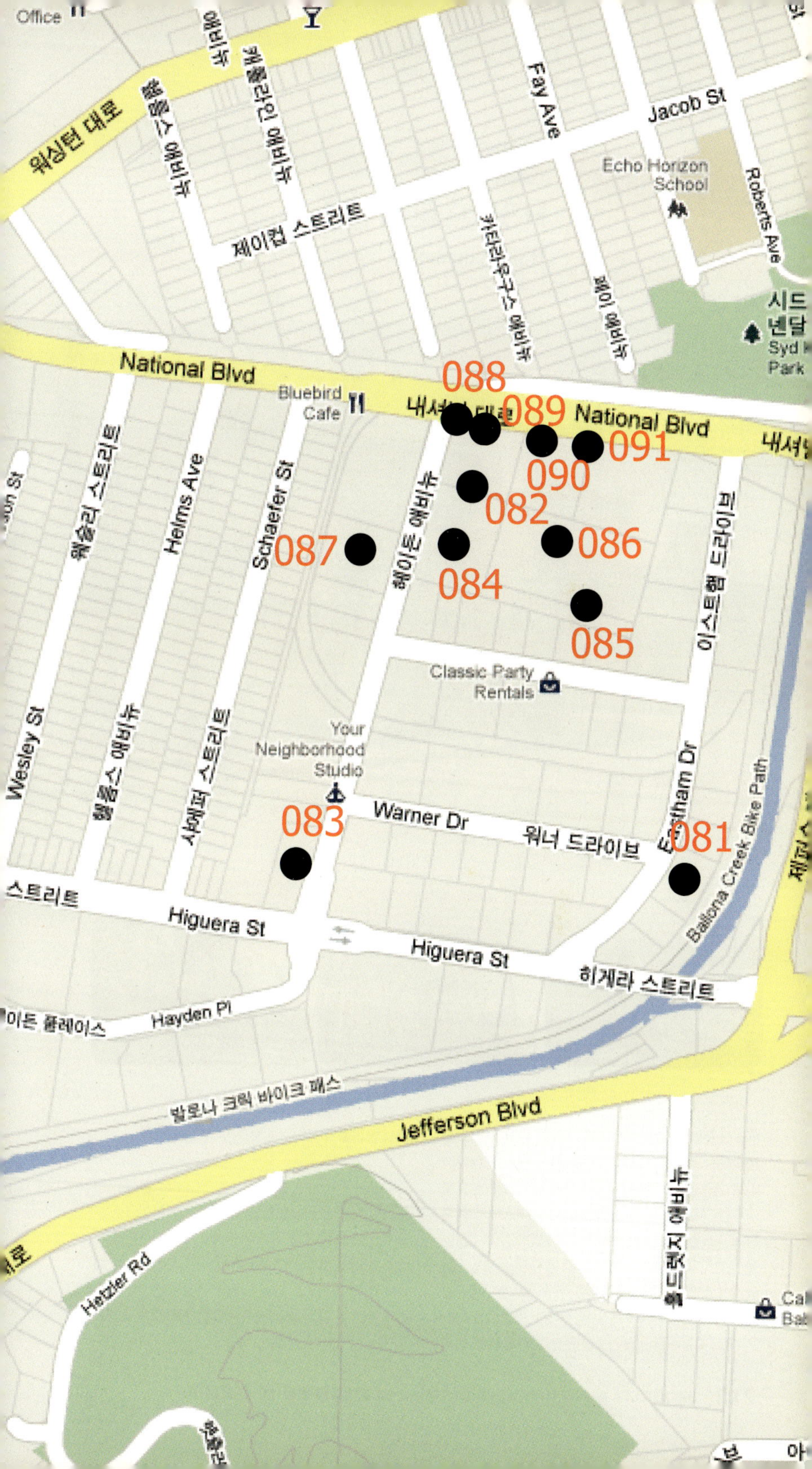

Office
워싱턴 대로
헬름스 애비뉴
캐롤라인 애비뉴
제이컵 스트리트
Fay Ave
Jacob St
Echo Horizon School
Roberts Ave
카티라우구스 애비뉴
페이 애비뉴
시드
넨달
National Blvd
Bluebird Cafe
088
089
090
091
082
086
087
084
085
Wesley St
웨슬리 스트리트
Helms Ave
Schaefer St
헤이든 애비뉴
이스트햄 드라이브
Classic Party Rentals
Your Neighborhood Studio
헬름스 애비뉴
셰퍼 스트리트
083
Warner Dr
워너 드라이브
081
Ballona Creek Bike Path
스트리트
Higuera St
Higuera St
히게라 스트리트
Hayden Pl
발로나 크릭 바이크 패스
Jefferson Blvd
Hetzler Rd

· 나카오 파라게 아키텍처, 2001
· 3630 Eastham Dr Culver City, CA 90232

Culver City | 081

# HSI 프로덕션스

## HSI Productions

HSI 프로덕션스는 전세계에서 상업 뮤직 비디오를 제작하는 최상급 회사로 기하학적인 매스에 캔티레버로 돌출한 유리박스가 인상적인 건축물로 창고를 개수한 프로젝트이다. 솔리드한 금속 매스에서 돌출한 보이드한 느낌의 유리박스 구조물은 2층에서 전망을 즐기면서 회의를 하는 공간인 동시에 주 출입구를 암시하고 있다. 또한 폐쇄적인 분위기의 실내공간을 삼각형 매스의 천창으로 빛을 실내에 유입시켜 단순한 매스에 형태적인 포인트를 주는 동시에 밝은 분위기의 공간을 조성하는 기능도 부여하고 있다.

건축물을 디자인한 톰 파라게는 SCI-Arc 출신의 건축가인 동시에 금속으로 작업을 하는 디자이너로 모포시스나 에릭 오웬 모스의 공예품적인 건축물을 시공하기도 하였다. HSI 프로덕션스 건너편에는 톰 파라게와 크리스토프 메르시에가 디자인한 엣지스 & 엔드라는 두 개의 거대한 녹슨 철판으로 만든 조형물도 있으니 같이 감상하기 바란다.

- 에릭 오웬 모스 아키텍처, 1998
- 3524 Hayden Avenue Culver City, CA 90232
- 3524 Hayden Avenue (Conjunctive Points)
- www.ericowenmoss.com

Culver City | 082

# 왓 월

## What Wall

컬버시티 내 동북쪽의 헤이든 애비뉴에 위치한 왓 월은 몰탈로 마감된 벽체에 유기적인 콘크리트 블록과 사선의 유리 개구부가 대비를 이루는 오브제 같은 구조물이 특징적인 건축물이다. 벽에 이게 뭐지..? 이런 느낌을 가진 왓 월이라는 이름을 가진 건축물의 돌출된 오브제 구조물은 스파이더맨의 얼굴 같은 이미지를 풍기고 있다. 1920년대 공장지역 안에 위치한 톱날지붕을 한 창고를 개수한 소프트웨어 설계회사를 위한 836m$^2$ 규모의 건축물 공간은 사무실, 회의실, 컴퓨터 시설과 함께 비공식적인 상호 교감을 위한 개방영역이 필요한 공간으로 구성되어 있다. 건축물 전면의 창이 있는 오브제 같은 구조물은 벽돌로 마감된 변화하는 표면을 이루면서 경영진의 사무실 앞 창의 역할을 하고 있다. 벽돌 블록의 벽을 이용하여 종래의 개념에 도전하는 시도로서 설계한 건축물은 독특한 모양을 한 각각의 벽돌을 가지고 디자인하여 어느 블록 벽도 서로 평행하게 되어있지 않은 복잡성을 표현하였다. 도전적인 디자인으로 알려져 있는 에릭 오웬 모스의 컬버시티에 진행한 예술작품 같은 여러 개 건축물 중 하나에 속한다.

· 에릭 오웬 모스 아키텍처, 2000
· 3689 Hayden Avenue, Culver City, CA 90232
· www.ericowenmoss.com

Culver City | 083

# 더 스파
## The Spa

더 스파는 히게라 스트리트측의 헤이든 애비뉴 진입로에 위치한 건축물로 컬버시티 내 주민들의 오락과 휴식에 대한 욕구를 해결하기 위한 헬스클럽이다.

댄스 스튜디오에 인접한 헬스클럽은 1층은 운동공간, 건강식품 바, 스파, 탈의실, 2층은 마사지 실, 관리사무소, 다양한 유형의 치료실로 구성되어 있다.

기존 건물을 리노베이션한 프로젝트로 일부 구조를 대체, 혹은 제거하면서 증축부분과 연결하였다. 구름지처럼 생긴 유기적 형태의 3층에서는 앉아서 산을 조망할 수 있으며, 오후 시간에는 개방된 데크에서 아래층에 위치한 수영장으로 물이 떨어지는 것을 볼 수 있다.

개방된 중정에서는 연중을 통해 각기 다른 시간대의 햇빛을 받을 수 있게 설계되어 있다. 실내 중정은 한 층 위에서 격자형으로 분할되고 있으며, 격자 자체는 보행자 동선의 통로가 되면서 2층에서는 바닥이 유리로 구성되어 있다.

유리 바닥은 1층에 있는 운동공간과 스파 룸에 간접 조명을 제공한다.

· 에릭 오웬 모스 아키텍처, 2001
· Culver City, CA 90232
· www.ericowenmoss.com

*Culver City* | 084

# 스텔스

## Stealth

스텔스는 이전의 공장부지를 개선하기 위해 시작된 프로젝트로서 스텔스 기 같은 검푸른 거대한 삼각형 매스가 인상적인 3층 규모의 업무용 건축물이다.

대지에는 약 1,500m$^2$의 창고를 철거하고 시설물을 제거, 철거한 부분의 구덩이에 되메우는 것보다 야외 극장의 좌석으로 사용되어질 수 있는 넓은 선큰 중정을 다시 만들면서 600석의 이동식 좌석을 무대와 인접하여 설치하였으며 기둥으로 지지된 상부에는 3층 규모의 건축물을 세웠다.

길이 96m, 높이 18.2m의 업무용 건축물은 빌딩의 코어와 유리로 둘러 싸여 있는 중앙 엘리베이터가 있는 로비를 통하여 올라 갈 수 있다.

스텔스 기 같은 거대한 매스의 건축물의 형태가 점진적으로 변하는 것처럼 내부 공간에서도 층고의 변화와 채광에 의해 연속적으로 변화하는 공간을 제공한다.

변화가 많은 실내공간은 다양한 프로덕션 공간과 업무 공간, 회의실 등으로 구성되어 있다.

건축물의 남측 끝부분의 개구부는 트리비다, 오길비/매터 같은 회사로 진입하기 위한 거대한 사각형의 출입구를 제공하며 필로티 밑에 전개되는 잔디가 깔린 녹지는 뜨거운 태양 아래 오아시스 같은 신선한 느낌을 제공한다.

· 에릭 오웬 모스 아키텍처, 2001
· Culver City, CA 90232
· www.ericowenmoss.com

Culver City | 085

# 디 엄브렐라
## The Umbrella

디 엄블레라는 이름처럼 우산형 오브제 구조의 캐노피가 인상적인 건축물로 2층 규모의 업무공간으로 사용하고 있다.

외부의 연설대와 계단 위에 설치된 휘어져서 얇게 겹쳐진 녹색 유리와 유리를 지지하는 파이프 구조로 이루어진 캐노피 같은 구조물은 장식적인 장치가 아니라 실제적으로 LA 필하모닉 오케스트라를 위한 실험적인 콘서트를 위한 옥외용 퍼포먼스 발코니로 디자인된 것이다.

디 엄블레라의 매달린 계단과 파이프 구조에 부착된 휘어진 녹색 유리는 실제적인 공연이나 연설, 그리고 점심 시간에 지붕에 앉아서 대지를 내려다 볼 수 있게 디자인된 장치인 것이다. 구조는 기존에 있었던 지붕 트러스를 조심스럽게 조합한 것으로, 트러스는 해체된 건축물에서 재생된 2개의 트러스와 새로 제작한 트러스 같은 빔으로 구성되었으며 트러스에 붙여진 스틸 파이프는 야외석과 계단을 덮으며 물결치는 유리 캐노피를 지지한다.

디 엄브렐라 바로 아래에는 비디오 컨퍼런스 센터가 있으며, 그 공간 너머의 다른 부분은 회의공간, 임대용 개인 사무소, 광고영화제작 회사가 있다. 실내공간은 외관에서 보여지는 회색의 느낌이 아닌 백색으로 마감된 벽과 목구조가 노출된 층고가 높은 공간에 천창을 통하여 들어오는 빛에 의해 새로운 느낌의 공간감을 느낄 수 있다.

· 에릭 오웬 모스 아키텍처, 2001
· 3535 Hayden Avenue, Culver City, CA 90232
· www.ericowenmoss.com

Culver City | 086

# 슬래쉬 & 백슬래쉬

## Slash & Backslash

슬래쉬 & 백슬래쉬는 컬버시티 헤이든 애비뉴에 위치한 업무용 빌딩으로 1940년대 이후 지어진 공장 건축물을 개수한 프로젝트이다.

현재 2동으로 이루진 업무공간은 과거 목재 트러스 구조를 한 톱날형 지붕의 공장 건축물을 개수한 것으로 각각의 동들을 한쪽면을 베어낸듯이 절단한 동과 절단한 면을 부착한 것 같은 동으로 디자인하였기에 슬래쉬 & 백슬래쉬로 명명하였다.

건축물의 디자인 전략은 과거 건축물 매스의 도시 정비라는 의도로 시작하여 실내의 면적에 필요한 적절한 구조 기둥만 남기고 원래 구조의 일부를 철거, 두 동 사이에 주차공간을 추가하였다. 두 동의 형태는 기존의 톱날지붕으로 구성된 형태의 변형이라고 할 수 있으며, 절단과 부가된 면은 커튼월로 처리하여 샤프한 외관으로 변모시켰다.

건축물의 측면은 석고로 마감하여 절단 혹은 부가된 면과 커튼월이 대비를 이루고 있으며, 실내공간은 경사진 커튼월이 부가된 면이 있는 공간이 주출입구와 관련된 로비공간으로 역동적인 분위기를 연출하고 있다.

4,180m² 규모의 업무공간, 전시 및 회의, 접대공간으로 구성된 실내공간은 공간의 프로그램에 다양하게 대응할 수 있도록 톱날 지붕의 채광창을 지닌, 개방적이며 유연한 공간이다.

실내공간은 철골 프레임으로 이루어진 중이층에 의하여 추가 프로그램을 위한 공간을 수용할 수 있도록 설계되었다.

- 에릭 오웬 모스 아키텍처, 1997
- 3535 Hayden Avenue, Culver City, CA 90232
- www.culvercity.org

*Culver City* | *087*

# 3535 헤이든 거리

## 3535 Hayden Avenue

3535 헤이든 거리 프로젝트는 컬버시티 동북쪽에 위치한 피타드 & 설리반 빌딩이라는 그래픽 회사를 위한 업무공간으로 기존 공업용 건축물을 해체, 구조체였던 목조 2중 궁형 트러스들을 벽체에 돌출시켜 지역의 맥락을 표현하였다.

디자인 전략은 같은 회사 내 여러 그룹의 통합, 보안 및 유연성을 제공하면서, 에너지 절약기술들을 적용하여 기존구조를 재생시킨 것이다.

클라이언트는 서로 다른 네트워크 또는 스튜디오가 프로젝트를 동시에 작업하게 되므로 상호기밀을 강조하면서 EOM은 민감한 영역에 대한 액세스를 제한하는 전략개발을 진행했다.

개인공간과 공공공간을 레이어링 방식으로 배치하여, 영역제어를 하고 공간은 자연스럽게 스스로 보안시스템을 만들어 나간다.

2중 궁현 트러스 또한 기존 구조를 활용하여 건축의 경제적인 수단으로써 새로운 디자인 전략을 적용한 것이다.

이 디자인은 옛것과 새것의 조화, 과거공업지역의 맥락을 계승한 것으로 설계와 기술측면에서 에너지 절약 개념을 활용하여 디자인에 지속가능성을 적용시킨 것이다.

남쪽면에 매달린 돌출 루버와 스크린에 의한 그늘은

창문과 기계설비의 에너지 수요를 줄인다. 건물 외부와 시설 내부 경계에 적용된, 지붕 데크, 테라스, 움직일 수 있는 창, 무성하게 꾸며진 정원의 조합은 상호작용적인 작업환경을 활성화시킨다.

1997년 미국건축가협회의 LA 명예상과 1998년 미국건축가협회 캘리포니아 주 의회상을 수상하였다.

· 에릭 오웬 모스 아키텍처, 2010
· Culver City, CA 90232
· www.ericowenmoss.com
· www.samitaur.com

*Culver City* | *088*

# 사미토어 타워

Samitaur Towers

사미토어 타워는 컬버시티의 헤이든 애비뉴와 내셔널 블르바드가 교차하는 모서리에 위치한 지하 1층, 지상 6층 규모의 거대한 오브제 같은 철골구조의 정보타워이다.

2011년 세워지는 엑스포의 경전철 환승시설 근처에 위치한 타워는 재개발 지역의 랜드마크이면서 입구 역할을 하는 건축물로서 원형의 철골구조가 링처럼 겹쳐 쌓여 있는 듯 하고 베르나르 츄미가 디자인한 폴리처럼 각 레벨에서 변화감 있는 시퀀스와 미디어 등을 체험하는 공간장치이다.

이 타워는 개념적으로 내적과 외적 지향성 모두를 갖춘 공간장치로 내적으로는 미디어나 그래픽 디자이너, 일반인 등 모두를 위한 구조이면서 외적으로는 각 레벨에서 지역적 경관을 체험하는 장치인 것이다.

유백색 아크릴로 마감된 외피는 야간에는 조명에 의하여 거대한 등처럼 보이기도 하며 영상에 의한 스크린이 되기도 하면서 주야간 서로 다른 모습으로 나타난다.

후면에는 링 구조가 없어 마치 부정형한 형태의 단면을 절단한 구조에 돌출한 계단참의 구조가 규칙적인 리듬을 부여한다.

사미토어 타워는 건축가 에릭 오웬 모스가 개조한 컬버시티의 상징적인 타워인 동시에 건축가의 의지를 형상화 한 타워이기도 하다.

· 에릭 오웬 모스 아키텍처, 1994
· Culver City, CA 90232
· www.ericowenmoss.com

*Culver City* | *089*

# 3520 헤이든 거리

## 3520 Hayden Avenue

사미토어 타워가 바로 옆에 있는, 내셔널과 헤이든 교차로에 위치한 3520 헤이든 거리 프로젝트는 계단형 철제 구조물과 피라밋형 아크릴 구조물의 대비로 모서리 부분에 위치한 출입구를 부각시킨 업무공간 용도의 건축물이다.

원래의 건축물은 컬버시티의 주요한 교차로에 위치한 항공기 엔진 제조센터로 강철 프레임의 조립라인을 따라 엔진들을 화물열차에 싣는 코너로 이동시켰으며, 강철 프레임들은 현관과 공용 복도나 새로운 건축물의 로비에 사용되었다.

건축물은 4개의 요소들-각각 기존과 새로운 2개 요소들이 만난 결과로 디자인되었다.

강철 프레임, 톱날지붕을 지지하는 목재 기둥과 트러스, 새로운 강철 프레임, 업무와 회의, 전시를 할 수 있는 공간의 구현이라는 4개 요소들이 만나면서 공간의 디자인이 이루어졌다.

공간의 기능적인 프로그램인 업무공간의 배분과 파티션의 배치, 과거의 목재 기둥들과 트러스, 그리고 신구의 강철 프레임들이라는 복합적인 요소들이 만나서 새로운 조형적, 공간적인 결과를 만들어 낸 것이다.

실내공간 로비와 연결된 기본 동선은 기존 골조의 배치에 의해 L자형으로 구성되었으며, 천창과 노출된 목재 기둥들에 의해 거리 같은 공간을 연출하고 있다.

실내공간의 부분 부분에 노출된 목재 구조들과 트러스, 그리고 강철 프레임들에 의해 만들어지는 조형적인 장치와 빛의 만남은 공간에 활력을 불어 넣는다. 이런 디자인 방법은 우리가 에릭 오웬 모스 같은 건축가들에게 배워야 할 점이라고 생각한다.

· 에릭 오웬 모스 아키텍처, 2001
· Culver City, CA 90232
· www.ericowenmoss.com

Culver City | 090

# 비하이브
## Beehive

비하이브는 기존 2층 규모의 직물창고에 삽입된 업무와 회의장 용도의 건축물로 벌통이란 의미처럼 겹겹이 둘러싸인 구형 구조의 외관이 특징이다. 건축가는 장방형 평면을 한 목조 구조의 건축물을 철거, 2층으로 신축하면서 도로에 면한 부분에 천창 및 계단과 연결된 구형의 오브제 구조물로 건축물의 존재를 알리는 랜드마크인 동시에 공간 체험 장치로 디자인하였다. 각 층은 주출입구와 접수처인 1층과 회의장인 2층, 도시의 볼거리를 제공하는 비공적인 모임을 위한 옥상 테라스로 구성되어 있다. 디자인의 포인트인 벌통 같은 구형 구조물은 원형 평면에 삼각형으로 구성의 계단 위에 유리 피라미드의 천창을 설치, 계단이 옥상까지 올라가면서 계단 구조물은 동시에 지붕 구조가 되도록 하였다. 두루마리 같은 금속 쉬트로 마감된 계단 구조는 기울고, 접히고, 꺽인 철골 구조에 지지되어 있는 구조물인 동시에 천창과 계단의 레벨 변화에 따라 시퀀스를 만들어내는 공간 장치이기도 하다. 전면과 후면 계단을 연결하는 긴 보이드 공간 상부에는 랜덤하게 배치된 천창에 의해 시간에 따라 빛의 분위기가 변하는 밝은 실내공간이 연출된다. 비하이브와 인접한 건축물은 도로에서 후퇴시켜 배치하면서 건축물 전면에 레벨이 있는 잔디 정원을 조성하여 사람들이 만나고, 식사하고, 휴식하는 공용공간으로 할애하고 있다. 정면의 구형 구조물이 인상적인 비하이브와 대비되는 잔디 정원은 컬버시티의 도심 속에 강렬한 인상을 부여하는 풍경을 연출하고 있다.

- 에릭 오웬 모스 아키텍처, 2001
- 3535 Hayden Avenue, Culver City, CA 90232
- www.ericowenmoss.com

*Culver City* | 091

# 더 박스

## The Box

더 박스는 원래 레스토랑의 별실과 미팅룸으로 설계된 1,137$m^2$ 규모의 업무공간 용도의 건축물로 지붕 위에 돌출된 오브제 형태의 비스듬한 상자형 구조물이 인상적이다.

건축주는 건축물을 지역의 신흥 기술산업 유치를 위해 공간 프로그램을 변경, 기존 공업용 건축물을 업무용 공간으로 개조하였다. 지붕 위에 돌출해 있는 더 박스는 기존 건축물에 새로운 구조를 삽입한, 회의실 등으로 사용되는 구조물로 건축물에 정체성을 부여하면서 특징 없는 대로에서 특별한 이벤트적 요소를 연출한다.

더 박스는 실제로 3개의 부분으로 이루어져 있다. 첫번째는 맨 하부의 원통형 리셉션 구역으로 기존 창고의 지붕을 절단한 것으로 원래 트러스 구조의 일부는 원통형 내부에 노출되어 남아 있다.

두번째는 노출된 트러스 시스템에 의해 지지되는 중간 지붕 데크로 연결하는 외부의 계단이다. 사각 데크와 둥근 지붕 사이의 영역은 자연광이 유입되는 리셉션 공간으로 사용될 수 있도록 디자인하였다.

주 출입구 영역은 외부 계단과 2층, 3층 사이에 위치하며 기존 구조에서 부가된 더 박스 구조로 진입을 할 수 있다. 이곳은 3층의 비공개적인 회의실 기능과 함께 컬버시티의 거리를 볼 수 있는 코너이다.

ARCHITECT

INTERIOR

ETC AREA

S &

DESIGNER'S

GUIDE TO

S

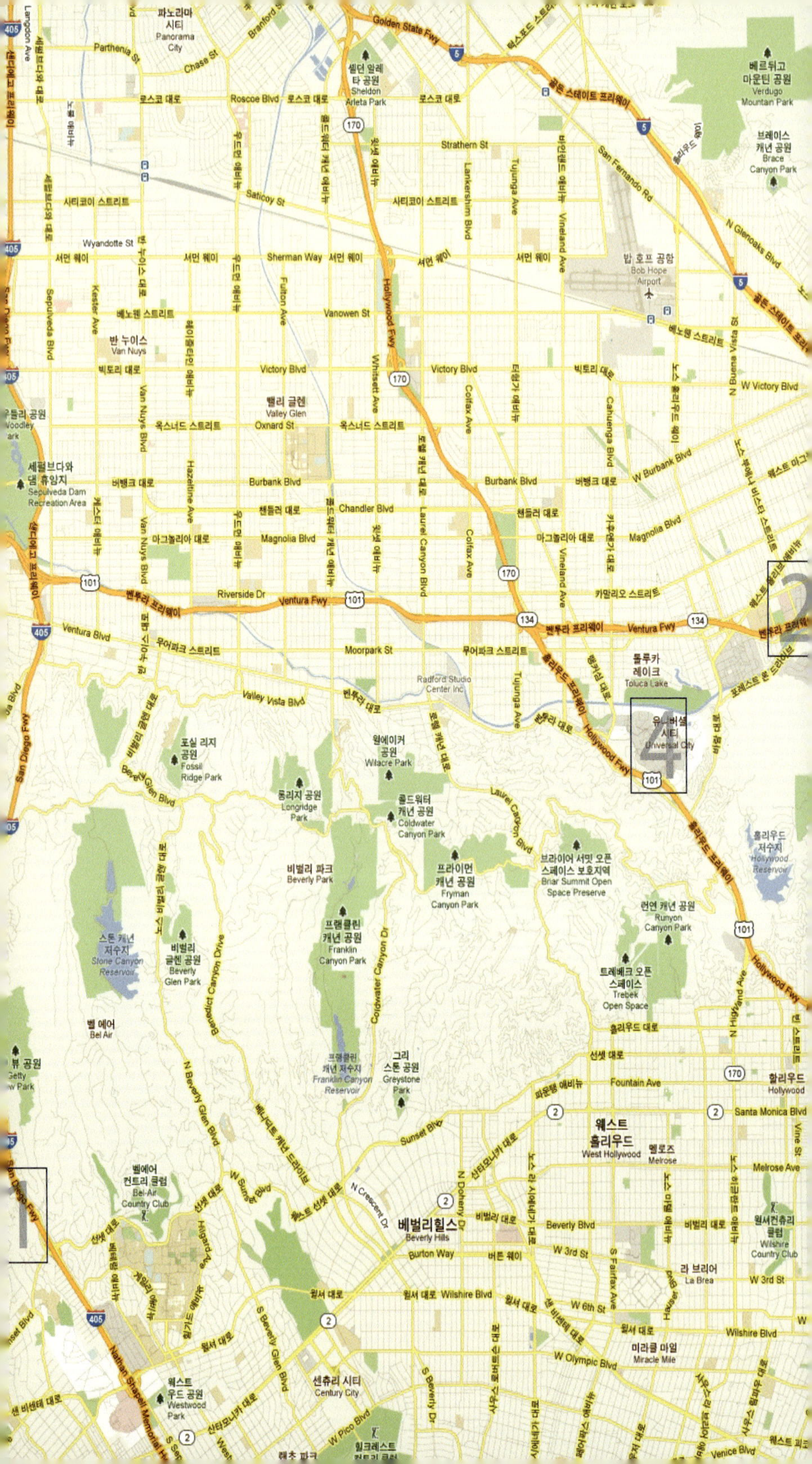

파노라마 시티
Panorama City
Parthenia St
Chase St
Branford St
Golden State Fwy
셀던 알레타 공원
Sheldon Arleta Park
로스코 대로
Roscoe Blvd
골든 스테이트 프리웨이
베르뒤고 마운틴 공원
Verdugo Mountain Park
브레이스 캐년 공원
Brace Canyon Park
Strathern St
San Fernando Rd
N Glenoaks Blvd
시티코이 스트리트
Saticoy St
Lankershim Blvd
Tujunga Ave
Vineland Ave
Wyandotte St
서먼 웨이
Sherman Way
밥 호프 공항
Bob Hope Airport
Fulton Ave
Hollywood Fwy
Sepulveda Blvd
Kester Ave
베노웬 스트리트
Vanowen St
반 누이스
Van Nuys
Victory Blvd
빅토리 대로
W Victory Blvd
N Buena Vista St
밸리 글렌
Valley Glen
옥스너드 스트리트
Oxnard St
Whitsett Ave
Colfax Ave
Cahuenga Blvd
W Burbank Blvd
세펄브다와 댐 휴양지
Sepulveda Dam Recreation Area
버뱅크 대로
Burbank Blvd
Van Nuys Blvd
Hazeltine Ave
챈들러 대로
Chandler Blvd
마그놀리아 대로
Magnolia Blvd
Laurel Canyon Blvd
카말리오 스트리트
Riverside Dr
Ventura Fwy
벤투라 프리웨이
Ventura Blvd
무어파크 스트리트
Moorpark St
Radford Studio Center Inc
톨루카 레이크
Toluca Lake
유니버설 시티
Universal City
Valley Vista Blvd
San Diego Fwy
포실 리지 공원
Fossil Ridge Park
Beverly Glen Blvd
윌에이커 공원
Wilacre Park
롱리지 공원
Longridge Park
콜드워터 캐년 공원
Coldwater Canyon Park
Laurel Canyon Blvd
비벌리 파크
Beverly Park
프라이먼 캐년 공원
Fryman Canyon Park
브라이어 서밋 오픈 스페이스 보호지역
Briar Summit Open Space Preserve
할리우드 저수지
Hollywood Reservoir
런연 캐년 공원
Runyon Canyon Park
프랭클린 캐년 공원
Franklin Canyon Park
스톤 캐년 저수지
Stone Canyon Reservoir
비벌리 글렌 공원
Beverly Glen Park
Benedict Canyon Drive
Coldwater Canyon Dr
트레베크 오픈 스페이스
Trebek Open Space
N Highland Ave
벨 에어
Bel Air
프랭클린 캐년 저수지
Franklin Canyon Reservoir
그리 스톤 공원
Greystone Park
할리우드 대로
선셋 대로
Fountain Ave
할리우드
Hollywood
Santa Monica Blvd
N Beverly Glen Blvd
Sunset Blvd
웨스트 할리우드
West Hollywood
멜로즈
Melrose
Melrose Ave
벨에어 컨트리 클럽
Bel-Air Country Club
N Crescent Dr
N Doheny Dr
베벌리힐스
Beverly Hills
Beverly Blvd
윌셔 컨트리 클럽
Wilshire Country Club
Hilgard Ave
Burton Way
W 3rd St
라 브리어
La Brea
S Fairfax Ave
Wilshire Blvd
W 6th St
Hauser Blvd
S Beverly Glen Blvd
센츄리 시티
Century City
W Olympic Blvd
미라클 마일
Miracle Mile
Nathan Shapell Memorial Hwy
웨스트 우드 공원
Westwood Park
S Beverly Dr
W Pico Blvd
Venice Blvd

몬트로즈
Montrose
와일드우드 캐년 공원
Wildwood Canyon Park
휘팅 우즈
Whiting Woods
베르 뒤고 시티
Verdugo City
베르뒤고 마운틴스
Verdugo Mountains
베르뒤고 마운틴 스 오픈 스페이스 보호지역
Verdugo Mountains Open Space Preserve
La Cañada Flintridge
라 캐나다 컨트리 클럽
La Canada Country Club
제트 추진 연구소
NASA Jet Propulsion Laboratory
몬테시토 파크
Montecito Park
데스칸소 가든스
Descanso Gardens
오크먼트 컨츄리클럽
Oakmont Country Club
하하몽그나 워터셰트 공원
Hahamongna Watershed Park
샌 라파엘 힐스
San Rafael Hills
에메랄드 이슬
Emerald Isle
엘 미라데로
El Miradero
버뱅크
Burbank
그랜드비에
Grandview
브락몬트
Brockmont
그린브리아
Greenbriar
글렌데일 커뮤니티 대학
Glendale Community College
세비 체이스 컨트리 클럽
Chevy Chase Country Club
노스 아로요
North Arroyo
브룩사이드 골프코스
Brookside Golf Course
랜초 샌 라파엘
Rancho San Rafael
그랑 센트럴
Grand Central
로스모인
Rossmoyne
로우어 숄 캐년 공원
Lower Scholl Canyon Park
우드베리
Woodbury
그렌오크스 캐년
Glenoaks Canyon
아로요 세코 공원
Arroyo Seco Park
아난데일 컨트리 클럽
Annandale Country Club
글렌데일
Glendale
서머셋
Somerset
마리포사
Mariposa
사우스 아로요
South Arroyo
그리피스 공원
Griffith Observatory
애덤스 스퀘어
Adams Square
이글 록
Eagle Rock
샌 파스 쿠알 공원
San Pasqual Park
가르반자
Garvanza
히글란 트 파크
Highland Park
로스 펠리즈
Los Feliz
글래슬 파크
Glassell Park
실버 레이크 저수지
Silver Lake Reservoir
사이프레스 파크
Cypress Park
엘리리아 캐년 공원
Elyria Canyon Park
엘레펀트 힐
Elephant Hill
이든데일
Edendale
로즈 힐 공원
Rose Hill Park
에코 파크
Echo Park
엘시안 공원
Elysian Park
몬테시토 헤이츠
Montecito Heights
애스컷 힐스 공원
Ascot Hills Park
엘 세리노
El Sereno
윌셔 센터
Wilshire Center
람파트 빌리지
Rampart Village
해저드 공원
Hazard Park
로스앤젤레스
Los Angeles
시티 테라스
City Terrace
파인 트리 공원
Pinetree Park
Foothill Fwy
Ventura Fwy
Golden State Fwy
Glendale Fwy
Pasadena Fwy
Hollywood Fwy
Arroyo Seco Pkwy
E Wilson Ave
E Broadway
Colorado St
York Blvd
Beverly Blvd
Wilshire Blvd
W Olympic Blvd
W Pico Blvd
3
5
6
7
8

# 1

092 게티 센터

**092 Getty Center**

092
Getty Center
J Paul
Getty Trust
St Chalon Rd
게티 센터 드라이브
Getty Center Dr
Nathan Shapell Memorial Hwy
N Sepulveda Blvd
405
San Diego Freeway
Casiano Rd
카시아노 로드
벨라지오 로드
Fordyce Rd
포다이스 로드
N Gunston Dr
Firth Ave

· 리차드 마이어, 1997
· 1200 Getty Center Drive, Los Angeles, CA 90049
· getty.edu

ETC Areas | 092

# 게티 센터
## Getty Center

산타모니카 해변과 UCLA 캠퍼스가 내려다 보이는 브렌우드 언덕에 위치한 게티 센터는 장 폴 게티 미술관을 중심으로 한 대규모 종합 아트 센터이다. 석유재벌인 장 폴 게티가 1976년 사망하면서 남긴 7억 달러 상당의 유산과 생전에 수집했던 컬렉션을 기반으로 만들어진 센터는 리차드 마이어가 설계하고 완성하기까지 13년이 걸린 대규모 프로젝트이다. 이 프로젝트는 지역적 맥락성, 미술품이 담고 있는 미학, 센터로서의 기능이라는 세 가지 접근 방식을 통해 해결하였으며, 건축가는 센터가 대지의 남북을 가르는 골짜기를 따라 위치한 점을 고려하여 LA 시내의 그리드 시스템이나 기하학적 형태요소들을 적극적으로 도입, 입지의 자연환경 및 경관에 어울리는 건축물을 설계하였다.

언덕 밑의 입구에서 전용 트램을 타고 오르면, 계단형 진입동선과 함께 전시관 건축물들이 나타나면서 센터의 전모에 대한 호기심을 유발시킨다. 진입광장에 들어서게 되면, 광장에서 마주 보이는 전면에 베이지와 백색이 조화된 전시관용 건축물들을 만나게 된다. 외관에서 백색과 어울리는 베이지색 마감의 석재는 이탈리아 산 트래버틴으로 LA 기후와 잘 어울리면서도 현대적인 분위기를 표현하는데 부족함이 없다. 건축가는 진입하는 광장을 중심으로 전시동들의 축과 서측의 게티 연구소가 배치된 축이 중앙의 정원을 중심으로 22.5도를 이루게 배치하였다.

전시관들은 동, 서, 남, 북관과 기획전시관이라는 5개관들이 축을 따라서 마치 마을처럼 구성되어 있으며,

고대 그리스와 로마에서 중세, 근대, 현대에 이르는 미술품 등을 연대기별로 감상할 수 있다. 전시장의 1층은 사진, 가구, 기록물들과 같은 빛에 민감한 작품들을 전시하고 있고, 2층은 컴퓨터 시스템과 작품의 손상을 막는 특수 필터를 사용하여 자연광을 활용하는 등 인공조명을 최대한 억제하면서 관람자들이 예술품의 감상과 함께 전시관 내에서 푸른 하늘까지 바라볼 수 있도록 고려하였다.

산, 바람, 나무 그리고 물이라는 자연적 요소와 전시관이라는 문화적 요소의 유기적 연결을 강조한 센터는 각각의 건축물들을 단위로 분리하면서 전시관 내, 외부로 연결되는 상호 유기적인 동선을 사용하였다. 이를 따라 걸으면, 예술품들과 공간, 그리고 자연을 유기적으로 연결하려는 건축가의 의도가 잘 나타나 있음을 알 수 있다. 전시관을 벗어나 옥외정원을 함께 조망할 수 있는 공간으로 설계된 상부층은 조망에 대

한 공간적 의미를 전시공간의 비중만큼 크게 두어 설계하였기에 관람을 하면서 LA 시내를 조망하는 여유를 가져보는 것도 좋을 듯 하다. LA의 퍼시픽 파리세데스에 위치한 게티 재단의 박물관인 게티 빌라는 건축가 마차도 & 실베티가 개수하여 운영 중에 있기에 시간이 있다면, 방문해 보기 바란다. 단, 예약을 해야만 입장할 수 있다.

# 2

093 월트 디즈니 애니메이션 빌딩 / 094 ABC 빌딩 / 095 팀 디즈니 빌딩 / 096 프랭크 G. 웰스 빌딩

093 Walt Disney Feature Animation Building / 094 ABC Building / 095 Team Disney Building / 096 Frank G. Wells Building

096
095
093
094
더 월트 디즈니 스투디오스
The Walt Disney Studios
W Alameda Ave
웨스트 앨라미다 애비뉴
W Riverside Dr
ABC Riverside Bldg
Walt Disney Animation Studios
프로비던스 세인트 요제프 메디컬 센터
Providence St Joseph Medical Center
Providence High School
조니 카슨 공원
Johnny Carson Park
Ventura Fwy
벤투라 프리웨이
134
포레스트 론 드라이브
리버사이드 드라이브
포레스트라운 메모리얼팍
Forest Lawn
Forest Lawn Dr
Joy Feast
S Brighton St
S Frederic St
사우스 부에나 비스타 스트리트
사우스 마이어스 스트리트
사우스 키스톤 스트리트
사우스 레이머 스트리트
Parish Pl
Evergreen Dr
Vista Ln

· 로버트 스턴, 1994
· Disney Studios, Riverside Drive at Ventura Freeway, Burbank, California
· www.ramsa.com

ETC Areas | 093

# 월트 디즈니 애니메이션 빌딩

## Walt Disney Feature Animation Building

LA에 위치한 월트 디즈니 애니메이션 빌딩은 4층 규모의 건축물로 버뱅크의 디즈니 캠퍼스에 위치하고 있으며, 근처에는 마이클 그레이브스의 팀 디즈니 빌딩과 알도 로시의 ABC 빌딩, 로버트 벤츄리 & 스캇 브라운의 프랭크 G. 웰스 빌딩 등이 위치하고 있다.

입구부의 벽돌로 마감된 기단부에 푸른색 원추형 구조가 인상적인 외관은 디즈니 애니메이션의 걸작 중 하나인 마법사의 제자에서 미키마우스가 썼던 모자를 이미지화 한 것으로 포스트모던의 건축가인 로버트 스턴의 작품답게 디즈니의 상징성을 표현하고 있다. 이것은 동시에 스피드감 있는 고속도로에 면해 위치한 빌딩의 디자인에 있어 보행자 스케일의 디즈니 단지와의 스케일감을 조정하기 위해 입구부에 원추형 구조를 설치, 인지시키면서 400m에 이르는 긴 빌딩을 분절화 된 볼트형 지붕을 가진 건축물로 디자인을 하면서 그 문제를 해결하였다.

700여 명이 근무하는 실내공간은 주 공간인 3층 규모로 보이드 된 로비와 스크린 룸에서 이벤트들이 행해지도록 하였으며, 1층은 촬영 이후 최후 제작단계의 작업, 2층은 애니메이션, 3층은 스토리 개발과 관련된 실들이 배치되어 있다.

재료와 디테일은 1935년 애니메이션 빌딩을 디자인하였던 켐 웨버의 어휘를 사용하였으며, 부분적으로 아르데코의 어휘들이 보이는 것은 그런 이유 때문일 것이다.

알도 로시, 2001
2300 West Riverside Dr, Burbank, CA 91506

*ETC Areas* | 094

# ABC 빌딩

## ABC Building

ABC 빌딩은 3부 구성을 한 전형적인 포스트모던 양식의 건축물로서 버뱅크의 디즈니 캠퍼스에 세워진 4개의 주요 사무동 중의 하나이다. 10층 규모의 건축물은 캠퍼스 남단 삼각형 대지에 위치하고 있으며 대지 하단부에는 고속도로가 지나간다. 알도 로시의 신합리주의풍의 디자인답게 3부 구성으로 이루어진 건축물은 사무실, 카페, 상영실, 주차장으로 구성되어 있다.

2개 층으로 구성된 기단부는 요철이 있는 적색 사암 마감으로 안정감을 느끼게 한다. 3층에서 10층은 황색 계열의 석재로 이루어져 있어 전체적으로 경쾌한 인상이며 상층부 소비에트 양식의 녹색 크라운은 홈이 파인 경량재로 만들어져 건축물 전체에 안정감을 부여한다. 건축물 전후면에 부착된 원형의 사인은 고속도로 등 원거리에서의 인지도를 높이는 역할을 한다. 건축가의 유작으로 미국 서부지역에 있는 유일한 작품이기도 하다.

빌딩 앞 대로변을 가로지르는 교량은 리즈 라너가 설계한 것으로 ABC 빌딩과 길 건너편의 메인 캠퍼스를 연결한다. 다리는 세 개의 구조물로 지지되며 힘찬 곡선미를 통해 기존의 캠퍼스와 거리에 활력을 불어 넣는다. 건축물 기단부와 교량의 스틸구조는 동일한 붉은 색상으로 서로 자연스럽게 연결된다. 다리 입면의 푸른색 유리는 전체적으로 경쾌한 인상을 주며, 보행자는 개방된 측면을 통해 주변 경관을 감상할 수 있다. ABC 빌딩 앞 정원의 보행자들은 원형 계단을 통해 다리로 진입할 수 있으며, 원형 계단은 교량과 대비를 이루면서 조형미를 더욱 돋보이게 한다.

- 마이클 그레이브스, 1991
- Burbank, California
- www.michaelgraves.com

ETC Areas | 095

# 팀 디즈니 빌딩

## Team Disney Building

최초의 포스트모더니즘 건축이라 불리는 포틀랜드 시청사를 설계한 마이클 그레이브스는 역사성을 인용하면서 대중성을 확보하는 디즈니랜드의 접근 방식에 영향을 받았다. 그는 누구보다도 디즈니랜드적인 속성을 건축이나 디자인으로 잘 표현한 건축가로 알려져 있으며, 팀 디즈니 빌딩은 그가 디즈니와 얼마나 잘 맞는지를 보여주는 사례라 할 수 있다. 전통적인 형태와 새로운 아이디어를 결합시켜 포스트모던한 형태를 갖추고 있는 건축물의 파사드에서 보이는 박공을 받치고 있는 일곱 난쟁이는 한 눈에 디즈니 캐릭터임을 알 수 있다. 그런데 이 익숙한 캐릭터들은 마이클 그레이브스 특유의 색에 녹아 전혀 무리 없이 포스트모던 건축의 모티브로서의 기능을 하고 있다. 건축물 윗부분은 연한 노란색으로, 아랫부분은 오렌지 계통의 색으로 노란색의 인접 색들이 서로 미묘한 대비를 이루면서 조화되어 포스트모던 건축적 개성을 진하게 풍기고 있으면서도 태양 빛에 바랜 듯 한 디즈니랜드 특유의 색감과도 일치한다. 부분적으로 청록색이 들어가 있어 오렌지 계통의 색과 심한 대비를 이루고 있지만, 이것도 노란색의 인접색이라 할 수 있는 연두색이나 녹색의 연장으로 자연스럽게 조화되는 것을 볼 수가 있다. 팀 디즈니 빌딩은 전체적으로 활발하고 대중적인 미국의 포스트 모더니즘적 특징을 잘 보여주고 있는 프로젝트이면서도 상징적, 대중적, 대칭적, 유기적 장식 등으로 표현되는 포스트모더니즘 건축의 특성을 잘 볼 수 있는 건축물이다. 마이클 그레이브스의 건축에는 서양 고전건축이 주로 인용되고 있지만, 여기에서 거의 같은 비중으로 대중적인 예를 들어, 만화 캐릭터 등이 인용되었으며, 미국의 포스트모더니즘은 이렇게 대중적인 아이콘을 고전건축과 동등한 비중으로 대하고 있는 것을 특징으로 볼 수 있다.

- 로버트 벤츄리 & 스캇 브라운, 1998
- 500 S Buena Vista St, Burbank, CA
- www.vsba.com/projectViewer.php?id=615

*ETC Areas* | 096

# 프랭크 G. 웰스 빌딩

## Frank G. Wells Building

프랭크 G. 웰스 빌딩은 월트 디즈니 사의 전임 대표 프랭크 G. 웰스를 기념하기 위해 지어진 5층에 연면적 25,550m²의 건축물이다. 월트 디즈니 버뱅크 스튜디오의 메인 진입로 게이트 옆에 위치한 업무용 건축물로 기록보관소와 사무소, TV 애니메이션 센터 등의 기능을 하고 있다. 실용적인 형태의 매스이나 거대한 스케일의 영화 필름 이미지를 묘사한 외관과 필름처럼 곡선으로 디자인한 옥상 구조물이 인상적인 건축물은 벤츄리의 도시공간에서의 상징성에 대한 견해를 잘 표현하고 있다. 건축물의 중앙에 자리잡은 중정은 단순하고 기능적인 업무공간에 채광과 환기 및 전망을 제공한다. 필름의 이미지로 표현한 캐노피로 부각시킨 진입부를 통하여 내부의 중정과 통하게 하여 내외부 공간의 관계성을 강조하였다.

실내는 대리석을 이용하여 외부의 벽면에서 보여준 그래픽 패턴을 표현하였다. 전체적으로 벤츄리가 강조한 질서와 상황, 외부와 내부, 사적 기능과 공적 기능의 미묘한 절충이라는 건축 구성원리를 잘 표현한 건축물로 공간의 미묘한 상호 작용에 의한 다원적인 의미를 잘 표현하였으며, 2000년 SEGD Merit 환경그래픽디자인전에서 수상하였다.

# 3

097 아트 센터 칼리지 / 098 신클레어 파빌리온

097 Art Center College of Design / 098 Sinclaire Pavilion

Knollwood Dr
Scenic Dr
Vista Ln
아로요 뷰 드라이브
Lida St
스케닉 드라이브
Lancashire Pl
Pegfair Estates Dr
피어리 드라이브
리다 스트리트
랭커셔 플레이스
비스타 레인
Arroyo View Dr
페그페어 에스테이츠 드라이브
Art Center College of Design
리다 스트리트
098
Electric Charging Station
Chamberlain Rd
체임벌
아트 센터 칼리지 오브 디자인
Art Center College of Design
097
빅스 로드
Afton St
애프턴 스트리트
엘 미라도르 드라이브
러더퍼드 드라이브
Kitchen Tune-up
Rutherford Dr

· 크리이그 엘우드, 1930
· 1700 Lida Street, Pasadena, CA 91103-1999
· www.artcenter.edu

*ETC Areas* | *097*

# 아트 센터 칼리지

## Art Center College of Design

아트 센터 칼리지는 미국 캘리포니아의 도심지와는 약간 떨어져 있는 파사데나 지역 구릉지대에 건축되어 있다. 이러한 위치적 특성은 학생들을 자연친화적인 환경 속에서 쾌적하게 생활할 수 있는 공간으로 제공되고 있으며, 지역의 역사적인 기념물로도 지정되어 우수한 디자인으로 설계되었다는 것을 입증해 주고 있다.

1930년에 설립되어 세계 60위 안에 드는 우수한 학교로 나이키, BMW, NASA, 디즈니 등과 많은 프로젝트를 진행하고 있고, 건축물 외관에서도 느낄 수 있듯이 군더더기 없이 담백한 건축적 특징을 나타내는 크리이그 엘우드는 미니멀리즘 건축가인 미스 반데 로에의 영향을 받아 국제주의 양식의 전형적인 성향과 미니멀리즘적 디자인이 드러나는 것을 알 수 있다.

건축물의 외관은 철골구조와 유리로 구성되어 있으며, 전체적인 형태는 미스의 크라운 홀과 같이 모듈화된 형태와 대칭적인 디자인 특징이 잘 드러나며, 지역의 특징인 구릉지형을 훼손하지 않고 그대로 활용하여 매스와 매스를 브릿지로 연결해 지형과 잘 어우러지게 건축되어있다.

실내공간은 교실과 스튜디오, 컴퓨터실, 도서관, 다양한 기구가 있는 공작실, 그림, 인쇄, 연구실, 갤러리 등으로 구성되어 있으며, 옆쪽으로는 싱클레어 파빌리온이 위치하고 있다.

· 하젯 + 훈, 2001
· 1700 Lida Street, Pasadena, CA 91103
· www.hplusf.com



# 신클레어 파빌리온
## Sinclaire Pavilion

신클레어 파빌리온은 LA 근교 파사데나에 위치한 아트 센터 칼리지 오브 디자인 캠퍼스 내의 북측에 있는 다목적 건축물로서 부부건축가인 하젯과 훈이 주도하여 학생들과 같이 한 프로젝트이다. 아트 센터 칼리지는 그래픽, 프로덕트와 자동차 디자인으로 유명한 학교이다.

파빌리온은 디자인을 하는 학생들의 전시, 영화 상영과 이벤트 및 일상적인 생활을 즐길 수 있는 부속용도의 건축물로서 학생들을 위한 주차시설의 초입부에 위치한다.

파빌리온과 기존의 아트 센터는 주차장에서 시작되는 경사로에 의해 자연스럽게 연결된다.

기계 미학적인 외관을 한 건축물은 242m$^2$ 규모의 가든 파빌리온으로 노출 아연도금 철판, 노출콘크리트, 섬유유리 등으로 구성되었다. 과장된 스케일과 자유로운 그리드 시스템들로 이루어진 구조물은 철골로 건축된 기존 미스풍의 캠퍼스 건축물과 독특한 조화를 이루고 있다.

내외부가 연결된 건축물은 개방적, 가변적으로 디자

인된 공간으로 전면의 가변형 벽체를 통해 조망과 햇빛을 조절할 수 있다.

학생들은 중앙에 위치한 금속으로 마감된 상자형 구조물을 잡아당기면 가볍게 펼쳐지는 가변형 데스크에서 필요한 정보를 얻을 수 있다.

이 공간은 디자인하는 학생들에게 다양한 경험을 제공하는 공간장치로서 잠시 머물러 커피를 마시거나 친구들을 만날 수도 있고, 정원과 연결된 반원형 계단식 좌석에서 강의를 듣거나 영화를 볼 수도 있는 창의력을 자극하는 실험적인 공간이다.

# 4

099 유니버셜 시티 워크

**099 Universal City Walk**

레이크사이드
골프 클럽
Lakeside
Golf Club
Drive
제임스 스튜어트 애비뉴
Muddy Wa
James Stewart Ave
Hill St.
어퍼 랜드 로우어 롯 패스
유니버설 스투
디오스 홀리우드
Universal Studios
Hollywood
프로덕션 플라자
유니버설
엠피극장
Gibson
Amphitheatre
드라이브
메인 웨이 유니버설
유니버설
스튜디오시네마
Amc Universal
Citywalk Stadium
099
Universal City Plaza
Universal
CityWalk
Dr
코랄 드라이브
Saddle Ranch
Universal
Coral Dr
Buddy Holly Dr
101
170
유니버설 스튜디오스 대로
Buddy Holly Dr
Hollywood Fwy

· 존 저드, 1994
· western Los Angeles, CA
· www.jerde.com/flash.phd

*ETC Areas* | *099*

# 유니버셜 시티 워크

## Universal City Walk

LA 101 프리웨이 북쪽 유니버셜 스튜디오 정문의 오른쪽부터 시작되는 유니버셜 시티 워크는 1993년 미국의 건축가 존 저드가 설계한 산책로 형식을 취한 상점과 레스토랑, 기념판매소 등 40여 개가 모여 있는 거대한 쇼핑몰이다.

유니버셜 시티 워크는 멜로즈 에비뉴와 산타모니카에 이어 LA의 새로운 쇼핑, 관광 명소로 급부상하였는데 600m에 걸친 상업시설들의 독특하고 화려한 외관은 또 다른 볼거리를 제공한다.

스포츠 상점 위로 거대한 야구선수가 있고 아이스크림 가게에는 핑크색 컨버터블 자동차의 모형이 뒤집어진 채 색다른 공간을 연출한다.

유니버셜 시티 워크가 처음 일반에게 공개된 것은 1994년이며, 유니버셜 시네마와 유니버셜 스튜디오에 있는 약 1만 8천$m^2$의 대지 위에 최첨단의 설계로 진행되었다.

유니버셜 시티 워크는 식사와 쇼핑을 겸한 산책로라는 컨셉을 갖고 있으며 상점들은 크게 레스토랑, 어린이용품 판매점, 기념품점, 의류점, 교육 엔터테인먼트로 나눌 수 있고, 블루스 클럽, 애스트로 비젼, B. B. KING 등의 명소가 있다. 또한 아이맥스 3D 영화관은 방문객들에게 매우 인기있는 볼거리를 제공하며 헐리우드에 관한 기념품과 자료가 잘 구비되어 있다.

RELAXING ORANGE

CITYLOFT

CITYLOFT

# 5

100 홀리훅 하우스

100 Hollyhock House

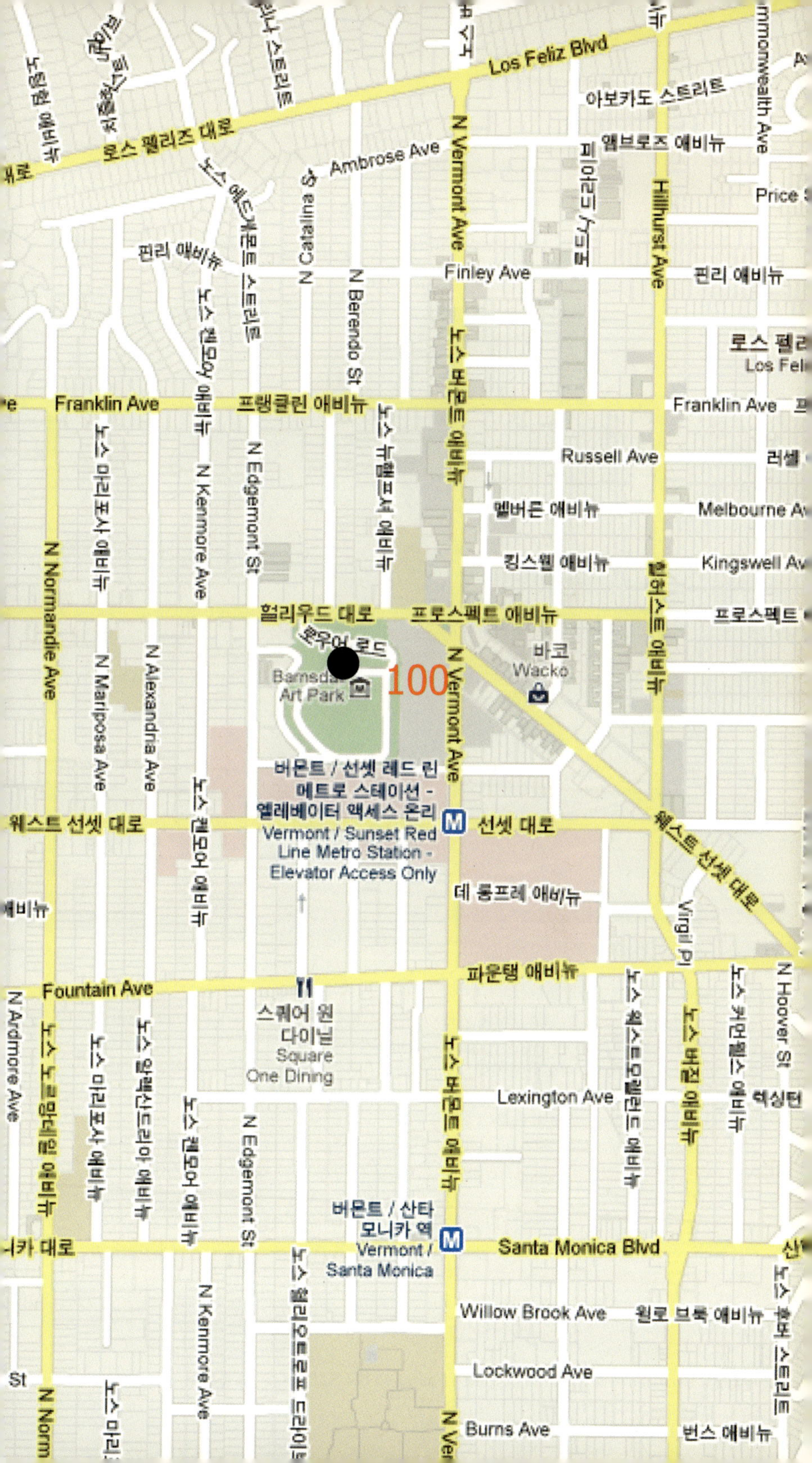
Los Feliz Blvd
로스 펠리즈 대로
아보카도 스트리트
앰브로즈 애비뉴
Ambrose Ave
N Vermont Ave
Hillhurst Ave
Finley Ave
핀리 애비뉴
N Catalina St
N Berendo St
Franklin Ave
프랭클린 애비뉴
Russell Ave
Melbourne Ave
멜버른 애비뉴
Kingswell Ave
킹스웰 애비뉴
N Normandie Ave
N Kenmore Ave
N Edgemont St
할리우드 대로
프로스펙트 애비뉴
Barnsdall Art Park
100
바코
Wacko
N Mariposa Ave
N Alexandria Ave
버몬트 / 선셋 레드 린 메트로 스테이션 - 엘레베이터 액세스 온리
Vermont / Sunset Red Line Metro Station - Elevator Access Only
웨스트 선셋 대로
선셋 대로
데 롱프레 애비뉴
Virgil Pl
Fountain Ave
파운탱 애비뉴
스퀘어 원 다이닝
Square One Dining
N Hoover St
N Ardmore Ave
Lexington Ave
버몬트 / 산타 모니카 역
Vermont / Santa Monica
Santa Monica Blvd
Willow Brook Ave
윌로 브룩 애비뉴
Lockwood Ave
Burns Ave
번스 애비뉴

· 프랭크 로이드 라이트, 1921
· Hollywood, California
· www.hollyhookhouse.net

ETC Areas | 100

# 홀리혹 하우스

## Hollyhock House

홀리혹 하우스는 석유재벌 윌리엄 반스딜의 상속녀인 일라인 반스딜이 라이트에게 의뢰해 1923년 지은 집으로 건축주가 접시꽃을 좋아해 이를 모티브로 지은 집이다. 자연, 지형, 건축의 상호관계를 중요시 하는 건축가의 성향대로 건축 자체의 조건과 조화되는 외부로부터 발전하는 건축의 흐름을 보여주고 있다. 홀리혹 하우스의 내외부는 마야, 프리-컬럼비아, 아시아, 이집트 양식 등이 다양하게 접목된 복합적인 양식으로 디자인되어 있다.

색채는 마야 문명의 양식을, 경사를 이룬 피라미드 조형은 이집트 양식을 기본으로 하였으며, 이는 모두 접시꽃을 디자인 모티브로 하였다. 초기단계에는 철근콘크리트로 계획하였지만 포기하였으며, 속이 빈 스타일이나 목재, 외벽의 양식화된 장식띠, 중정 피어의 주두 지붕에서 돌출된 용마루 널장식은 아시아의 양식을 기본으로 하였다. 이는 과거 10년간 건설하였던 대초원 주택과 앞으로 다가올 텍스타일 블록 주택을 연결하는 과도기적 주택으로 볼 수 있다.

실내공간 구성은 테라스를 많이 도입하기를 원했으며, 실내공간과 정원의 결합을 중요시 하였고, 캘리포니아 기후를 염두에 둔 디자인으로 태양에 면한 벽체는 노출된 유리의 최소화를 의도하였고, 유리문의 중앙은 차가운 녹색으로 중정방향으로 개방되도록 하였다.

가운데 정원을 배치하여 내부공간에서도 외부의 소

통이 원활하게 한 평면형태를 갖고 있으며, 유리장식, 기둥, 띠 장식에 모두 접시꽃 모티브를 이용하여 자연과 동화하려는 정성이 깃들어져 있다. 이 모티브는 건축물 외관, 가로등, 내부 가구, 회랑, 실내등, 외부 화분에까지 적용되었다.

# 6

101 갬블 하우스

**101 Gamble House**

Chandler School
Rosemont Ave
세코 스트리트
Prospect Blvd
Blake St
Winona Ave
N Pasadena Ave
Seco St
로즈몬트 애비뉴
프로스펙트 대로
히코리 레인
노스 패서디나 애비뉴
아로요 세코 공원
Kidspace Children's Museum
Brookside Park
프레몬트 드라이브
Bellmore Way
Rosemont Ave
Scott Pl
프로스펙트 스퀘어
노스 오렌지
101
The Gamble House
스콧 플레이스
로즈 보울 아쿼틱스 센터
Rose Bowl Aquatics Center
노스 아로요 대로
Arroyo Terrace
St Monica Academy
Continental Ct
컨티넨탈 코트
웨스트 월넛 스트리트
노스 그랜드 애비뉴
아로요 테라스
W Holly St
노스 오렌지 그로브 대로
Millard Ct
밀러드 코트
N Grand Ave
노스 아로요 대로
벤투라 프리

· 찰스 그린 & 헨리 그린, 2001
· 4 Westmoreland Place, Pasadena, CA 91103
· www.gamblehouse.org

*ETC Areas* | 101

# 갬블 하우스

## Gamble House

갬블 하우스는 조경에서 실내 디자인, 가구, 계단, 조명에 이르기까지 일관된 장인정신으로 디자인된 주택으로 미국 예술공예운동 양식의 가장 훌륭한 사례로 손꼽힌다.

주택은 대표적인 생활용품 제조업체인 프록터 & 갬블사의 사주인 갬블 가를 위해 1908년 건립되었으며, 현재 파사데나 시의 소유로 공공 관람 형태로 운영되고 있다.

갬블 하우스는 겨울 별장용으로 건립된 3층 목조주택으로 당시 유행하던 쉬글 양식을 차용하였다. 지붕은 덥고 건조한 지역의 날씨를 반영하여 얕은 물매를 지니면서도 처마를 통해 길게 뻗어 있다.

방마다 중심에 위치한 난로와 각 실에서 직접 연결되는 정원은 캘리포니아의 전통적인 목조건축 양식에서 차용한 것이다.

목재를 주재료로 사용한 내부 공간은 베란다와 포치를 통해 외부의 자연과 연결되며, 이는 캘리포니아의 온화한 기후와 생활방식에 연유한 것이다.

그린 형제는 지역 고유의 건축 양식과 예술과 수공예 운동, 그리고 일본 건축 양식을 접목시켜 당시 미국에서 유행하던 양식과는 전혀 다른 독특한 주택을 완성하였다.

특히 주택 외관과 실내의 가구, 조명, 집기 등은 일본풍의 디자인 특성을 나타내고 있으며, 1907년에서 1909년 사이에 절정을 이룬 그린 형제의 대표적인 작품 중 하나이다.

# 7

102 엔니스 주택 / 103 로벨 주택

102 Ennis House / 103 Lovell House

커먼웰스 캐년 드라이브
wealth Canyon Dr
Vista Del Valle Dr
루즈벨트
골프코스
Roosevelt
Golf Course
커먼웰스 캐년 애비뉴
103
노스 버몬트 애비뉴
Aberdeen Ave
애버딘 애비뉴
Dundee Dr
Dundee Dr
던디 드라이브
애비뉴
102
N Vermont Ave
Aberdeen Ave
인버네스 애비뉴
노스 커먼웰스 애비뉴
버몬트
파크웨이
Vermont
Parkway
Glendower Ave
Inverness Ave
크롬웰 애비뉴
N Commonwealth Ave
크롬웰 애비뉴
노스 버몬트 애비뉴
게인즈버러 애비뉴
힐허스트 애비뉴

- 프랭크 로이드 라이트, 1924
- 2655 Glendower Avenue Los Angeles, CA
- http://www.ennishouse.org



# 엔니스 주택

## Ennis House

프랭크 로이드 라이트는 2차 세계대전 당시 LA에 거주하는 4년 동안 4개의 텍스타일 프리케스트 콘크리트 주택을 설계하였다. 엔니스 주택은 그 중 제일 마지막으로 설계한 건축물로 당시 유명한 모직물업자의 아내인 엔니스 마블의 의뢰를 받아 LA 남쪽 그리피스 공원 내 LA 시내가 한 눈에 다 보이는 경사지에 건축되었다. 건축물의 매스는 마야 신전의 사선적 대칭 부조패턴을 갖는 매스에서 영향을 받았고, 공간의 구성은 이탈리아 빌라의 구조에서 영감을 받았다. 경사지에 축대를 쌓은 후 수영장이 있는 일본식 정원을 중심으로 4개의 방과 4.5의 욕실로 구성된 2개층의 주 건축물과 4대의 차를 댈 수 있는 차고와 관리인이 거주할 수 있는 공간을 가진 관리동으로 구성되어 있다. 시대적 상황을 반영하여 프리캐스트 콘크리트 블록을 통한 구조적 비용을 최소화 시키는 반면 프랭크 로이드 라이트의 대부분의 주택설계에서 보여줬듯이 어두운 공간에서 밝은 빛이 있는 공간으로 진입하면서, 긴 회랑을 통해 개인공간, 수영장이 있는 일본식 정원 그리고 공공공간으로 동선을 유도하고, 바닥의 레벨변화를 통해 각 공간의 성격을 규정하는 한편 주변의 다양한 시퀀스를 확보했다.

등나무를 모티브로 한 추상적 디자인의 스테인드 글라스 창문과 금속의 현관문, 유리 모자이크로 마감된 벽난로의 상부에서 프랭크 로이드 라이트의 디테일을 볼 수 있으나 건축주와의 문제로 내부의 비품은 디자인하지 않았다고 한다. 근래에 블레이드 러너 등의 많은 영화의 촬영장소와 외화 시리즈인 버피 뱀파이어 슬레이어의 TV 촬영장소로 활용되고 있었다. 1994년 노스리지 지진과 2004-2005년의 대폭우로 붕괴의 위험이 있어서 2005년도부터 엔니스 재단을 통해 현재까지 복원사업을 진행 중이다.

· 리차드 노이트라, 1928
· 4616 Dundee Drive Los Angeles, CA
· http://www.greatbuildings.com/buildings/Lovell_House.html

*ETC Areas* | 103

# 로벨 주택

## Lovell House

로벨 주택은 내과의사 필립 로벨을 위한 주택으로 LA 남쪽 그리피스 공원 내 던디 드라이브에 면한 계곡 하부에 위치하고 있다. 주택과 부속동으로 구성된 로벨 주택은 리차드 노이트라가 미국에서 건축한 국제주의 양식의 건축물로 역사적인 작품이면서 동시에 건축가 자신에게 있어서도 전환점이 되는 작품이다. 건축주인 로벨은 건강이론을 실천하기 위하여 주택에 수영장과 건강을 위한 기구들을 설치하였기에 건강주택이라고 불리기도 한다. 미국 최초로 강철과 강철케이블 구조로 지탱하는 기념비적인 주택으로 내외부는 무채색으로 마감되어 있으며, 주택동과 관리동을 연결하는 계단을 통해서 주변을 산책할 수 있게 설계하였다. 리차드 노이트라는 오스트리아 빈 출신의 건축가로 루돌프 쉰들러를 따라 프랭크 로이드 라이트에게 사사받기 위해 미국으로 건너 왔으며, 로벨 주택은 라이트의 영향을 받은 상자형 매스에 캔티레버식 수평 처마를 부가하는 방식으로 매스를 구성하였다. 도로에서 접근하는 브릿지나 필로티는 르 꼬르뷔제의 영향이 엿보이고 있으며, 브릿지를 통하여 상부층으로 진입한 후에 실내공간에서는 전 창을 통하여 파노라마식으로 전경을 즐길 수 있도록 디자인한 것이 특징이다. 실내공간은 건축가의 투명하고 청결한 분위기의 큐비즘에 대한 관심이 표현되었으며, 미니멀한 디테일은 건축가 어빙 길의 영향이 엿보이고 있다. 또한 창호 등에서 건축가의 공장 생산된 산업제품에 대한 관심이 표현되었으며 주 계단에는 포드 자동차 모델 A의 헤드라이트가 설치되었다. 1971년 LA의 역사적인 장소로 지정된 주택은 현재 개인 소유라서 주택 내부를 관람하는 것은 불가능하기에 외부에서만 보기 바란다.

# 8

104 카츠야 글렌데일

**104 Katsuya Glendale**

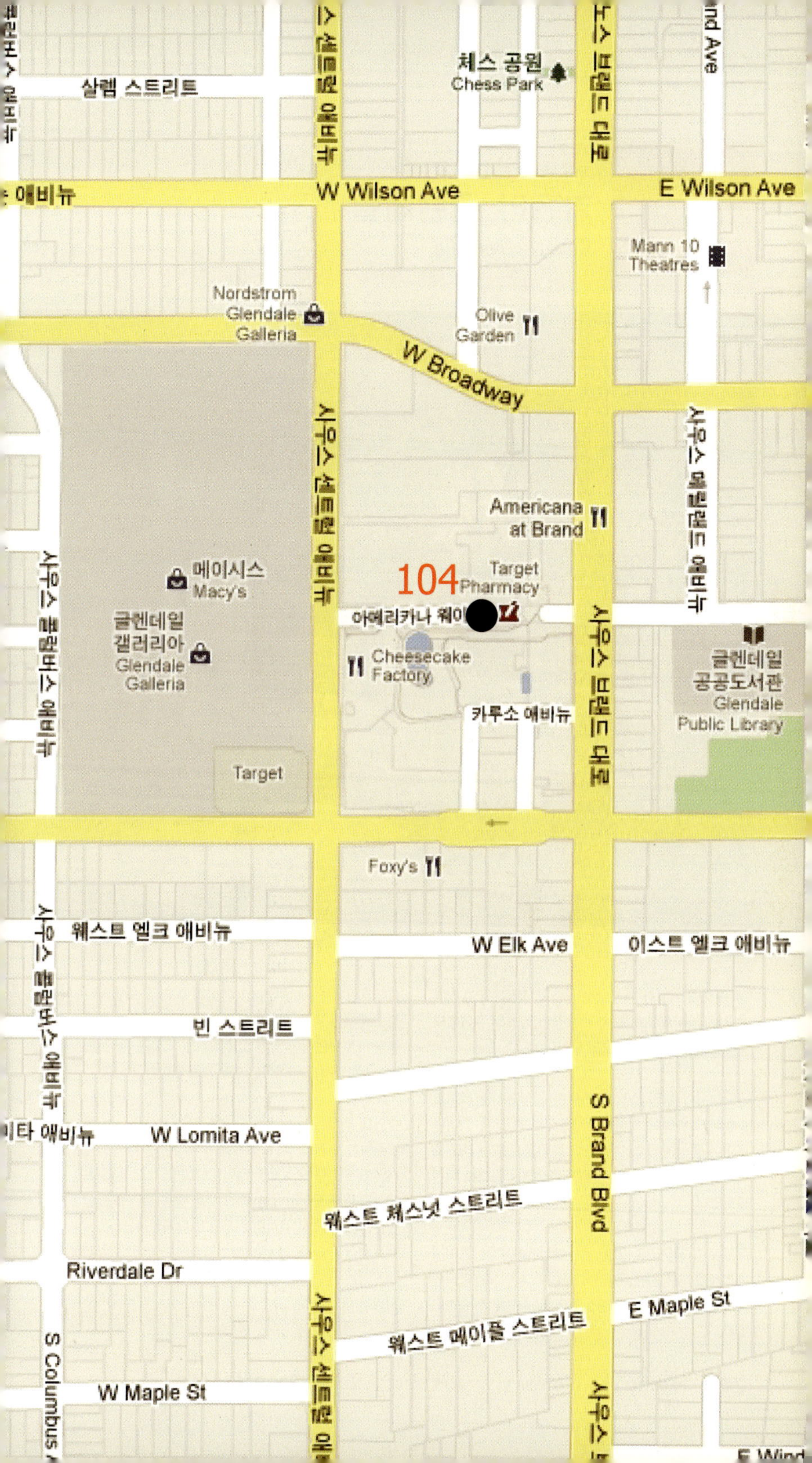

살렘 스트리트
체스 공원
Chess Park
W Wilson Ave
E Wilson Ave
Mann 10 Theatres
Nordstrom Glendale Galleria
Olive Garden
W Broadway
Americana at Brand
104
Target Pharmacy
아메리카나 웨이
메이시스
Macy's
글렌데일 갤러리아
Glendale Galleria
Cheesecake Factory
카루소 애비뉴
글렌데일 공공도서관
Glendale Public Library
Target
Foxy's
웨스트 엘크 애비뉴
W Elk Ave
이스트 엘크 애비뉴
빈 스트리트
W Lomita Ave
웨스트 체스넛 스트리트
S Brand Blvd
Riverdale Dr
E Maple St
웨스트 메이플 스트리트
W Maple St
S Columbus
사우스 센트럴 애비뉴
사우스 브랜드 대로
사우스 메릴랜드 애비뉴
사우스 콜럼버스 애비뉴

필립 스탁, 2008
· 702 Americana Way Glendale, CA



# 카츠야 글렌데일

## Katsuya Glendale

LA 북측에 위치한 파사데사 근처의 글렌데일에 위치한 카츠야는 최고의 스시 주방장인 카츠야 우에키의 이름을 붙인 250m² 규모의 일식당이다.

디자이너인 필립 스탁은 독특한 일식당의 분위기를 연출하기 위하여 로바타야키를 만드는 오픈 키친을 공간의 중심에 두어 주방장이 음식을 만드는 장면을 퍼포먼스처럼 보게 하는 무대와 같은 공간으로 디자인하였다.

목재로 마감된 미니멀한 공간에는 꿈틀대는 용이나 게이샤를 암시하는, 부분적으로 확대한 그래픽적인 요소들을 배치하여 초현실적인 분위기를 연출하고 있다.

실내공간에는 베네치안의 거울과 미카엘 토넷이나 장 프루베가 디자인한 의자, 그리고 푹신한 가죽 소파들을 배치하면서 곳곳에 그래픽적인 요소를 배치, 언밸런스하면서도 이국적인 분위기를 연출하고 있다.

중앙에 배치한 오픈 키친의 상부에는 勝이란 글자를 프린팅한 노렌을 설치, 공간을 구획하는 동시에 일본적인 분위기를 보여주고 있다. 스테인리스 스틸과 코리안으로 만들어진 스시와 꼬치용 칼을 갈기위한 선반은 식당 안의 시각적인 포인트로 디자인하였다.

카츠야는 글렌데일 외에도 브랜트우드 등에 체인점이 위치하고 있다.

ARCHITEC

INTERIOR

SAN FRAN

S &

ESIGNER'S

GUIDE TO

ISCO

Crissy Field Marsh
Marina Blvd
Mason St
Doyle Dr
도일 드라이브
Main Post
프레지디오 오브 샌프란시스코
Presidio of San Francisco
Arguello Blvd
Presidio Blvd
Broderick St
Bay St
Lombard
Divisadero St
Baker St
Lyon St
프레지디오 헤이츠
Presidio Heights
레이크 스트리트
Lake Street
California St
캘리포니아 스트리트
파인 스트리트
Bush St
로렐 헤이츠
Laurel Heights
Geary Blvd
게어리 대로
O'Farrell St
이너 리치몬드
Inner Richmond
Turk Blvd
터크 대로
로네 마운틴
Lone Mountain
노스 오브 더 팬핸들
North of the Panhandle
Park Presidio Blvd
Fulton St
John F Kennedy Dr
Fell
오크 스트리트
팬핸들
Panhandle
페이지 스트리트
하이트
Haight
부에나 비스타 공원
Buena Vista Park
케저 스타디움
Kezar Stadium
Frederick St
Lincoln Way
링컨 웨이
콜 밸리
Cole Valley
캘리포니아 대학교
7

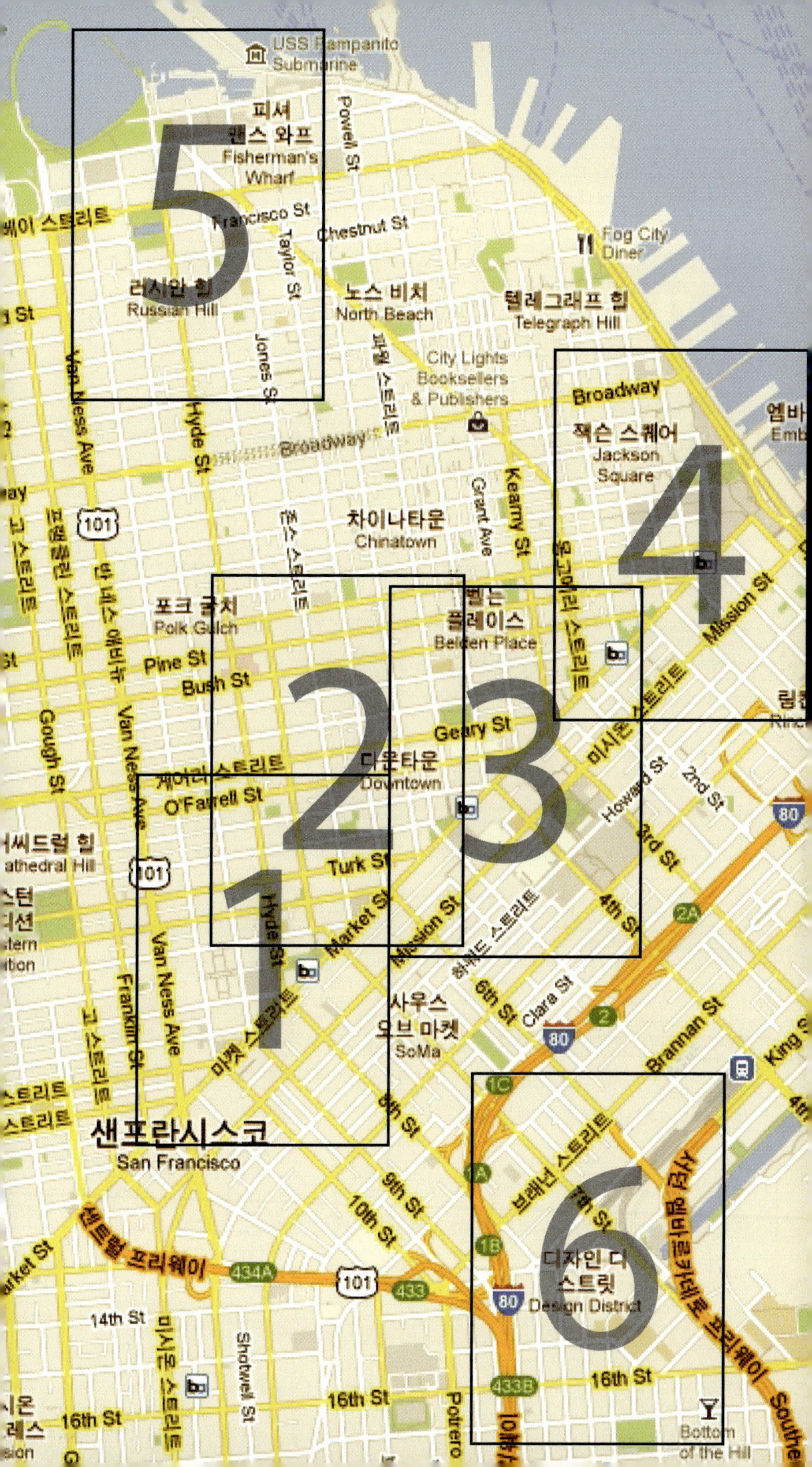

USS Pampanito Submarine
피셔맨스 와프
Fisherman's Wharf
Powell St
Francisco St
Chestnut St
Taylor St
러시안 힐
Russian Hill
Jones St
노스 비치
North Beach
텔레그라프 힐
Telegraph Hill
Fog City Diner
City Lights Booksellers & Publishers
파월 스트리트
Broadway
Hyde St
Van Ness Ave
잭슨 스퀘어
Jackson Square
차이나타운
Chinatown
Grant Ave
Kearny St
존스 스트리트
101
고프 스트리트
프랭클린 스트리트
반 네스 애비뉴
포크 굴치
Polk Gulch
Pine St
Bush St
벨든 플레이스
Belden Place
몽고메리 스트리트
Mission St
Geary St
게어리 스트리트
O'Farrell St
다운타운
Downtown
Howard St
2nd St
3rd St
80
Turk St
Market St
4th St
하워드 스트리트
마켓 스트리트
사우스 오브 마켓
SoMa
6th St
Clara St
Brannan St
King St
8th St
샌프란시스코
San Francisco
브래넌 스트리트
9th St
10th St
센트럴 프리웨이
434A
433
14th St
Shotwell St
미션 스트리트
16th St
Potrero
디자인 디스트릭
Design District
엠바카데로 프리웨이
Bottom of the Hill
1
2
3
4
5
6

VII

*Architect's & Interior Designer's Guide to*

# 샌프란시스코

## San Francisco

미국 캘리포니아 주 서부의 항구도시인 샌프란시스코는 샌프란시스코 만의 서쪽과 태평양 및 골든 게이트 해협에 마주하고 있으며 북위 38°에 위치하고 기후는 온난하며 여름에는 비가 적다. 인구는 2008년 기준 80만명으로 미국에서 14번째, 캘리포니아에서 4번째로 큰 도시이다.

시의 기원은 1776년 스페인 선교사들이 이곳에 전도를 위한 기지를 만든 것에서 비롯되어 1746년 멕시코의 독립에 의해서 멕시코령이 되었다. 그러나 당시는 다만 모피 거래의 중심지에 불과하였고 1846년 미국 해군에 의해 점령되었으며, 1847년에 샌프란시스코로 개칭되었다. 이때까지도 이주자의 수는 겨우 800명 정도였다.

1848년 부근의 시에라 네바다 산지에서 금 광맥이 발견되어 세계 각지에서 사람들이 몰려들면서 샌프란시스코가 급격히 발전되었고 그 이후 지리적 입지 조건으로, 태평양 연안 최대의 무역항으로서 대륙횡단 철도, 파나마 운하의 개통 등 유리한 조건이 거듭되면서, 식품, 식육, 섬유 등 각종 공업도 발달하였다. 20세기에 이르러서는 풍부한 농업지대와 새 공업 입지의 가능성에 착안하여, 동부와 중부의 사람들이 대거 서부지역으로 이동한 것도 발전하게 된 원인의 하나였다.

1936~1937년에 샌프란시스코-오클랜드 베이 브릿지와 골든 게이트 브릿지가 완성되어 인근 지역과의 교통이 원활해졌으며, 현재는 대도시권의 심장부를 이루면서, 서부지역의 경제 상공업의 지도적 위치를 차지하고 있다.

1906년 4월 18일에 샌프란시스코에서는 미국 역사상 최대의 지진이 발생하여 2만 8천개의 건물이 파괴되어 약 1,500명이 사망하였다. 이후 폐허가 된 땅 위에 도시가 새로 지어졌고 이때 지어진 빅토리아 풍의 건물들이 현재까지 잘 보존되어 샌프란시스코를 관광의 도시로 만들었다.

신흥도시 LA가 샌프란시스코를 앞지를 때까지는 한동안 태평양 연안 제1의 항구였으며, 지금도 국제적인 규모의 항만이며 국제도시의 면모를 자랑하고 있다. 샌프란시스코 항은 미국 내 뿐만 아니라 태평양 지역과 아시아에 대한 관문으로 캘리포니아에서 생산되는 많은 종류의 농산물과 광석, 가공식품 및 기계류를 수출하고 있다. 항공편과 육로도 매우 발달하여, LA와 더불어 태평양 노선의 관문이며 특히 최근에 개발된 BART(컴퓨터를 도입한 대량 고속철도)가 주목되고 있다.

공업은 다운타운을 중심으로 80km의 방사상 범위 내에 90개 이상의 공업단지가 점재하여 활기를 띠고 있으나 중공업보다 식품, 식육가공, 제당, 금속, 인쇄출판, 제재, 고무, 섬유 등의 경공업이 발달되어 있다.

막대한 부를 통해 높은 경제 수준을 가진 것 외에도 샌프란시스코는 1960년대 버클리 대학에서 시작한 히피 문화와 1970년대 동성애운동으로 대표되는 곳이다.

가장 유명한 명소로는 골든 게이트 브릿지, 샌프란시스코-오클랜드 베이 브릿지, 차이나타운, 골든 게이트 공원, 케이블카, 어시장, 시청사, 오페라 하우스 등 헤아릴 수 없이 많으며 세계 최대 규모의 밀랍인형 박물관도 유명하다. 샌프란시스코는 세계 각국의 많은 인종이 모여 있어 뉴욕 다음으로 다양한 인종으로 형성되어 있는 국제도시로, 특히 이곳에 있는 차이나타운은 인구 5만이 넘는 작은 중국으로 세계에 산재한 차이나타운 중 가장 유명하다.

미 서부의 역사와 더불어 교육, 문화의 중심지를 이루었으며, 샌프란시스코 대학교 등 많은 대학과 연구소, 문화시설이 있는데 이 중 우리에게 잘 알려진 미 서부 최고의 명문대학인 스탠포드 대학과 버클리 대학이 있고, 여기에서 배출된 우수한 인재들로 생겨난 외곽지역의 실리콘 밸리가 있다.

건축적으로 마리오 보타의 샌프란시스코 현대미술관, 아시아, 오세아니아, 아프리카의 예술품을 관람할 수 있는 골든 게이트 공원 내에 위치한 헤르조그 & 드 뮤론의 드 영 뮤지엄, 그 맞은편에 위치한 렌조 피아노의 캘리포니아 자연사 박물관, 유대인을 기억하는 다니엘 리베스킨트의 컨템포러리 쥬이시 뮤지엄 등이 있다.

# O

001 샌프란시스코 국제공항

**001 San Francisco International Airport**

City College of San Francisco Airport Campus
노스 액세스 로드
Hertz Rent-A-Car
001
국제공항
San Francisco International Airport
베이쇼어 프리웨이
Bayshore Fwy
Bay St
베이 사이드 공원
Bayside Park
베이 프론트 공원
Bayfront Park
El Camino Real
Magnolia Ave
Broadway
밀브레
Millbrae
101
422
420
421
6

- SOM, 2000
- 101 South of San Francisco, CA
- www.som.com

*San Francisco & San Jose* | 001

# 샌프란시스코 국제공항

## San Francisco International Airport

샌프란시스코 도심에서 남쪽으로 25km 떨어진 곳에 위치한 샌프란시스코 국제공항 터미널은 3개의 타원형 날개처럼 보이는 웅장한 외관에 의해 도시에 도착한 여행객들에게 강한 인상을 부여한다.

바다에 인접한 공항의 입지에서 읽혀지는 맥락성, 지진에 대비한 구조미학의 표현, 비행기를 위한 터미널이라는 상징성을 표현한 공항의 지붕은 미적, 기능적, 구조적인 해석을 통해 디자인하였다.

지붕의 날개 모양의 형태는 구조다이어그램을 정확히 표현한 것으로 SOM이 지진에 대비하여 미국의 공항터미널 안전규정과 내진설계의 요구사항이 적용된 구조로 설계한 결과이다.

실내에 노출된 날렵한 타원형 날개 같이 디자인된 철골과 반투명 유리, 픽셀 처리한 유리로 된 천창 구조물은 직사광선을 순화시킨 확산광에 의해 비행기와 관련된 건축물답게 천정면이 부유하는 듯한 느낌을 부여하고 있다.

또한 실내에 사용된 300m 길이의 목재로 마감된 벽과 대비되는 수속 카운터 상부의 부유하는 듯한 유백색 유리와 철골구조는 거대한 공항의 실내공간에서 방향성을 제시, 여행객들이 자연스럽게 길 찾기가 이루어지도록 하였다.

최초의 이미지 스케치를 살펴보면, 공항은 외관의 커튼월의 채광창을 통해 자연채광이 실내로 잘 유입되

도록 설계하였으며, 주간에 전력량을 줄이면서 자연 환기를 통하여 실내공간에서의 쾌적한 환경을 조성하는데 매우 중요한 기능을 갖는다.

샌프란시스코 공항은 세계 최초로 공항 내 박물관을 개장하여 화제가 되기도 하였으며, 실내공간에 유명한 건축물의 모형을 전시하고 있어 건축이나 실내 디자인을 전공한 여행객들에게는 예기치 않은 즐거움을 제공한다. 테라조, 유리, 재활용 카펫 등 지속 가능한 건축 자재를 사용한 것도 샌프란시스코 공항의 특징이다.

# 1

002 아시안 아트 뮤지엄 / 003 샌프란시스코 공립 도서관 / 004 샌프란시스코 연방 빌딩

**002 Asian Art Museum / 003 San Francisco Main Public Library / 004 San Francisco Federal Building**

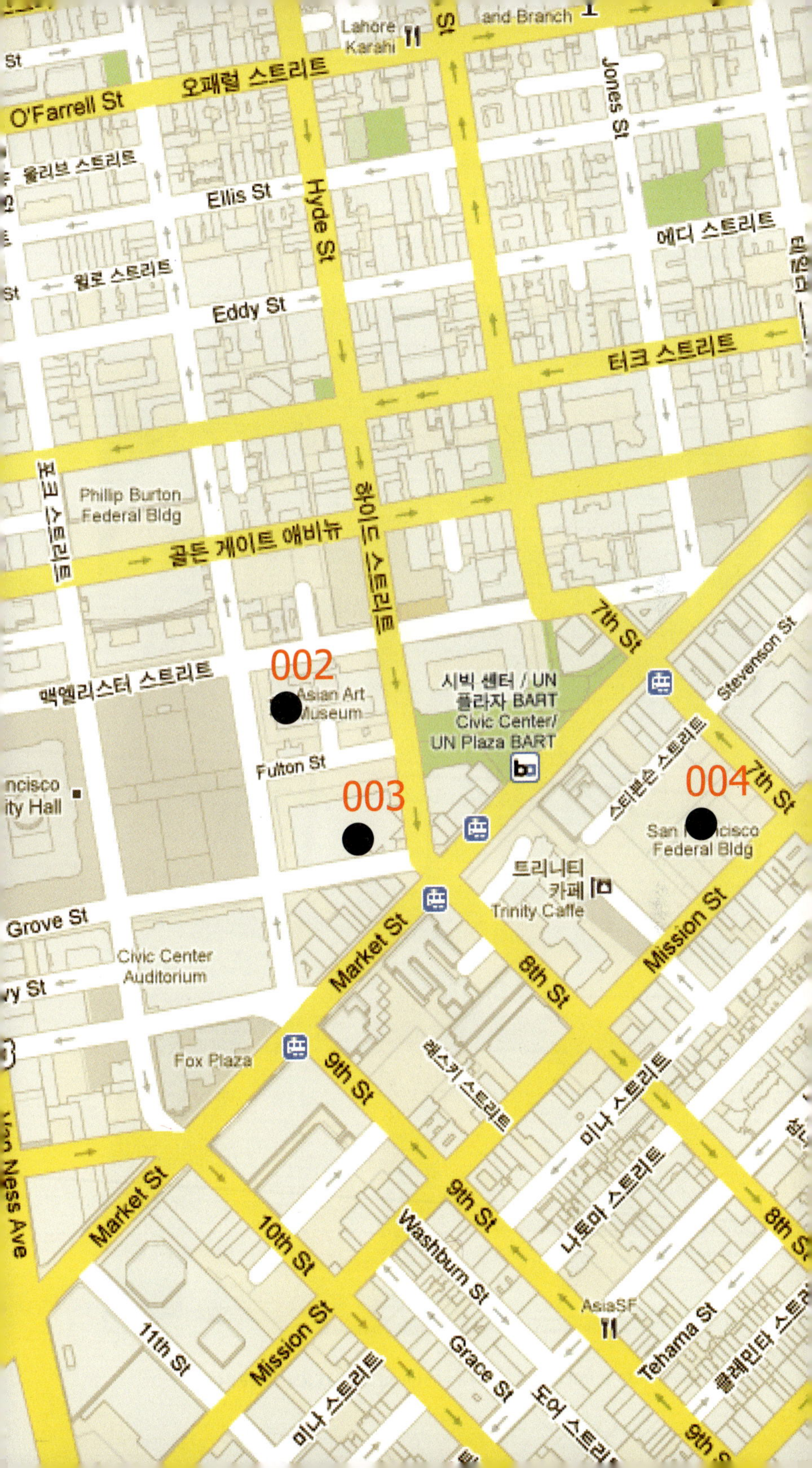

O'Farrell St
오패럴 스트리트
올리브 스트리트
Ellis St
Hyde St
Jones St
에디 스트리트
윌로 스트리트
Eddy St
터크 스트리트
Lahore Karahi
포크 스트리트
Philip Burton Federal Bldg
골든 게이트 애비뉴
하이드 스트리트
7th St
Stevenson St
002
Asian Art Museum
맥엘리스터 스트리트
시빅 센터 / UN 플라자 BART
Civic Center/ UN Plaza BART
Fulton St
003
004
스티븐슨 스트리트
San Francisco Federal Bldg
7th St
트리니티 카페
Trinity Caffe
Grove St
Market St
Mission St
8th St
Civic Center Auditorium
Fox Plaza
9th St
레스키 스트리트
미나 스트리트
나토마 스트리트
Van Ness Ave
Market St
10th St
9th St
Washburn St
11th St
Mission St
Grace St
AsiaSF
Tehama St
클레먼티나 스트리트
미나 스트리트
도어 스트리트
8th St

- 가에 아울렌티, 2003
- 200 Larkin Street San Francisco, CA 94102
- www.asianart.org

*San Francisco & San Jose* | 002

# 아시안 아트 뮤지엄

## Asian Art Museum

1966년 골든 게이트 공원 내 박물관인 드 영 뮤지엄의 부속 건물에 오픈했던 아시안 아트 뮤지엄은 도시 미화운동을 벌여온 여성 시장 다이안 화인스타인의 제의로 1987년 샌프란시스코 시청 바로 건너편으로 이전하였다. 아시아 미술품 수집광이었던 시카고 출신 사업가 에버리 브런더지가 소장했던 미술품 7천여 점이 기증되면서 미국 최대의 아시아 미술관으로 탄생하게 되었다.

건축물은 1917년 조지 켈햄에 의한 고전적인 보자르 양식을 그대로 옮겨 왔으며, 내부는 파리의 오르세 박물관을 개축하여 유명해진 이탈리아 여성 건축가 가에 아울렌티에 의해 계획되었다. 실내공간에 들어서면 열주랑이 있는 어둡고 고전적인 분위기의 계단과 천창으로 인해 현대적인 분위기의 밝고 쾌적한 공간이 공간적인 반전을 느끼게 한다.

공간의 구성은 관람객의 편의를 위해 설치된 엘리베이터를 타고 동남아관부터 중국, 한국, 일본관을 감상하면서 내려오도록 배려하였다. 천창으로 자연광이 들어오는 공간을 증축하여 사람들이 모이는 공간을 밝고 개방적인 분위기로 만들었으며 견학용 강당과 특별 전시관용 출입 홀, 공공 이벤트 장소가 여기에 해당된다.

이전의 두 배 규모로 확장, 이전한 아시안 아트 뮤지엄은 역사적인 건물의 정면이 보존된 것과 파손되기 쉬운 전시물을 보호하기 위해 지진에 견디게 설계된 면진장치가 유명하다. 또한 한국인 사업가 이종문도 당시 1500만 달러를 기증하여 이를 기념하기 위해 종문리 센터 포 아시안 아트 앤 컬처라는 문구가 미술관 공식명칭 바로 뒤에 붙어 있으므로 관람 시 참고하기 바란다.

· 페이 콥 프리드, 1996
· 100 Larkin Street San Francisco, CA 94102
· http://sfpl.org



# 샌프란시스코 공립 도서관

## San Francisco Main Public Library

샌프란시스코 공립 도서관은 샌프란시스코 시의 행정 중심구역인 시빅센터의 마샬 스퀘어에 위치한다.

고전건축 양식의 각종 행정기관 청사가 밀집한 곳에 위치하여서, 도서관 반대측에 위치한 구 공립 도서관의 고전적 외관이 반영되어 있다.

공립 도서관은 보자르 양식적 특색이 나타나는 6층 건축물로 3만 5천$m^2$의 규모이다. 시민들이 도서관 로비를 지나 도시로 통행하는 것이 허용되어서 도서관이 시민들의 삶과 밀접하게 연결된 친밀한 공간이 되도록 하면서 도서관과 도시를 연결시키고 있다.

실내공간의 포인트는 5개층에 걸쳐 보이드 된 아트리움으로 상하층 간의 연속성을 부여하고 있고, 최상층부의 유리로 둘러싸인 정기간행물실은 수직동선인 계단을 오브제화한 조각적 장치와 연결하여 공간에 활력을 부여하고 있다.

개가서고와 열람실에는 3백만권 이상의 책과 온라인 정보체계를 통한 서비스를 제공하고 있다. 실내공간에 있는 브릿지는 도서관에서 연계성을 강화하는 장치이면서 동시에 조형적, 공간적인 장치로서 브릿지를 통하여 건너는 사람들에게 새로운 공간적 체험을 유발시킨다.

또한 베를린 천사의 시를 영화화 한 맥 라이언과 니콜라스 케이지 주연의 시티 오브 엔젤의 배경으로도 유명한 장소이다.

- 모포시스, 2007
- 90 7th Street, San Francisco, CA 94103
- www.morphopedia.com

*San Francisco & San Jose* | 004

# 샌프란시스코 연방 빌딩

## San Francisco Federal Building

샌프란시스코 연방 빌딩은 90 세븐스 거리에 위치한 18층 규모의 연방 정부를 위한 건축물로 균열이 생긴 것 같은 타워부와 장방형 매스의 좌측 기단부, 그리고 저층부 우측의 종이를 접은 것 같은 지붕구조의 대비가 인상적이다.

저항의 개념으로 디자인한 건축물은 균열이 생긴 것 같은 타워의 형태나 외피 구조, 종이를 접은 것 같은 지붕구조 등의 형태와 배치가 공기의 흐름을 활용하여 냉각 및 통풍을 하기 위한 장치이기도 하다.

빌딩은 표준적인 업무공간의 절반의 소비전력으로 설계되었으며 센서에 의해 자동으로 열리는 창을 통해 서부 해안의 바람으로 자연스럽게 실내가 냉각과 통풍이 되는 시스템을 갖추고 있다.

접은 것 같은 저층부의 지붕은 고층부 옥상의 접혀진 지붕구조로 시선의 흐름을 연결시켰으며, 타워 11층 중심부에 위치한 하늘정원은 비공식적인 모임이 가능한 보이드 된 공간장치이면서 바람의 흐름을 연결시키는 통로이기도 하다.

지상의 외부공간은 좌측의 기단부와 부속 건축물인 카페에 의해 개방된 광장의 기능을 하며 저층부에는 지역 주민을 위한 컨퍼런스 센터, 피트니스 센터, 보육 센터 등이 있어 지역 공동체와 연계된 복합시설의 역할도 한다.

그러나 실제 빌딩 내에서 근무하는 사람들은 지나친 태양열을 막기 위해 우산을 펼쳐서 막기도 한다고 하며 에너지 절약을 위해 3층마다 서는 엘리베이터는 논쟁의 여지가 있기도 한 건축물이다.

# 2

005 아다지오 호텔 / 006 클리프트 호텔 / 007 디바 호텔

**005** Adagio Hotel / **006** Clift Hotel / **007** Diva Hotel

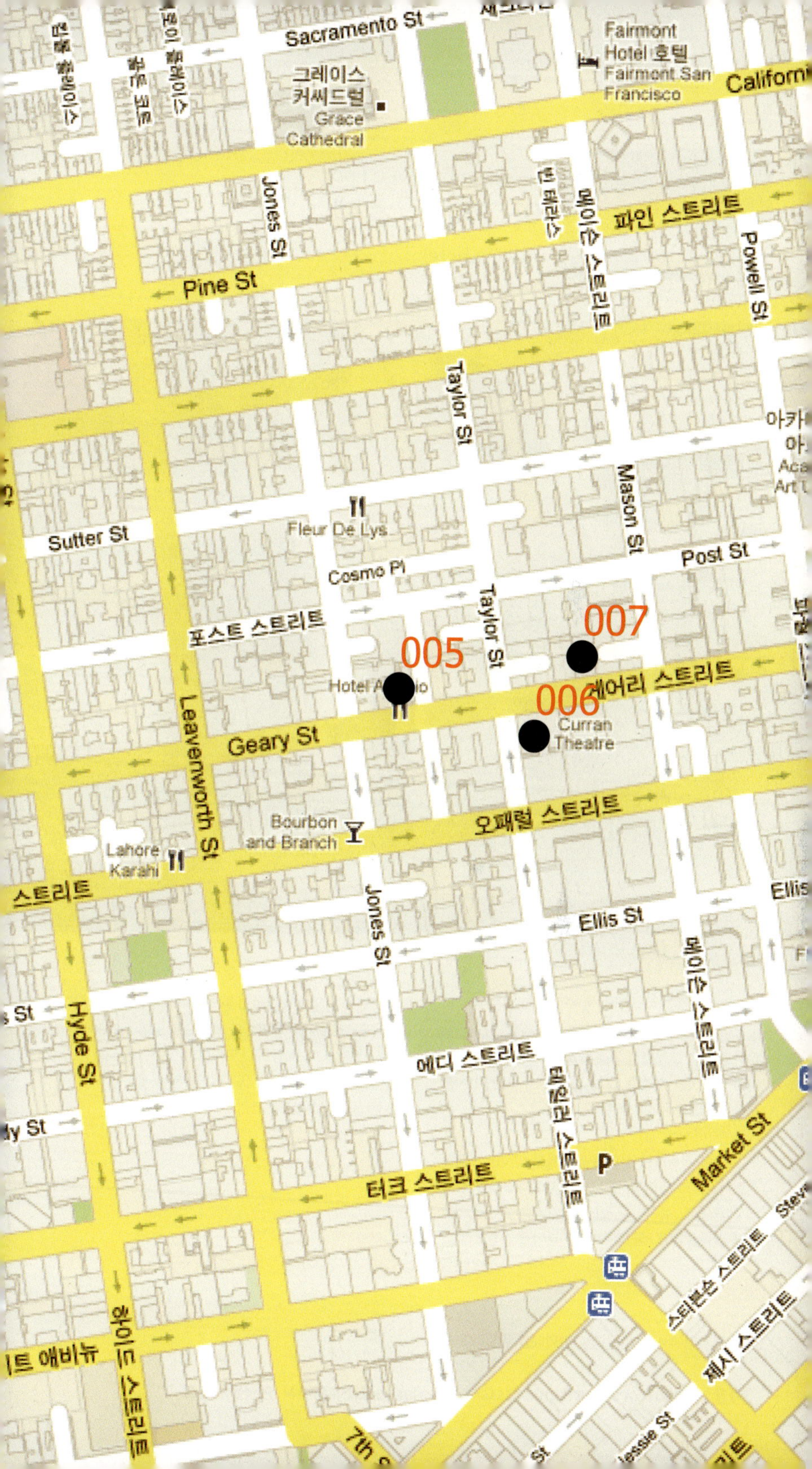
Sacramento St
그레이스 커씨드럴
Grace Cathedral
Fairmont Hotel 호텔
Fairmont San Francisco
California
Jones St
Pine St
파인 스트리트
메이슨 스트리트
Powell St
Taylor St
Mason St
Sutter St
Fleur De Lys
Cosmo Pl
Post St
포스트 스트리트
Taylor St
005
006
007
기어리 스트리트
Geary St
Curran Theatre
Leavenworth St
Bourbon and Branch
Lahore Karahi
오패럴 스트리트
스트리트
Jones St
Ellis St
Hyde St
메이슨 스트리트
에디 스트리트
테일러 스트리트
Market St
터크 스트리트
스티븐슨 스트리트
제시 스트리트
하이드 스트리트
7th St

- 맥 카르탄
- 550 Geary St, San Francisco, CA, USA
- www.jdvhotels.com/hotels/sanfrancisco/adagio

*San Francisco & San Jose* | 005

# 아다지오 호텔

## Adagio Hotel

옛날 스페인 식민지 시대의 활발한 교역과 다양한 문물을 통한 화려한 샌프란시스코의 향수를 그대로 간직하고 있는 고풍스런 건축물의 아다지오 호텔은 유니언 스퀘어와 SOMA, 노브 힐 등이 주변에 있는 샌프란시스코 중심가에 위치하고 있다.

이 호텔의 건축가는 정확히 알려지진 않지만 스페인 식민지시대의 양식이 잘 나타난 아르데코적인 형태의 외관을 잘 유지하고 있다. 반면 내부를 중심으로 호텔의 활성화와 재단장을 통해 부티크 호텔로서 리모델링되어 현대적이고 편안한 분위기로 디자인되어 있다.

내부 디자인에서도 기존 건물의 형태를 유지하고 디자인하였기 때문에 벽난로와 천정의 격자무늬, 큰 기둥 등 포스트모던한 분위기를 바탕으로 모빌 형태의 조명과 모던한 가구 등 포스트모던과 모던의 절묘한 조화를 통해 캐주얼 하면서도 무게감 있는 새로운 디자인을 선보이고 있다.

HOTEL ADAGIO

ADAGIO

· 필립 스탁
· 495 Geary Street San Francisco 94102, USA
· www.clifthotel.com



# 클리프트 호텔
## Clift Hotel

과거 샌프란시스코 최고의 럭셔리 호텔이었던 클리프트 호텔은 부티크 호텔들을 기획하여 유명해진 이안 슈라거와 세계적인 실내 디자이너인 필립 스탁이 협력하여 개수한 호텔이다. 대대적인 보수로 오래된 빅토리아 풍의 디자인에서 현대적인 모습으로 변모시킨 호텔로 과거 명성과도 같이 샌프란시스코의 중심가인 유니언 스퀘어 주변에 자리 잡고 있다. 필립 스탁은 자신만의 디자인 특징인 초현실적인 분위기의 연출을 위하여 오버 스케일의 의자나 이질적인 요소의 병치 같은 수법으로 공간을 디자인하였다. 또한 전체적으로 어두운 조명을 사용하고 블랙, 아이보리, 벨벳, 가죽 등을 사용한 호텔의 분위기는 아르데코의 흔적을 짐작할 수 있으며, 개수하기 전 클리프트 호텔의 유명한 레드우드룸은 여전히 새 호텔의 중요한 공간이다. 풍부한 질감의 원목 패널의 벽과 다양한 가구를 배치하여 초현실적이고 몽환적인 분위기를 잘 나타내고 있다. 객실은 단색으로 된 금속성 배경에 부드러운 라벤더와 회색 톤이 살짝 가미된 디자인으로 창문으로 들어오는 햇살을 더욱 밝게 느끼게 하여 보수 분위기의 공간을 활력있고 흥미로운 공간으로 재 탄생시켜 클리프트 호텔의 명성을 이어가고 있다.

· 런드버그 디자인, 1999
· 440 Geary Street, San Francisco, CA 94102
· www.hoteldiva.com

*San Francisco & San Jose* | *007*

# 디바 호텔

## Diva Hotel

디바 호텔은 샌프란시스코의 중심부에 위치한 호텔로서 낡은 건물을 적은 예산으로 밝고 캐주얼한 분위기로 변모시킨 부티크 호텔이다.

런드버그 디자인은 적은 예산으로 낡은 건물을 개수해야 하는 조건 속에서 최적의 디자인 안을 고심 끝에 로비와 입구 외관을 새롭게 하는 것을 우선시 하여 디자인하였다.

입구 부분은 층층이 쌓은 유리로 사람들의 실루엣을 통해 호기심을 유발시킬 수 있게 하였으며, 스테인리스 강판을 사용한 포인트 요소로서 캐주얼한 분위기를 연출하고 있다.

객실 부분에서도 스테인리스 강판을 구부려 그 틈을 이용한 조명을 디자인하여 캐주얼 하면서도 감각적인 디자인을 보여주고 있다. 내외부에 스테인리스 강판을 포인트로 사용하여 전체적인 통일감을 이루고 있다.

층별 사용하지 않는 공간을 활용하는 측면에서 여러 젊은 디자이너를 초청하여 각각의 공간을 디자인하게 함으로써 부티크 호텔로서의 감각적 부분을 강조하고 있다.

# 3

008 할리디 빌딩 / 009 서클 갤러리 / 010 니이만-마커스 백화점 / 011 유니언 스퀘어 / 012 할리디에 플라자 & 엘리베이터 / 013 팔로마 호텔 / 014 샌프란시스코 포시즌 호텔 / 015 컨템포러리 쥬이시 뮤지엄 / 016 샌프란시스코 메리어트 마르퀴스 / 017 메트레온 / 018 예르바 부에나 가든, 에스플레네이드 / 019 예르바 부에나 가든, 시각 예술 센터 / 020 예르바 부에나 가든, 예술 극장 / 021 세인트 레지스 호텔 & 레지던스 / 022 샌프란시스코 근대미술관 / 023 W 호텔 샌프란시스코 / 024 조지 모스콘 컨벤션 센터 / 025 예르바 부에나 가든, 아동 센터 / 026 예르바 부에나 로프츠

**008 Hallidie Building / 009 Circle Gallery / 010 Neiman-Marcus Department Store / 011 Union Sqaure / 012 Hallidie Plaza & Elevater / 013 Palomar Hotel / 014 Four Season Hotel in San Francisco / 015 Contemporary Jewish Museum / 016 San Francisco Marriott Marquis / 017 Metreon / 018 Yerba Buena Gardens, Esplanade / 019 Yerba Buena Gardens, Center for The Visual Arts / 020 Yerba Buena Gardens, Center for Arts Theater / 021 St. Regis Hotel & Residences / 022 San Francisco Museum of Modern Art / 023 W Hotel San Francisco / 024 George R Moscone Convention Center / 025 Yerba Buena Gardens, Children's Center / 026 Yerba Buena Lofts**

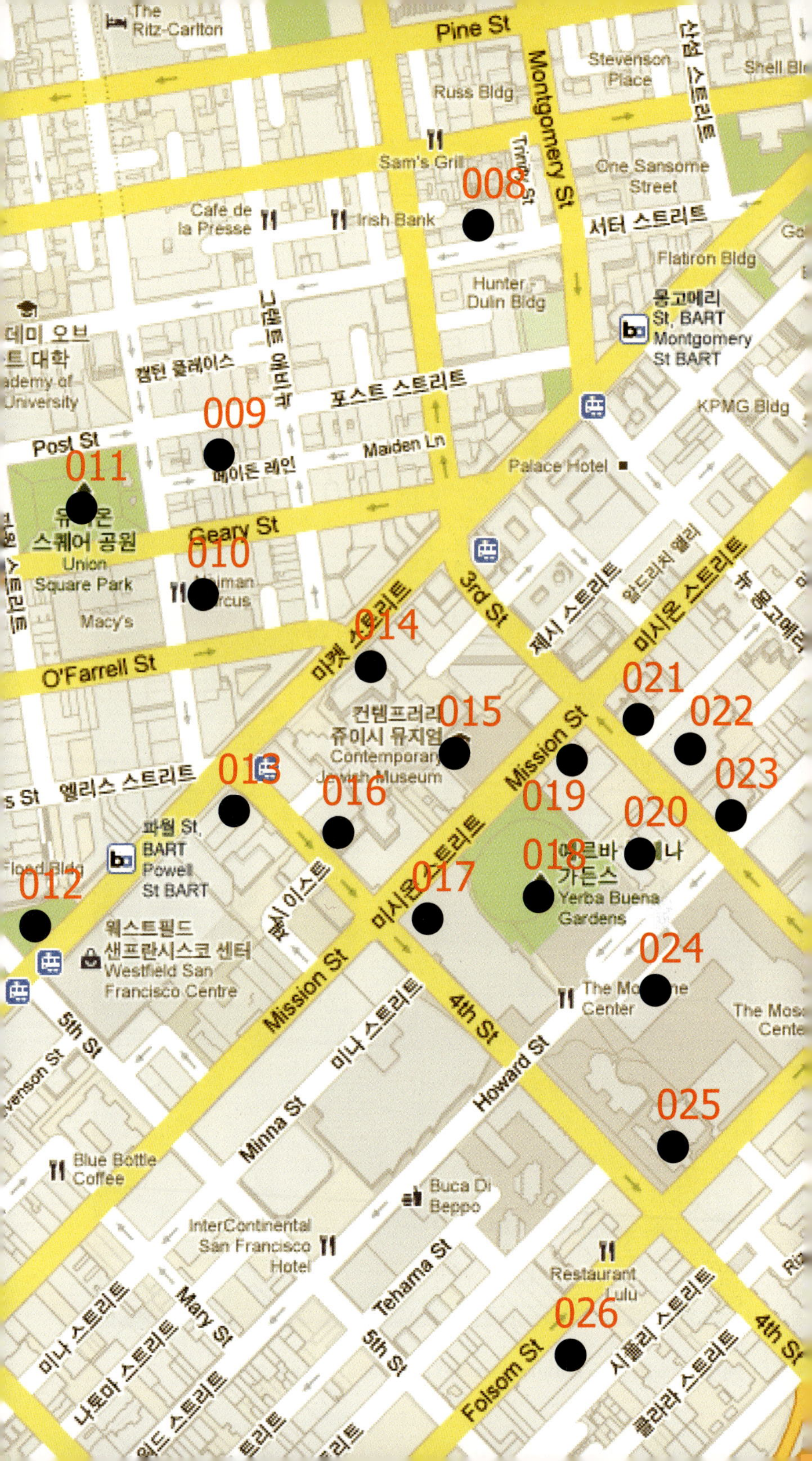

The Ritz-Carlton
Pine St
Montgomery St
Stevenson Place
산섬 스트리트
Shell Bldg
Russ Bldg
Sam's Grill
Trinity St
One Sansome Street
008
Cafe de la Presse
Irish Bank
서터 스트리트
Flatiron Bldg
Hunter-Dulin Bldg
몽고메리 St. BART
Montgomery St BART
캠턴 플레이스
포스트 스트리트
009
KPMG Bldg
Post St
011
메이든 레인
Maiden Ln
Palace Hotel
Geary St
010
Union Square Park
Macy's
3rd St
제시 스트리트
미시온 스트리트
O'Farrell St
마켓 스트리트
014
021
022
컨템프러리 쥬이시 뮤지엄
Contemporary Jewish Museum
015
Mission St
엘리스 스트리트
013
016
019
023
020
파월 St. BART
Powell St BART
Flood Bldg
012
017
018
가든스
Yerba Buena Gardens
웨스트필드 샌프란시스코 센터
Westfield San Francisco Centre
Mission St
024
Center
5th St
미나 스트리트
4th St
Howard St
Minna St
025
Blue Bottle Coffee
Buca Di Beppo
InterContinental San Francisco Hotel
Tehama St
Restaurant Lulu
026
Mary St
Folsom St
미나 스트리트
나토마 스트리트
5th St
시퍼리 스트리트
클라라 스트리트
4th St

- 윌리스 폴크, 1918
- 130-50, Sutter Street, San Francisco, CA



# 할리디 빌딩
## Hallidie Building

샌프란시스코의 케이블카 창시자인 앤드류 스미스 할리디의 이름을 붙인 할리디 빌딩은 미국 최초의 유리 커튼월 건축물로서 다운타운의 셔터거리에 위치하고 있다.

8층의 업무용 건축물은 유리 커튼월이라는 날렵한 입면의 양 측면에 비상계단과 연결한 돌출된 피난 발코니나 섬세한 빅토리아 양식의 주철로 만든 장식의 대비가 인상적인 건축물로 오랜 세월이 지났음에도 낭만적이면서 아름다운 모습을 취하고 있다.

건축 당시 최첨단의 하이테크 빌딩이었던 할리디 빌딩은 전면에 극히 투명도가 높은 유리를 사용하여 외부에서 내부가 들여다 보이며 유리는 프레임에 고정된 것이 아닌 1m 정도 돌출된 브라켓에 부착되어 있다.

창은 피봇방식에 의해 횡으로 열리게 하여 환기와 함께 유리의 청소가 가능하도록 디자인하였다. 샌프란시스코에서 건축물 외부에 계단이 돌출된 것은 지진 발생 시 피난을 위한 것으로 할리디 빌딩에서는 기능적인 요소이면서 유리의 커튼월과 대비되는 장식적인 요소이다.

건축가인 윌리스 폴크는 시카고에서 맥킴, 미드와 화이트나 다니엘 번햄 사무소에서 근무한 경력을 활용, 업무용 건축물에 있어 풍부한 자연광의 도입, 예산의 한계, 건설의 용이성을 위하여 당시의 기술을 최대한 활용한 건축물을 만들어 낸 것이다.

이 건축물에는 미국건축가협회 샌프란시스코 지부가 있기도 하며 시간이 지나도 역사적으로 이름이 있는 건축물은 그 가치를 발하고 있다는 것을 보여주는 사례라고 할 수 있다.

- 프랭크 로이드 라이트, 1940
- 140 Maiden Lane, San Francisco, CA
- www.architecture.uwaterloo.ca/faculty_projects/terri/circle.htm
- www.tripwolf.com/en/guide/show/297487/United_States_of_America



# 서클 갤러리
## Circle Gallery

서클 갤러리는 1940년 프랭크 로이드의 작품으로 비교적 많이 알려지지 않았다. 갤러리는 유니언 스퀘어의 좁은 측면 거리에 위치하고 있으며 외관은 연한 붉은색의 벽돌이 수평적으로 마감된 일체형 파사드로 디자인하였다.

이와 대비해 원형의 주 출입구는 진입부의 통로와 함께 내부 공간의 구조를 상징적으로 암시하며 나선형의 계단과 절묘한 조화를 이룬다.

긴장감을 주는 터널 같은 원형의 진입부를 거쳐 내부로 들어서면 매끈하게 조각된 듯한 계단을 볼 수 있다.

내부 공간에 비해 다소 거대한 장식 없는 부드러운 유백색 스타코 마감의 나선형 계단은 1959년 완성된 뉴욕 구겐하임 미술관의 나선형 형태와 유사하며 구겐하임 미술관보다 먼저 중앙 공간이 내려다 보이는 형태로 설계된 것이다.

보강되지 않은 콘크리트로 만들어져 있다는 경고 표시가 갤러리 내부에 붙어 있으며 천정에는 서클 형태의 많은 등기구를 크기 변화와 함께 반복적으로 설치하여 갤러리의 내외부 이미지와 연계하였다.

서클 갤러리는 수년 간 쥬얼리샵, 미술관 및 네이티브 인디언 공예품샵으로 운영되어져 오고 있으며 최근에는 Xanadu Gallery로 이름을 변경하였다.

- 필립 존슨, 1983
- 150 Stockton Street San Francisco, CA 94108
- www.neimanmarcus.com



# 니이만-마커스 백화점

## Neiman-Marcus Department Store

샌프란시스코의 중심지인 유니언 스퀘어 동쪽 모서리에 위치한 니이만-마커스 백화점은 화강석으로 마감된 상자형 매스에 모서리를 원통형의 커튼월로 처리한 단순한 구성의 상업용 건축물이다.

원래 소유주인 니이만이 대지를 매입하였을 때, 클링턴 데이가 1896년 건축하였던 시티 어브 파리라는 백화점이 있었으나 샌프란시스코 대지진으로 크게 손상을 입어 후에 보자르 양식의 건축가인 아서 브라운 주니어가 복고풍으로 재설계를 하였다.

아서 브라운 주니어는 샌프란시스코의 명물인 코이트 타워도 설계한 건축가로 4층의 오픈된 로툰다 주변에 스테인드 글라스 돔과 발코니가 있는 복고풍의 백화점으로 설계하였다.

필립 존슨은 로툰다와 스테인드 글라스 돔 부분을 브라운의 설계를 그대로 유지하면서 모서리 부분에 원통형의 커튼월로 마감된 입구를 설치하여 과거 아서 브라운이 설계하였던 시티 어브 파리라는 백화점의 역사성을 계승하였다.

필립 존슨은 아서 브라운의 고전적인 디자인과 매시브한 상자형 구성과 원통형 커튼월의 대비로 이루어진 현대적인 외관을 통한 대비를 공간에서 보여주고 있다.

거리에서 보이는 원통형의 커튼월 나머지 부분은 화강석으로 마감하였으며 대각선 패턴에 의해 버너와 광택 마감이 교대로 이루어지게 디자인하였다.

천정의 스테인드 글라스 돔이 어우러져 절묘한 실내 공간을 연출하고 있는 마커스 백화점의 로비에서 마지막 층에 오르면 카페도 있으니 잠시 머무르면서 돔을 통해 들어오는 빛으로 연출되는 환상적인 공간을 느껴보는 것도 좋을 듯하다.

- 자스퍼 오패럴, 티모시 플루거(개수), 필립스 + 포더링햄(개수), 1847, 1942(개수), 2001(개수)
- en.wikipedia.org/wiki/Union_Square_San_Francisco

San Francisco & San Jose | 011

# 유니언 스퀘어
## Union Sqaure

유니언 스퀘어는 샌프란시스코의 중심지인 기어리, 파월, 포스트 및 스톡턴 거리 사이에 위치한 11,000m² 면적의 광장을 포함한 구역을 지칭하나 글에서는 광장을 중심으로 설명하고자 한다. 샌프란시스코의 중심으로서의 상징적인 의미를 갖는 광장은 초대 시장인 존 기어리의 지시로 1847년 토목기사인 자스퍼 오패럴이 계획하여 건립하였다. 미국의 남북 전쟁을 승리로 이끈 연방군에 헌정된 광장은 명칭 역시 연방군(Union)에서 유래하며 1903년에는 조지 듀이 장군이 이끈 마닐라만 전투의 승리를 기념, 30m 높이의 기념탑을 건립하였다. 광장에는 1942년 듀이의 기념탑이 이전하면서 지하층에 세계 최초의 주차장이 된 주차장을 티모시 플루거가 디자인하였다. 광장은 70년대에 노숙자들이 캠프를 시작하면서 80년-90년대를 거쳐 버려지게 되었다. 이런 문제점들을 해결하기 위하여 조경디자이너인 에이프릴 필립스와 마이클 포더링햄이 레벨 차이가 있는 지형의 특성을 이용, 단이 있는 공간에 야외 카페를 만들고 옥외에서 이벤트와 전시를 할 수 있는 공간으로 개수하였다.

야외에서 콘서트와 이벤트, 연례 크리스마스 점화 등 다양한 시민들을 위한 행사가 개최되는 곳으로 다시 활성화 된 광장에는 시의 상징인 심장을 형상화 한 조형물들이 4개소에 설치되어 있다. 과거에 프란시스 포드 코폴라의 영화인 컨버세이션 등의 무대가 되기도 하였던 광장의 일대는 백화점, 디자이너 샵 및 화랑 등이 밀집한 지역으로 미국 서부에서 가장 큰 쇼핑가를 이루고 있다.

· 로렌스 할프린(광장), 마이클 윌리츠 아키텍쳐(엘리베이터), 1966, 1997
· Market, Powell & 5th Street, South of Market, San Francisco
· www.mwaarchitects.com

*San Francisco & San Jose* | 012

# 할리디 플라자 & 엘리베이터

## Hallidie Plaza & Elevater

할리디 플라자는 세계 최초로 케이블카를 만든 앤드류 할리디의 이름에서 유래한 광장으로 샌프란시스코 중심가인 마켓 스트리트의 파월 스트리트 역과 연결되어 있다.

로렌스 할프린이 디자인한 선큰된 삼각형의 광장은 항만지역 고속철도인 BART와 라이트레일인 뮤니(Muni)를 위한 역인 파월 스트리트 역과 케이블카 등이 연결된 교통의 요충지로 샌프란시스코 관광 안내센터도 위치하고 있다.

그 후 마이클 윌리츠 아키텍쳐가 할리디 플라자를 위한 엘리베이터를 디자인하였으며, 엘리베이터는 광장, 샌프란시스코 관광 안내센터, 파월 스트리트 역으로의 진입을 연결하는 수직 동선이면서 광장의 존재를 알리는 오브제가 되었다.

광장과 인접해 있는 르네상스 바로크 스타일 건축물인 플러드와 신구의 대비를 통하여 존재감을 명확히 하는 엘리베이터는 샤프트를 스테인리스 스틸 망으로 마감하여 빛과 조명에 따라 다양한 모습을 보여주고 있다.

이토 토요가 디자인한 요코하마의 바람의 탑처럼 디자인된 엘리베이터 샤프트와 함께 할리디 광장은 도심 속에서 거리 음악인들의 연주나 벤치에서 휴식하는 사람들이 이벤트를 즐기는 샌프란시스코의 명소이기도 하다.

# 팔로마 호텔

## Palomar Hotel

- 겐슬러, 셰릴 롤리, 1999
- 12 4th Street San Francisco, CA 94103
- www.hotelpalomar-sf.com
- www.cherylrowley.com

팔로마 호텔은 빌 킴튼이 1981년에 설립한 부티크 스타일의 호텔로 모스콘 컨벤션 센터 블록의 소마 금융 지구와 유니언 스퀘어 근처에 위치하고 있다. 모서리 부분을 원통형으로 처리하여 도심 속에서 시각적으로 돋보이도록 디자인한 9층 규모의 호텔은 커다란 아치형 창이 있는 벽돌로 마감한 기단부 위에 연녹색 타일로 마감한 상층부 등 고전적으로 디자인된 건축물임을 알 수 있다.

LA, 워싱톤, 달라스의 팔로마 호텔을 디자인한 호텔 디자인의 스페셜리스트인 셰릴 롤리는 로비와 198개의 객실, 3개의 이벤트 룸, 2개의 미팅 룸과 레스토랑이 있는 4성급 호텔을 디자인하였다.

고전적인 외관과는 달리 현대적인 분위기의 공간에 장식적인 요소를 가미한 실내공간은 깨끗한 선과 맞춤 가구로 단순하면서도 우아한 객실 디자인으로 유명하다. 로비나 객실 일부는 초현실 화가인 에셔의 작품들로 장식하거나 르네 마그리트 풍으로 디자인하는 등 차별화를 꾀하고 있다. 호텔을 설립한 킴튼은 설립 초기부터 다양성과 공정성을 핵심가치로 내세우면서 게이들을 타켓으로 마케팅을 실시하였다. 이렇게 호텔 팔로마는 성적 소수자를 차별하지 않는 숙박시설로도 잘 알려져 있으며 2004년 샌프란시스코의 시장이 성적 소수자의 결혼을 허용한다는 폭탄선언을 하자 게이 친화적인 기업이 되기로 결정, 공개적으로 커밍아웃을 선언하였다고 한다.

· 헨델 아키텍처, 델 캄포 & 마루 아키텍처, 2001
· 765 Market Street, San Francisco
· http://handelarch.com
· www.fourseasons.com/SanFrancisco



# 샌프란시스코 포시즌 호텔

## Four Season Hotel in San Francisco

포시즌 호텔은 유니언 스퀘어 근처에 위치한 40층 높이의 호텔로 260개의 객실과 연회장, 142개의 최고급 콘도 객실, 피트니스 센터와 리테일 샵 등이 있는 건축물이다.

청색을 띄는 유리와 은색 알루미늄으로 마감한 날렵한 형태의 커튼월을 한 L자형 평면을 한 호텔 용도의 타워는 도심 속에서 최대한 전망을 확보하도록 디자인하였으며, 수직 수평의 기하학적인 구성을 활용한 미니멀한 디자인으로 스케일감을 강조하면서 주변 마켓스트의 복잡 다양한 형태의 건물들과 대비시키고 있다.

모던 럭셔리를 표방하는 호텔의 실내공간은 목재를 사용한 따뜻하면서 현대적인 분위기에 포인트를 준 디자인으로 쾌적하면서 생기있는 공간을 창조하였다.

샌프란시스코의 메트레온도 설계한 헨델 아키텍쳐는 뉴욕에 기반을 둔 건축사무소로 현대적 분위기의 커튼월 건축물들을 설계하였으며, 포시즌 호텔 역시 그들의 장점이 발휘된 작품이다.

STOP

- 다니엘 리베스킨트, 2008
- 736 Mission Street, San Francisco, CA 94103
- www.thecjm.org

*San Francisco & San Jose* | 015

# 컨템포러리 쥬이시 뮤지엄

## Contemporary Jewish Museum

컨템포러리 쥬이시 뮤지엄은 샌프란시스코의 예르바 부에나 공원 지역에 위치하고 있다. 1881년 샌프란시스코의 동력발전소를 시작으로 화재와 지진으로 인해 발전소가 붕괴된 후 1907년 윌리스 폴크가 리모델링하여 사용되어졌다. 현재 예르바 부에나 공원을 향하고 있는 붉은 벽돌 파사드가 윌리스 폴크의 작품이다. 기존 동력발전소 건물에서 보여지는 붉은 벽돌 파사드와 함께 남쪽 하늘로 상승하는 푸른 스테인리스 외벽의 증축된 매스가 기존 건물과의 색과 재료 대비로 인해 더욱 역동적으로 보인다. 뮤지엄 외부에서 로비를 들어서게 되면 예전 동력발전소였을 당시 구조와 설비들이 리벤스킨트가 삽입한 사선의 하얀 입면과 충돌하고 스며들면서 외부에서 보여지는 역동성이 내부에서도 나타나고 있음을 알 수 있다.

유태인의 '삶'을 의미하는 히브리어인 L' Chaim을 구성하는 문자인 'Chai-Chet' 과 'Yud' 를 합쳐 디자인 모티브로 한 뮤지엄은 크게 2개층의 2개의 갤러리, 다목적 극장, 이벤트 공간, 로비, 교육공간, 카페 등으로 구성되어 있다. 로비공간을 지나 계단을 오르면 건물 남쪽 끝에 위치하고 있는 'Yud' 갤러리가 있는데, 이곳으로 들어서게 되면 36개의 다이아몬드 형태의 불규칙하게 뚫어진 천창이 가장 눈에 띈다. 이 천창을 통하여 쏟아지는 빛을 보고 있노라면 마치 밤하늘에 빛나는 별빛과 같다는 생각마저 들게 하는데 빛을 통해 다양하게 연출되어지는 내부 공간은 마치 다양한 도시의 모습을 가지고 있는 샌프란시스코에 유태인의 문화와 사상이 공간에 표현되고 있는 듯하다.

지역의 역사를 담고 있는 건축물로서의 컨템포러리 쥬이시 뮤지엄은 도시를 방문하거나 도시를 배경으로 살아가는 사람들에게 다양함을 제공하는 건축물이니 만큼 낮 시간에 방문하여 뮤지엄 내부를 경험한 후 밤에 내부 천장을 통해 뿜어져 나오는 빛과 어우러지는 뮤지엄의 외부도 경험해 보길 권한다.

· 안소니 제이 럼스덴 + DMJM, 1989
· 55 Fourth Street, San Francisco, CA 94103
· www.sfmarriott.com



# 샌프란시스코 메리어트 마르퀴스
## San Francisco Marriott Marquis

샌프란시스코 메리어트 마르퀴스는 메트레온 맞은편에 위치한 비즈니스 호텔로 주변에 예르바 부에나 공원과 컨템포러리 쥬이시 뮤지엄, 현대미술관이 위치하고 있다.

DMJM의 건축가인 안소니 럼스덴에 의해 디자인된 호텔은 다운타운 내에 있는 8개의 메리어트 호텔 중 하나인 포스트모던 스타일의 쥬크박스 형태를 한 39층 높이의 건축물이다.

이 호텔은 샌프란시스코의 호텔 중 힐튼 호텔 다음으로 높은 건축물로 1,500개 객실과 헬스클럽, 수영장, 회의실, 레스토랑 등 각종 부대시설을 갖추고 있다. 건축물의 중심부 양쪽 날개가 계단식 형태로 내려오면서 전면에 다른 매스가 추가적으로 더해진 구성의 외관을 한 호텔은 상부의 아치 형태를 반복적으로 사용, 단조로울 수 있는 외관에 재미를 부여하였다.

실내는 단순한 컬러의 벽과 천장에 비해 강렬한 패턴과 색상의 카페트가 매우 인상적으로 39층의 칵테일 라운지에서 바라보는 샌프란시스코의 전경은 가히 장관을 이룬다.

· SMWM + 게리 E. 헨델, 1990
· 101 4th Street San Francisco, CA 94103



# 메트레온
## Metreon

1990년 소니가 설립한 메트레온은 샌프란시스코 중심가의 예르바 부에나 가든에 면해 있는 종합 엔터테인먼트 시설로 모스콘 센터 등과 인접해 있다. 유리벽 외부 마감으로 가로변에 대하여 개방적인 구성을 취하고 있는 지역의 랜드마크이다.

총 4층으로 이루어져 있고, 1층에는 소니 게임기인 플레이스테이션 매장과 관련 게임 소프트웨어 판매장, 2층에는 마이크로소프트 사 제품을 파는 매장과 3D 영화관, 3층에는 소니 아이맥스 영화관과 15개관으로 이루어진 멀티플렉스 상영관, 4층은 테마시설과 레스토랑으로 나뉘어져 있다.

금속성 외부 마감과 유리 패널, 발코니, 계단 등으로 모듈화 되어 있으며, 하이테크한 이미지의 외관을 한 927.3$m^2$ 규모의 시설에는 웨스트코스트 최초의 아이맥스 영화관과 멀티플렉스 영화관이 중심시설로 자리 잡고 있으며 고급 레스토랑과 점포, 가족 단위 오락실 등 다양한 체험적 요소들을 구비하고 있다. 도로측 외관과는 달리 공원측에는 커다란 유리로 마감하여 개방적인 구성을 취하고 있다.

도시의 정취를 느낄 수 있도록 흰색 섬유를 사용한 둥근 천장 아래 2층짜리 아케이드와 센터 전체를 가로지르는 중심축인 메트레온 게이트 웨이가 있다. 저녁이면 파란색이 투영된 둥근 천장 아래 파란 빛을 발하는 기둥들과 흰색 스크린, 바람에 나부끼는 돛을 볼 수 있다.

대도시 한 가운데 위치한 이 엔터테인먼트 센터는 고품격 디자인이라는 테마를 통해 범선의 모습을 보여주고, 방문객들로 하여금 대도시 한 가운데 정박한 범선의 갑판 위를 걷는 기분으로 내부를 거닐고 싶은 충동을 느끼게 한다.

소니는 이 시설의 설립 후, 도쿄와 베를린에 비슷한 성격의 종합 엔터테인먼트 센터를 추가로 개장했으나, 이후 실적이 악화되어 2006년에 더 웨스트필드 그룹에 매각되었다.

- 로말도 지우골라, MGA 파트너스 + LDA 아키텍쳐, 1993
- 221 4th Street, San Francisco, California
- www.yerbabuenagardens.com
- www.ldaarch.com



# 예르바 부에나 가든, 에스플레네이드 Yerba Buena Gardens, Esplanade

예르바 부에나 가든 에스플레네이드는 샌프란시스코 중심가인 예르바 부에나 지역에 위치한 5.5에이커 면적의 다목적 공원이다.

예르바 부에나 정원의 산책로란 명칭처럼 타원형의 산책로는 시각 예술 센터, 예술 극장, 메트레온, 조지 모스콘 컨벤션 센터라는 시설들을 연결시키는 구심점이 되고 있으며, 중심축에는 두 동의 카페와 마틴 루터 킹 기념 폭포가 자리잡고 있다.

시각 예술 센터에서 컨벤션 센터 측으로 산책로를 따라서 지형 레벨이 점점 상승하면서 변화감이 있는 시퀀스가 나타나며, 마틴 루터 킹 기념 폭포는 폭포라는 수공간의 시청각적인 역동성과 화강석 조형물들을 통하여 정원의 하이라이트를 이루고 있다.

화강석 조형물 사이로 흐르는 폭포는 조각가 휴스톤 콘윌과 건축가 조셉 드 페이스의 작품으로 폭포 후면에는 기념공간이 위치하고 있다.

기념공간으로 진입하면, 흘러 내리는 폭포의 물소리를 통하여 마치 마틴 루터 킹 목사의 연설이 들리는 듯한 느낌을 받게 된다.

컨벤션 센터 남측 단지와 브릿지로 연결되는 산책로는 평면의 느낌과는 달리 레벨에 따라 다양한 변화를 즐길 수 있다. 이 공원은 1년에 100여 회의 공연 등의 행사가 열리는 샌프란시스코의 명소이다.

- 마키 후미히코, 1993
- 701 Mission Street, San Francisco, CA 94103
- www.ybca.org/



# 예르바 부에나 가든, 시각 예술 센터

## Yerba Buena Gardens, Center for The Visual Arts

미션 스트리트와 예르바 부에나 가든에 인접하여 세워진 시각 예술 센터는 다양한 예술이론과 참가형 이벤트의 장이면서 문화활동의 거점이다.

알루미늄 패널로 마감한 경쾌한 분위기의 센터는 2층에 5,338m² 규모의 건축물로 보행자의 접근로를 따라 배치, 중앙공원의 관문과 같은 역할을 하고 있다.

L자형 평면을 한 센터는 전시공간, 포럼, 회의실, 영사실, 조각정원, 카페 등의 공간으로 구성되어 있으며 주요 프로그램을 위한 공간인 전시공간, 포럼, 영사실이 건축물 정면의 공공존에 면하여 배치되어 있다.

내외부가 시각적으로 연결된 미스 반 데 로에의 베를린 국립 미술관을 좋아한다는 건축가는 센터의 내외부가 연결되어야 한다는 생각으로 설계를 하였다.

그런 이유에서 시각적으로 중앙공원으로 개방된 1층 로비공간은 2층과 연결된 높은 천정을 가지고 있는 오픈 스페이스로서 전시와 이벤트를 위한 보조공간으로 설정하여 디자인하였다.

근대건축에 영향을 받은 건축가는 로비 위에 위치한 날렵한 상부 구조물과 실내에서 보이는 난간과 벽면의 원형 개구부를 통해 샌프란시스코 만에 입항하는 선박의 이미지를 표현하고 있다. 북서쪽에 위치한 전시공간은 천창과 유리블록의 벽, 경쾌한 철골구조의 계단을 통해 밝고 경쾌한 분위기를 연출한다.

외관 뿐만 아니라 실내공간 속에서도 다양함을 느낄 수 있으며 로비공간에서 계단과 기둥의 대비, 시간에 따른 빛의 변화 등은 다양한 시각적, 공간적 경험을 체험하게 한다.

방문하는 사람들은 예술과 문화를 품고 항해하는 시각 예술 센터라는 선박에서의 예술적인 여행을 체험해 보기 바란다.

· 제임스 스튜어트 폴쉑, 1994
· 701 Mission St. San Francisco, California 94103
· http://www.yerbabuenagardens.com/index.html

*San Francisco & San Jose* | 020

# 예르바 부에나 가든, 예술 극장

## Yerba Buena Gardens, Center for Arts Theater

예르바 부에나 가든의 남동쪽에 있는 예술 극장은 최첨단 시설을 갖춘 750석 규모의 공공 극장으로 1994년 제임스 스튜어트 폴쉑에 의해 디자인되었다. 건축물의 외부에는 조명에 미묘하게 반응하는 알루미늄 패널을 사용한 것이 특징이며, 극장 내부는 2개의 층으로 구성되어 있다.

대칭적으로 배치된 외관은 예르바 부에나 가든의 아트센터와는 다르게 예술 극장은 재료 뿐만 아니라 보이드와 솔리드된 입면이 하나의 콜라주처럼 구성되어 있다.

건축가는 건축물의 외관을 구성하는 다양함은 건축물이 담고 있는 내부 용도의 외부적 표현이며 이러한 재료와 처리 방법의 대비는 샌프란시스코가 위치한 문화적 다양성과 실험정신의 표현이라고 말한 것처럼 극장은 다크 그레이의 큐브, 검은색의 비디오 큐브, 로비의 투명한 큐브로 표현하였다.

예르바 부에나 가든은 여유로움과 자유를 만끽하기 위한 인공폭포와 드넓은 공원으로 이루어져 있으며, 사람들에게 휴식을 제공하는 공원이다.

이곳의 예술 극장 또한 휴식을 취할 수 있는 공간의 연장으로 나타나고 있으며, 건축물의 외관에서도 느껴지는 자유로운 행위가 이루어지는 공간이다.

· SOM(건축) + 야부 푸쉘버그(실내), 2005
· 125 3rd Street San Francisco
· www.stregissanfrancisco.com/



# 세인트 레지스 호텔 & 레지던스 St. Regis Hotel & Residences

세인트 레지스 호텔 & 레지던스 샌프란시스코는 근대미술관 옆에 위치한 42층에 연면적 720,580m² 규모의 건축물로 1-21층은 5성급 호텔과 아프리카 유대인 박물관, 22-42층은 101세대의 고급 레지던스로 구성되어 있다.

1989년 지진으로 문제가 된 9층 높이의 윌리엄스 빌딩을 복원, 연결하면서 예르바 부에나 공원 내에 새로운 스카이라인을 조성하고자 계획하였던 호텔 프로젝트는 윌리엄스 빌딩의 파사드를 변형한 타피스트리 같은 프리캐스트 콘크리트를 레이어로 사용, 입면에 깊이감을 주면서 시간에 따른 변화를 모색하였다. 또한 레지던스 층은 켄틸레버 구조의 발코니를 두어 프로그램이 입면에 반영되도록 디자인하였다.

캐나다의 유명 실내 디자이너팀인 야부 푸쉘버그는 호텔의 실내공간을 그들 특유의 오브제적인 요소와 현대적인 디자인의 공간을 조화시키는 방법으로 차별화하였다. 호텔에 부속된 아프리카 유대인 박물관은 저층부 외관을 유리의 커튼월로 구성한 3개층, 연면적 18,580m² 규모로 마치 서로 다른 소리가 합쳐서 화음을 형성하듯 호텔과 조화를 이루고 있다.

호텔의 상층부에는 도시적인 스카이라인을 만들기 위해 상부에 크리스탈 라인이라고 하는 조명타워를 설치하여 야간에도 랜드마크가 되게 디자인하였다. 호텔 입구 반대편에는 아프리카 유대인 박물관이 있으니 시간이 있으면 방문해 보기 바란다.

· 마리오 보타, 1966, 1997
· 151 3rd Street, San Francisco, CA 94103
· www.sfmoma.org

*San Francisco & San Jose* | 022

# 샌프란시스코 근대미술관

## San Francisco Museum of Modern Art

예르바 부에나 공원 지구의 중추적인 시설인 샌프란시스코 근대미술관은 공원 내의 시각 예술 센터와 예술극장 사이의 통행로 축선상에 위치하여 공원과의 시각적 연계성을 이룰 수 있도록 계획되었다.

축선상에 위치한 상징적인 건축물답게 신합리주의 건축가인 마리오 보타가 설계한 미술관은 고전적인 3부 구성을 한 대칭적인 구성의 외관을 하고 있으며 정면에는 열주랑으로 디자인하였다.

스카이 아이라고 불리우는 흑백의 줄무늬가 있는 실린더형 구조물은 랜드마크 같은 건축물의 시각적인 초점이면서 동시에 실내공간에서 천장을 통하여 공간의 중심성을 부여하는 건축적인 장치이다.

주 출입구를 통해 실내공간으로 진입하게 되면, 중앙의 원형 천창을 통하여 내려오는 자연광을 받으면서 서있는 조형적인 계단 구조물을 중심으로 전시공간이 이루어지는 전형적인 집약형 공간구성을 보이고 있다.

건축가의 성향이 뚜렷하게 나타나는 강한 외관에 비해 다소 낮아 보이는 진입부를 통하여 실내에 들어오면, 좌우측 벽면에 미술관에 기여한 사람들의 명단이 새겨진 공간을 지나 중앙 홀에 도달하게 된다. 중앙에 위치한 실린더를 통해 유입되는 자연광으로 전 층이 밝혀지는 전체 높이가 약 40m인 개방된 중앙 홀은 여러 개의 공간을 구획하는 역할을 하면서 빛과 형태로 실내공간의 중심적인 역할을 하고 있다.

5층의 기획전시실은 중앙 로툰다에 설치된 반투명한 오버 브릿지를 가로질러 접근이 가능하며, 브릿지를 통과할 때의 장면을 보고 있노라면 마치 행위예술을 보는 듯한 느낌을 받게 된다.

샌프란시스코 근대미술관은 건축과 미술이 서로 균형을 이루어야 한다는 건축가의 신념이 잘 나타나고 있는 건축물로 공간구성, 자연광 유입, 재료의 선택과 사용, 그리고 미술품에 대한 예민한 감각을 가지고 디자인되었다.

최상층에 위치한 조각정원은 젠슨 아키텍처에서 디자인한 공간으로 미술관의 또 하나의 하이라이트이기에 옆에 위치한 카페에서 커피를 한 잔 마시고 조각정원의 예술품들을 감상하는 여유를 누려보기를 바란다.

· 혼버거 & 워스텔, 1999
· 181 3rd Street, San Francisco, CA94103

San Francisco & San Jose | 023

# W 호텔 샌프란시스코

## W Hotel San Francisco

W 호텔 샌프란시스코는 샌프란시스코 중심부의 현대미술관에 인접해 있는 33층 규모의 부티크 호텔 용도의 건축물이다. 웹코어 빌더 사에 의해 건설된 W호텔은 3년 후 파라마운트 호텔이 건설되기 전까지 샌프란시스코에서 가장 높은 콘크리트 프레임 구조로 시공된 건축물이다.

광택이 나는 검정색 석재를 배경으로 회색 화강암으로 마감처리한 부티크 호텔의 로비 입구는 3층 높이의 팔각형 검정색 프레임에 전면 유리로 마감, 일반적인 부티크 호텔과는 다른 분위기를 연출하고 있다.

권위적이고 폐쇄적인 이미지의 외관에 비하여 실내는 대담한 색상 선택으로 컬러풀 하면서 모던한 분위기로 연출하여 편안한 느낌을 주고 있다.

모던하게 디자인된 실내공간의 로비는 손님들이 편안하게 쉬면서 어울릴 수 있게 게임 테이블과 의자를 배치하였으며, 로비 옆에 위치한 XYZ 바는 방문객과 바의 손님들이 소통하는 자리를 제공해 준다.

투숙객들은 유리 바닥을 한 수영장과 325m$^2$ 규모의 데크를 사용하면서 아름다운 샌프란시스코의 전경을 즐길 수 있다. 발코니에는 마이클 스터츠의 뉴매틱 드림어라는 작품이 설치되어 있어 투숙객들에게 즐거움을 주고 있다.

- 헬머스 오바타 카사바움, 2003, 2012(개수)
- 747 Howard Street San Francisco, CA 94103
- www.moscone.com

*San Francisco & San Jose* | 024

# 조지 모스콘 컨벤션 센터
## George R Moscone Convention Center

샌프란시스코 다운타운에 위치한 10에이커의 면적을 점유한 조지 모스콘 컨벤션 센터는 계획 당시 미국 최대의 무주공간인 6만m²의 넓이를 가진 컨벤션 용도의 건축물로 시민들의 투표에 의해 지하에 배치하게 되었다.

과거 시장이었으면서 암살된 조지 모스콘을 기리기 위해서 이름을 붙인 센터는 20년 이상의 기간 동안 3단계로 개발하였다.

1단계인 1981년에 센터의 남측을, 2단계인 1991년과 1992년에 에스플러네이드 볼룸과 모스콘 북측을, 3단계인 2003년에 서측을 완성하여 전관을 개관하게 되었다.

컨벤션 센터를 지하에 배치, 지상에 거대한 매스의 반을 돌출시켰으나 성토를 경사지게 하면서 식재를 하여 전체를 덮게 만들었으며, 이것은 디자인 컨셉 중의 하나인 에너지 효율을 위한 시스템 중의 일부이기도 하다.

옥상에 1.5m의 성토를 하여 공원과 공공시설 및 경량구조의 건물을 건설하는 것이 가능하며 2004년에는 태양열 집열판 시스템을 설치하였다.

거대한 스페이스 프레임 구조로 캐노피와 건축물 전체의 지붕을 지지하고 있는 입구부를 통하여 에스컬레이터로 지하 전시장으로 진입할 수 있다.

HOK는 28,000m²의 면적을 가진 전시장을 길이 85m의 RC 아치구조로 지지한 거대하고 강한 분위기의 공간으로 연출하였으며, 센터의 북측과 남측은 2012년 2년 동안의 기간을 거쳐서 개수하였다.

완성 당시 한산했던 지역은 예르바 부에나 공원이 만들어지면서 시민의 휴식장소로 부각되어 현재 모스콘 컨벤션 센터는 지역의 중요한 거점이 되었다.

- 산토스 & 프레스코트 + LDA 아키텍처, 1998
- 221 4th Street, San Francisco, California
- www.yerbabuenagardens.com

*San Francisco & San Jose* | 025

# 예르바 부에나 가든, 아동 센터

## Yerba Buena Gardens, Children's Center

예르바 부에나 가든 아동 센터는 아동들을 위한 시설들이 마을처럼 구성된 단지로 가든의 남측 부분인 모스콘 센터 지붕 부분에 위치하고 있다. 대형 콘 모양을 한 제움의 나선형 로비 구조물은 인상적인 형태로 단지의 존재를 알리고 있으며, 강렬한 붉은색의 벽을 배경으로 유리 커튼월은 콘형 구조물의 수직적인 동선 역할을 하는 동시에 랜드마크이기도 하다.

총 9,200$m^2$ 규모로 아동들을 위한 정원인 중정을 중심으로 인터랙티브 성향을 크게 띄고 있다. 200석 규모의 가변형 극장, 4개의 다목적 교실, 2개의 거대한 전시공간과 상점으로 구성된 제움과 100명의 아동을 수용하는 보육 센터, 아이스 스케이트 링크, 볼링장과 상부에 위치한 레스토랑, 외관이 투명 유리로 둘러 쌓인 회전목마 같은 시설들이 아동들의 액티비티를 유도, 활성화시키기 위하여 기하학과 곡선을 사용하여 디자인하였다. 단지의 진입부 부분은 곡선으로 디자인하여 흥미를 유발하면서 아동들의 스케일에 맞는 스케일로 다양한 색을 가진 구조물을 설치하고, 일부 시설들은 분절화시켜 친근하면서 쾌적한 환경으로 디자인하였다.

특히 6개의 홈룸이란 구조물들이 작은 중정을 중심으로 클러스터처럼 모여 있는 아동 센터는 아동들을 위한 시설에 맞는 디자인적인 접근을 한 것이란 점에서 인상적이다. 재료 또한 개방성을 나타내는 유리로 시설의 상당수를 마감하였으며, 외부에서 내부의 아동들의 행동을 보면서 느끼는 역동성에 대한 배려, 모든

연령층의 아동들이 즐기는 넓은 공간의 공원과 함께 다치지 않도록 완충 시스템을 적용한 놀이터, 아동들이 도심 속에서 자연과 호흡하면서 다양한 프로그램들을 즐길 수 있는 아동 센터라는 점에서 많은 시사점을 보여주는 공간이라고 할 수 있다.

· 스탠리 사이토위츠, 2002
· 855 Folsom Street, San Francisco, CA 94107
· www.saitowitz.com



# 예르바 부에나 로프츠
## Yerba Buena Lofts

예르바 부에나 로프츠는 200세대의 주거와 상업시설, 주차시설로 구성된 5층 규모의 복합 주거시설로서 예르바 부에나 가든 남측의 폴섬 거리에 위치하고 있다. 집합주택은 전후면 거리에 평행하게 각각 100세대를 배치하였다.

2층까지는 주차시설을 중심으로, 3-5층은 복도 양편으로 세대를 배치하였기 때문에 상층으로 가면서 셋백된 구성을 취하고 있다.

건축가는 샌프란시스코의 주택들이 전형적인 베이윈도우 스타일이라는 점에 착안하여 중이층으로 구성된 로프트 스타일의 집합주택을 노출콘크리트 골조에 수직 그리드 패턴을 이용한 모듈 구성의 반투명 유리 큐브를 베이윈도우처럼 돌출시키거나 테라스를 후퇴시켜 지역의 맥락을 반영하고자 하였다.

집합주택은 기능을 토대로 입면을 돌출, 후퇴시킨 구성으로 각 세대에 채광과 환기, 조망을 제공하면서 다양한 모습으로 디자인하여 거리에 활력을 부여하고 있다. 또한 외관상 길이가 긴 건축물이란 점을 고려하여 입면을 3개로 분절시켰다.

돌출된 유리 큐브는 반투명, 후퇴한 면의 유리는 투명으로 처리하여 야간에 마치 조명등에 불이 들어 온 것 같은 분위기로 연출이 가능하게 디자인하였다.

모든 세대는 복층 형태의 6개 평면 유형으로 구성되며 각 세대는 60-130m$^2$ 면적으로 하나의 침실, 1/2 욕실, 주방, 테라스 등으로 이루어졌다.

1층 로비와 복도 부분에는 노출콘크리트로 마감한 건조한 분위기를 순화시키기 위하여 부분적으로 색채를 도입하였다. 인도에 면한 공용 로비의 일부는 유리창 너머로 관찰 가능하며 집합주택의 성격상 실내를 보는 것은 어렵다.

# 4

027 트랜스아메리카 피라미드 / 028 엠바카데로 웨스트 / 029 원 마리타임 플라자, (구)알코아 빌딩 / 030 엠바카데로 센터 / 031 하얏트 리젠시 샌프란시스코 / 032 엠바카데로 플라자 / 033 엠바카데로 프롬나드 / 034 페리 빌딩 / 035 스톤 & 영버그 / 036 555 캘리포니아 스트리트

**027** Transamerica Pyramid / **028** Embarcadero West / **029** One Maritime Plaza / **030** Embarcadero Center / **031** Hyatt Regency San Francisco / **032** Embarcadero Plaza / **033** Embarcadero Promenade / **034** Ferry Building / **035** Stone & Youngberg / **036** 555 California Street

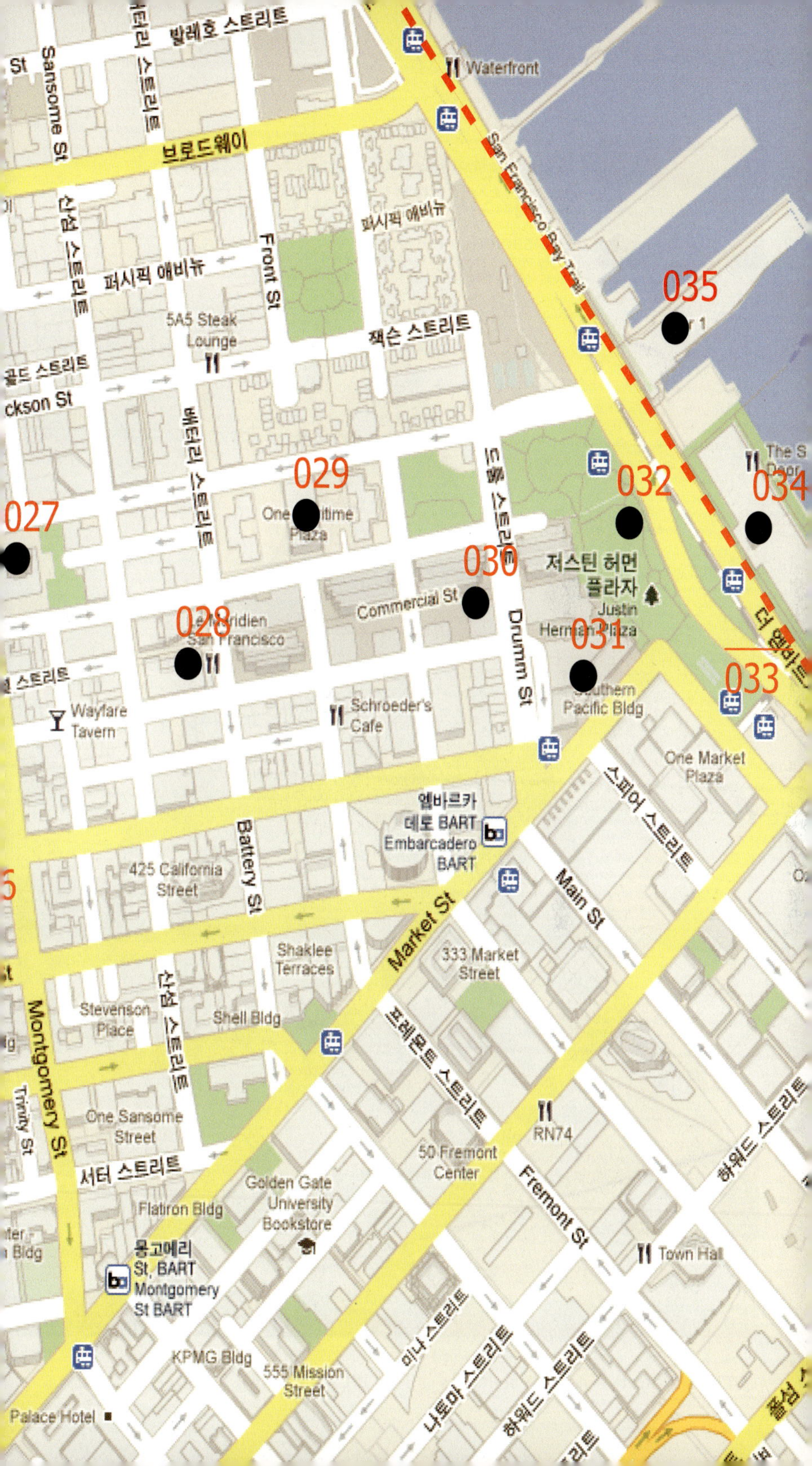

027
028
029
030
031
032
033
034
035
발레호 스트리트
브로드웨이
퍼시픽 애비뉴
잭슨 스트리트
골드 스트리트
배터리 스트리트
산섬 스트리트
Sansome St
Front St
Drumm St
드럼 스트리트
Waterfront
San Francisco Bay Trail
5A5 Steak Lounge
One Maritime Plaza
Commercial St
저스틴 허먼 플라자
Justin Herman Plaza
Le Méridien San Francisco
Southern Pacific Bldg
Wayfare Tavern
Schroeder's Cafe
One Market Plaza
스피어 스트리트
엠바르카데로 BART
Embarcadero BART
425 California Street
Battery St
Main St
Market St
333 Market Street
Shaklee Terraces
Stevenson Place
Shell Bldg
Montgomery St
Trinity St
프레몬트 스트리트
One Sansome Street
RN74
50 Fremont Center
Fremont St
하워드 스트리트
서터 스트리트
Golden Gate University Bookstore
Flatiron Bldg
몽고메리 St. BART
Montgomery St BART
Town Hall
KPMG Bldg
555 Mission Street
미나 스트리트
나토마 스트리트
Palace Hotel

· 윌리엄 페레이라, 1972
· 600 Montgomery Street San Francisco, CA



# 트랜스아메리카 피라미드
Transamerica Pyramid

샌프란시스코의 랜드마크이면서 가장 높은 빌딩인 트랜스아메리카 피라밋은 남쪽으로는 차이나타운, 동쪽으로는 파이낸셜 구역과 엠바카데로 센터가 있는 몽고메리 거리에 위치하고 있다.

1972년과 1974년 사이에 미시시피 강 서쪽에서 가장 높은 건축물로 유명하였던 피라밋 형 빌딩은 트랜스아메리카 사의 본사가 입주였으나 현재는 이주하였다.

48층에 260m 높이인 빌딩 27층에는 시 전체를 볼 수 있는 전망대가 있었으나 현재는 폐쇄되었으며, 네 면이 피라밋 형태로 서쪽에는 엘리베이터, 동쪽에는 계단과 화재 시 피난공간이 있는 양쪽 날개 형태로 구성되어 있다.

태양열에 대한 고려와 지진에 대한 내구성 강화, 그늘의 최소화를 위해 피라밋 모양으로 설계된 빌딩은 주간에는 건축물 측면을 덮고 있는 알루미늄 재질이 햇볕을 받아 반사하고, 야간에는 조명으로 아름다운 야경을 연출한다.

피라밋 꼭대기의 조명은 추수감사절, 독립기념일에는 백색으로 빛나는 광선을 볼 수 있으며 항공기의 경고조명 역할도 한다.

지진을 대비해서 각 층마다 네 귀퉁이에 강화금속과 석영골재로 마감하여 지진에도 버티도록 설계를 하였으며 빌딩의 기단부가 삼각으로 조립된 기둥들의 숲처럼 보이는 것이 인상적이다.

이 빌딩 역시 에펠 탑과 마찬가지로 건축 당시에는 많은 비난을 받았으나 지금은 샌프란시스코의 상징이 되었다는 것이 아이러니하다.

- KMD(카플란 & 맥로플린 & 디아즈)
- Landmark 158,400 Sansome Street
- www.blog.naver.com/post view.nhn?blogId
- www.ask.nate.com/qua/view.html?=4533485



# 엠바카데로 웨스트
## Embarcadero West

엠바카데로 센터의 빌딩 중 가장 최근에 완성된 건축물이 1989년 준공된 엠바카데로 웨스트 빌딩이다. 엠바카데로라는 말은 스페인어로 승객이나 화물을 싣는 선적장이라는 뜻으로 실제 엠바카데로 지역 바로 인근에 샌프란시스코의 1번 부두가 있다.

엠바카데로 웨스트는 하단의 주 기둥이 기준층과 구조체 상부 커튼월을 지지하는 구조이다.

엠바카데로 웨스트는 33층 높이 규모로 지어졌으며 재개발된 연방준비사무소 및 상업적 구성요소의 주요 도시 리뉴얼 프로그램에 중요한 역할을 맡고 있다.

전망이 좋은 플라자, 다리 및 보행자 길은 3층으로 구성된 쇼핑 센터와 이어지며 다른 고층 타워, 호텔 그리고 저스틴 허만 플라자와도 연결된다.

엠바카데로 웨스트를 설계한 KMD 건축사무소는 국내에도 차병원 등의 프로젝트를 한 것으로도 잘 알려져 있다.

- SOM(건축), 사사키 워커 어쏘시에이츠(조경), 1967
- San Francisco, California
- www.som.com/

San Francisco & San Jose | 029

# 원 마리타임 플라자, (구)알코아 빌딩 One Maritime Plaza

샌프란시스코 중심부인 엠바카데로 센터 근처의 멜론 광장에 위치한 원 마리타임 플라자는 과거 세계적인 알루미늄 제조회사를 위한 업무용의 알코아 빌딩이었던 건축물로 1967년 25층, 55,740m² 규모로 건축되었다.

거친 콘크리트 마감의 1,100대가 주차할 수 있는 주차시설을 위한 기단부에 올려진 X자 트러스 구조를 한 어두운 색의 커튼월 구조가 인상적인 건축물은 근대건축의 아이콘이라고 할 수 있는 미스 반 데 로에의 철골조 커튼월 건축물에서 영향을 받았으나 구조의 해결을 위하여 노출된 X자 트러스로 저층부와 고층부 사이의 구조적 변환을 해결한 건축물이다.

알루미늄 제조회사를 위한 업무용 빌딩답게 철골과 알루미늄으로 구조를 해결하기 위해 건축물의 자중을 줄이면서 외부에 X자형 트러스 구조를 사용하여 구조를 디자인으로 연결한 우아하면서 상징적인 방법으로 해결하였다.

이 오브제 같은 건축물은 저층부의 주차장과의 구조적인 관계를 최소화 하면서 실내공간을 극대화 시키고 있다.

저층부의 주차장 시설 위에 조성된 조경은 사사키 워커 어쏘시에이츠가 디자인하였으며, 정원에는 찰스 페리, 헨리 무어, 마리노 마리니 같은 조각가의 작품들이 놓여 있어 조각정원 같은 분위기를 연출하고 있다.

- 존 포트만(John Portman)
- 2261 Fillmore St. San Francisco, CA 94115
- www.blog.naver.com/postview.nhn?blogId
- www.ask.nate.com/qua/view.html?=4533485



# 엠바카데로 센터
## Embarcadero Center

샌프란시스코 파이낸셜 디스트릭트의 중심부에 위치한 엠바카데로 센터는 동쪽으로 페리 빌딩, 북쪽의 시드니 월튼 공원과 샌프란시스코 만을 접하고 있다.

대규모의 상업시설로 이루어져 있는 건축물은 쇼핑센터 및 비즈니스 빌딩으로 이용되고 있고 총 6동의 건축물 중 2동에는 하얏트 리젠시 샌프란시스코 호텔이 들어서 있다.

현대적인 빌딩과 광장으로 이루어진 이 센터는 고급 부티크, 서점, 스포츠 센터, 레스토랑 등 200개의 상점들이 모여 있어 유니언 스퀘어와 함께 샌프란시스코의 주요 쇼핑가를 대표한다.

각 동 사이 공간에는 야외 테라스가 있으며 테라스에는 공간의 형태에 조화롭게 배치된 재미있는 형태의 철재 의자와 테이블 등을 볼 수가 있다.

엠바카데로 센터에는 중정 한 가운데 산책로의 개념으로 처리된 계단실이 형성되어져 있으며 이때 계단실의 형태적 윤곽을 완만한 곡선으로 돌리는 등 산책로 같은 공간경험을 느낄 수 있도록 설계하였다.

둥글게 올라가는 타원의 동선은 이동행위 자체를 색다른 경험으로 느끼게 하며 공간 전체의 가변성을 확장시켜 놓고 있다. 이러한 포트만의 기하학적 조형성은 대칭을 반복함으로써 강조하고 있음을 알 수 있다.

또한 그의 다양성은 1950년대 미국 회화운동인 추상표현주의에 뿌리를 두고 있는데, 이러한 선형 요소는 그가 그린 회화의 작품에서도 볼 수 있다. 포트만은 미국 조지아 주의 애틀란타를 무대로 고층 건물에 다양한 라이프스타일을 반영하였던 건축가이다.

하얏트 리젠시의 실내공간의 구성 또한 외부의 건축형태가 나타내는 구조적 형태를 연계적으로 로비공간에 반영하였음을 알 수 있으며, 사선형태의 느낌은 로비공간의 높은 천정고를 더욱 웅장한 스케일로 연출한다.

· 존 포트만, 1981
· 5 Embarcadero Center, San Francisco, California
· www.sanfranciscoregency.hyatt.com



# 하얏트 리젠시 샌프란시스코

## Hyatt Regency San Francisco

샌프란시스코 상업 중심지구인 파이낸셜 디스트릭트에 위치하고 있는 하얏트 리젠시는 과거 하얏트 리젠시 호텔의 전형 중의 하나인 거대한 계단식 형태가 인상적인 17층 규모의 호텔로, 엠바카데로 센터에 위치하고 있다.

거대한 아트리움을 통하여 개인과 사회에 있어 삶의 질을 높이면서 장소의 창조를 추구하는 존 포트만의 철학을 바탕으로 디자인되어진 건축물로서 아트리움을 중심으로 객실을 배치하여 사람들이 다양한 만남과 소통을 이룰 수 있도록 디자인하였다.

그리고 장식을 배제한 거대한 공간, 대담한 기하학적 형태, 엘리베이터의 움직임 등을 통하여 사람들에게 공간에 대한 박력감과 흥미, 흥분의 감정을 일깨우는 새로운 체험을 할 수 있도록 계획하였다.

아트리움에는 단조로워질 수 있는 거대한 오픈공간에 이클립스라는 찰스 페리의 조형물을 설치하여 공간에 구심점을 주었으며, 스케일 감을 완화시키기 위하여 라운지에는 휴먼 스케일에 맞는 높이로 조명을 설치하였다.

호텔은 숙박 기능만 있던 기존의 호텔에서 탈피하여 회의와 업무, 쇼핑, 레크리에이션 등의 기능을 추가한 복합용도의 작은 도시로서 호텔을 디자인하였다. 새로운 개념을 창조한 존 포트만의 뛰어난 작품 중 하나이다.

HYATT

- 로렌스 할프린, 존 볼레스, 마리오 J. 치암피, 1971
- Embacadero Plaza San Francisco, CA 94105, USA



# 엠바카데로 플라자

## Embarcadero Plaza

샌프란시스코의 엠바카데로 플라자는 페리 빌딩의 시계탑과 함께 조경디자이너인 로렌스 할프린이 디자인한 광장과 어우러진 독특한 구조의 조형물이 광장을 찾는 방문객들에게 즐거움을 주고 있다. 프랑스계의 캐나다 조각가인 아만 벨라쿠르가 만든 대규모의 분수는 정방형 단면을 한 콘크리트 튜브가 얽히고 얽힌 구조의 조형물이면서 동시에 조형물의 관들을 통하여 물이 흘러내리는 것을 보고, 즐기며, 체험하는 오감체험형의 공간장치이다.

로렌스 할프린은 무용가인 그의 부인에게서 영향을 받은 인간의 움직임을 고려한 체험형 조경 구조물들을 많이 디자인하였다. 그는 이 작품에서 조각가와 협력하여 조형물을 만들면서, 조형물 사이를 걸으며 인간의 신체가 움직이면서 물, 바람, 소리, 공간 이동을 통하여 오감을 자극, 경험할 수 있는 체험적 공간으로 디자인하였다. 안도 타다오의 교토에 위치한 명화의 정원이 정적인 체험공간이라면, 로렌스 할프린의 작품은 역동성인 체험공간으로 그 의미가 있다.

광장에서 엠바카데로 센터로 진입부가 형성되어 있어, 레스토랑 및 편의시설들을 이용할 수 있다. 이 광장의 조형물은 단순히 사진으로만 보았을 때와 조형물 내에서 떨어지는 물의 소리, 튀어서 피부에 닿는 느낌을 느낄 때와는 판이하게 다르기에 꼭 한 번 물이 흘러내릴 때, 조형물 속으로 들어가서 체험하기 바란다. 로렌스 할프린이란 조경디자이너가 의도하는 것이 체험하면서 느끼는 디자인이기 때문이다.

· 스탠리사이토위츠 , 2000
· Embacadero Plaza
San Francisco, CA



# 엠바카데로 프롬나드
## Embarcadero Promenade

엠바카데로 프롬나드는 북부 해안을 따라 조성된 해안 산책로로 엠바카데로 개발의 일환으로 진행된 프로젝트로서 1993-2000년까지 진행하였다.

많은 관광객들이 모이는 산책로라는 장소로 인해 순환기능을 개선하면서 접근성을 높이기 위하여 공공디자인 가이드라인에 따라 건물쪽에 보도 카페의 설치와 어닝 및 캐노피 정비, 도로와 산책로의 전이공간에는 표지판, 가로등, 벤치, 자전거 렉 등 디자인을 표준화하여 보행자의 편의를 제공하도록 하였다.

가로의 간판, 파사드, 이벤트 배너들의 디자인은 해안가 산책을 더욱 흥미롭게 하는 요소로 디자인하였다. 산책로의 디자인에 있어 콘크리트 재료의 벤치나 역사적인 장소를 알리는 안내 조형물 등은 조형적이기는 하나 너무 시각적으로 부각되지 않으면서 거리의 흐름에 자연스럽게 동화되도록 디자인하였다.

그러나 야간에는 폭 1.5m의 백색 포장도로 중앙부에 폭 20cm의 유리블록의 스트라이프 속에 매입된 광파이버 케이블이 4km에 걸쳐 발광하게 디자인하여 인상적인 풍경을 연출하고 있다.

리본처럼 발광하는 빛의 띠는 벤치나 테이블, 의자를 관통하면서 드라마틱한 풍경을 보여준다.

PETER PAN

- 아서 페이지 브라운, SMWM(개수), 1898, 2003(개수)
- The Ferry Building, The Embarcadero, CA
- www.ferrybuildingmarketplace.com

*San Francisco & San Jose* | 034

# 페리 빌딩

## Ferry Building

페리 빌딩은 바닷가에 인접한 샌프란시스코 다운타운의 동북쪽에 위치한 페리 터미널 용도의 건축물로서 아치형의 입면과 거대한 시계탑이 인상적이다.

페리 빌딩은 건축가 페이지 브라운이 설계, 1898년 완공된 건축물로서 1930년대 샌프란시스코 만에 유명한 2개의 다리인 베이 브릿지와 골든 게이트 브릿지가 들어서기 전만 해도 세계에서 2번째로 많은 사람들을 실어 나르던 터미널이었다.

역사적으로 샌프란시스코 다운타운의 상징 같은 역할을 했던 페리 빌딩은 중심 도로인 마켓 스트리트에서 보면 스페인 세비야에 있는 12세기의 히랄다 종탑을 본떠 만든 시계탑이 있어 주변 건물들과 한 눈에 구별이 된다. 2003년 개수 시 건축물이 처음 지어졌던 1898년 당시의 보자르 양식으로 복원하여 재 탄생한 빌딩은 오늘날 많은 터미널들이 그렇듯이 터미널 용도와 함께 쇼핑센터로 사용하고 있다.

개수 시 실내공간은 중앙 통로를 따라 2층까지 오픈하였으며 지상층에는 마켓 플레이스와 음식점, 상부층에는 사무실 용도로 만들면서 터미널 기능을 그대로 사용하였다.

실내공간에서는 천창으로 들어오는 일조와 박공지붕을 형성하는 트러스의 구조미, 바닥에 마감한 고전적인 모자이크 타일이 볼 만하다.

빌딩은 샌프란시스코에서 가장 유명한 파머스 마켓이 열리는 장소로 마켓은 화, 목요일의 오전 10시~오후 2시, 토요일은 오전 8시~오후 2시에 열린다.

- 해서웨이 & 디위디에
- San Francisco
- www.hdcco.com

*San Francisco & San Jose* | 035

# 스톤 & 영버그_LLC PIER 1 내부

## Stone & Youngberg

스톤 & 영버그는 성장하는 투자신탁회사로서 샌프란시스코의 역사 PIER 1 내의 새로운 본부를 개발하기 위하여 1931년에 설립되었다.

샌프란시스코 이외에도 로스앤젤레스, 샌디에고, 그리고 빅 베어 레이크, 캘리포니아에도 추가 스튜디오를 설립하였다. 이 회사는 캘리포니아 시립 채권, 토지담보 채무, 미국 재무부 법안, 재개발 재정 및 기타 고정소득 증권, 또한 시장조사 및 투자 자문 서비스를 제공하며, 주 및 지방정부, 비영리 단체, 그리고 기관 및 개인 투자자 고객 서비스를 제공한다.

빌딩 내의 세입자 공간 구축을 위해 IT서버 룸, 무역층, 개인 사무실, 계단 케이스 및 보석상자라고 불리는 채광창, 원래의 벽돌벽과 새로운 전문 천장 시스템을 사용하였다.

이 시스템은 회사 실내 대부분에 공간의 연극적 성격을 강조하는 것으로 창문과 채광창을 유지하면서 직사광선 영역을 공간의 나머지 부분에 조성하여 효과를 극대화 시킨다. 이를 위해 간접 등기구를 사용하여 낮은 반사조명의 적절한 수준으로 바닥에 공급한다.

· SOM + 버스터, 베르나르디 & 에몬스 + 피에트로 벨루시, 1969
· 555 California Street, San Francisco
· www.555cal.com

San Francisco & San Jose | 036

# 555 캘리포니아 스트리트

## 555 California Street

555 캘리포니아 스트리트 빌딩은 과거 아메리카 은행 본사였던 52층, 180,000$m^2$ 규모의 업무용 건축물로서 샌프란시스코에서 두 번째로 높은 고층 빌딩이다. 아메리카 은행은 캘리포니아 산호세에 A.P. 지아니니가 설립한 이탈리안 은행으로 이민자들의 요구를 충족시키면서 농장과 소읍에 투자하여 성장하여 본사를 1969년에 건축하였다.

건축가인 피에트로 벨루시가 클럽에서 본 포스터에 보여진 캐스케이드 산맥의 현무암 형태에서 영감을 받아 디자인한 빌딩은 샌프란시스코 특유의 베이윈도우와 유사한 요철이 있는 형태로 디자인, 수직성을 강조하였다.

파이낸셜 디스트릭트의 랜드마크이기도 한 건축물은 브론즈 색의 유리와 화강암으로 마감한 정상부의 랜덤하게 셋백한 형태로 표정을 풍부하게 하고 있으며 빛의 변화에 따라 그 표정도 변화하고 있다.

현재는 아메리카 은행의 샌프란시스코 지점, 페덱스, 놀의 쇼룸 등이 입점해 있고 저층부에는 스타벅스와 샌드위치 등 간단한 식사를 할 수 있는 맥스 마켓이 있으며, 과거 52층에 위치했던 레스토랑인 카넬리안 룸에서 도시를 내려다 보면, 환상적인 도시의 경관을 즐길 수 있다.

빌딩의 장방형 평면과 같은 43m×73m 크기의 광장에는 나가레 마사유키가 디자인한 은행인의 마음이라는 검은 화강석의 조각이 놓여 있어 도심 속에서 공공공간의 역할을 하고 있다.

# 5

037 더 캐너리

037 The Cannery

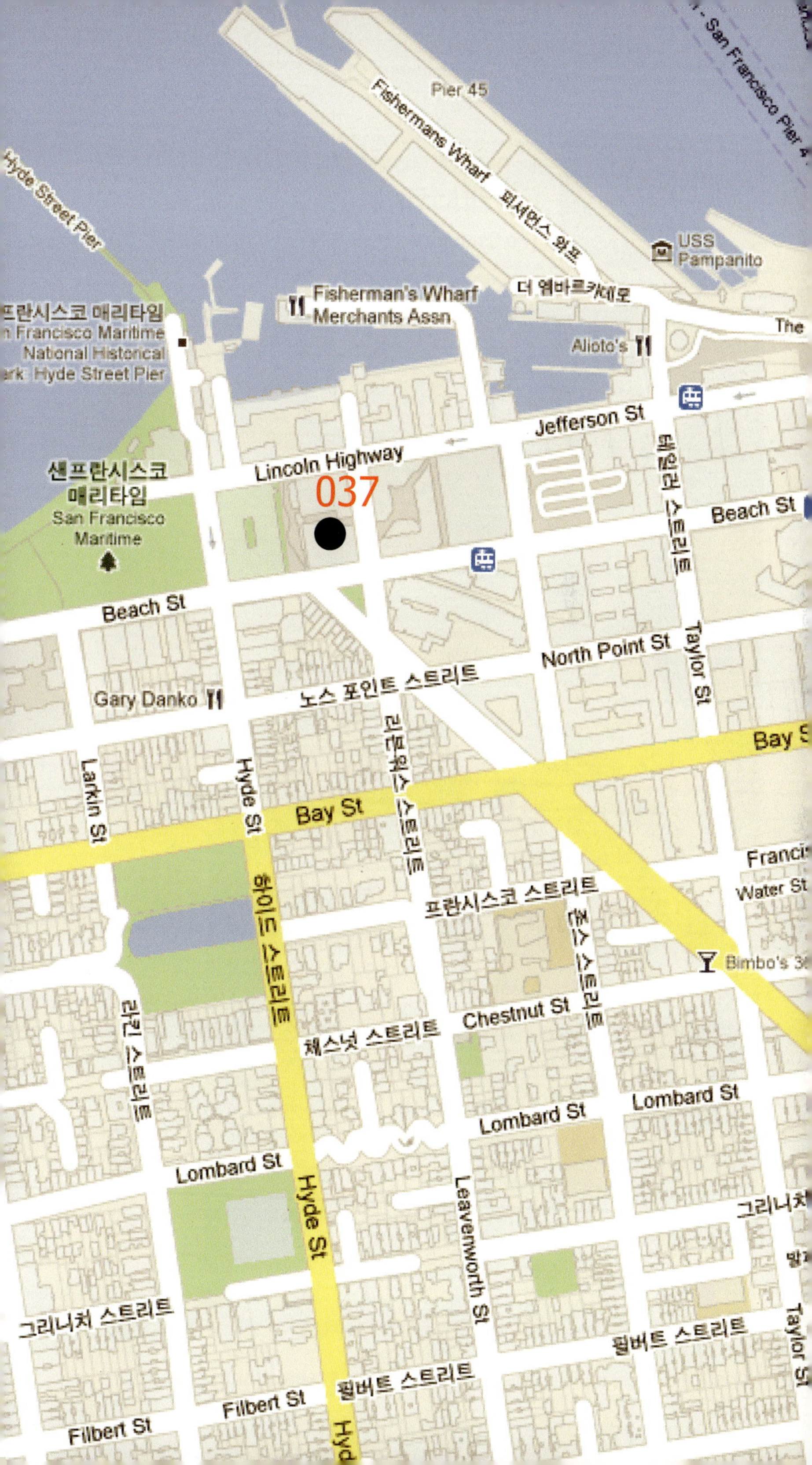

037
Pier 45
Fishermans Wharf
피셔먼스 와프
USS Pampanito
Hyde Street Pier
Fisherman's Wharf Merchants Assn
더 엠바르카데로
Alioto's
Jefferson St
Lincoln Highway
샌프란시스코 매리타임
San Francisco Maritime
Beach St
North Point St
노스 포인트 스트리트
Gary Danko
Taylor St
테일러 스트리트
Bay St
Hyde St
하이드 스트리트
Larkin St
라킨 스트리트
리븐워스 스트리트
프란시스코 스트리트
존스 스트리트
Water St
Chestnut St
체스넛 스트리트
Lombard St
Leavenworth St
그리니치 스트리트
Filbert St
필버트 스트리트

- 조셉 에쉐릭, 1968
- 2801 Leavenworth Street, San Francisco, California
- www.thecannery.com



# 더 캐너리
## The Cannery

샌프란시스코 노스비치의 피셔맨스 워프 지역 제퍼슨 거리에 면해 위치한 캐너리는 과거 통조림공장이었던 것을 상업공간으로 리모델링한 건축물이다. 캐너리(Cannery)=통조림공장이란 의미처럼, 세계에서 가장 큰 규모의 델몬트 복숭아 통조림공장이었던 건물이 지진과 화재로 파괴되었던 것을 건축가 조셉 에쉐릭이 과거의 기억을 상기시키고자 공장의 외벽 재료였던 벽돌을 그대로 사용하여 1968년 상점, 레스토랑, 코미디 클럽, 라이브 엔터테인먼트 등으로 이루어진 활기가 넘치는 쇼핑 센터로 변모시켰다.

레스토랑과 의류 및 고급 인형, 미국 원주민의 미술공예품, 와인과 원두커피 등을 판매하는 공간과 함께 캐너리 극장이 위치한 3층 규모의 쇼핑 센터는 2동이 분리된 것 같은 구성의 게이트에는 캐너리를 상징하는 커다란 원에 별 모양의 조형물이 입구를 알려 주는 장소성을 강조한 건축물이다.

마치 내외부 공간이 주랑으로 연결된 미로처럼 구성된 거리와 작은 광장으로 이루어진 공간들은 부분 부분 브릿지나 계단, 에스컬레이터와 엘리베이터로 연결하여 방문객들은 돌아다니면서 변화있는 공간의 매력을 즐길 수 있다.

안쪽에는 과거의 흔적인 공장의 굴뚝과 130년 된 올리브 나무를 그대로 존치하면서 광장을 설치하여 사람들이 재즈 연주 등을 즐길 수 있는 이벤트 공간으로 활용하고 있다. 이 공간은 과거에 제퍼슨 에어플레인과 로빈 윌리엄스도 공연을 한 명소로 알려져 있다.

우리가 방문하였을 당시에도 안뜰과 같은 광장에서 무명의 가수가 노래를 하고 있었으며, 옥외 카페에 앉아 잠시 커피를 한 잔 마시면서 휴식을 취하기를 권하고 싶은 공간이다.

# 6

038 CCA 그레주에이션 스튜디오와 센터 / 039 CCA 몽고메리 캠퍼스

038 CCA Graduation Studio & Graduate Center / 039 CCA Montgomery Campus

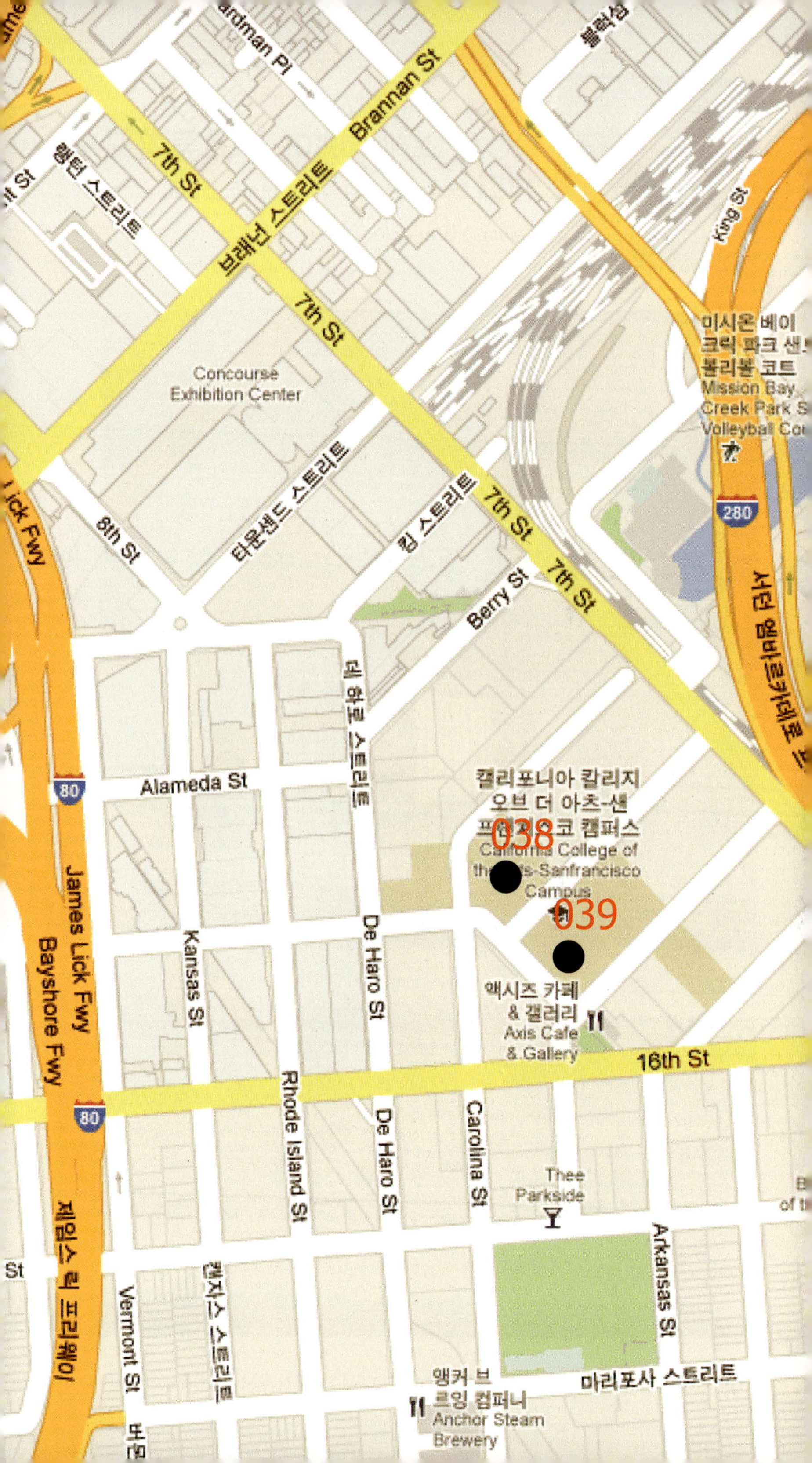

Brannan St
브래넌 스트리트
7th St
헴턴 스트리트
Concourse Exhibition Center
타운센드 스트리트
킹 스트리트
8th St
Berry St
King St
미시온 베이 크릭 파크 샌드 볼리볼 코트
Mission Bay Creek Park Sand Volleyball Co
280
Lick Fwy
80
Alameda St
데 하로 스트리트
캘리포니아 칼리지 오브 더 아츠-샌프란시스코 캠퍼스
California College of the Arts-Sanfrancisco Campus
038
039
James Lick Fwy
Bayshore Fwy
Kansas St
De Haro St
액시즈 카페 & 갤러리
Axis Cafe & Gallery
16th St
Rhode Island St
Carolina St
Thee Parkside
Arkansas St
제임스 릭 프리웨이
Vermont St
캔자스 스트리트
마리포사 스트리트
앵커 브르잉 컴퍼니
Anchor Steam Brewery

- 젠슨 아키텍처, 2003, 2007
- 188 Hooper Street Potrero Hill
- www.cca.edu
- www.jenson-architect.com



# CCA 그레주에이션 스튜디오 & 센터 California College of The Arts Graduation Studio & Graduate Center

캘리포니아 칼리지 오브 아트(CCA)는 1907년에 설립된 예술과 디자인, 건축을 교육하는 대학으로, 그레주에이션 스튜디오와 센터의 디자인은 CCA의 강사이기도 한 마크 젠슨이 이끄는 젠슨 아키텍츠가 하였다. 스튜디오가 있는 박스 형태의 좌측동은 2003년에, 박공지붕을 한 센터는 2007년에 건축하였다. 그레주에이션 스튜디오는 목재 프레임을 한 창고를 개조하여 만든 930m² 규모의 디자인 스튜디오 건축물로 상부는 이중으로 된 폴리카보네이트 패널, 하부는 시멘트 패널로 마감하고 내부의 구조는 합판으로 마감, 경제적으로 디자인하면서도 재료의 차이와 조명에 의해 부유하는 듯한 경쾌한 모습의 외관을 하고 있다. 바로 옆의 2007년도에 증축한 그레주에잇 센터는 긴 중정을 가운데 두고 박공지붕을 한 두 동이 마주 보고 있는 구성을 취하고 있고 강의실, 관리사무소, 전시공간, 그리고 68개의 작업 스튜디오 용도로 사용하고 있는 건축물이다. 증축동은 스튜디오동과 마찬가지로 경쾌하면서 경제적인 구성을 취하나 측면은 철골구조에 주름 철판, 정면은 익스팬디드 알루미늄 매시로 마감하여 반투명한 외관의 느낌을 연장하였다. 정문의 상부에는 디지털 미디어를 이용한 사이네지로 처리하여 첨단의 이미지를 강조하고 있으며 중정에는 옥외 작업장과 나무 그늘을 만들어 옥외에서도 작업이 가능하게 하였다. 두 개의 건축물은 샌프란시스코 AIA 디자인 어워드를 수상한 작품으로 특히 건축가의 경제적인 재료를 사용하면서도 그 대비를 통한 섬세한 디자인적인 접근이 인상적이기에 눈여겨 보기 바란다.

- SOM, 레디 메이텀 스테이시 아키텍쳐 + 오브 아럽 파트너스, 1951, 1999
- 1111 8th Street Porero Hill
- www.cca.edu
- www.lmsarc.com



# CCA 몽고메리 캠퍼스

## CCA Montgomery Campus

완만한 경사의 박공지붕과 더블 스킨 안의 주황색으로 도색된 벽면의 인상적인 외관을 한 캘리포니아 칼리지 오브 디 아트(CCA) 몽고메리 캠퍼스는 포트레로 힐 지역에 위치한 예술, 디자인, 건축으로 유명한 대학이다.

이 대학은 과거 그레이하운드 버스를 수리하는 공장으로 SOM이 1951년 건축하였던 건물을 1999년 레디 메이텀 스테이시 아키텍쳐가 예술과 디자인, 건축을 교육하는 건축물로 리노베이션하였다.

15,000m² 규모의 디자인 스튜디오, 워크샵, 전시공간 및 휴게공간과 카페로 이루어진 건축물은 지진에 대응하기 위하여 콘크리트와 장 스팬의 스틸 브레싱 구조로 디자인하였기 때문에 A자형의 사선으로 노출된 철강 파이프 기둥이나 보들이 실내공간에서 통로의 축을 이루면서 방향성을 제공하는 인상적인 실내공간을 연출하고 있다.

레디 메이텀 스테이시 아키텍쳐는 천정고가 높은 이 건축물을 1999년 리노베이션하면서 실내공간 안에 마치 거리와 집이 있는 것 같은 공간으로 디자인했으며 일부는 중이층으로 처리하여 공간감을 높였다.

특히 리노베이션을 하면서 중점을 둔 것은 지붕에 설치한 태양열 집열판과 바닥의 복사난방 시스템으로 사용하면서 자연채광과 환기를 최대한 이용하여 에너지의 60%를 줄인 친환경적인 접근이다.

실내공간 안에 독립적인 구조로 이루어진 스튜디오 구조물은 젠슨 아키텍쳐가 디자인한 것으로 가볍게 움직이는 가변적인 벽체로 강의실이 되기도 하고 통로와 개방하여 하나의 공간이 되기도 하는 등 디자인을 교육하는 학교에 걸맞게 디자인되어 있다.

통로의 반대편에 위치한 창들에는 마치 유리가 깨진 것 같이 연출하여 또 하나의 설치미술처럼 보이게 한 것이 인상적이었다.

# 7

040 드 영 박물관 / 041 캘리포니아 자연사 박물관

040 De Young Museum / 041 California Academy of Sciences

카브릴로 스트리트
파크 프레시디오 대로
Funston Ave
12th Ave
11th Ave
10th Ave
9th Ave
8th Ave
7th Ave
6th Ave
풀턴 스트리트
존 F 케네디 드라이브
040
de Young Museum
뮤직 컨코스 드라이브
해기와라 티 가든 드라이브
재팬 티 가든
Japanese Tea Garden
Temple of Music
캘리포니아 과학 아카데미
California Academy of Sciences
041
California Academy of Sciences
California Academy of Sciences
마틴 루터 킹 주니어 드라이브
Martin Luther King Jr Dr
Arboretum North Bathroom
미들 드라이브 이스트
베이스볼 필드
Baseball Field
9th Ave
Lincoln Way
14th Ave
펀스턴 애비뉴
12th Ave
11th Ave
10th Ave
9th Ave
8th Ave
Ebisu
Crepevine

· 헤르조그 & 드 뮤론 + 홍 & 찬 아키텍쳐(건축) 월터 후드(조경), 2005
· 50 Hagiwara Tea Garden Drive, San Francisco, CA 94118
· www.famsf.org



# 드 영 박물관

## De Young Museum

샌프란시스코 서쪽 골든 게이트 공원에 위치한 드 영 박물관은 신문사 발행인인 드 영이 1895년 설립한 박물관으로 1989년 지진에 의해 손상되었던 것을 2005년에 헤르조그와 드 뮤론이 디자인하여 재 개관하였다. 건축가는 자연에 둘러싸인 입지라는 점에 착안, 자연과 건축이 소통하는 박물관으로 디자인 컨셉을 설정하여 공간적인 골격을 세 개의 손가락처럼 휘어진 밴드처럼 디자인하고 그 틈 사이에 자연을 느낄 수 있는 정원을 삽입하는 것으로 해결하였다. 동시에 박물관을 산화시킨 동판으로 외피로 마감하면서 주변의 벚꽃 이미지를 포토샵으로 조작한 픽셀로 펀칭하여 주변 자연환경과의 맥락을 표현하였다. 중정이 있는 밴드 구성의 저층부 전시공간과 휘어지며 돌아가는 형태를 한 14m 높이의 오브제형 전망 및 교육용도의 타워로 구성된 박물관은 17-20세기 미국 미술과 아프리카와 오세아니아 등의 원시미술 등이 특징적인 전시품으로 알려져 있다. 새롭게 오픈하는 박물관을 위하여 앤디 골즈워디의 드로운 스톤이라는 작품을 진입부에 설치하면서 바닥에 균열이 가게 연출하여 과거의 지진을 연상시키는 등 새로운 시도를 하고 있다. 휘어진 밴드 같이 구성된 전시공간은 실내공간에 있어서 전시공간 사이 사이에 중정의 자연을 차경적인 요소로 하면서 휘어진 통로에 의한 시각적인 변화로 전시품 뿐만 아니라 외부의 차경요소도 하나의 전시요소가 될 수 있도록 연출한 것이나 전시실마다 약간씩 천장고를 다르게 하여 변화감을 부여한 것도 특징이라고 할 수 있다.

이런 건축물과 자연이 서로 교호하는 구성은 박물관과 공원 및 사람 간의 개방을 암시하는 장치이며 1층에 티켓이 필요하지 않은 공간들을 배치하여 박물관으로서의 기능 뿐만 아니라 시민들을 위한 커뮤니티 장소로서 디자인한 공간이라는 것을 실제로 보여 주고 있다. 입구 로비, 메인 정원, 레스토랑, 뮤지엄 샵, 그리고 어린이들을 위한 갤러리나 타워 최상층부의 전망대는 관람객들에게 무료로 제공되는 공간으로 전시와 함께 공원과 도시의 풍경을 즐기게 하는 개방된 공간으로 디자인하였다. 이외에도 커다란 지붕으로 구성된 박물관은 사람들이 함께 모이는 집합적인 장소를 상징하면서 일본식 티 가든으로 뻗어 나가면

서 비나 햇빛에 상관없는 유쾌한 외부공간을 제공한다. 또한 조형적인 형상을 한 교육시설이 들어선 타워부는 예술품을 전시하는 박물관이라는 기능을 상징하는 랜드마크이면서 도시의 엄격한 격자구조에서 탈피한 형상으로 현대인의 삶에 있어 문화, 예술의 기능을 환기시키고 있다.

그리고 박물관과 중정의 자연을 통하여 자연과 예술의 통합이라는 컨셉으로 디자인한 조경디자인은 건축물과 함께 클레이스 올덴버그의 조각 등과 조경이 한데 어우러지게 연출한 후드디자인을 이끄는 월터 후드에 의해 디자인되었기에 외부공간의 조경에도 관심을 가지고 보기 바란다.

- 렌조 피아노, 2008
- Golden Gate Park San Francisco, CA 94118
- www.calacademy.org



# 캘리포니아 자연사 박물관

## California Academy of Sciences

드 영 박물관 건너편에 위치한 자연사 박물관은 1989년 대지진으로 파괴되었던 것을 다시 증축, 개관한 건축물이다.

1천8백만 종의 표본과 1만여 종이 넘는 동식물들을 전시하고 있는 박물관은 날렵한 구성의 지붕 위에 식물이 식재된 구릉지들이 있는 친환경적인 외관을 하고 있다. 아쿠아리움, 천문관, 자연사 박물관, 연구시설로 구성되어 있는 박물관의 옥상 구릉지와 연결된 실내에 있는 2개의 거대한 구형 구조물은 천문관과 열대우림 서식지이면서 동시에 자연과 공존하는 박물관이라는 상징성을 표현하는 구조체이다.

유리와 철골로 디자인된 날렵한 캐노피를 통해 로비에 들어서면 공룡이 손님들을 맞이하고 있으며, 곡선의 유리 천창으로 구성된 실내 광장에서는 카페에서 사람들이 휴식을 취하는 모습이 보인다.

전체 공간의 골격은 구형 구조물인 천문관과 열대우림 서식지를 중심으로 시설들이 배치된 형식으로 지상의 오픈된 상부 공간을 연결하는 브릿지 등에 의해 다양한 시점에서 전시 및 공간을 즐길 수 있게 디자인하였다.

구형 구조물인 열대우림 서식지의 1층에서 3층까지 오가는 경사로를 이용하여 지하 터널로 내려와 위를 바라보면, 물 위에 열대우림 공간이 중첩되어 보이며 지하에는 수족관이 있다.

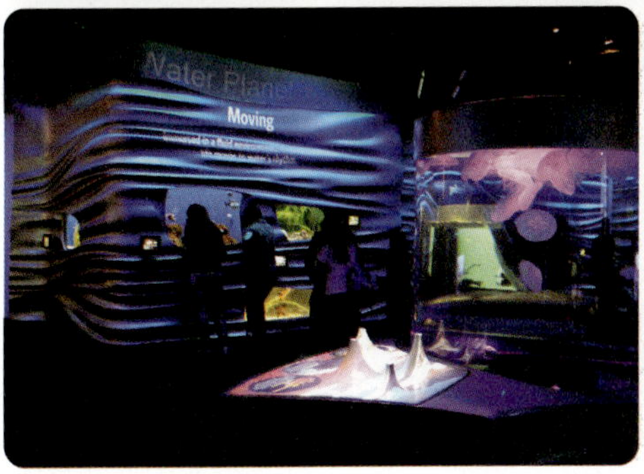

열대우림 서식지는 실내공간에 들어가면, 경사로로 연결된 공간을 나비들이 날라 다니는 자연환경과 공간으로 연출한 것이 인상적이다.

박물관은 효율적인 열환경 시스템과 냉난방 설비와 함께 자연채광과 환기, 우수 재활용 시스템, 그린루프를 통해 에너지 효율을 극대화 하고 있는 건축물로 LEED의 최고 등급을 인증 받았다.

건축물의 증축 시의 문제도 고려하여, 그 흔적을 입구 좌측 벽면 등이나 실내 광장에서 도릭 양식의 기둥과 고전주의 양식의 형태를 찾아볼 수 있다.

또한 기존 건물 철거 시 나온 콘크리트와 철근을 증축한 건축물에 재사용한 것과 폐기된 청바지를 분쇄, 압착하여 만든 절연재와 단열재의 사용은 자원 재활용 측면에서도 시사하는 바가 크다.

건축이나 실내 디자인 전공자라면 시간을 가지고서 관람하기를 바라며 매월 3번째 수요일은 무료 입장이 가능하다고 하니 체크해 보기 바란다.

ARCHITECT

INTERIOR

SAN JOSE

S &

DESIGNER'S

GUIDE TO

VIII

*Architect's & Interior Designer's Guide to*

# 산호세
## San Jose

산호세는 북 캘리포니아 주에서 가장 큰 도시로 캘리포니아 주 샌프란시스코 만을 둘러싼 샌프란시스코 도시권의 남동부인 산타클라라 카운티에 위치하고 있다. 캘리포니아에서 최초로 스페인 사람들이 정착한 이곳은 1777년 스페인의 알타 캘리포니아 총독에 의해 건설된 도시로 캘리포니아의 수호성인 요세프, 스페인어로 호세의 이름에서 유래하였다. 1850년 캘리포니아가 주로 승격되었을 때, 산호세는 캘리포니아의 첫 수도이기도 하였다.

1864년 철도가 개통된 이후 농산물의 집산, 가공지로 발전하여 건포도의 세계 제일의 산지가 되었으나 제2차 세계대전 기간과 그 후에는 항공기, 미사일, 전기, 전자부품 등의 공장을 계속 건설, 과수원들이 공장지대로 바뀌면서 산타클라라 계곡은 실리콘 밸리라 불리는 첨단기술 산업단지가 되었다. 산호세는 1990년대 테크놀로지 산업 붐으로 인해 실리콘밸리의 수도라는 별명을 얻게 되었다. 인구도 근 30년 동안 7배 정도 늘어나, 미국에서도 성장이 가장 괄목한 도시 중 하나이며, 샌프란시스코 만 지역의 도시화에 따라 지금도 계속 성장하고 있다.

이런 산호세에는 과거부터 알려진 건축물도 있는데 그 중 1803년 어도비 벽돌로 산호세에 세워진 19세기 건축물의 마지막 표본으로 불리는 세인트 조셉 성당이 잘 알려져 있다. 1892년 건축된 산호세 뮤지엄은 사암으로 마감한 로마네스크 리바이벌 스타일의 건축물로 1991년 SOM에 의해 현대적인 건축물로 증축되었다. 현대적인 건축물도 산호세가 활성화 되면서 많이 건축되고 있다. 본 책에도 소개된 크리스토퍼 알렉산더의 줄리안 스트리트 인 근처에 위치한 HP 파빌리온은 1993년 싱크 콤스 데트레프스 아키텍츠가 디자인한 건축물이다.

산 안토니오 거리에 위치한 산호세 레파토리 극장은 1997년 홀트 힌쇼에 의해 디자인된 짙은 청색 마감의 건축물로 메카닉칼한 디자인을 선호하는 건축가 팀의 디자인답게 최신 기술을 이용한 극장을 만들었다.

극장 근처에는 2003년에 건축한 군나 버커츠의 닥터 마틴 루터 킹 주니어 도서관이 위치하고 있으며, 도서관 근처에는 리처드 마이어가 2005년에 완공한 18층 규모의 산호세 시빅 센터가 있다. 시빅 센터는 그의 트레이드 마크인 백색 건축이나 전면에 돔형의 부속동을 설치하는 등 변화가 감지되는 건축물이다.

2000년, 엘리히 아키텍쳐가 디자인한 라틴아메리카 도서관은 지역 도서관 및 체육시설의 기능을 하는 건축물로 건축되었다. 스페인의 영향이 있던 도시답게 리카르도 레고레타의 작품인 색채감 있는 아동체험 박물관과 혁신기술 박물관도 이 도시에서 볼 수 있으니 방문해 보기 바란다.

001 스탠포드 대학 의료과학연구 센터 / 002 제임스 H 클라크 센터

**001** Center for Clinical Sciences Research, Stanford University / **002** James H Clark Center

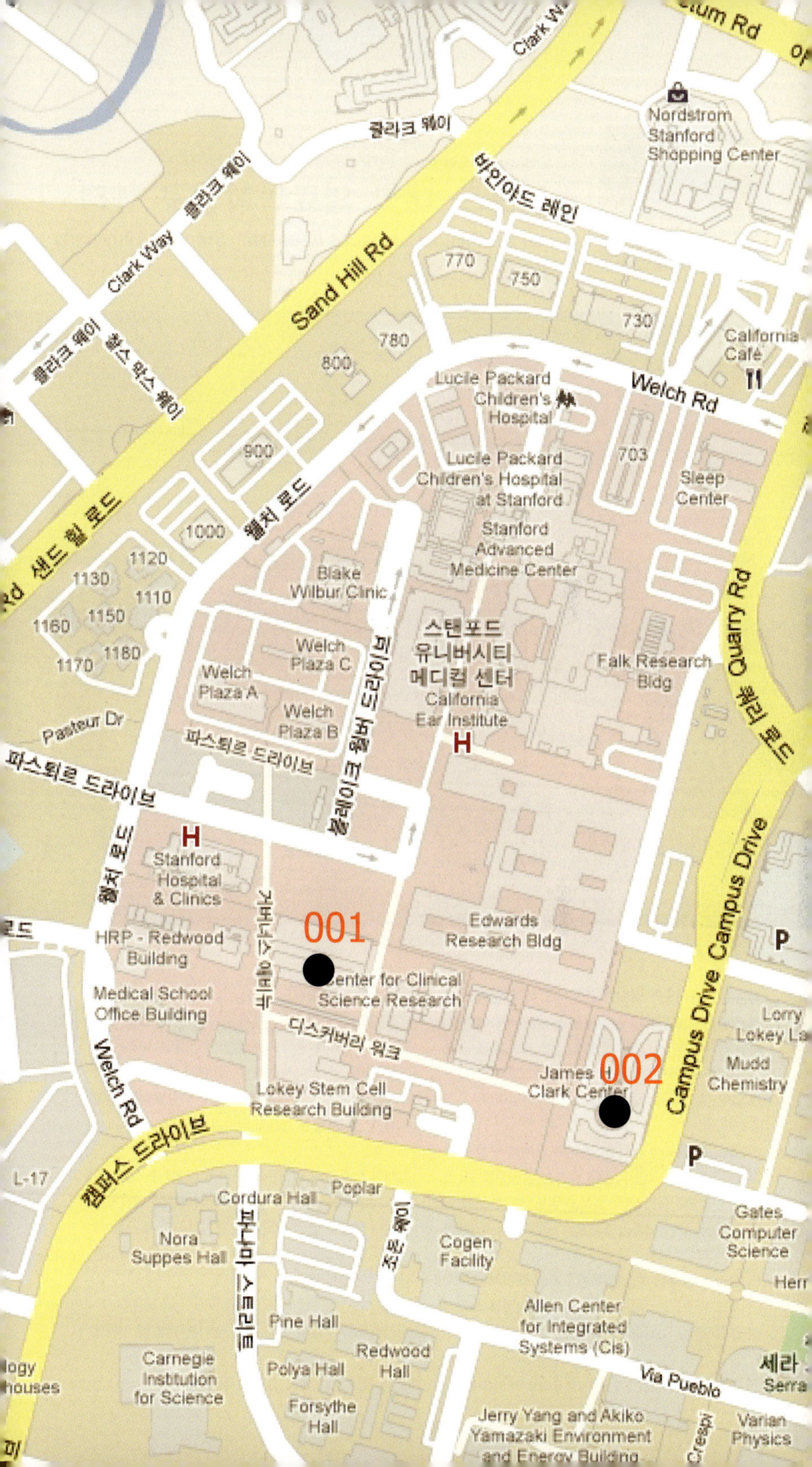

Sand Hill Rd
샌드 힐 로드
Clark Way
클라크 웨이
Nordstrom Stanford Shopping Center
비인야드 레인
California Cafe
Welch Rd
Lucile Packard Children's Hospital
Lucile Packard Children's Hospital at Stanford
Stanford Advanced Medicine Center
Sleep Center
Blake Wilbur Clinic
웰치 로드
Welch Plaza A
Welch Plaza B
Welch Plaza C
스탠포드 유니버시티 메디컬 센터
California Ear Institute
Falk Research Bldg
Quarry Rd
쿼리 로드
Pasteur Dr
파스퇴르 드라이브
블레이크 윌버 드라이브
Stanford Hospital & Clinics
HRP - Redwood Building
Medical School Office Building
Edwards Research Bldg
001
Center for Clinical Science Research
디스커버리 워크
James H. Clark Center
002
Lokey Stem Cell Research Building
Campus Drive
캠퍼스 드라이브
Mudd Chemistry
Cordura Hall
Poplar
Nora Suppes Hall
파나마 스트리트
조단 웨이
Cogen Facility
Gates Computer Science
Allen Center for Integrated Systems (Cis)
Via Pueblo
Pine Hall
Redwood Hall
Polya Hall
Forsythe Hall
Carnegie Institution for Science
Jerry Yang and Akiko Yamazaki Environment and Energy Building
Varian Physics
세라
Serra
L-17
770
750
730
780
800
900
1000
703
1120
1130
1110
1160
1150
1180
1170

- 노만 포스터, 2000
- Stanford university, 269 Campus Drive, Stanford, California
- www.stanford.edu

*San Francisco & San Jose* | 001

# 스탠포드 대학 의료과학연구 센터

## Center for Clinical Sciences Research, Stanford University

릴랜드 스탠퍼드가 설립한 스탠퍼드 대학 캠퍼스 내에 위치한 의료과학연구 센터는 임상연구에 대한 과학적 접근과 암 등 기타 질병에 대한 지속적 연구 프로그램을 수행하는 연구센터로 첨단의 모듈형 실험실과 업무 및 교육공간의 기능을 하는 건축물이다.

하이테크한 금속성의 재료, 루버와 경쾌한 구성의 열주랑이라는 인상적인 외관에 중정을 중심으로 한 공간 구성이 특징적인 연구 센터는 밀도있는 연구를 위해 연구실, 코어 보조공간과 업무공간이 삼위일체가 되는 기능적인 통합성을 요구했으며, 21,000m² 면적의 센터는 중정을 중심으로 한 2개의 대칭적인 구조가 서로 마주보는 구성을 취하면서 브릿지를 이용하여 연결시키는 것으로 해결하였다.

루버에 의해 직접적인 태양광을 차단한 중정은 대나무로 둘러싸인 옥외공간에서 안락한 인적 교류를 촉진하는 장소이며 중정측에 돌출된 원통형 구조는 실내공간에서 커뮤니케이션을 활성화 시키는 모듈화된 회합의 장소로서 디자인하여 연구원들의 생활에 대하여서도 세심한 공간적 배려를 하였다.

경쾌한 열주랑의 외관은 건축가가 디자인한 님의 카레 다르(Carre d'Art)와 유사하며 대나무를 식재하여 하이테크 건축물과 조화시킨 친환경적인 접근은 프랑크푸르트의 코메르츠 뱅크에서 보이는 에코테크한 접근을 연상시킨다.

마지막으로 구조를 유리 안에 숨기는 방법을 사용했

는데 유리 자체가 하나의 스킨 역할을 하고 있는데 이 방법은 하이테크의 진화 요소로서 한 번 눈여겨 보기 바란다.

· 노만 포스터, 2003
· Stanford university, 318 Campus Drive, Stanford, California
· biox.stanford.edu/clark



# 제임스 H 클라크 센터
## James H Clark Center

스탠포드 대학 의료과학연구 센터 근처에 자리하고 있는 제임스 H 클라크 센터는 23개 대학에서 물리학, 화학, 심리학, 유전학, 공학 및 컴퓨터과학과 같은 분야를 연구하는 700명의 전문가가 생물학에 관련된 연구를 하기 위해서 만들어진 협동연구 센터이다.

3층의 연구실 3동으로 구성된 센터는 중정을 둘러싸고 있는 말발굽형의 건축물로 스탠포드 바이오 엑스 프로그램 등을 수행하고 있다.

의료과학연구 센터처럼 하이테크한 금속성 재료와 투명한 유리를 주로 사용하였지만 주변 건물과의 맥락을 고려하여 전체적인 색은 갈색 톤으로 마감하였으며 중정에 면한 복도나 브릿지를 지나면서 느끼는 공간감이 훌륭하다.

또한, 전시회나 콘서트 등을 위한 광장과 지하 강당이 있으며, 1층의 남쪽 날개에는 레스토랑이 있어 대학 전체의 사회적 허브로서 커뮤니티가 활성화 되도록 기능하고 있다.

건축물의 내외부는 서로 반전되어, 복도는 바깥으로 나와서 외부 발코니의 역할을 하고 있으며 내부는 새로운 프로젝트 팀에 맞게 가변적인 공간으로 되어 있다. 가구 또한 이러한 공간 성격에 맞추어 가변성을 가지고 있다. 투명한 유리에 의해 다소 프라이빗하지는 않지만 자연스럽게 커뮤니티 형성에 도움을 주는 역할을 하고 있다.

같은 건축가의 작품이지만 이 프로젝트에서는 의료과학연구 센터에서 보여준 브릿지의 기능을 더욱 강화시켜 커뮤니티 기능에 중점을 둔 것을 알 수 있다.

또한 대나무를 사용하여 하이테크 건축의 차가움을 보완한 연구 센터와는 달리 제임스 H 클라크 센터는 주변 자연요소를 내부로 끌어들이는 것과 같은 건축물의 형태와 색체를 사용하여 그 단점을 해결한 것을 살펴볼 수 있다.

003 구글플렉스

## 003 Googleplex

Permanente Creek Trail
Permanente Creek Trail
구글 베스
킷볼 코트
Google
Basketball
Court
씨어터 파크웨이
Amphitheatre Pkwy
앰피씨어터
그레이엄 파크웨이
Google
Bldg 1900
Google
Bldg 1950
Google
Bldg 41
Google
Bldg 40
구글
Google
003
Google
Bldg 42
Google
Bldg 43
참스턴 공원
Charleston
Park
참스턴 로드
Charleston Rd
참스턴 로드
Google
Bldg 1098
Alta Ave
Google
Bldg 44
허프 애비뉴
Google
Bldg 45
Joaquin Rd
Google
Bldg 46
Google
Bldg 47
알타 애비뉴
Huff Ave
Google
Bldg 900
101

- 스튜디오스 아키텍처, 1997
- 클라이브 윌킨슨, 2006
- 1600 Amphitheatre Parkway
  Mountain View, CA 94043
- www.google.com
- en.wikipedia.org/wiki/Googleplex



# 구글플렉스

## Googleplex

세계 최대 인터넷 검색 엔진 회사인 구글의 복합 업무 공간인 구글플렉스는 과거 1997년 실리콘 그래픽스 컴퓨터 시스템스의 노스 찰스톤 캠퍼스로 건축되었던 공간을 클라이브 윌킨슨이 2006년 리모델링한 프로젝트로써 실리콘 밸리인 마운틴 뷰에 위치하고 있다.

46,000m² 면적의 캠퍼스 컨셉은 중세의 구릉지 도시였던 토스카나를 참조한 하이테크 힐타운으로 디자인하였다. 발전적인 이미지를 암시하는 역동적인 형태의 업무용 건축물들이 중앙에 비스듬하게 위치한 두 개의 광장을 중심으로 자유롭게 배치되었다.

자유로운 분위기의 대학 캠퍼스를 모델로 한 단지는 건축적, 프로그램적인 관계를 고려한 그루핑으로 보행자와 차량의 동선을 구분하여 단지 내는 보행자들이 자유롭게 다니도록 하였기에 구글캠퍼스로 불리기도 한다.

건축물들은 주로 금속 패널과 유리 커튼월로 구성되었으나 일부는 기존 시설을 고려하여 벽돌로 마감하기도 하였다. 중앙의 사각형 광장의 오픈 카페에는 해체적인 분위기의 퍼골라 구조물을 설치하여 자유로운 사고로 작업하는 공간임을 암시하고 있다.

시설은 6개의 건축 블록이 두 개의 거대한 중정을 중심으로 구성되어 있으며, 각 블록은 공중 브릿지로 연결되어 있다.

자유롭고 창의적인 업무환경을 디자인하기로 유명한 클라이브 윌킨슨에 의해 리노베이션된 구글플렉스는 13개의 각기 다른 존으로 구분된 공간을 일반적인 업무환경과는 다르게 자연광을 최대한 확보한 탁 트인 공간, 서핑보드로 된 테이블, 당구대 등이 설치된 자유로운 분위기의 휴게공간, 투명한 유리로 된 개방적 분위기 사무실, 화려한 색상이 사용된 실내공간으로 디자인되었다.

이렇게 자유로우면서 색채감 있는 공간은 사용자와의 상호 작용에 의한 창의성 유발과 함께 자연스러운 커뮤니티를 형성시키고 있다. 2007년부터 태양 집열판을 단지 내 건축물의 옥상에서부터 주차장까지 설치하여 자체적으로 전기를 생산, 사용하는 친환경적인 환경을 조성하였다.

# 004 줄리안 스트리트 인

# 004 Julian Street Inn

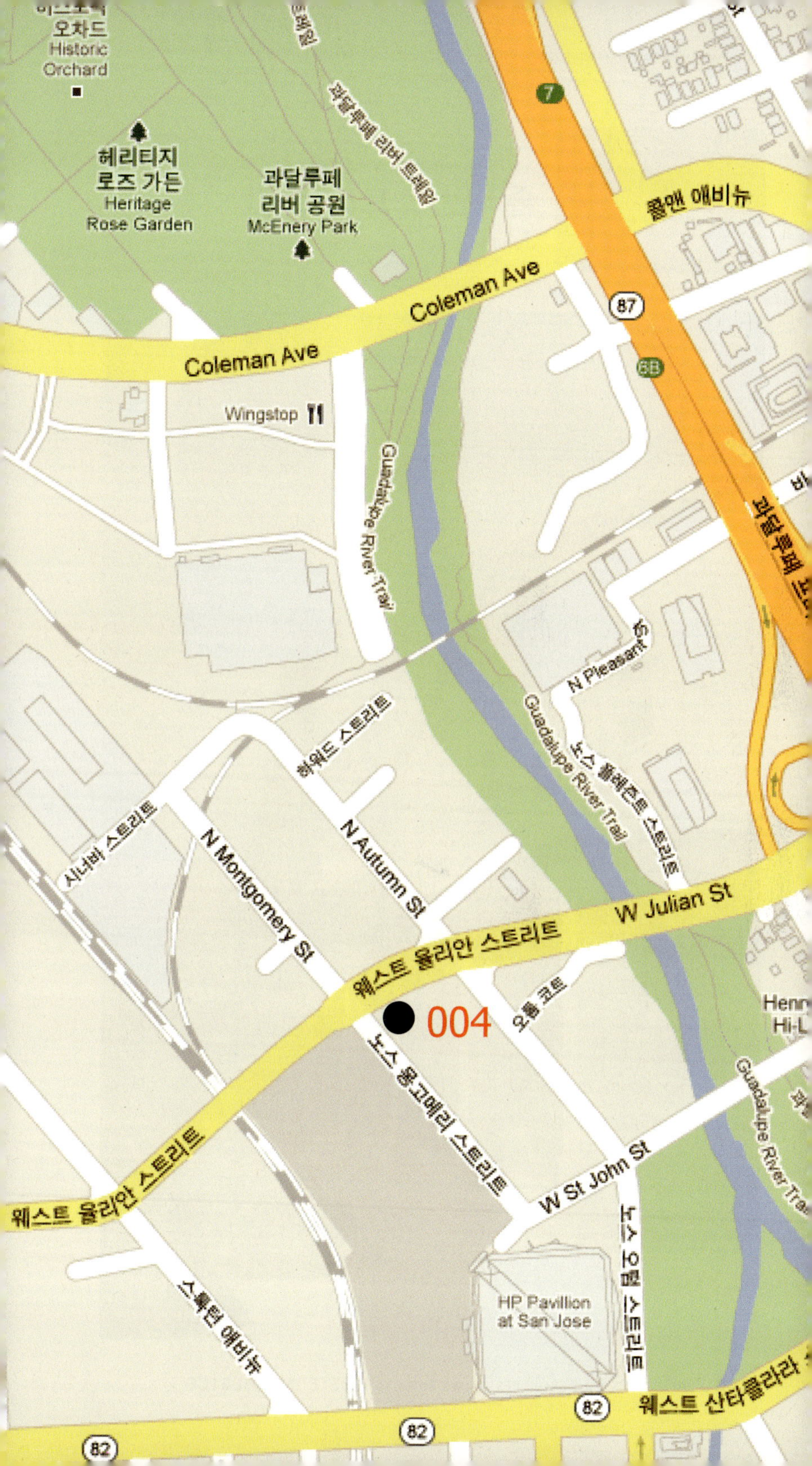

오차드
Historic
Orchard
헤리티지
로즈 가든
Heritage
Rose Garden
과달루페
리버 공원
McEnery Park
과달루페 리버 트레일
7
콜맨 애비뉴
Coleman Ave
87
6B
Coleman Ave
Wingstop
Guadalupe River Trail
N Pleasant St
Guadalupe River Trail
하워드 스트리트
시너바 스트리트
N Montgomery St
N Autumn St
노스 플레즌트 스트리트
W Julian St
웨스트 율리안 스트리트
004
오텀 코트
노스 몽고메리 스트리트
웨스트 율리안 스트리트
W St John St
노스 오텀 스트리트
HP Pavilion
at San Jose
스톡턴 애비뉴
82
웨스트 산타클라라
82
82

- 크리스토퍼 알렉산더, 1987
- 546 West Julian Street San Jose, CA 95110
- en.wikipedia.org/wiki/Christopher_Alexander



# 줄리안 스트리트 인
## Julian Street Inn

산호세의 줄리안 스트리트에 위치한 2층 규모의 건축물인 줄리안 스트리트 인은 크리스토퍼 알렉산더의 패턴언어(A Pattern Language)란 책의 이론을 기반으로 하여 디자인한 노숙자를 위한 숙소이다.

박공지붕의 건축물에 콜로네이드식 복도가 면해 있는 마당과 외부로는 중정과 콘크리트 기둥의 열주랑, 아치형 입구 등의 외관은 일반적인 건물처럼 느껴지나 자신의 이론을 공간으로 표현하기 위하여 참여자들과 함께 건축한 참여형 건축물이란 점에서도 그 의의를 찾을 수 있다.

그런 참여형 건축이란 점은 실내의 안내 데스크 등에서 보이는 거친 마감이나 안내사인, 외벽의 타일 마감 등에서 잘 나타나고 있으며 집회공간에서 보이는 트러스와 아치를 연결시킨 것 같은 목재 트러스 구조가 매우 인상적이다. 앞서 소개한 크리스토퍼 알렉산더의 책 패턴언어는 도시 및 건축계획에 대한 시적이면서도 실질적인 지침서이다.

이는 공간을 어떻게 디자인할 것인가에 대한 이론적 정의를 내린 책으로서 그 의의가 있으며 줄리안 스트리트 인 등의 건축물이 그 이론을 뒷받침해 주는 중요한 요소로 남아 있다.

건축물 앞에는 싱크 콩스 테트레프스 아키텍츠가 디자인한 HP 파빌리온이 있다.

005 아동 체험 박물관 / 006 혁신기술 박물관

**005** Children's Discovery Museum / **006** The Tech Museum of Innovation

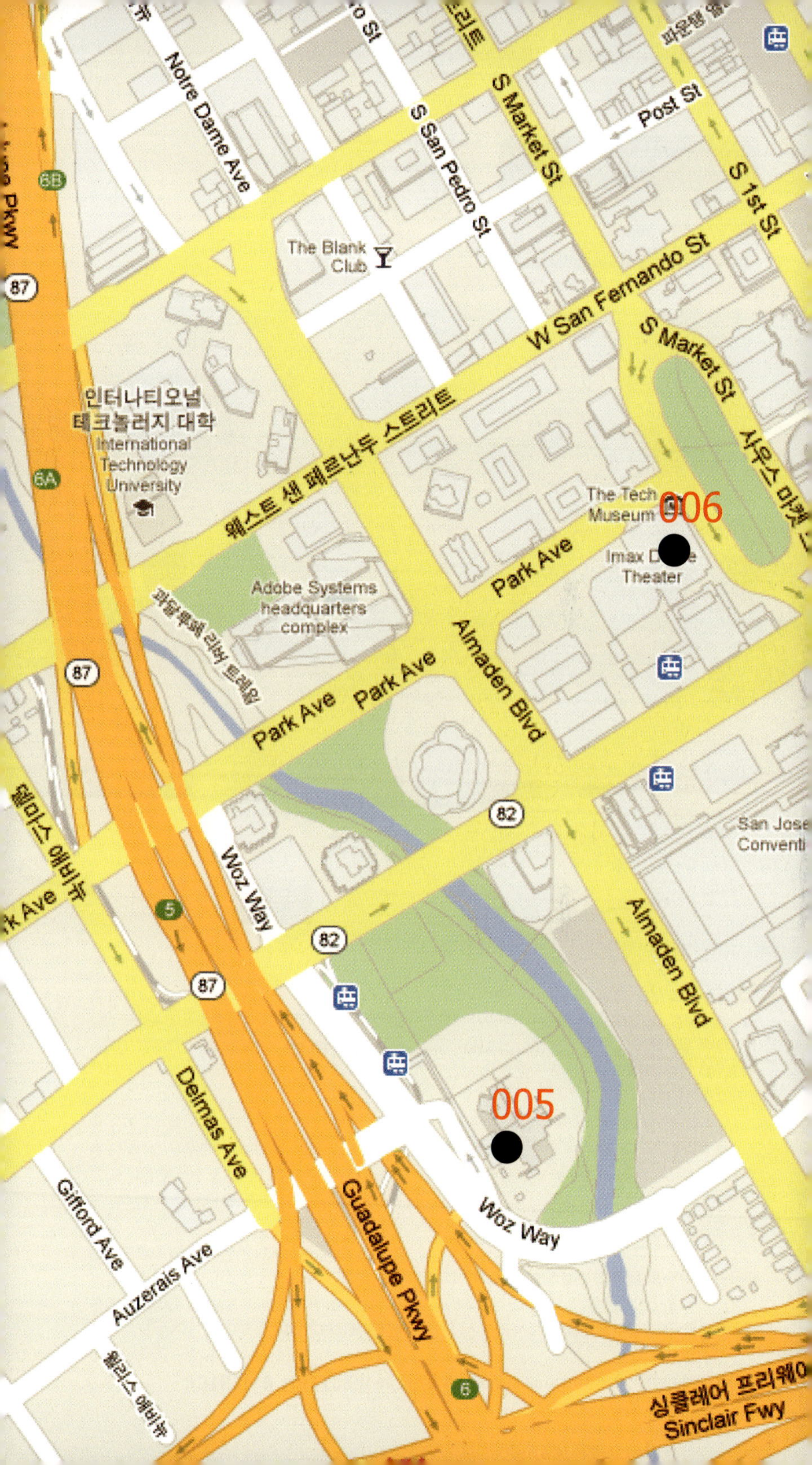

Notre Dame Ave
S San Pedro St
S Market St
Post St
S 1st St
The Blank Club
W San Fernando St
S Market St
사우스 마켓
인터나티오널 테크놀러지 대학
International Technology University
웨스트 샌 페르난두 스트리트
The Tech Museum
006
Imax Dome Theater
Park Ave
Adobe Systems headquarters complex
파달루페 리버 트레일
Almaden Blvd
Park Ave
Park Ave
87
82
San Jose Conventi
Woz Way
델마스 애비뉴
82
87
Almaden Blvd
005
Delmas Ave
Gifford Ave
Auzerais Ave
Guadalupe Pkwy
Woz Way
싱클레어 프리웨이
Sinclair Fwy

- 리카르도 레고레타, 1990
- 180 Woz Way, San Jose, CA 95110
- en.wikipedia.org/wiki/Children's_Discovery_Museum_of_San_Jose

*San Francisco & San Jose* | 005

# 아동 체험 박물관

## Children's Discovery Museum

산호세에 있는 아동 체험 박물관은 4,800m$^2$ 규모의 건축물로 과학 전시와 실험을 통해서 아이들이 새로운 세상을 발견할 수 있는 장소이다. 이 건축물은 매우 독특한 개발계획으로 공원 안의 작은 보석과 같은 존재감을 가진다.

산호세 실리콘 밸리의 중심부에 위치한 이곳은 체험 박물관의 성격에 맞도록 인터랙티브한 전시를 위주로 아이들이 직접 체험하면서 즐길 수 있도록 디자인되어 있다.

이러한 건축적 토폴로지의 전문가인 리카르도 레고레타는 이와 유사한 어린이를 위한 박물관 및 그의 고향에서 예술도시 프로젝트 등을 디자인하였다.

혁신기술 박물관과 함께 이 프로젝트는 산호세의 과달루페 강 공원개발계획의 일부로써 건축물의 다양한 기하학적 형태와 보랏빛 색조는 건축물의 선명한 특징을 더욱 강화시킨다.

더욱이, 따뜻하면서도 사람들의 진입을 유도하는 듯한 사각형의 조합으로 만들어진 평면은 정원이나 물가에 면해 있는 마을의 분위기를 연상시키면서도 그 수직성은 외부 환경과 상호 보완적으로 존재한다.

2007년 입구를 리노베이션한 박물관의 내부 공간에서는 아이와 부모가 함께 체험하고 즐길 수 있도록 되어 있고 어른마저도 아이의 동심으로 돌려 놓는 듯한 느낌을 제공하고 있다.

또한 자연광의 풍부한 활용 및 공간의 유동성은 건축물의 특징적인 부분이다. 레고레타의 다채로운 색상을 가졌으면서도 현대적이고, 또한 토착적인 디자인의 건축은 이곳 미국에서도 매우 인기가 높다.

- 리카르도 레고레타, 1998
- 201 South Market Street, San Jose, CA 95113
- www.legorretalegorreta.com
- en.wikipedia.org/wiki/The_Tech_Museum_of_Innovation



# 혁신기술 박물관
## The Tech Museum of Innovation

산호세의 과달루페 강 공원개발계획의 일부로 진행된 혁신기술 박물관은 실리콘 밸리의 중심부에 위치한 교육형 박물관으로 실리콘 밸리 기업들의 후원을 받아 운영되고 있다. 통신, 탐험, 혁신, 생활기술이라는 4개의 주요 테마를 중심으로 지속적인 개선과 발전을 하고 있다. 또한 생명공학, 우주과학, 컴퓨터공학 등의 다양한 주제의 전시를 관광객이 실제 기구 작동이나 체험을 할 수 있도록 되어 있다. 전체적으로 갈색의 건축물에 주 출입구를 갈색에 대조되는 파란색 타일로 마감하여 입구로서의 인지성을 극대화 한 것이 건축물 외관의 특징이다. 또한 레고레타의 건축적 특징이 반영된 사각형의 거대한 틈을 통해 자연광에 의한 음영의 변화가 발생하도록 디자인되었다. 내부에서는 차경의 요소를 대입하여 특정한 부분에서 거대한 구체가 보이도록 하였고, 중앙부에 위치한 거대한 황금색의 기둥과 파란색으로 된 큰형 천정, 그 위로 떨어지는 햇빛은 공간의 성격을 초현실적인 분위기로 만드는 역할을 한다.

또 하나 내부에 위치한 나선형의 계단은 계단을 이동통로로서의 기능으로만 사용하지 않고 수직의 연속되는 틈을 대입하여 계단 자체를 하나의 조형물처럼 디자인하였다. 이는 관람객으로 하여금 계단 외부에서는 하나의 전시작품과 같은 느낌을 계단을 이용하는 관람객에게 다양한 시퀀스를 연출하여 극적인 공간 체험을 하도록 한다. 이 외에도 색채의 대조 및 빛과 그림자를 통한 다양한 공간체험 요소가 건축물 곳곳에 숨어 있으니 눈여겨 보기 바란다.

# ARCHITEC

# INTERIOR I

# LAS VEGAS

S &

DESIGNER'S

GUIDE TO

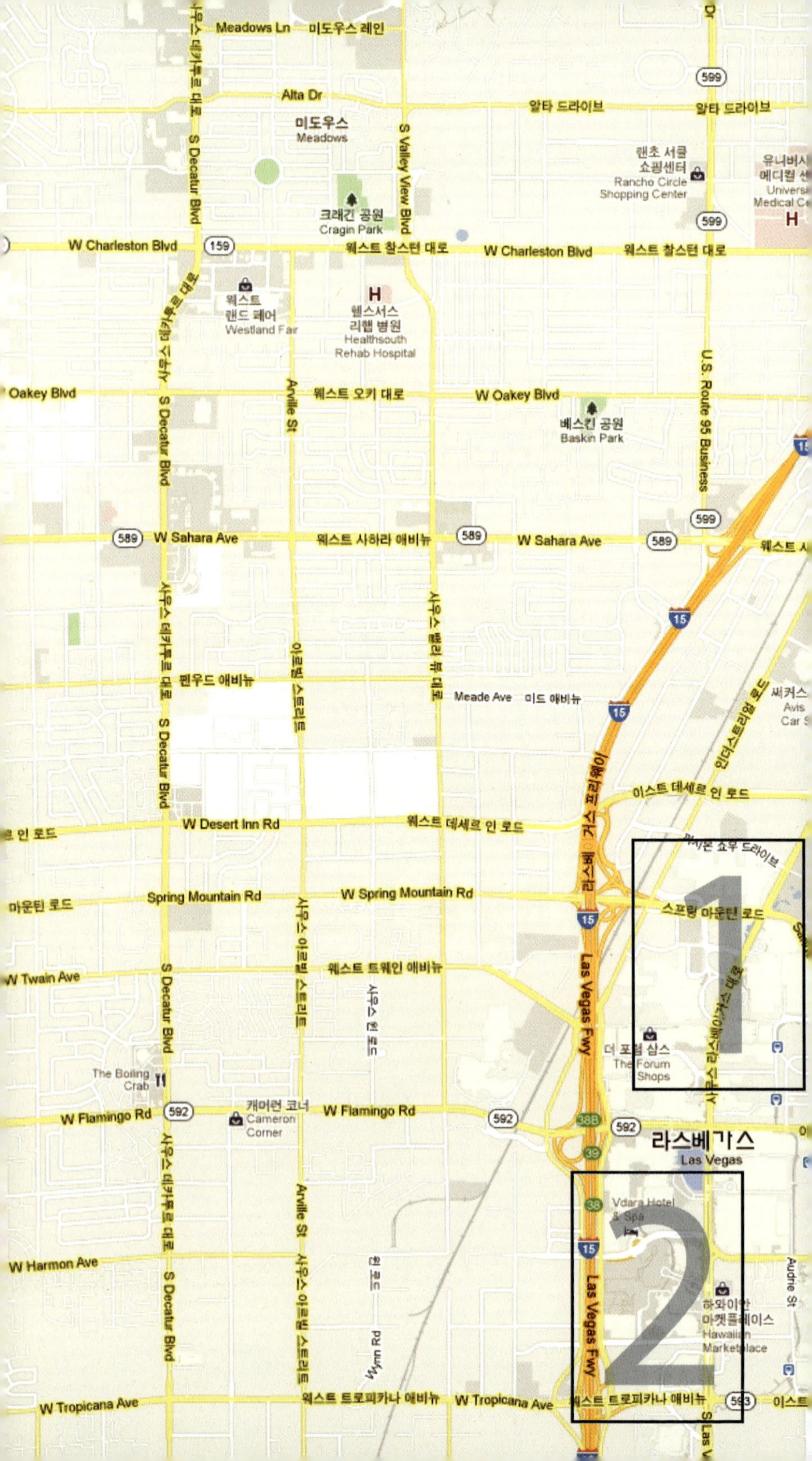

Meadows Ln 미도우스 레인
Alta Dr
알타 드라이브
미도우스
Meadows
크래긴 공원
Cragin Park
랜초 서클 쇼핑센터
Rancho Circle Shopping Center
W Charleston Blvd
웨스트 찰스턴 대로
웨스트 랜드 페어
Westland Fair
헬스서스 리햅 병원
Healthsouth Rehab Hospital
Oakey Blvd
웨스트 오키 대로
W Oakey Blvd
베스킨 공원
Baskin Park
W Sahara Ave
웨스트 사하라 애비뉴
펀우드 애비뉴
Meade Ave 미드 애비뉴
W Desert Inn Rd
웨스트 데세르 인 로드
이스트 데세르 인 로드
Spring Mountain Rd
W Spring Mountain Rd
스프링 마운틴 로드
W Twain Ave
웨스트 트웨인 애비뉴
더 포럼 샵스
The Forum Shops
The Boiling Crab
W Flamingo Rd
캐머런 코너
Cameron Corner
라스베가스
Las Vegas
Vdara Hotel & Spa
W Harmon Ave
하와이안 마켓플레이스
Hawaiian Marketplace
W Tropicana Ave
웨스트 트로피카나 애비뉴
S Decatur Blvd
S Valley View Blvd
Arville St
U.S. Route 95 Business
Las Vegas Fwy
라스베가스 프리웨이
1
2

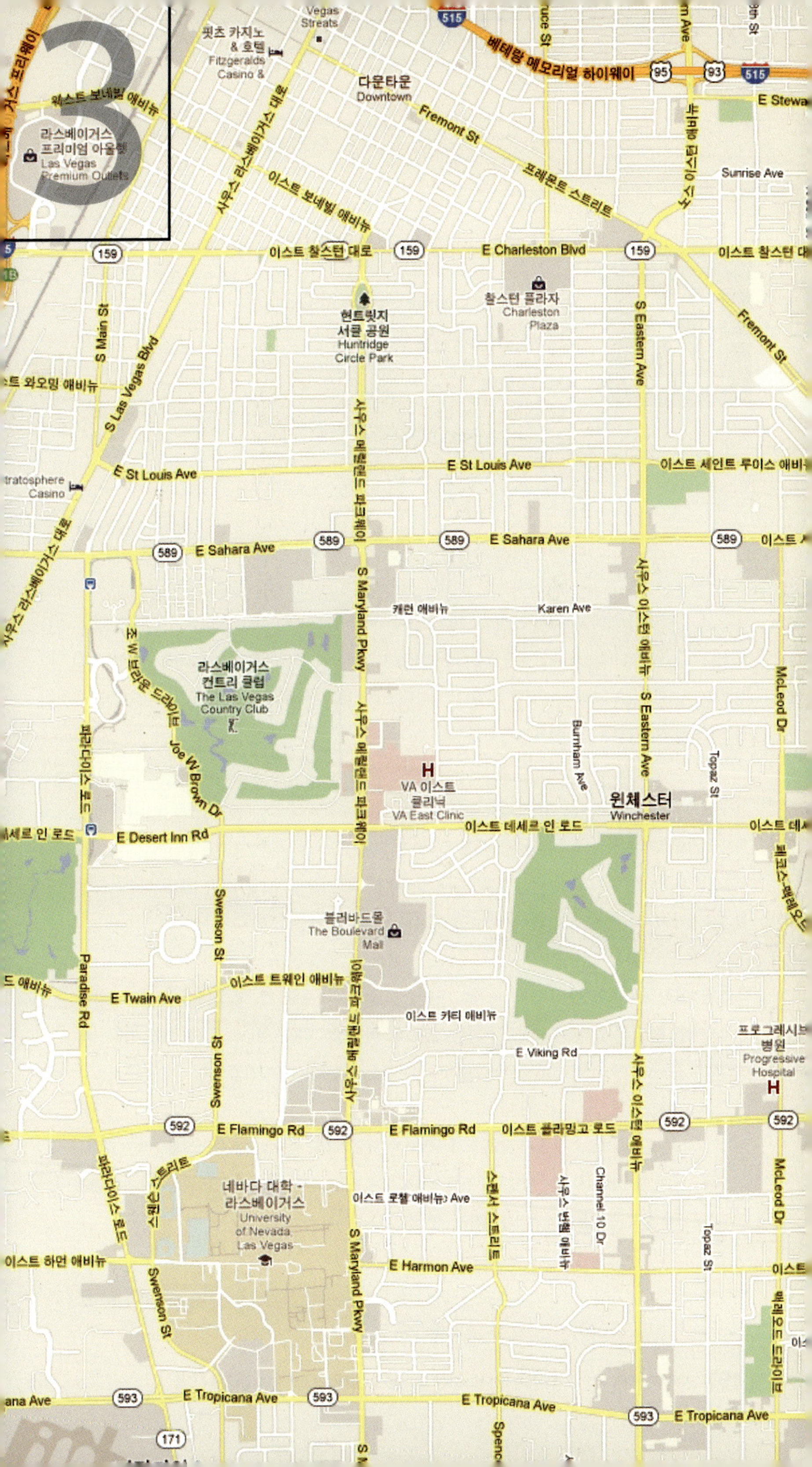
3
핏츠 카지노 & 호텔
Fitzgeralds Casino &
Vegas Streats
다운타운
Downtown
Fremont St
프레몬트 스트리트
베테랑 메모리얼 하이웨이
E Stewa
Sunrise Ave
라스베이거스 프리미엄 아울렛
Las Vegas Premium Outlets
이스트 보네빌 애비뉴
E Charleston Blvd
이스트 찰스턴 대로
찰스턴 플라자
Charleston Plaza
헌트릿지 서클 공원
Huntridge Circle Park
S Main St
S Las Vegas Blvd
S Eastern Ave
E St Louis Ave
이스트 세인트 루이스 애비뉴
Stratosphere Casino
E Sahara Ave
S Maryland Pkwy
사우스 메릴랜드 파크웨이
캐런 애비뉴
Karen Ave
라스베이거스 컨트리 클럽
The Las Vegas Country Club
Joe W Brown Dr
McLeod Dr
Burnham Ave
Topaz St
VA 이스트 클리닉
VA East Clinic
윈체스터
Winchester
E Desert Inn Rd
이스트 데세르 인 로드
Swenson St
블러바드몰
The Boulevard Mall
Paradise Rd
E Twain Ave
이스트 트웨인 애비뉴
이스트 카티 애비뉴
E Viking Rd
프로그레시브 병원
Progressive Hospital
E Flamingo Rd
이스트 플라밍고 로드
네바다 대학 - 라스베이거스
University of Nevada, Las Vegas
이스트 로첼 애비뉴 Ave
Channel 10 Dr
E Harmon Ave
이스트 하먼 애비뉴
E Tropicana Ave
159
589
592
593
171
515
95
93

IX

*Architect's & Interior Designer's Guide to*

# 라스베가스

Las Vegas

1829년 스페인 탐험가에 의해 발견된 라스베가스는 네바다 주 동남부 사막에 위치한 미국 최대의 관광도시 중 하나이다. 라스베가스는 스페인 말로 초원이란 의미를 지닌 곳으로 19세기 말까지는 소규모의 광업과 축산업을 하는 마을이었으나, 1905년에 남 캘리포니아와 솔트레이크시티를 연결하는 철도가 완성되면서 도시가 건설되기 시작하여 1911년에 시가 되었다.

1936년에 라스베가스 근처에 위치한 세계 최대의 후버 댐이 완성되어 도박장이 늘어나면서 관광과 환락지로서 각광을 받아 네바다 주의 최대 재원이 된 라스베가스는 연중무휴의 독특한 사막휴양지이다. 고속도로 연도에는 호화스런 호텔, 음식점, 공인도박장 등이 즐비한 도시로 야간에도 관광객들이 성황을 이루는 거대한 환락가가 되었다.

또한 라스베가스를 비롯하여 노스 라스베가스, 헨드선, 보울드 시티, 프림, 진, 메스키트, 라프린을 포함한 도시 전체를 클라크 카운티라고 하는데 2004년 현재 라스베가스를 포함한 클라크 카운티 전체 인구는 약 170만 명 정도로 전체 인구의 1/3 이상이 호텔이나 카지노 같은 유흥업에 종사하고 있다.

라스베가스는 크게 스트립 지역과 다운타운으로 구분할 수 있으며 최근 각광받고 있는 스트립 지역은 MGM과 뉴욕뉴욕 등 5km에 걸쳐 호화 호텔들이 가득 늘어서 있는 화려한 분위기이고 이전에 중심지였던 다운타운 지역은 카지노와 쇼 같은 오락거리가 있지만 서민적인 분위기이다.

이런 라스베가스에 2010년 그 판도를 바꾼 사건이 스트립 지역의 벨라지오와 몬테 카를로 사이에 위치한 대규모 복합단지인 시티 센터의 오픈이다. 시티 센터에는 아리아 리조트 & 카지노, 크리스탈 몰, 만다린 오리엔탈 라스베가스, 비다라 호텔, 비어 타워, 더 하몬 등 6개의 건축물로 구성된 단지로 라스베가스 최고의 인기 방문지로 부각되고 있다.

시티 센터는 동시에 다니엘 리베스킨트와 락웰 그룹의 크리스탈 몰, 펠리 클라크 펠리 아키텍츠의 아리아 리조트 & 카지노, KPF와 아담 티하니 등이 협력한 만다린 오리엔탈 라스베가스, 라파엘 비놀리와 카림 라시드의 비다라 호텔, 머피/얀의 비어 타워, 노만 포스터의 더 하몬 등에서 볼 수 있듯이 전 세계 유명 건축가들과 실내디자이너들의 경연장이기도 하다.

건축적으로는 이외에도 전설적인 건축물인 WAT & G와 TSA의 더 베네치안, 쉐마 듀갈 디자인 어쏘시에이츠와 KGA의 더 포럼 샵, 제프리 허치슨 어쏘시에이츠의 바니스 뉴욕 라스베가스, 알툰+포터의 패션쑈 몰, 존 저드의 월드 마켓 센터 라스베가스, 서울의 W 호텔 실내도 디자인한 일란 와이스브로+가이야 스튜디오의 타오 레스토랑 라스베가스 같은 상업적인 성격의 건축물과 실내디자인 프로젝트를 체험할 수 있는 건축적인 보고이기도 하다.

상업적인 성격이 아닌 건축물로는 프랭크 게리의 루 루보 뇌 건강 센터, 펜트레스 브래드번의 클라크 군 청사 같은 건축물도 볼 수 있는 곳이기도 하다. 라스베가스는 도박과 환락, 이혼의 도시만이 아니라 로버트 벤츄리가 라스베가스에서 배우는 것이란 책을 저술한 것처럼 건축적, 실내디자인적인 측면에서도 우리에게 시사하는 바가 있는 도시라는 점이다.

# 1

001 바니스 뉴욕 / 002 타오 레스토랑 라스베가스 / 003 패션쇼 몰 / 004 더 포럼 샵스

**001** Barneys New York in Las Vegas / **002** TAO Restauranr Las Vegas / **003** Fashion Show Mall / **004** The Forum Shops

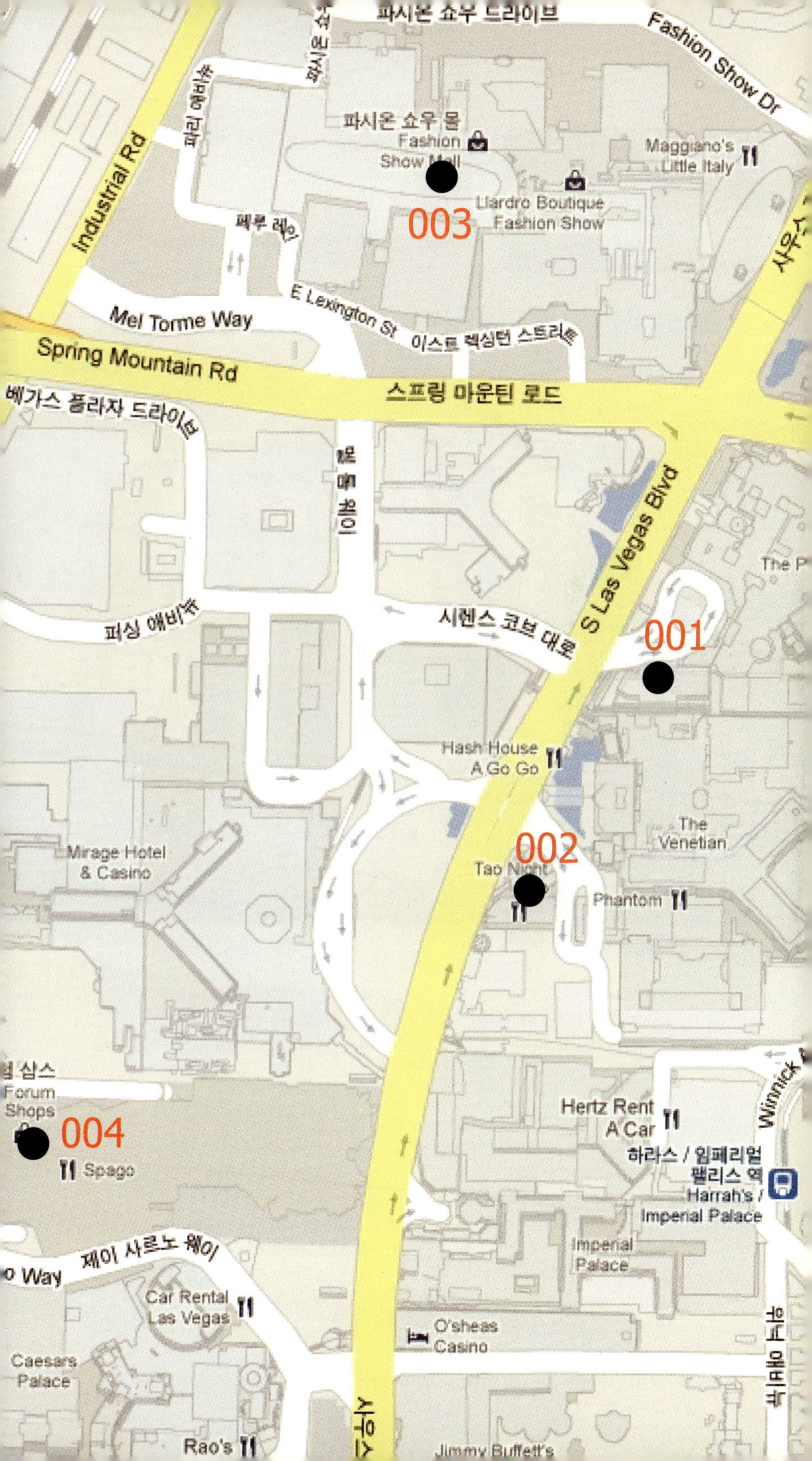

파시온 쇼우 드라이브
Fashion Show Dr
파시온 쇼우 몰
Fashion Show Mall
003
Maggiano's Little Italy
Llardro Boutique Fashion Show
Industrial Rd
파리 애비뉴
페루 레인
E Lexington St
이스트 렉싱턴 스트리트
Mel Torme Way
Spring Mountain Rd
스프링 마운틴 로드
베가스 플라자 드라이브
S Las Vegas Blvd
시렌스 코브 대로
피싱 애비뉴
001
The P
Hash House A Go Go
The Venetian
002
Tao Night
Phantom
Mirage Hotel & Casino
Forum Shops
004
Spago
Hertz Rent A Car
하라스 / 임페리얼 팰리스 역
Harrah's / Imperial Palace
Winnick
Imperial Palace
제이 사르노 웨이
o Way
Car Rental Las Vegas
O'sheas Casino
Caesars Palace
Rao's
Jimmy Buffett's

· 제프리 허치슨 & 어쏘시에이츠, 2008
· 3327 Las Vegas Boulevard South, Las Vegas
· www.jeffreyhutchison.com/projects/barneys_lasvegas/index.html

*Las Vegas* | *001*

# 바니스 뉴욕
## Barneys New York in Las Vegas

바니스 뉴욕은 뉴욕에 본부를 둔 고급 백화점의 체인으로 3층에 75,250m$^2$ 규모의 매장인 라스베가스 점을 JHA(제프리 허치슨 어쏘시에이츠)가 디자인하였다.

팔라쪼 리조트 호텔과 연결되어 있는 바니스 뉴욕 라스베가스 점의 특징은 공간에서 바로크라는 주제를 표현한 것으로, 외관과 실내공간에 석회암으로 된 재료와 디테일을 취하면서도 미니멀하게 바로크를 해석하였다.

공간적인 하이라이트는 바로크를 현대적으로 해석한 나선형 계단으로 마치 영화에 나오는 궁정의 계단처럼 쇼핑객들을 각층으로 유인하고 있다.

또한 석회암이란 재료와 검은색 금속 프레임, 유리 마감의 다층 프레임을 한 현관과 화려한 패턴을 한 천정을 통하여 바로크를 현대적으로 해석하였음을 보여주고 있다.

JHA는 또한 라스베가스를 상징하는 카드에 나오는 하트나 다이아몬드 같은 기호화된 패턴을 유리면에 표현하는 것으로써 지역의 맥락을 반영하였다.

3층에 위치한 2,790m$^2$ 규모의 개인 쇼핑 지역은 3개의 프라이빗 스위트와 각 스위트에 2개의 피팅룸, 라운지 등으로 고객에게 서비스를 하고 있다.

바니스 뉴욕은 쇼핑, 화려함, 바로크, 도박의 도시 라

스베가스라는 맥락을 어떻게 공간 속에 스며들게 하는가를 보여주는 사례라고 할 수 있다.

- 일란 와이스브로 + 가이아 스튜디오, 2004
- 3377 Las Vegas Boulevard South, Las Vegas
- www.studiogaia.com
- www.taolasvegas.com

*Las Vegas* | 002

# 타오 레스토랑 라스베가스

## TAO Restauranr Las Vegas

라스베가스 베네치안 호텔 내에 위치한 타오 레스토랑 라스베가스는 뉴욕의 타오 레스토랑 체인점으로 3개층으로 구성되어 있다.

두 개의 붉은색 게이트 안에 보이는 불상들에서 전형적인 동양풍을 한 레스토랑처럼 보이는 공간이나 실내공간에서는 동양적인 것을 현대적으로 해석하여 디자인하였다.

입구의 여러 개의 켜로 구성된 중국풍의 원형 터널을 지나면, 높은 천정고를 지닌 레스토랑이 나온다.

금색으로 도장한 5m 크기의 불상이 상징적으로 자리잡고 있는 1층과 중이층으로 구성된 400여 개의 좌석이 있는 레스토랑은 동양적인 신비로움으로 가득 차게 연출하였다.

레스토랑은 2개층 높이의 공간으로 중이층 하부 공간은 아늑하고 편안한 분위기의 스시바와 연회공간으로 디자인하였다.

용 모양의 조각상과 중국 사찰의 나선형의 향을 모티브로 한 조명, 그리고 곳곳에 놓인 동양적인 불상 등의 소품 등은 동남아시아와 중국 등에서 영향을 받은 동양적인 주제로 해석한 공간이다.

천정에 매달린 한지에 쓴 서예 작품이나 돌 우물로 물이 흐르는 공간으로 연출한 3층의 클럽인 수도원 바

는 절 입구의 계단 같은 공간을 만들어 봉헌하는 초를 들고 있는 수십 개의 수도승 동상들이 놓여 있어 장관을 이룬다.

사찰이라는 동양의 성스러운 종교공간을 모티브로 디자인한 레스토랑과 클럽이라는 점이 우리의 눈에는 흥미로우며, 서양인이 느끼는 동양이란 어떤 것인가를 질문하게 된다.

· 알툰 + 포터, 1981, 2003(개수)
· 3200 Las Vegas Boulevard South Las Vegas, Nevada
· www.altoonporter.com

Las Vegas | 003

# 패션쇼 몰

## Fashion Show Mall

패션쇼 몰은 두 개의 코어에 매달린 우주선 같은 타원형 지붕구조와 후면에 위치한 역동적인 사선형의 본 건축물의 대비가 인상적인 상업공간으로 세계에서 가장 큰 폐쇄형 쇼핑몰 중 하나이다.

175,415m² 규모의 쇼핑몰은 250개의 점포가 있는 상업공간과 패션쇼의 런어웨이, 외부에 구름이란 의미의 더 클라우드(The Cloud)라고 불리는 타원형 지붕으로 구성되어 있다.

타원형 지붕은 주간에는 쇼핑몰의 입구부에 그늘을 제공하며 야간에는 영상 스크린의 기능을 한다. 몰은 초기에는 니만 마커스와 골드워터즈 등이 입점한 5,900m² 규모로 시작했으나 2003년 증축하면서 더 클라우드라는 구조물과 7개의 메이저 백화점, 몬디 등 유명 의류 메이커 판매점, 컨셉이 다른 4개의 레스토랑, 푸드코트 등이 들어서게 되었다.

실내공간은 돌출된 발코니와 패션쇼를 위한 선형의 런어웨이가 있는 그레이트 홀을 중심으로 구성되어 있으며, 매주 금, 토, 일에 저스틴 토마스나 마이크 밀러 같은 젊은 모델들이 등장하는 쇼가 펼쳐진다.

트럼프 호텔 근처에 위치한 패션쇼 몰은 일본 여성 관광객들이 찾는 쇼핑의 필수 코스로도 유명하다.

· 쉐마 듀갈 디자인 어쏘시에이츠 + KGA 아키텍쳐, 1992, 2004(증축)
· 3500 Las Vegas Boulevard South Las Vegas, NV 89109
· www.dougalldesign.com
· www.forumshops.com

*Las Vegas* | 004

# 더 포럼 샵스

## The Forum Shops

더 포럼 샵스는 시저스 팰리스 호텔 내에 위치한 연면적 590,844m² 규모의 럭셔리 쇼핑몰로 구찌, 디올, 불가리 같은 160개의 명품 브랜드가 입점해 있다. 시저의 궁전이란 호텔의 컨셉처럼 명품 브랜드의 이미지를 고려한 고대 로마의 로데오 거리나 콘도티 거리를 그대로 재현한 쇼핑몰은 미국에서 가장 성공적인 쇼핑몰로 2004년 3차 증축을 통하여 패션 샵은 물론 볼프강 퍽을 포함한 13개의 레스토랑 등을 구비한 판매공간이다. 어른들을 위한 놀이터 같은 도시인 라스베가스에 맞게 익히 알려진 로마의 공간들을 편집해서 집 속의 집처럼 보여주고 있는 쇼핑몰은 도쿄의 비너스 포트에도 영향을 주었는데, 그 이유는 2개의 프로젝트 모두 쉐마 듀갈 디자인 어쏘시에이츠가 기획하였기 때문이다. 몰에는 로마 분위기의 거리에 아틀란틱 분수쇼의 말하는 동상이나 이국적인 수족관, 그리고 현대적인 디자인의 H&M 매장 등 볼거리들이 많은 공간으로 나선형 에스컬레이터는 이런 공간들을 연결하고 있다. 최근 라스베가스 대로까지 162,525m²의 면적을 증축한 더 포럼 샵은 그랜드 보행자 광장에 사인을 위한 입구를 조성하였다.

# 2

005 더 하몬 / 006 비다라 호텔 & 스파 / 007 크리스탈스 몰 / 008 비어 타워스 / 009 만다린 오리엔탈 라스베가스 / 010 아리아 리조트 & 카지노

**005** The Harmon / **006** Vdara Hotel & Spa / **007** Crystals Mall at City Center / **008** Veer Towers / **009** Mandarin Oriental Las Vegas / **010** Aria Resort & Casino

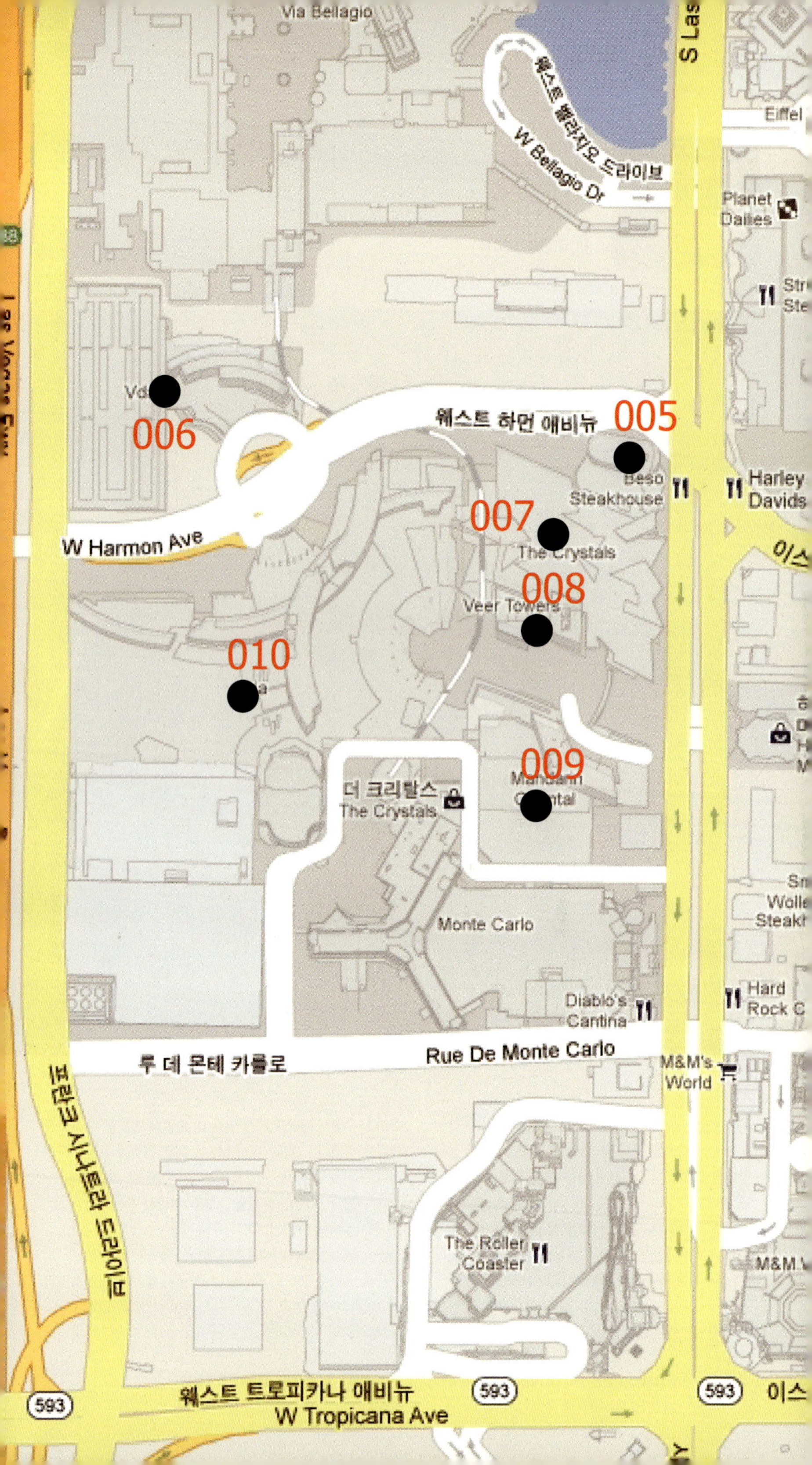

Via Bellagio
웨스트 벨라지오 드라이브
W Bellagio Dr
S Las
Eiffel
Planet Dailies
005
006
007
008
009
010
웨스트 하먼 애비뉴
W Harmon Ave
Beso Steakhouse
Harley Davids
The Crystals
Veer Towers
더 크리스탈스
The Crystals
Monte Carlo
Diablo's Cantina
Hard Rock C
Rue De Monte Carlo
루 데 몬테 카를로
M&M's World
프랭크 시나트라 드라이브
The Roller Coaster
웨스트 트로피카나 애비뉴
W Tropicana Ave
593
593
593
이스

· 노만 포스터, 2007
· 3720 Las Vegas Boulevard, Las Vegas

*Las Vegas* | 005

# 더 하몬

## The Harmon

하몬 호텔은 시티 센터 내에 위치한 27층, 231,900m² 규모의 부티크 호텔로 양 모서리가 곡면으로 구성된 장방형 평면이 인상적인 건축물이다. 각이 진 부정형한 형태들이 쌓여있는 것 같은 크리스탈 쇼핑몰과 대비되는 유선형 형태가 마치 마침표를 찍는 건축물처럼 느껴지는 호텔은 49층 높이로 건설될 계획이었으나 건설 과정에서 각종 결함이 드러나면서 26층 규모로 완공될 예정이었다. 특히 카운티 측이 호텔 안전문제 해결방안을 제출하라고 요청한 데 이어 MGM이 발주한 연구에서 대규모 지진 발생 때 호텔이 붕괴할 수 있다는 결과가 나옴에 따라, MGM 측은 건물을 폭파해 철거하는 것이 가장 효율적이라는 결론을 내렸다고 설명했다. 하지만 호텔을 건설한 시공사 측은 "최근 경기침체로 관광산업이 위축돼 호텔 수요가 줄자 MGM 측이 건물 공사대금을 지불하지 않으려고 안전문제를 끌어들였다"고 주장한다. 시공사 측은 부실공사 책임 소재를 놓고 MGM 측과 2억달러(약 2144억원)에 이르는 민사소송을 진행 중이다.

- 라파엘 비놀리 + RV 아키텍춰(건축), 카림 라시드(실크로드 실내 디자인), 2009
- 2600 W. Harmon Ave. Las Vegas, Nevada 89109
- www.rvapc.com

*Las Vegas* | 006

# 비다라 호텔 & 스파

## Vdara Hotel & Spa

비다라 호텔 & 스파는 벨라지오와 연결된 시티 센터 내의 57층, 15만m$^2$ 규모의 호텔과 스파 시설로 아리아와는 인접하여 위치하고 있다. 수영장이 있는 기단부 위에 서있는 곡선형 평면을 한 호텔과 스파는 곡선형의 아리아 리조트나 차도와 조화를 이루도록 디자인된 건축물로 1,495의 객실과 2개층의 스파와 살롱, 피트니스 센터, 점포와 바가 있다.

다양한 높이의 매스가 서로 평행하게 솟아 있는 건축물의 수평적인 줄무늬가 나있는 커튼월 입면은 라스베가스의 경치와 멀리 보이는 사막의 전경을 반영하는 프레임 같은 역할을 하며, 미니멀한 형태는 장식적인 라스베가스의 건물들과는 대조적이다. 호텔의 로비공간에서 포인트가 되는 공간은 카림 라시드가 실내공간을 디자인한 레스토랑 실크로드로 과거 실크로드를 따라 무역을 했던 무역상들의 모임을 위한 장소처럼 쾌적하고 안락한 장소이면서 동양적인 분위기가 반영된 이국적이면서 유기적인 공간이 인상적이다. 벽면에는 파도치는 듯한 유기적인 구성의 벽체들 사이에서 새어 나오는 간접조명으로 부드러운 역동감을 실내공간에 부여하고 있다. 2개층으로 구성된 스파 시설에는 건강 스파, 살롱, 피트니스 센터가 있으며 저층부 옥상의 풀장과도 연결되어 있다.

실내공간은 사막의 경치에서 영감을 받은 자재와 색상으로 디자인했으며 실외 공간에는 낸시 루빈스의 보트조각이라는 알루미늄 보트들을 쌓아서 오브제처럼 만든 조형물 등이 공간을 풍요롭게 하고 있다.

· 다니엘 리베스킨트(건축), 락웰그룹(실내), 2009
· 3720 S Las Vegas Blvd.,Las Vegas, Nevada 89109
· www.crystalsatcitycenter.com
· www.daniel-libeskind.com
· www.rockwellgroup.com

*Las Vegas* | *007*

# 크리스탈스 몰
## Crystals Mall at City Center

라스베가스의 시티 센터 내에 위치한 쇼핑, 갤러리, 주차시설 등으로 구성된 복합용도의 쇼핑몰인 크리스탈스 몰은 미디어 시스템과 크리스탈, 금속으로 마감된 부정형한 매스들이 랜덤하게 조합된 것 같은 외관이 인상적인 건축물로 전통적인 분위기의 상업공간에서 탈피한 프로젝트이다.

다양한 형태의 크리스탈들이 모여 있는 것 같은 형상을 한 크리스탈스는 보행자들이 보는 시점에 따라 다양한 모습으로 보여지는 예술 조형물처럼 디자인된 쇼핑몰이다.

추상적인 21C의 공원이라는 컨셉으로 디자인된 쇼핑몰은 건축은 다니엘 리베스킨트, 실내 디자인은 락웰그룹이 디자인하였다.

몰은 1, 2층에는 다양한 명품 상점과 레스토랑, 카페 등이 입점해 있으며, 3층은 몬테카를로 호텔과 벨라지오 호텔을 연결하는 모노레일 역으로 이루어져 있고 주변단지 내 건물들과 연결된 동선을 원활하게 하기 위하여 2층에서는 조경, 예술작품을 이용하여 출입구로 유도하고 있다.

실내공간에서 손님들은 1층에 위치한 거대한 대포 형태를 한 오브제의 레스토랑인 트리 하우스와 꽃들이 심겨져 있는 실내 조경, 외관과 연결된 다양한 형태의 사선의 면과 자연광이 들어오는 천창에 의해 쇼핑몰의 실내 중앙광장으로 유도된다.

전체의 층고를 인식할 수 있는 중앙광장은 휴먼스케일에서 벗어난 거대한 계단을 통해 2층 몰과 3층 모노레일 역으로 유도되며 2층에서는 실내공간의 랜드마크인 거대한 대포 형태의 트리하우스를 통하여 자신의 위치를 알 수 있다.

주간에는 건축물에서 다니엘 리베스킨트의 디자인적 특성이 많이 나타나지 않으나 야간에는 조명 연출로 부정한 형태의 크리스탈 같은 느낌을 느낄 수 있다.

miu miu

BALENCIAGA

· 머피/얀(건축), 프란시스코 곤잘레즈 풀리도(로비 디자인), 다이아나 웡 아키텍쳐(레지던스 디자인), 2010
· 3752 Las Vegas Boulvard, Las Vegas, NV 89109
· www.murphyjahn.com

Las Vegas | 008

# 비어 타워스

## Veer Towers

5° 가량 비스듬하게 기울어진 외관이 인상적인 37층, 63,840m² 규모의 쌍둥이 타워 건축물은 럭셔리 콘도미니엄 레지던스이다.

주거용 타워들은 비스듬한 큐브로 구성된 크리스탈 쇼핑몰과 연결된 단지의 아이콘적인 특성과 함께 단순성과 역동성을 표현하고 있다.

저층부는 수직이 강조된 투명한 커튼월, 상층부는 금색의 유리가 가미된 수평적인 루버형 커튼월로 구성한 타워들, 최상층에는 풀장, 피트니스 센터, 스파, 탈의실 및 테라스가 위치하고 있다.

타워에서 주 접근로와 자동차의 승하차용 도로는 1층, 보행자용 접근로는 동, 서쪽 타워의 로비층에 위치하고 있으며 수직이 강조된 커튼월로 마감한 저층부에는 상가가 위치해 있고, 상층부에는 레지던스가 위치하고 있다.

현대적이면서 자연스러운 분위기로 연출한 레지던스 객실에는 금색의 유리가 직사광선을 차단하는 역할을 하며, 거대한 창을 통해 전망을 확보하고 있다.

LEED 골드마크를 인증받은 타워들의 금색의 유리가 혼합된 루버가 있는 수평적인 커튼월은 입면에 변화를 주고 동시에 동, 서, 남쪽 파사드에 그늘을 제공하면서 에너지를 감소시키는 친환경적인 장치이다.

- KPF(건축), 아담 티하니(공용부 실내디자인), 케이 랭 어쏘시에이츠 + 페이지 & 스틸레(객실 디자인), 2009
- 3752 Las Vegas Boulevard, Las Vegas, Nevada 89109
- en.wikipedia.org/wiki/Mandarin_Oriental,_Las_Vegas

*Las Vegas* | 009

# 만다린 오리엔탈 라스베가스

Mandarin Oriental Las Vegas

시티 센터의 게이트 같은 역할을 하는 만다린 오리엔탈 라스베가스는 47층 높이, 101,000m$^2$ 규모를 한 호텔로 400실이 있는 호텔과 215실의 콘도가 있는 타워형 건축물이다. 전망 등을 고려하여 꺽여 있는 평면형을 한 이 호텔은 객실과 함께 각종 편의시설, 레스토랑, 스파와 회의시설 등이 있으며, 전망을 고려한 23층에 스카이 로비가 위치하고 있다. 중국의 전통적인 모티브에서 영향을 받은 수직적인 알루미늄 패널과 수평적인 유리가 맞물리는 패턴을 한 파사드에서도 수평으로 긴 창이 스카이 로비의 존재를 알리고 있는데 스카이 로비, 레스토랑, 만다린 바와 라운지에서 라스베가스 시내의 전경을 즐길 수 있다.

아담 티하니는 호텔의 공용부를 디자인하면서 만다린 오리엔탈이란 호텔명처럼 중국적인 분위기와 현대적인 디자인을 가미한 호화로운 실내 디자인으로 도심 속의 오아시스 같은 공간을 선보이고 있다. LEED 골드마크를 인증받은 호텔은 고효율 저방사율 유리, 효율적인 중앙식 설비, 쾌적한 객실 조절시스템, 녹색 에너지 조달시스템, 우수 집하장치의 사용이라는 지속 가능한 디자인을 적용하여 에너지 효율과 함께 실내 환경의 질을 높이고 있다. 호텔의 실내외 공간에서도 마야 린, 제니 홀쩌, 프랭크 스텔라, 클레이스 올덴버그 같은 예술가들의 작품을 곳곳에서 즐길 수 있다.

· 펠리 클라크 펠리 아키텍츠, 2009
· 3730 S Las Vegas Blvd.,Las Vegas, Nevada 89109
· en.wikipedia.org/wiki/Aria_Resort & Casino

*Las Vegas* | *010*

# 아리아 리조트 & 카지노

## Aria Resort & Casino

아리아 리조트 & 카지노는 약 35만m² 규모에 높이 180m를 한, 시티 센터에서 가장 높은 건축물들로 구성된 단지로 라스베가스 도심부의 스카이라인을 새롭게 정립한 프로젝트이다. 파도가 치는 듯한 역동적인 형태의 커튼월 입면을 한 두 개의 타워는 사막의 도시에서 열정과 생명력을 형태와 공간으로 표현하고 있으며 568개의 스위트룸을 포함한 4,000개의 객실에서는 파노라마 같은 통유리창을 통하여 도시의 전경을 감상할 수 있다.

방문객들은 거대한 캐노피가 설치된 2개의 출입구 중 하나를 통하여 실내공간으로 진입하여 몇 개층을 상하로 오픈한 아트리움 공간에서 공간의 역동성과 화려함을 즐기게 된다. 호텔 타워에는 150,000m² 규모의 카지노, 명품 상가, 16개의 식당과 바, 8개의 나이트클럽과 라운지로 구성되어 있으며 바르마사에서는 훌륭한 일식 요리를, 스카이박스와 그릴에서는 캐주얼한 분위기에서 미국식 요리를 즐길 수 있다. 타워의 서쪽에는 1,800석 규모의 극장과 컨벤션 센터, 스파 빌딩이 위치하고 있어 원스톱으로 리조트 시설을 즐길 수 있으며 풀장 근처에 위치한 28,000m²의 집회 공간에서는 아리아의 풀장에 반사되어 들어오는 자연광을 즐기면서 회의나 모임을 할 수 있다.

리조트와 카지노는 에너지 절약을 고려한 유리 코팅의 커튼월, 세라믹과 유리의 혼합으로 시야를 확보하면서 빛을 차단하는 유리를 사용하여 효율적으로 에너지를 절감하고 있다.

또한 공간의 내외부에는 마야 린이나 클레이스 올덴버그 같은 유명한 예술가들이 만든 조형물들이 공간에 친근감과 함께 활력을 불어넣고 있다.

# 3

011 월드 마켓 센터 / 012 클라크 군청사 / 013 루 루보 뇌 건강 센터

**011** World Market Center in Las Vegas / **012** Clark County Government Center / **013** Lou Ruvo Center for Brain Health

Las Vegas Fwy
W Symphony Park Ave
사우스 그랑 센트럴 파크웨이
프로메나드 플레이스
심포니 파크 애비뉴
42B
라스베이거스 프리웨이
시티 파크웨이
S Grand Central Pkwy
Promenade Place
011
Las Vegas Design Center
012
W Bonneville Ave
웨스트 보네빌 애비뉴
Subway
마키노스시
Makino
013
라스베가스 프리미엄 아울렛
Las Vegas Premium Outlets
Las Vegas Premium Outlets
S Main St
S Commerce St
후버 애비뉴
S 1st St
Coolidge Ave
사우스 메인 스트리트
사우스 커머스 스트리트
사우스 그랑 센트럴 파크웨이
Iron Horse Dr

- 저드 파트너쉽, 2013
- 495 South Grand Central Parkway #2203, Las Vegas
- www.lasvegasmarket.com/

*Las Vegas* | 011

# 월드 마켓 센터

## World Market Center in Las Vegas

월드 마켓 센터 라스베가스는 그랜드 센트럴 파크웨이에 위치한 560,000m² 규모의 실내 디자인 용품과 가구, 마감재를 전시, 판매하는 아직은 미완성인 마켓이다.

석재와 유리의 커튼월로 이루어진 기하학적인 매스와 매스의 관입, 그리고 원호를 한 정면이 인상적인 건축물들로 구성된 이 마켓 센터는 모두 완성이 되면, 중정 등 야외 공간과 어우러진 8개동에 120,773m² 규모를 한 단지로 각 건축물들에는 스카이워크를 구비한 다양한 쇼룸과 컨벤션 센터 등이 들어서게 될 것이다.

원호형 정면을 한 첫 번째 동을 시작으로 계속 다른 동들이 건축되고 있는 센터는 2013년을 완공 예정으로 건설이 계속 되고 있다. 실내 디자인과 관련하여 방문하는 사람들은 기하학적인 형태를 한 매스들이 마치 무너져 내리는 도미노 놀이의 매스들처럼 연결된 공간을 따라 쇼룸과 매장에서 구매와 상담을 할 것이다.

센터 내의 첫 번째 동에 37,000m² 규모의 라스베가스 디자인 센터도 입주하여 디자인에 관련한 모든 것을 전시, 체험, 구매라는 행위가 원스톱으로 센터 내에서 이루어지고 있다. 계곡의 이미지나 장소 만들기로 유명한 저드 파트너십의 다른 쇼핑몰과는 약간은 다른 분위기의 공간이기에 디자인과 관련된 사람들은 방문해 보기를 권하는 공간이다.

- 펜트레스 브래드번, 도밍고 캄베이로, 1995
- 500 S. Grand Central Parkway, Las Vegas

*Las Vegas* | 012

# 클라크 군청사

## Clark County Government Center

클라크 군청사는 넓은 대지에 원형의 잔디가 깔린 야외 공연장을 중심으로 구성된 6층, 32,515m² 규모의 청사용 건축물로 사막을 연상시키는 갈색의 조소적인 형상의 외관이 인상적이다.

해시계 같은 조형물이 부착된 거대한 콘 형태의 타워는 외관에서도 시각적인 포인트인 동시에 실내공간에서도 거대한 아트리움이 있는 광장 같은 역할을 하는 중심적인 공간으로, 콘 형태의 타워와 연결된 길게 연장된 벽체는 야외 공연장과 주차장 구역을 나누는 조닝장치의 역할을 한다.

녹지가 있는 중정과 야외 공연장을 중심으로 구성된 청사는 실내공간에서 녹지를 바라 보면서 근무를 하는 쾌적한 환경으로 디자인하였다.

청사와 연결된 카페테리아 기능의 피라밋 형 부속동, 야외 공연장과 강당은 콘서트나 아츠쇼, 페어 같은 공적인 이벤트에 사용되는 공간으로 시민에게 열려진 공간이기도 하다.

29개 부서에 1,100명의 직원들이 근무하는 청사의 내외부 공간의 디자인은 라스베가스 계곡에 있는 사막의 자연적인 아름다움을 표현하고자 하였다고 한다.

건축가는 청사의 디자인에 있어 핵심적인 요소인 원형의 야외 공연장과 공연장을 가로지르는 벽체가 장소의 감각을 살리면서 동시에 길 찾기를 위한 장치라고 설명하고 있다.

- 프랭크 게리, 2010
- 888 West Bonneville Avenue, Las Vegas, Nevada 89106
- en.wikipedia.org/wiki/Lou_Ruvo_Center_for_Brain_Health

*Las Vegas* | 013

# 루 루보 뇌 건강 센터

## Lou Ruvo Center for Brain Health

루 루보 뇌 건강 센터는 6,000$m^2$ 규모의 퇴행성 뇌 질환 분야를 연구하는 센터로 실험실, 클리닉, 의료실무자 및 연구자를 위한 사무실, 마음 박물관, 지역사회를 위한 강당이 있는 건축물이다.

알츠하이머, 파킨슨, 헌팅턴 병을 연구하는 센터는 뇌 구조를 연상시키는 부정형한 스테인리스 마감의 매스들과 상자가 쌓여 있는 것 같은 정형적인 매스가 개방형 정원을 중심으로 대비되는 인상적인 건축물로 라스베가스의 알츠하이머와 파킨슨 병 협회, 기억 살리기 본부가 있기도 하다.

남측에 위치한 부정형한 형태의 지붕을 한 생명활동 센터는 이벤트 공간으로 파티나 결혼식 등의 행사에 임대, 수익금을 센터의 연구기금으로 활용하기 위한 공간이다. 북측에 위치한 정형적인 매스들이 쌓여 있는 것 같은 4층 규모의 동에는 연구시설, 클리닉, 업무공간이 있다.

라스베가스의 주류 유통업자인 래리 루보가 부친인 루 루보가 알츠하이머 병으로 투병, 사망한 것을 계기로 추진, 건축된 센터는 종합 의료연구 및 치료센터인 클리브랜드 클리닉이 센터 운영에 참가하면서 정식 명칭이 클리브랜드 클리닉 루 루보 뇌 건강 센터로 바뀌게 되었다.

건축가인 프랭크 게리도 그의 오랜 친구와 가족들이 헌팅턴 병으로 쓰러졌기에 건축물을 설계하면서 센터의 연구분야에 헌팅턴 병도 추가하였다는 에피소드가 있는 건축물이다.

센터는 이런 의도와는 달리 해체적인 분위기의 형태 때문에 라스베가스라는 크레이지 타운에 가장 잘 어울리는 건축물이란 말을 듣기도 하였다.

ARCHITEC

INTERIOR

SEATTLE

S &

DESIGNER'S

GUIDE TO

Roy St 로이 스트리트
1st Ave N
5th Ave N
Aurora Ave N
Key Arena
Broad St
Boeing & Eames
IMAX Theatres
1
Republican St 리퍼블리컨 스트리트
캐스케이드
Cascade
토마스 스트리트
Thomas St
John St
Yale Ave N
166
5
99
데니 웨이
Denny Way
2200
1st Ave
2nd Ave
3rd Ave
4th Ave
스튜어트 스트리트
E Pine St
5th Ave
Wall St
밸타운
Belltown
알래스칸 웨이
4th Ave
2nd Ave
올리브 웨이
165
165B
165A
센트럴 비지니스
디스트릭
Central
Business District
알래스칸 웨이 비아덕
Pine St
5th Ave
4th Ave
2nd Ave
1st Ave
2
Spring St
Madison St
Marion St
시애틀
Seattle
99
제임스 스트리트
H
하버뷰
메디컬 센터
Harborview
Medical Center
5th Ave
시애틀 - 베인브리지 아일랜드
Yesler Way
3
519
1st Ave S
S Jackson St
4th Ave S
2B
2A
5
세이프
코 필드
Safeco Field
99

E Aloha St
스티븐스
Stevens
15th Ave E
23rd Ave E
밀러 파크
Miller Park
E John St
힐톱
Hilltop
12th Ave
15th Ave
이스트 매디슨 스트리트
E Madison St
이스트 리퍼블리컨 스트리트
해리슨 / 데니 블레인
Harrison/ Denny Blaine
마틴 루터 킹 주니어 웨이
34th Ave
마드로나
Madrona
E Union St
23rd Ave
만
Mann
에젤스 페이머스 치킨
Ezell's Famous Chicken
Squire Park
가필드 하이 스쿨
Garfield High School
Terrace
마드로나 공
Madro Park
31st Ave
레이크 워싱턴 대로
이스트 예슬러 웨이
프랫 공원
Pratt Park
레스키
Leschi
레스키 공원
Leschi Park
S Jackson St
12th Ave S
애틀랜틱
Atlantic
23rd Ave S
레니어 애비뉴 사우스
퍼블릭 쇼어 액세스
Public Shore Access
Lewis Park
저드킨스 파크
Judkins Park
33rd Ave S
90
15th Ave S
Rainier Ave S
23rd Ave S
King Jr Way S
비콘 힐 플레이
6
8
7
4

X

*Architect's & Interior Designer's Guide to*

# 시애틀

## Seattle

아름다운 풍광으로 에메랄드 시티라고 불리는 시애틀은 캐나다와 국경을 마주하고 있는 미국 워싱턴 주 서북단의 최대 도시로 퓨젯사운드와 워싱턴 호 사이에 자리 잡고 있으며 아시아 및 알래스카에 이르는 최단거리에 위치하기 때문에 양 지역에 대한 미국의 문호가 되고 있다.

북위 49° 부근에 위치하나 기후는 온화하며, 1월 평균기온 4.41℃로 서울보다 따뜻하고 7월 평균기온은 17.61℃이다. 시의 인구는 2009년 4월 현재 약 60만 2천명, 퓨젯사운드 근교의 인구까지 합치면 약 340만 명으로 미국에서 15번째로 큰 대도시권을 형성하고 있다.

1851년 정착이 시작되었으며, 철도 개통 이전까지는 목재집산지에 불과하였으나 1884년 타코마와의 사이에 철도가 개통하면서 1893년 그레이트노던 철도의 기점이 되었다. 1896년 일본 선박의 입항을 시초로 무역이 발달했으며 1897년부터는 유콘, 알래스카의 골드러시에 의해서 금의 적출항인, 상업의 중심지로서 번영하였다. 대륙횡단철도와 주요 자동차 도로의 기점으로 정기 연안항로뿐만 아니라, 외국항로 선박의 발착점이다.

1919년에 국제공항이 개설되었으며 시애틀과 타코마시 중간에 위치한 시애틀 타코마 국제공항은 시택 공항(Sea-Tac)이라고도 불리며 알래스카 항공이 이곳을 허브로 하고 있다. 16개의 국제노선과 미국 국내 각 주요 도시를 오가는 노선이 활발하게 운행 중이다.

교통의 중심지이기도 한 시애틀은 제1차 세계대전 중에는 조선업, 제2차 세계대전 중에는 항공기 제조, 조선의 대공장이 잇따라 건설되었으며 철강, 알루미늄 공업도 활발하여 공업도시로서 비약적인 발전을 이루었다.

시애틀의 잠 못 이루는 밤이란 영화로 많이 알려진 시애틀은 케니 지와 지미 헨드릭스의 고향인 동시에 마이크로소프트, 보잉, 아마존 닷 컴 등이 모여 있는 낭만과 첨단이 공존하는 도시로 알려져 있다. 커피의 대명사인 스타벅스 1호점이 생긴 도시도 시애틀이기에 낭만의 도시로서 손색이 없는 곳이기도 하다.

첨단기술을 상징하는 마이크로소프트 레드몬드 웨스트 캠퍼스가 시애틀의 근교에 위치하기도 하며 1962년 시애틀 박람회에 세워진 전망탑인 스페이스 니들은 전망탑과 우주선의 이미지가 결합된 형태로 지금도 시의 상징이 되고 있다. 공항에 도착하면, 2009년 개통한 경전철이 다운타운과 시애틀 타코마 국제공항을 연결해 주는데 각 정차하는 역마다 상징적인 조형물이나 디자인으로 차별화한 것이 시애틀이란 도시에 대한 기대감을 갖게 한다.

최근 건축적으로 시애틀이란 도시를 알린 것은 벤츄리 & 스캇 브라운의 시애틀 아트 뮤지엄, 프랭크 게리의 EMP/SFM, 렘 쿨하스의 시애틀 중앙도서관, 스티븐 홀의 시애틀 대학 내에 위치한 성 이그나티우스 성당을 거론할 수 있다. 특히 성 이그나티우스 성당은 건축가가 시애틀의 워싱턴 대학교 출신이기에 큰 의미를 갖는 작품이라고 할 수 있다.

또 한 사람의 시애틀 출신의 건축가는 미노루 야마사키로 패시픽 사이언스 센터나 레이니어 스퀘어, IBM 빌딩 같은 건축물이 시애틀에 위치하고 있다. 월드 트레이드 센터를 설계한 건축가로, 월드 트레이드 센터는 911 사태로 폭파되었으나, 그의 고향에서는 건재한 그의 건축물의 아름다움을 즐길 수 있다.

# 0

001 시애틀 타코마 국제공항

001 Seattle Tacoma International Airport

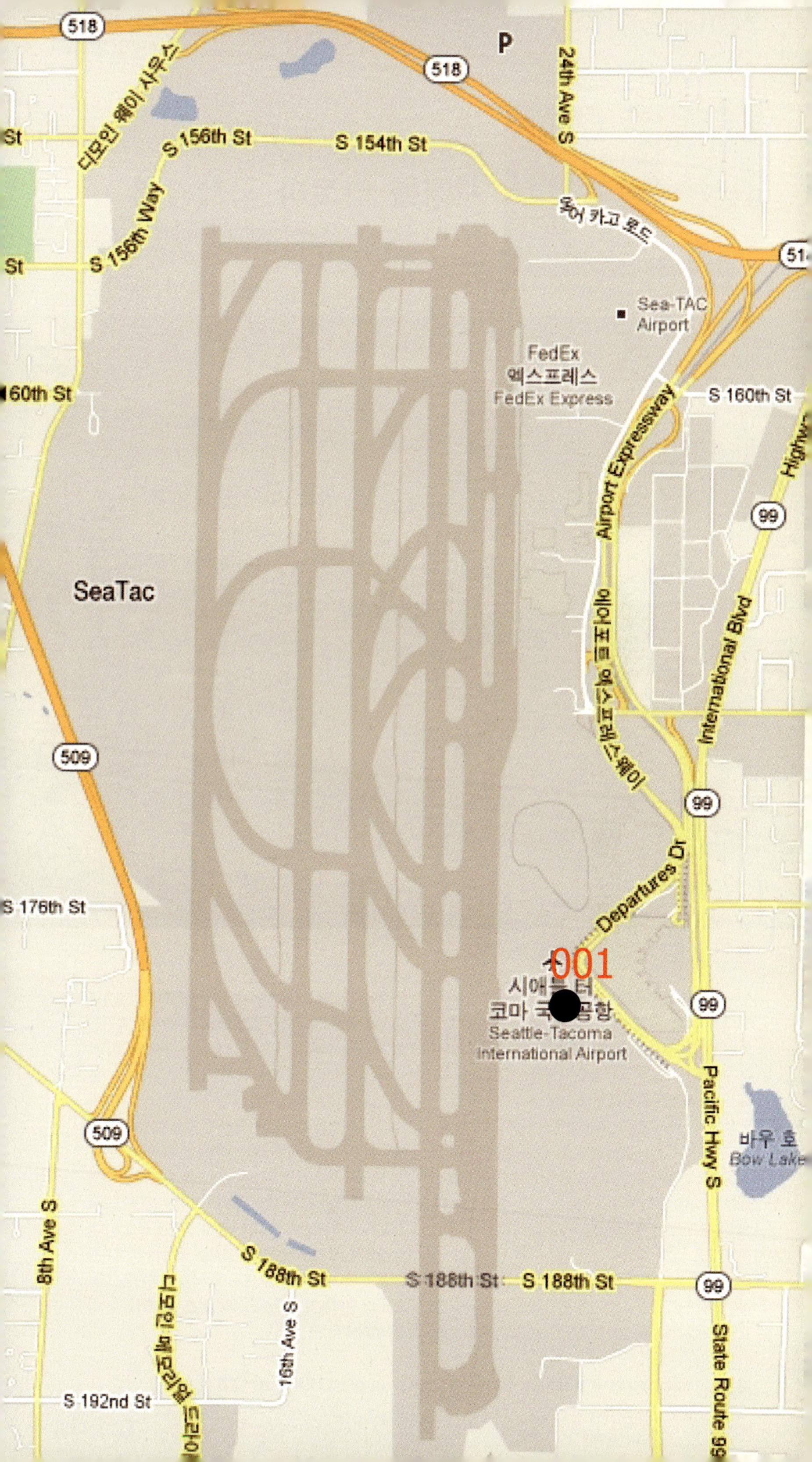
518
P
24th Ave S
디모인 웨이 사우스
S 156th St
S 154th St
S 156th Way
Sea-TAC Airport
FedEx
엑스프레스
FedEx Express
S 160th St
Airport Expressway
99
SeaTac
International Blvd
에어포트 엑스프레스웨이
509
S 176th St
Departures Dr
001
Seattle-Tacoma
International Airport
Pacific Hwy S
바우 호
Bow Lake
8th Ave S
S 188th St
16th Ave S
S 192nd St
State Route 99

· 펜트레스 브레드번 아키텍쳐 + NBBJ, 무라세 어쏘시에이츠(증축, 조경), 1949, 2004, 2008(증축)
· 17801 International Blvd. Seattle, Washington
· www.portseattle.org/seatac



# 시애틀 타코마 국제공항
## Seattle Tacoma International Airport

시애틀 타코마 국제공항은 204,387m$^2$ 규모의 여객 터미널을 갖춘 공항으로 시택(Sea-Tac)으로 불리기도 하며, 시애틀과 타코마의 항공 운송을 전담하고 있다. 1944년 개항한 국제공항은 알래스카 항공과 자회사인 호라이즌 항공의 허브공항으로서 주 터미널 1동과 위성 터미널 2동으로 구성된 X자형의 평면을 취하고 있다. 연간 3,600만을 수용하는 공항은 2010년에 승객들과 물동량의 확대로 인하여 1997년 마스터 플랜을 업데이트하면서 증축과 함께 콘코스 A를 NBBJ가 2004년 완공하였다.

14개의 항공사 게이트와 레스토랑, 상점 등이 있는 공항으로 인천공항을 설계한 펜트레스 브레드번 아키텍쳐가 디자인을 총괄하였다. 18m 높이의 퍼시픽 마켓플레이스라고 불리는 중앙터미널에서 비행기의 도착과 출발, 그리고 주변의 아름다운 경치를 즐기도록 하기 위하여 과거 아르데코 양식의 디자인을 참조, 거대한 곡면의 커튼월로 구성된 입면을 가진 건축물로 변모시켰다. 도착 홀은 베나로야 홀 앞에 위치한 기억의 정원을 디자인한 무라세 어쏘시에이츠에서 디자인한 암석과 수공간이 도착하는 승객들을 환영하고 있으며 퍼시픽 마켓플레이스라고 불리는 중앙 터미널에서는 시장 같은 즐거운 분위기의 공간으로 연출하여 피로에 지친 여행객들을 즐겁게 하고 있다. 공항에서 시애틀 시내와 연결되는 열차인 라이트레일을 타면, 각 역의 건축물과 그 역을 상징하는 조형물들이 흥미롭게 디자인된 것들을 볼 수 있기에 눈 여겨 보기를 바란다.

CHARTER
SOUTHWEST

# 1

002 EMP/SFM / 003 스페이스 니들

**002** Experience Music Project/Science Fiction Museum & Hall of Fame / **003** Space Needle

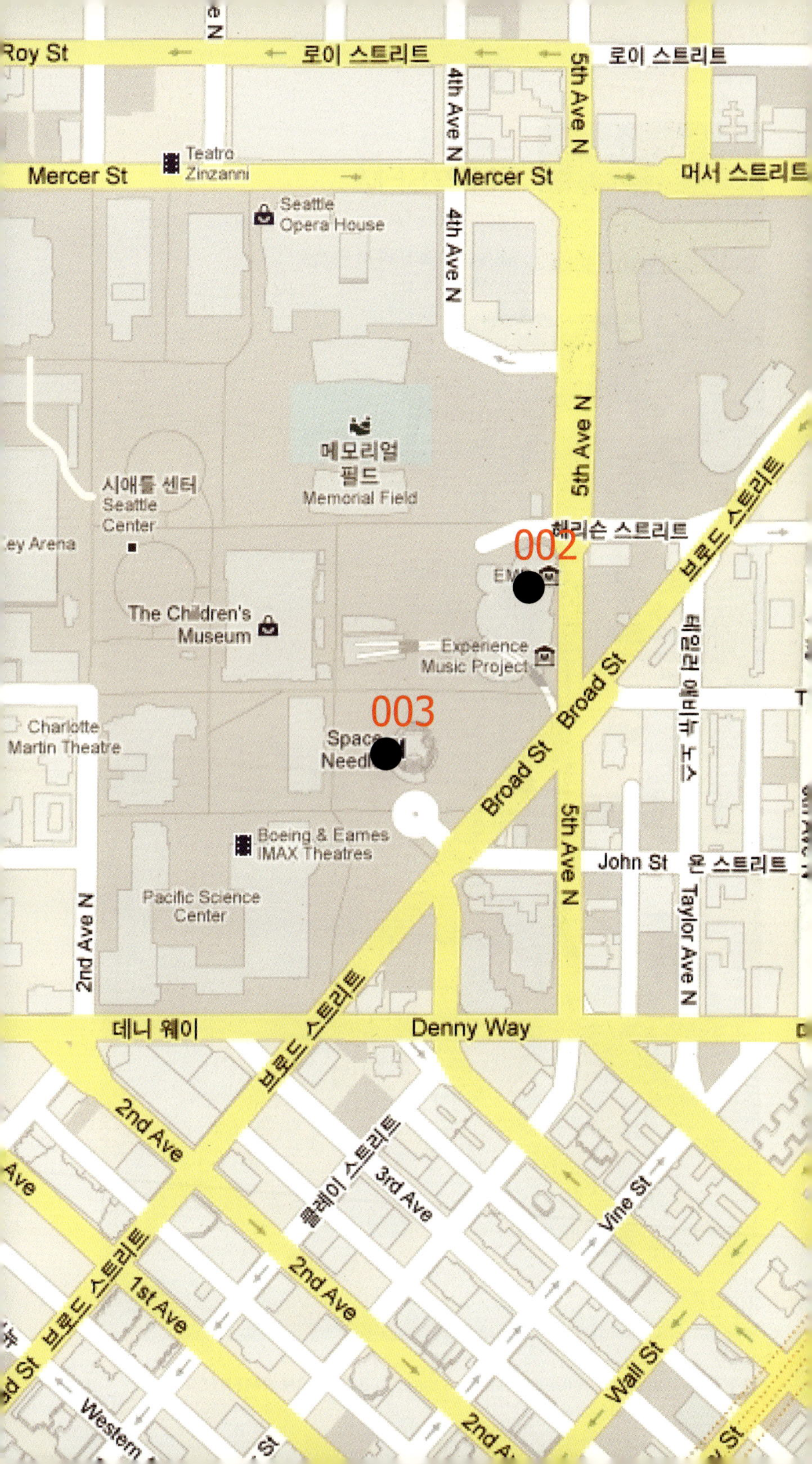
Roy St
로이 스트리트
로이 스트리트
4th Ave N
5th Ave N
Teatro
Zinzanni
Mercer St
Mercer St
머서 스트리트
Seattle
Opera House
4th Ave N
메모리얼
필드
Memorial Field
5th Ave N
시애틀 센터
Seattle
Center
ey Arena
해리슨 스트리트
브로드 스트리트
002
The Children's
Museum
Experience
Music Project
Broad St
테일러 에비뉴 노스
003
Space
Needl
Charlotte
Martin Theatre
Broad St
Boeing & Eames
IMAX Theatres
5th Ave N
John St
존 스트리트
Pacific Science
Center
Taylor Ave N
2nd Ave N
데니 웨이
Denny Way
브로드 스트리트
2nd Ave
클레이 스트리트
3rd Ave
Vine St
Ave
브로드 스트리트
1st Ave
2nd Ave
Wall St
Western

· 프랭크 게리 + LMN/밀러 헐 파트너십(증축), 2000, 2004(증축)
· 325 5th Avenue North, Seattle, Washington
· www.empsfm.org

*Seattle* | 002

# EMP/SFM

## Experience Music Project/Science Fiction Museum & Hall of Fame

EMP는 시애틀센터 내에 위치한 록음악의 전당으로써 마이크로소프트의 공동 창립자이면서 지미 헨드릭스의 팬이었던 폴 앨런에 의해 세워진 음악의 체험과 전시를 위한 공간이었으나 2004년에 공상과학 박물관과 명예의 전당이 증설되면서 EMP/SFM이 되었다. 시애틀 출신의 전설적인 기타리스트인 지미 헨드릭스가 공연 후에 기타를 부수는 모습에서 영감을 받아 디자인하였다는 EMP/SFM은 자유로운 형상의 스테인리스 스틸과 진홍색으로 도장된 알루미늄 패널 등으로 마감된 건축물이기에 전투기 설계용 CAD 소프트인 카티아 프로그램을 이용하여 만든 3천개의 패널로 시공되었다. 건축물에 모노레일이 관통하는 것이나 금속을 구긴 듯한 독특한 형상의 EMP의 입구에 들어서면, 우측에 스카이처치라는 지미 헨드릭스에게 헌정하는 소리, 빛 영상으로 이루어진 공간이 나오며 2층 전시실에는 500여 개의 기타를 쌓아서 만든 조형물이 있는데 그 모습이 장관이다. 전시는 지미 헨드릭스의 자취를 찾아 볼 수 있는 헨드릭스 갤러리, 1770년대 기타를 감상할 수 있는 기타 갤러리, 시애틀을 중심으로 한 북서부 음악의 역사를 확인할 수 있는 노스웨스트 패시지 등의 볼거리들이 있다. 3층에는 사운드 랩이란 공간에는 직접 악기를 연주해 볼 수 있는 공간이 있어 연주를 체험해 볼 수 있다. 실내 전시공간은 마치 거대한 생물체의 내장에 들어간 것처럼 유기적인 구성을 취하고 있어 새로운 공간적 경험을 체험하게 한다. 공상과학 박물관에서는 배틀스타 갤럭티카 같은 공상과학 영화에 대한 기획전시도 열리며 방문했을 당시에는 음악 체험 전시공간에서의 슈프림스 무대 의상에 관한 전시회가 인상적이었으니 한 번 방문해 보기 바란다.

· 존 그레이엄, 칼리슨 아키텍처(증축), 1962, 1982, 2000(증축)
· 400 Board Street, Seattle, Washington

*Seattle* | *003*

# 스페이스 니들

Space Needle

시애틀 센터 내에 위치한 우주의 침이란 의미의 스페이스 니들은 1962년 시애틀 만국박람회 당시 세워진 전망대 기능의 건축물로 시애틀의 상징적인 존재이다.

상부에 있는 원반 모양의 형태가 인상적인 182m 높이의 전망대는 건축 당시 박람회의 주제였던 우주의 인간을 표현하기 위하여 UFO를 모티브로 하여 디자인하였으며, UFO형의 정상부, 하부의 연회용 시설, 지상부의 유리 파빌리온과 그것들을 지지하는 삼각형 샤프트로 구성되어 있다.

160m 높이에 위치한 5개층으로 이루어진 원반형의 정상부는 엘리베이터 기계실, 기계설비층, 전망 데크, 중이층으로 된 회전 레스토랑으로 구성되어 있다. 상부에는 15m 높이의 천연가스 토치를 설치하여 야간에 점등하여 불을 밝히도록 하였다.

47분 동안에 1회전을 하는 전망 레스토랑에서는 시내 중심가는 물론이고 캐스케이드 산맥에서 엘리오트 만까지 조망이 가능하다.

1982년에 33m 높이에 위치한 연회용 시설의 증축과 2000년에 회전 레스토랑과 함께 전망대, 외부 조명 등의 개수, 지상부의 유리 파빌리온의 증축이 이루어진 스페이스 니들은 1999년 도시 명소 보존협회에서 역사적인 명소로 지정되었다. 시애틀의 잠 못 이루는 밤을 비롯하여 러브 해펀스나 오스트 파워 등 많은 영화들의 배경이 되기도 하였다.

미국 사람들이나 여행객들이 시애틀 하면, 떠올리는 대표적인 건축물이라고 할 수 있다.

# 2

004 컬럼비아 센터 / 005 시애틀 중앙도서관 / 006 IBM 빌딩 & 레이니어 스퀘어 / 007 시애틀 아트 뮤지엄 / 008 베나로야 홀 / 009 US 뱅크 센터 / 010 워싱톤 스테이트 컨벤션 센터 + 원 컨벤션 플레이스 / 011 웨스트레이크 센터와 공원 / 012 시애틀 시청사

**004** Columbia Center / **005** Seattle Central Library / **006** IBM Building & Rainier Square / **007** Seattle Art Museum / **008** Benaroya Hall / **009** US Bank Center / **010** Washington State Convention Center + One Convention Place / **011** Westlake Center & Park / **012** Seattle City Hall

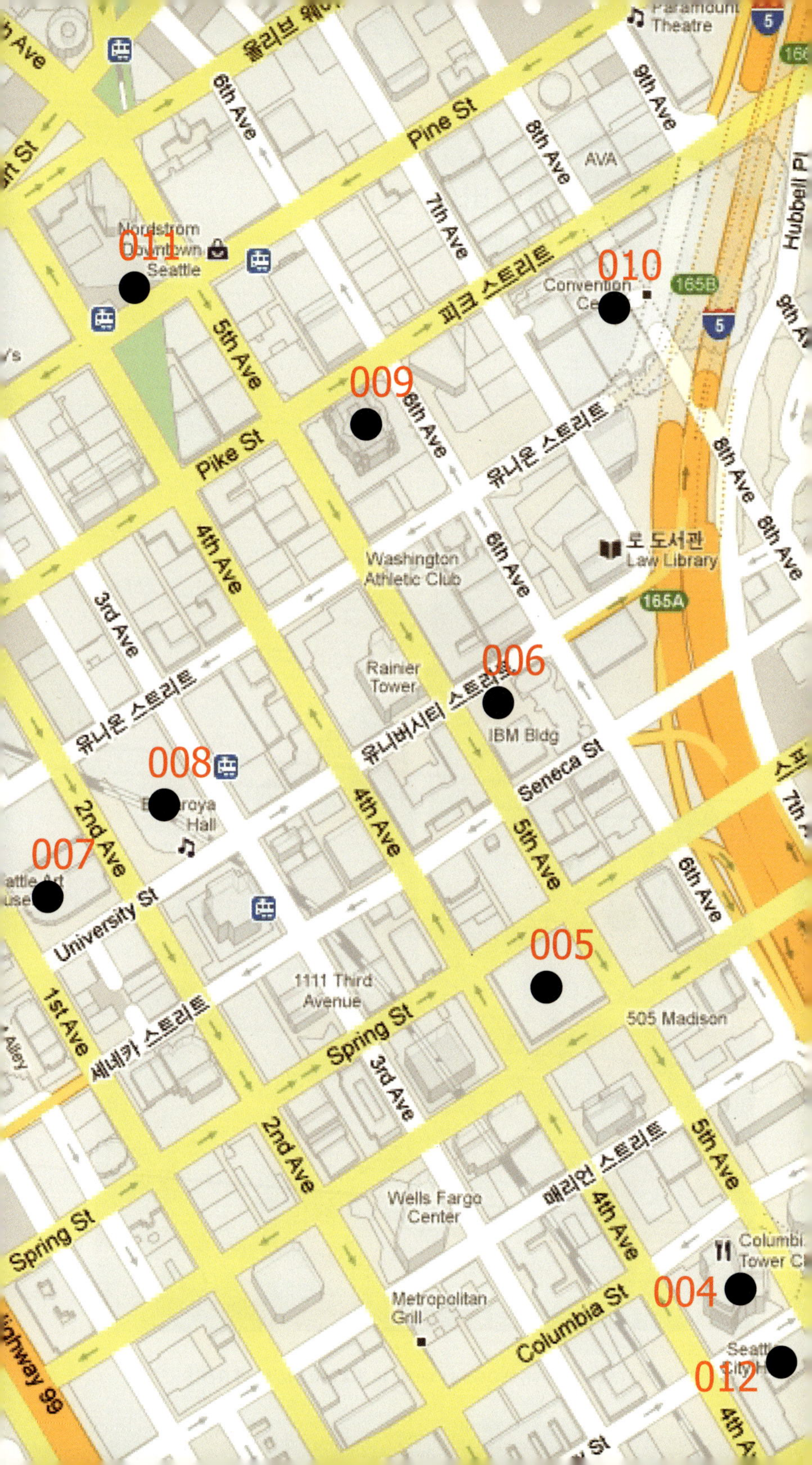

Paramount Theatre
Pine St
6th Ave
7th Ave
8th Ave
9th Ave
AVA
Hubbell Pl
Nordstrom Downtown Seattle
011
010
Convention Ce
165B
피크 스트리트
5th Ave
009
Pike St
유니온 스트리트
4th Ave
3rd Ave
Washington Athletic Club
로 도서관
Law Library
165A
Rainier Tower
006
유니버시티 스트리트
IBM Bldg
Seneca St
008
Hall
2nd Ave
007
University St
005
1111 Third Avenue
505 Madison
1st Ave
세네카 스트리트
Spring St
2nd Ave
3rd Ave
매리언 스트리트
Wells Fargo Center
Spring St
Metropolitan Grill
Columbia St
004
012

· 체스터 L. 린지 아키텍쳐, 1985
· 701 5tn Avenue Seattle

Seattle | 004

# 컬럼비아 센터
## Columbia Center

시 중심가의 시청사에 바로 인접해 위치한 컬럼비아 센터는 76층, 142,900m$^2$ 규모의 업무용 복합 건축물로 위싱턴 주에서 가장 높으면서 서해안 지역에서 2번째로 높은 건축물이다.

흑회색의 커튼월로 마감한 오목한 형태와 볼록한 형태가 대비되는 3개의 매스로 조형적으로 구성된 센터의 하부는 적색의 화강석으로 마감되어 있다.

과거 뱅크 오브 아메리카로 불리기도 하였던 센터에는 뱅크 오브 아메리카와 아마존 등이 임대해 있다. 빌딩의 73층 전망대에서는 시애틀의 전망을 즐길 수 있고 75, 76층에는 레스토랑, 바, 회의실, 도서관이 있는 컬럼비아 타워 클럽이 있다.

컬럼비아 센터가 완공되면서 시애틀 시민들은 스카이라인의 흐름을 위해서 이후에 건축되는 건축물의 높이를 135m로 제한하였으며, 그 결과 역설적이게도 오랜 기간 센터가 시애틀에서 가장 높은 건축물로 남게 되었다.

원래 300m 높이로 계획되었던 센터는 항공 고도 제한으로 축소되었기 때문에, 이 과정에서 임대면적의 확보를 위해서 층고를 4m로 줄여서 해결하였다.

바로 인접한 시애틀 뮤니시펄 타워는 바세티, 노튼, 메틀러 & 레케빅스가 디자인한 62층 규모의 건축물로 컬럼비아 센터와 함께 시애틀의 스카이라인의 정점으로 자리잡고 있으며 지하 콘코스로 푸드코트가 있는 센터와 연결되어 있다.

컬럼비아 센터 바로 옆에는 3층 벽돌조의 건축물 위에 철골로 2층을 올린 5층 규모의 업무용 건축물인 컬럼비아 하우스가 위치하고 있으며, 1909년에 건축된 건물을 건축가 프레드 바세티가 구입하여 개수해 센터에 매각하지 않고 사용하고 있다.

· 렘 쿨하스 + OMA + LMN, 페트라 블라이세 + 존스 & 존스(조경), 2004
· 1000 4th Avenue, Seattle, Washington
· www.spl.org

Seattle | 005

# 시애틀 중앙도서관

## Seattle Central Library

시애틀 중앙도서관은 시 중심가인 4번가 대로의 경사지에 위치한 11층, 34,000m² 규모의 도서관 용도의 건축물로서 커튼월로 구성된 4면이 각각 다른 입면을 가진 부정형한 형태가 인상적이다. 이런 인상적인 형태와 공간으로 디자인한 것은 건축가가 미국 고층 건축물이 가지고 있는 층들이 중첩된 구성을 변형, 도서관의 목적에 맞게 충분한 일사, 전망 등을 제공하는 구조를 가지게 하면서 건축물의 각 부분은 주변 환경에 맞게 대응하여 건축물 자체가 도시의 아이콘이 되게 하였다. 145만권의 장서와 미디어 자료들을 활용하는 공간과 함께 어린이 도서관, 강당 등이 있는 도서관을 디자인하면서 우선 디자인 단계에서 복잡 다양한 프로그램과 미디어들을 재정리, 구분하여 5개 고정 플랫폼과 4개의 가변 플랫폼으로 프로그램을 구분하였다. 그리고 북 스파이럴이란 분류체계에 따라 도서를 분류하면서 공간들을 일반적인 도서관과는 달리 유연하게 상호 연결되도록 디자인, 급격하게 변화하는 시대의 흐름에 대응하게 하였다. 연속적으로 연결된 공간에서 이용자들이 자신의 위치를 인식하기 위하여 강렬한 색채와 그래픽, 식물 패턴을 이용한 자연친화적인 디자인으로 해결하였다. 실내 디자인과 조경까지 관여한 페트라 블라이세는 나무들의 도서관이란 조경 디자인의 컨셉으로 도서관 사면에 각기 다른 이야기를 가진 수목들을 식재하여 경사지의 장점을 살리고 있으며, 실내외의 조경을 마치 실내까지 끌어들인 듯한 잔디와 식물 패턴의 카펫 디자인으로 내외부가 연결되는 듯하게 연출하였다. 구조는 어린이 도서관을 포함하는 콘크리트 하부구조, 행정파트와 서고를 포함하는 5개의 플랫폼으로 구성된 철골 구조, 건축물 전체를 감싸는 다이아몬드 형태의 격자 구조라는 3개 부분으로 구성되어 있으며, 격자구조는 전체를 감싸는 역할을 하면서 철골 상부 구조의 플랫폼과 연결시키고 있다. 또한 에너지 효율을 최대하기 위하여 눈부심을 최소화 하고 내부로 자연광을 최대한 유입시키기 위하여 주변 건물들이 만드는 그늘을 시뮬레이션하였으며, 햇빛이 많이 비치는 커튼월에는 금속망이 삽입된 고효율 유리로 처리하고 그늘면에는 투명한 유리로 처리하여 최대한 실내에 효율적으로 빛이 유입되도록 하였다. 실내에서는 공기가 내부를 순환해서 아트리움 상부로 보낸 후에 외부로 배출하는 시스템을 고안하면서 아트리움의 표면을 냉각, 가열하여 냉난방이 효율적으로 되도록 하였으며, 천정의 팬은 화재 시에 연기를 강제적으로 배출하게 하였다. 이런 친환경적인 노력에 힘 입어 표준적인 건물보다 40% 이상 에너지를 절약하게 하였다. 시애틀 중앙도서관은 과거 벤츄리의 미술관이 도시의 아이콘이었던 역할을 대신하는 새로운 시대 흐름에 맞는 아이콘이면서 새로운 디자인의 도서관상을 제시하였기에, 시애틀에 가면 필히 방문하여야 할 명소이다.

· 미노루 야마사키 + NBBJ, 1964, 1978
· 1200, 1301 5tn Avenue, Seattle

Seattle | 006

# IBM 빌딩 & 레이니어 스퀘어

IBM Building & Rainier Square

IBM 빌딩과 레이니어 스퀘어는 시애틀 중심가에 마주 보며 서있는 업무용 고층빌딩들로 911 테러로 폭파된 월드 트레이드 센터를 디자인한 일본계 미국 건축가인 미노루 야마사키의 작품이다. 두 건축물은 수직선을 강조한 상부의 커튼월이나 기단부를 아치나 혹은 아치를 변형하였다는 점 등에서 한 건축가를 부모로 둔 형제 같은 빌딩이라고 할 수 있다. 1964년에 건축된 IBM 빌딩은 20층, 20,900$m^2$ 규모의 업무용 빌딩으로 월드 트레이드센터의 선조격인 건축물이다. 아치로 구성된 기단부와 상부의 좁은 수직 커튼월 구성, 모서리 부분에 기둥이 없는 것이 특징인 IBM 빌딩의 좁은 수직 구성의 커튼월은 건축가 자신의 고소공포증에서 기인한 디자인이라고 한다. 입지의 반만을 건축면적으로 이용한 것은 거리에 빛이 들게 하면서 인접한 선큰 플라자를 위해 남겨 놓으면서 지상층에 오픈 스페이스를 확보하기 위한 것으로, 광장에는 제임스 피체랄드가 만든 검은색 분수 조형물이 있다. 이후 1978년에 건립된 레이니어 스퀘어는 31층, 50,000$m^2$ 규모의 업무용 건축물로 기단이 아치가 아닌 곡선으로 처리된 역피라밋 형태로 구성되어 있으며, 지상에는 2층 규모의 상점동이 부속되어 있다. 구성은 비슷하지만 기단부는 훨씬 더 역동적이면서 조형적인 구성을 취하고 있는데, 이것은 에로 사아리넨 같은 60년대 스타일의 건축가들에게서의 영향이나 건축가가 즐겨 사용하였던 트레이드 마크와 같은 고딕의 첨두 아치를 활용한 디자인의 변형이라고 판단된다. 시애틀 출신이면서 워싱턴 대학 출신인 건축가의 고향답게, 시애틀은 이 지역 출신의 건축가를 위해서 시의 중심에 두 개의 상징적인 고층 빌딩을 헌정한 것처럼 보였다.

· 로버트 벤츄리, 스캇 브라운 + 올손 순드버그 아키텍쳐, 얼라이드 워크스 아키텍쳐(증축), 1991, 2001(증축)
· 100 University Avenue, Seattle, Washington
· www.seattleartmuseum.org
· www.vsba.com

*Seattle* | *007*

# 시애틀 아트 뮤지엄

Seattle Art Museum

쌤(SAM)이란 애칭으로 불리는 시애틀 아트 뮤지엄은 시애틀 중심가인 유니버시티 거리에 위치한 박물관으로 포스트모던의 기수였던 벤츄리와 스캇 브라운의 작품이다. 14,000m$^2$, 5층 규모의 박물관은 벤츄리의 이론대로 라임스톤으로 마감한 수직적인 스트라이프가 들어간 입면에 시애틀 아트 뮤지엄이라는 로고가 음각으로 조각되어 건축물의 성격을 명확하게 표현하고 있다. 이 박물관은 모서리 부분에 주 출입구가 있으며, 외벽의 적색 사암과 테라코타로 마감된 아치가 연속해 있는 파사드는 외벽인 동시에 건축물의 성격을 나타내는 간판 같은 싸인적인 요소로 디자인되었다. 주 출입구를 통해 들어서면, 입구 홀에서 도로측 벽면을 따라 사다리꼴 형태로 퍼스펙티브를 강조한 대 계단이 나타나며 벤츄리가 런던의 세인즈베리 윙에서 시도한 것과 같은 방법이다. 실내의 드라마틱하게 연출된 대 계단에는 계단 중간 중간에는 명, 청조의 동물상과 천정부의 색채감있는 무어풍의 아치가 인상적으로 박물관이 수집, 전시한 미술품들이 아시아와 아프리카, 미국 인디언의 미술이 주종을 이루고 있다는 것을 상징적으로 표현하였다. 경사지에 위치한 입지적 조건 때문에 주 출입구와 티케팅 로비와 연결된 부 출입구 사이에는 레벨 차이가 있으며, 그 레벨 차이가 나는 공간에 레스토랑과 뮤지엄 샵 등을 배치하여 공간적으로 조닝을 하면서 보이드된 공간에는 천청에 설치물을 매달아 레벨에 따라 다른 시점에서 체험하도록 하였다. 3-4층에 위치한 전시공간에는 25,000점의 수집품을 선별하여 전시하고 있다. 3층에는 아시아, 아프리카, 북서부 미국 인디언의 미술품들, 4층에는 고대에서 현대에 이르는 유럽 회화와 미국의 현대미술 작품들을 전시하고 있으며, 5층에는 사무실과 도서관 등이 위치하고 있다. 로버트 벤츄리의 건축에 있어서 복합과 대립이란 책의 내용을 생각하면서 박물관의 내외부를 돌아보면, 그의 건축 이론이 디자인한 건축물에서는 어떻게 표현되는가를 알 수 있을 것이다. 박물관 앞에는 서울의 흥국생명 본사 앞에도 있는 조나단 브롭스키의 망치질 하는 사람의 거대한 조형물도 있으니 눈 여겨 보기 바란다.

- LMN, 1998
- 200 University Street, Seattle, Washington
- www.seattlesymphony.org/benaroya

Seattle | 008

# 베나로야 홀

## Benaroya Hall

베라노야 홀은 시애틀 아트 뮤지엄 바로 옆에 위치한 시애틀 심포니의 전용 홀인 고전음악 공연장으로 공연장 외에 악기 체험을 할 수 있는 교육센터도 병설되어 있다. 원통형의 커튼월과 측면의 석조 마감을 한 대비가 인상적인 공연장은 2,500석의 마크 테이퍼 창립 대강당과 540석의 노드스트롬 리사이틀 홀로 구성되어 있으며, 대 공연장에는 4,490개의 파이프로 이루어진 파이프 오르간 바트옌이 있다. 공연장 로비에는 로버트 라우션버그의 대형 벽화인 에코와 데일 치풀리의 유리 공예품 등을 전시하여 예술적인 분위기를 연출하고 있다. 공연장이 바로 지하 버스 터미널이 있는 곳에 세워졌기 때문에 진동 소음의 방지를 위하여 310개의 고무 패드를 이용하여 건축물을 바닥으로부터 띄운 상자 안의 상자라는 개념의 구조로 해결하였다. 공연장의 명칭은 후원가인 잭 베나로야의 이름에서 유래하였으며, 건축기금의 모금 당시에 공연장의 좌석에 기부자의 이름을 넣어주는 캠페인으로 많은 기부자와 함께 회원들을 유치하였다.

제러드 슈워츠와 마빈 햄리쉬가 지휘하는 시애틀 심포니의 공연장이기도 한 베나로야 홀에서는 음악회와 함께 강의, 결혼식, 패션쇼 등의 다양한 행사가 열리기도 한다. 공연장의 외부에는 LMN과 무라세 어쏘시에츠가 디자인한 전몰자들을 기념하기 위한 추모의 공간이 기억의 정원이란 이름으로 19개의 자연스러운 형태의 검은색 화강석과 연못, 벤치로 이루어져서 경사지를 따라 설치되어 있으니 같이 감상하기를 바란다.

· 칼리슨 아키텍쳐, 1989
· 1420 5th Avenue Seattle

Seattle | 009

# US 뱅크 센터

## US Bank Centre

US 뱅크 센터는 시 중심가인 5번가에 면해 위치한 44층, 289,000m² 규모의 업무용 복합 건축물로서 포스트모던 풍의 디자인이 특징이다. 80년대 후기에 건축된 절충적인 고전양식이 가미된 포스트모던 디자인의 건축물답게 저층부에는 아트리움이 있는 3층 규모의 기단부, 고전적인 축이 강조된 몸체부, 그리고 4개의 모서리에 이집트 풍 오벨리스크가 있는 프랑스 풍 만사드 지붕으로 처리된 최상층이라는 3부 구성으로 디자인되었다. 반사유리로 마감된 전면의 아코디언처럼 요철이 있는 입면은 주간에 햇빛의 변화에 따라 다양한 모습을 취하며 실내에서 180도의 시야각을 제공한다. 원통형을 한 주 출입구가 있는 저층부의 아트리움은 천창과 함께 외부의 거리가 실내로 연결된 듯한 분위기로 연출, 실내 속에 또 다른 실내가 있는 것 같은 디자인으로 거대한 스케일 공간감을 휴먼 스케일적인 장치로 완화시키고 있다.

저층부는 상가와 레스토랑 등으로 구성되어 있으며 에스컬레이터 등으로 연결하여 상가를 활성화 시키고 있다. 센터를 디자인한 칼리슨 아키텍쳐는 시애틀을 본거지로 활동하는 대규모 설계사무소로서 시애틀의 많은 빌딩들을 디자인하였다.

· TRA 아키텍쳐, LMN + 칼리슨 아키텍쳐(증축), 1988, 2001(증축)
· 800 Convention P1 Seattle, WA 98101

*Seattle* | *010*

# 워싱턴 스테이트 컨벤션 센터 + 원 컨벤션 플레이스 Washington State Convention Center + One Convention Place

워싱턴 스테이트 컨베션과 트레이드 센터는 시애틀 중심가의 고속도로 근처에 위치한 컨벤션 용도의 건축물로 344,600m$^2$ 면적 규모에 한 해에 40만명이 방문하는 시설이다. 바로 인접한 로렌스 할프린이 디자인한 고속도로 공원과의 관계를 고려하여 녹색의 커튼월로 마감한 컨벤션 센터는 자연스럽게 색채와 투명한 커튼월로 공원과의 경계를 없애는 디자인을 하였다.

최초에 TRA 아키텍쳐에서 디자인한 센터는 16층 규모의 원 켄벤션 플레이스와 7번가와 8번가를 연결하는 칼리슨 아키텍쳐의 하이테크한 분위기를 한 10층 높이의 파이크 거리의 캐노피 등을 포함한 대규모 증축을 LMN에서 디자인, 2001년에 완공하였다.

새로운 컨벤션센터는 97,500m$^2$의 전시공간과 29,600m$^2$의 업무공간, 425실을 갖춘 호텔과 상점, 레스토랑, 박물관, 그리고 주차장 등을 완비한 동시에 새로운 센터의 출입구를 갖춘 시설로 변모하였다.

센터의 증축에 대하여 시의회에서 많은 논쟁을 하였으나, 시애틀 중심가의 랜드마크가 된 유리와 철골로 마감된 극적인 형태를 한 캐노피와 스카이브릿지의 상징성과 기능성은 그 논쟁을 종식시켰다.

센터와 바로 인접한 할프린 디자인의 고속도로 공원은 조형적으로 디자인된 거친 현장 타설 콘크리트로 만들어진 옹벽들과 바닥, 분수 등이 히말리야 삼나무 같은 상록수들과 어우러진 장소이기에 센터를 돌아

본 후에 공원을 거닐어 보기를 추천한다. 공원은 1976년에 할프린이 디자인한 것을 1982년 다나디에 바 어쏘시에이츠에서 개수를 하였다.

· RTKL, 한나 + 올린, 1988
· 400 Pine Street, Seattle, Washington 98101-1625

Seattle | 011

# 웨스트레이크 센터와 공원

## Westlake Center & Park

웨스트레이크 센터는 올리브와 파이크 거리 사이의 웨스트레이크 애비뉴에 면한 입지의 재개발프로젝트로서 4층 규모의 쇼핑몰과 25층 규모의 오피스 타워로 구성되어 있다. 주변에 메이시나 노드스트롬 백화점이 있는 시애틀 다운타운 최대의 쇼핑 센터인 웨스트레이크 센터의 저층부 쇼핑몰은 전면을 유리로 마감하여 주변 환경과의 연계를 활성하는 페스티벌 마켓 같은 공간으로서 시애틀 공공교통의 요충지이다. 내외부 공간이 축제적인 분위기로 연출된 쇼핑공간은 워싱턴 주의 특산품을 취급하는 메이드 인 워싱턴 매장을 비롯하여 100여 개의 상점과 레스토랑, 영화관, 환전소, 모노레일과 스트리트카의 터미널이 있는 복합 상업공간으로서 중앙부의 보이드된 공간을 중심으로 구성되어 있다.

최초로 스타벅스가 시작한 도시인 시애틀답게 센터 전면에는 스타벅스 독립 매장이 위치하고 있으며, 길 건너편에는 한나 + 올린이 디자인한 삼각형 부지의 광장인 웨스트레이크 공원이 있다. 공원 남측에는 연주 등을 할 수 있는 화강석 마감의 게이트 같은 조형물인 로버트 마키의 7개의 언덕들(Seven Hills)을 중심으로 벤치와 수공간을 배치하여 사람들의 모임을 활성화 하고 있으며, 7개의 언덕들이란 조형물은 시가 탄생한 워싱턴 호수와 엘리오트 만 사이의 7개 언덕들을 상징하고 있다.

조형물과 같이 물로 연출된 수벽은 도심지의 자동차들에서 들리는 소음 등을 차단하면서 공원에 역동성을 부여하기도 한다. 화강석으로 마감된 공원의 바닥 패턴은 북미 인디안들이 만들었던 광주리의 패턴에서 영감을 받아 디자인한 것으로 공원의 디자인은 미국 원주민 예술이나 일본, 시애틀의 자연환경이 반영된 수공간이나 지형 등의 영향이 나타나 있다. 웨스트레이크 센터와 공원은 처음 시애틀의 중심부에 도착해서 도시의 이미지를 느꼈던 최초의 장소라서 더 인상깊게 각인된 곳이다.

· 바세티 아키텍츠+볼린 시윈스키 잭슨, 2003
· 600 4th Avenue
· www.cityofseattle.net
· www.bcj.com

Seattle | 012

# 시애틀 시청사

## Seattle City Hall

푸른색 커튼월의 외관을 한 7층의 타워부와 2층의 저층부로 이루어진 시애틀 시청사는 시 중심가의 4번가와 5번가 사이의 경사지에 위치한 건축물로 시장의 집무실, 행정을 위한 업무공간, 시의회로 구성되어 있다. 시민에게 열린 개방적인 만남의 공간이면서 부드러운 분위기의 시청사에 대한 요구를 충족시키며 급한 경사지에 위치한 입지적인 문제를 해결하기 위하여 건축가 팀은 엘리오트 만의 바다를 연상시키는 푸른 빛의 커튼월을 한 개방적인 외관과 저층부에서 천창을 이용한 밝고 개방적인 실내 공간, 곡선형의 시의회 천창 구조물이나 실내 공간을 이용한 부드러운 분위기의 연출, 조경 디자이너인 캐터린 구스타프슨이 디자인한 경사지를 이용한 광장과 야외 극장처럼 연출된 계단 구조로 디자인하였다. 개방적인 분위기의 로비나 광장은 시민들의 공식, 비공식적인 모임을 위해 제공할 수 있도록 열려진 시청사로 디자인한 것이다. 시청사의 내외부 공간은 경사지라는 조건을 활용하여 각 레벨에서 진입이 가능하도록 하였으며 외관의 일부에 사용된 갈색 대리석은 인접해 있는 법원과의 맥락을 고려하여 같은 재료로 사용하고 경사지 하부에 위치한 광장측 개구부는 푸른색의 커튼월과 보색대비를 이루는 적색으로 마감하여 강한 인상을 부여하고 있다.

특히 시청사는 친환경적인 측면에서 많은 디자인적인 배려를 하였으며 저층부 옥상 녹화를 통한 단열 효과, 우수의 활용, 바닥의 복사난방 등으로 LEED(친환경 건축물 인증)를 받기도 하였다.

# 3

013 파이오니어 빌딩 / 014 스미스 타워

013 Pioneer Building / 014 Smith Tower

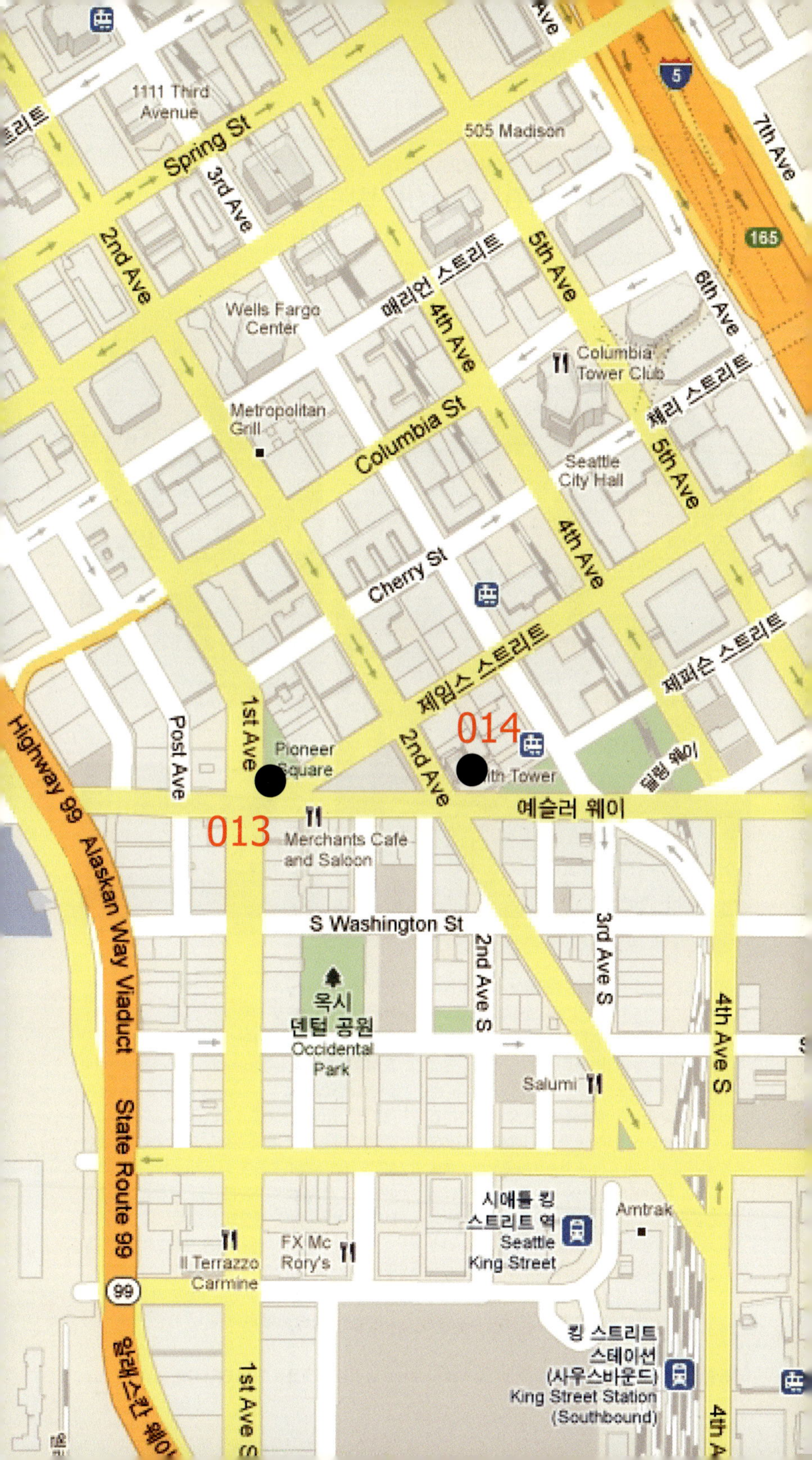

1111 Third Avenue
Spring St
3rd Ave
2nd Ave
505 Madison
7th Ave
5
165
매리언 스트리트
5th Ave
4th Ave
Wells Fargo Center
6th Ave
Columbia Tower Club
체리 스트리트
Metropolitan Grill
Columbia St
Seattle City Hall
5th Ave
4th Ave
Cherry St
제임스 스트리트
제퍼슨 스트리트
014
Pioneer Square
1st Ave
Post Ave
2nd Ave
013
딜링 웨이
예슬러 웨이
Highway 99
Alaskan Way Viaduct
Merchants Cafe and Saloon
S Washington St
2nd Ave S
3rd Ave S
4th Ave S
옥시 덴털 공원
Occidental Park
Salumi
State Route 99
시애틀 킹 스트리트 역
Seattle King Street
Amtrak
Il Terrazzo Carmine
FX Mc Rory's
99
알래스칸 웨이
킹 스트리트 스테이션 (사우스바운드)
King Street Station (Southbound)
1st Ave S

- 엘머 피셔/랄프 앤더슨(개수), 1892, 1975(개수)
- 600 First Avenue

Seattle | 013

# 파이오니어 빌딩

## Pioneer Building

파이오니어 빌딩은 파이오니어 광장에 면하여 건축된 리차드슨 풍의 로마네스크 양식으로 디자인한 6층 규모의 업무용 건축물이다. 1889년 시애틀 대화재 후, 건축주 헨리 예슬러는 새로운 맨션으로 옮기면서 자신의 주거와 제재소가 있던 입지에 파이오니어 빌딩의 디자인을 건축가 엘머 피셔에게 의뢰하였다. 건축가는 빅토리아와 로마네스크 리바이벌 양식을 참조한 피라밋 형 지붕의 탑이 있는 7층 규모의 건축물로 디자인, 완공하였으나 1949년 탑은 지진으로 없어지면서 6층이 되었다. 격자 구성을 기본으로 한 입면의 수직적인 필라스터와 수평적인 띠, 주철로 만든 베이윈도우는 빅토리아 양식에 영향을 받았으며 주출입구의 육중한 사암으로 마감한 아치와 기둥, 모서리 출입구, 창 상부에 위치한 원형 아치들은 리차드슨 풍의 로마네스크 리바이벌의 요소이다. 주철로 만든 기둥과 철재 빔으로 이루어진 실내의 업무공간은 185개의 실들이 영구적인 벽으로 구획되었으며, 빛은 북측과 남측에 위치한 두 개의 아트리움을 통하여 실내에 유입되도록 디자인하였다. 빌딩에 면하여 시애틀의 기원이 된 시애틀 추장의 동상, 인디안의 토템 폴들과 로마네스크 풍의 주철로 만든 퍼골라가 있는 파이오니어 광장이 있으며, 퍼골라는 1909년 줄리안 에버렛의 디자인으로 세워졌으나 파괴되었던 것이 2002년 복원되었다. 광장의 지하에는 100여 년 전 이 지역의 모습을 그대로 간직한 지하도시가 있으며, 주변에는 스미스 센터, 지하도시를 관광하는 언더그라운드 투어, 갤러리 등이 있는 곳으로 시애틀 관광에서는 필수적인 코스이기도 하다.

- 가긴 & 가긴, NBBJ & 미툰(개수), 1914, 1999(개수)
- 502-508 Second Avenue, Pioneer Square, Seattle

Seattle | 014

# 스미스 타워

## Smith Tower

스미스 타워는 파이오니어 광장 근처에 위치한 42층 규모의 신고전주의 양식을 한 백색의 업무용 건축물로 완공 당시 미국 내에서 4번째로 높은 건축물이었으며 1962년 스페이스 니들이 세워지기 전까지는 서해안 지역에서 가장 높았다. 스미스 코로나 타자기와 무기 생산으로 거부가 된 라이먼 코르넬리우스 스미스의 이름에서 유래된 스미스 타워는 24층의 기단부에서 모서리로 셋백시킨 피라밋 형 지붕을 가진 타워로 구성된 건축물로 거리 레벨에 빛과 공기를 제공한다는 취지로 디자인한 것이다. 피라밋 형 지붕은 베니스의 산 마르코 광장의 종탑에서 모티브를 취하였다고 하며 외벽은 1, 2층은 화강암, 나머지 층은 테라코타로 마감하였다. 원래는 14층으로 계획되었던 것이 아들의 요구로 42층으로 변경되었으며, 스미스 자신은 완공을 보지 못하고 세상을 떠났다. 건축물은 완벽한 방화용으로 건축된 것을 홍보하기 위하여 철골구조를 콘크리트로 피복하였으며 실내의 문과 문틀은 마호가니 느낌이 나는 스틸 페인트로 마감하였다. 35층에 위치한 연회장 겸 전망대인 차이니스룸은 도자기와 목재로 조각된 천정과 중국 황실에서 기증한 정교하게 목재로 조각된 가구로 유명하며 건축주의 중국에서의 강한 인상을 표현한 것이다. 바로 앞에는 파선하는 선박이란 별명이 붙여진 비스듬한 형태를 한 파이오니어 광장의 주차장이 위치하고 있으며, 주차장은 맨드빌과 베르제가 1963년 디자인한 것이니 같이 보기 바란다.

# 4

015 성 이그나티우스 성당

015 Chapel of St. Ignatius, Seattle University

Poquitos
Film Forum
이스트 피크 스트리트
Neumos
Elysian Brewing Company
Chop Suey
12th Ave
브로드웨이
마켓
E Madison St
E Uni
Cardinal Union Bldg
하버드 애비뉴
The Garage
10th Ave
13th Ave
14th Ave
Lynn Building
015
Fine Arts Building
E Spri
Lark
더 그린
The Green
Campus Walk
보일스턴 애비뉴
Garrand Building
Broadway
이스트 매리언 스트리트
Casey Building
Bannan Science Bldg
Bannan Science Building
Seattle University
이스트 콜럼비아 스트리트
Swedish
Lemieux Library and McGoldrick Learning Commons
Bellarmine Residence Hall
School of Law Annex
James C. Piggott Pavilion for Leadership
Student Center
시애틀 유니버시티 테니스 코츠
E James Way
Seattle University Tennis Courts
E Cher
이스트 제임스 웨이
로건 플레이필드
시애틀 대학
Seattle University
Logan Playfield
11th Ave
마이너 애비뉴
Campion Hall
이스트 제퍼슨 스트리트
E Jefferson St
Jefferson St
401 Broadway
이스트 레밍턴 코트
이스트 테라스 스트리트
E Terrace St
11th Ave
이스트 앨더 스트리트

- 스티븐 홀, 1997
- Seattle University, 900 Broadway, Seattle
- www.seattleu.edu/missionministry/chapel
- wwww.stevenholl.com

Seattle | 015

# 성 이그나티우스 성당

## Chapel of St. Ignatius, Seattle University

시애틀 대학 내의 12th 애비뉴 근처에 위치한 대학 부속성당인 성 이그나티우스 성당은 건축가인 스티븐 홀이 자신의 고향에 세운 첫 번째 작품으로서 큰 의미를 갖는 프로젝트이다.

도로를 따라 진입하다 보면, 작은 연못에 면한 성당을 발견할 수 있는데 그의 현상학적인 건축적 개념이 수 공간을 통하여 표현되었음을 알 수 있으며 동시에 그가 근무했던 조경 디자이너인 로렌스 할프린 사무실과의 연관성을 떠올리게 된다.

갈색 콘크리트의 매스 위에 놓여 있는 천창 구조물들이나 주 출입구의 목재문에 나있는 7개의 타원형 타공에서 성당의 디자인 개념인 돌 상자 속에 7개 빛의 병이란 것과 연결되어 있음을 알게 된다.

예수회의 창립자인 성 이그나티우스의 가르침인 하나로 규정된 것이 아닌 다양한 방법을 통하여 다양한 사람들을 구원한다는 것을 성당 공간에 표현한 것이 돌 상자 속의 7개 빛의 병이란 개념으로 표현되어 있으며, 다양한 빛의 주각 같은 천창과 빛을 반사하는 연못을 통하여 숭고한 공간을 연출한 것이다.

성당 공간에서의 다양한 빛의 연출은 예배행진-자연광, 나르텍스-자연광, 본당 회중석-동측의 푸른색 렌즈를 통한 노란색 필드와 서측의 노란색 렌즈를 통한 푸른색 필드, 성찬식-보라색 렌즈를 통한 오렌지 필드, 성가대석-붉은 렌즈를 통한 녹색 필드, 화해의 예

배당-오렌지 렌즈를 통한 보라색 필드, 종루와 연못-야간의 빛을 투사한 반사 등으로 이루어진다.

이런 연출을 생각하면서 공간을 돌아보면, 주 출입구와 나르텍스에서는 자연광을 경험할 수 있고 예배당 안에서 돌아다니면 스테인드 글라스의 렌즈를 통하여 들어오는 빛이 보색을 수반한 빛에 의한 신비한 공간 체험을 하게 된다.

미사 모임이 열리는 야간에는 등대처럼 실내 공간에서 나오는 빛과 그 빛이 연못에 반사된 연출로 신비한 체험을 하게 될 것이다. 고해공간의 문은 건축가의 특징적인 힌지드 스페이스에 의한 가변적인 연출로 되어 있으니 눈 여겨 보기 바란다.

성당을 돌아본 후, 시간이 남는다면 시애틀 대학 내에 파이퍼 파트너스 아키텍쳐에서 디자인한 신축 도서관이나 경사지 반대편 도로 너머에 위치한 NBBJ의 스위디시 메디컬 센터도 돌아보기 바란다.

# 5

016 퀘스트 필드와 이벤트 센터 / 017 세이프코 필드

**016 Qwest Field & Event Center / 017 Safeco Field**

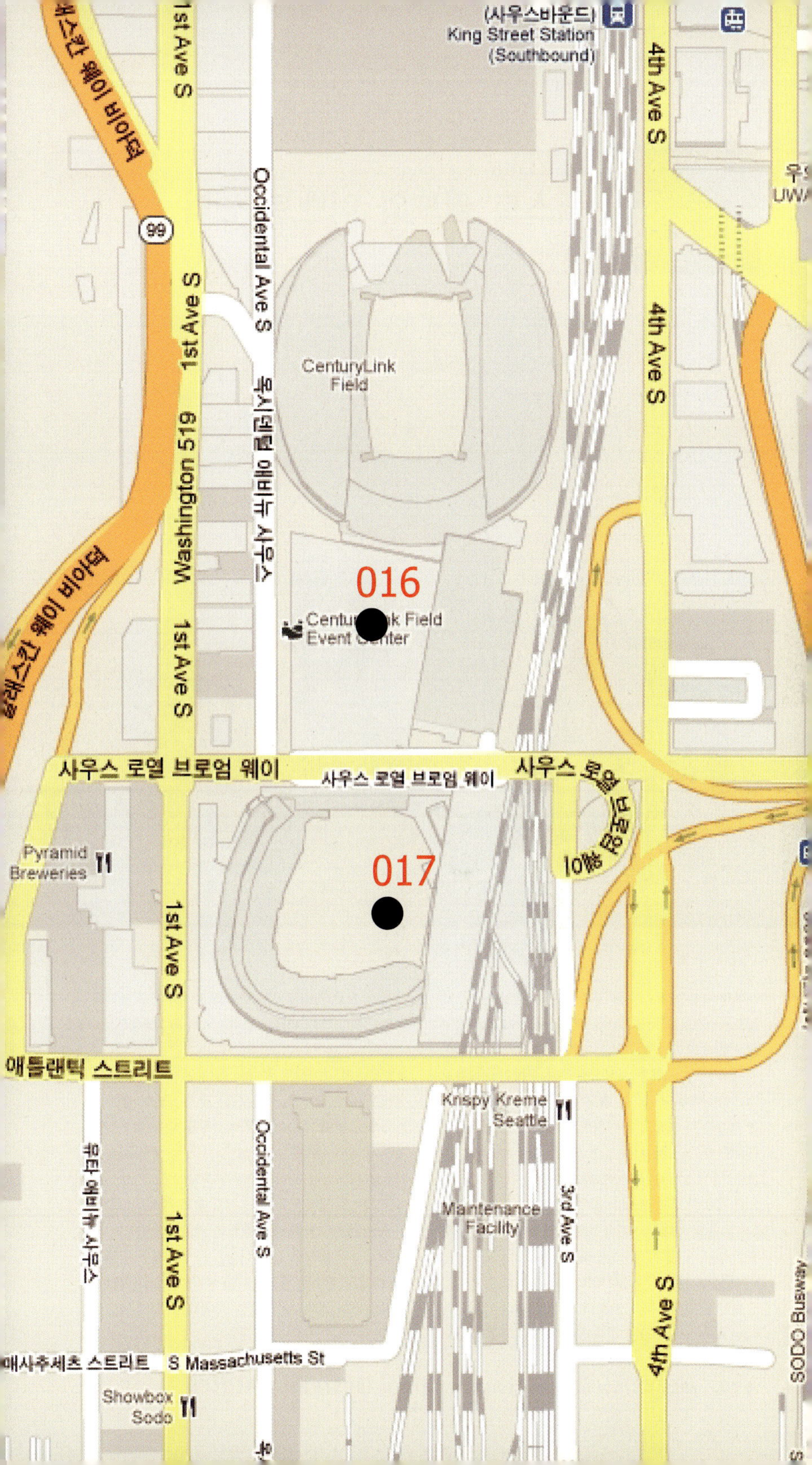

(사우스바운드)
King Street Station
(Southbound)
1st Ave S
4th Ave S
99
Occidental Ave S
옥시덴털 애비뉴 사우스
CenturyLink
Field
Washington 519
웨이 비아덕
016
017
사우스 로열 브로엄 웨이
Pyramid
Breweries
애틀랜틱 스트리트
Krispy Kreme
Seattle
Maintenance
Facility
3rd Ave S
유타 애비뉴 사우스
매사추세츠 스트리트
S Massachusetts St
Showbox
Sodo
SODO Busway

· 엘러비 베켓, 2002
· 800 Occidental Avenue Street, Seattle, WA 98134

Seattle | 016

# 퀘스트 필드와 이벤트 센터

## Qwest Field & Event Center

시애틀 남측의 옥시덴탈 거리에 면해 위치한 퀘스트 필드는 140,000m$^2$, 72,000명 규모의 개폐식 돔 구장으로 북미 미식축구리그, 시애틀 시호크스와 메이저 축구연맹, 시애틀 사운더스의 홈 구장인 미식축구 경기장으로 축구 경기도 할 수 있게 디자인되었다. 과거 킹돔이란 다목적 경기장이 위치했던 입지에 세워진 퀘스트 필드는 시호크스 경기장으로 불리던 것이 2004년 통신회사인 퀘스트가 15년간 명칭에 대한 권리를 획득한 후에 퀘스트 필드로 그 명칭이 변경되었다. 두 개의 거대한 아치형 트러스의 역동적인 외관이 인상적인 이 경기장은 최초에는 67,000석 규모였으나 특별행사를 위한 5,000석을 마련하여 72,000석 규모로 변모하였다. U자형의 평면을 가진 스타디움에서 북측으로 개방된 면을 통하여는 시애틀 중심가가, 남측으로 개방된 면으로는 레이니어 산과 세이프코 필드의 거대한 지붕이 보이는 전망을 제공한다.

복합시설인 경기장은 경기장 외에 와무 극장이 있는 이벤트 센터, 주차장, 공공광장으로 구성되어 있으며, 경기장 외부의 주랑에는 미식축구를 위한 경기장답게 기둥에 미식축구 선수들이 사용하는 얼굴 보호용 헬멧을 형상화한 조형물들이 부착되어 있다. 부속시설인 이벤트 센터는 두 개의 전시 홀과 컨퍼런스룸 등이 있는 스타디움 서측의 광장과 연결되어 있으며 시애틀 홈쇼나 모터쇼 같은 다양한 전시와 행사가 열리기도 하고, 퀘스트 필드에서는 롤링스톤스와 메탈리카의 공연이 개최되기도 한 시애틀의 또 다른 명소라고 할 수 있다.

- NBBJ, 1999
- 1250 1st Ave

Seattle | 017

# 세이프코 필드

## Safeco Field

시애틀 마리너즈의 홈 스타디움인 세이프코 필드는 47,000석 규모의 개폐식 지붕을 한 야구 경기장으로 인접한 퀘스트 필드와 축을 이루며 배치되어 있다. 3개의 거대한 패널로 구성된 개폐식 지붕의 하이테크한 이미지와는 달리 외부에서 보여지는 건축물은 주랑이 있는 포스트모던한 스타일의 절충주의 디자인으로 해결한 것을 알 수 있으며, 개폐식 구장이라는 기술적인 측면을 해결하면서 휴먼스케일에서는 대중들이 선호하는 포스트모던 스타일을 접목시켰다.

우산이라는 별명으로 불리는 개폐식 지붕은 레일을 따라 움직이면서 개폐하게 디자인되었으며 20분의 시간이 걸린다고 한다. 경기장에는 4개의 주 출입구가 있으며 거리, 메인 콘코스, 클럽, 스위트, 어퍼 콘코스 레벨이라는 5개의 레벨로 구성되어 있다. 복합시설로 디자인된 경기장에는 경기시설 외에 야구 박물관, 패밀리 레스토랑, 상점 등이 있으며 경기장에서는 경기를 보면서 퓨젯사운드 만의 일몰 풍경도 즐길 수 있다.

경기장의 명칭은 보험회사인 세이프코가 20년 간 명칭 사용에 대한 권리를 획득하면서 붙여졌으며, 이치로가 마리너즈 소속이기에 경기장 전면에 그의 사진이 걸려 있는 것을 볼 수 있다. 이 곳에서 2007년도에 비치보이스의 공연도 열렸다고 하며 경기가 없는 날에는 투어를 통해서 내부를 둘러 볼 수 있다고 한다.

# 6

018 전기 엔지니어링 센터 & 폴 G. 앨런 센터 / 019 워싱턴 대학 물리천문학부 동 / 020 수잘로 도서관 / 021 헨리 아트 갤러리 증개축 / 022 윌리엄 H. 게이츠 홀 / 023 버크 자연사 박물관

**018** Center for Electrical Engineering & Paul G. Allen Center / **019** UW Physics & Astronomy Wings / **020** Suzzalo Library / **021** Henry Art Gallery Renovatio & Addition / **022** William H. Gates Hall / **023** Burke Museum of Natural & Culture

NE 45th St
Russian House (Rus)
023
Burke Museum of Natural History and Culture
알처리 레인지
Archery Range
Hansee Hall (HNS)
McCarty Hall
데니 필드
Denny Field
022
William H Gates Hall (Law)
University of Washington PACCAR Hall
테니스 코츠
Tennis Courts
Lewis Hall (Lew)
파링턴 론
Parrington Lawn
Parrington Hall
스포칸 레인
첼란 레인
Art Bldg (Art)
Raitt Hall (Rai)
피어스 레인
Northeast Stevens Way
Music Bldg (Mus)
15th Ave NE
Chelan Ln
King Ln
킹 레인
Spokane Ln
Pierce Ln
Skagit Ln
4100
Schmitz Hall (SMZ)
오데가어드
Odegaard
021
Campanile
Kane Hall
그리에 그 가든
Grieg Garden
Thomson Hall (Tho)
020
Suzzallo Allen Libraries
Allen Library (Alb)
허브 야드
Hub Yard
Meany Hall for the Performing Arts
Meany Hall (Mny)
그랜트 레인
Student Union Bldg (Hub)
Architecture Hall (Arc)
Sieg Hall (Sig)
노스이스트 스티븐스 웨이
3945
3937
Johnson Hall (JHN)
Grant Ln
Austin Pl
어스틴 플레이스
Guthrie Annex 1 (GA1)
오카노건 레인
Loew Hall (Low)
019
Physics/Astronomy Bldg (PAB)
레니에 비스타
Rainier Vista
018
Benton Ln
Power (PWR)
Bagley Hall (Bag)
실번 시어터 앤드 콜럼스
Sylvan Theater and Columns
메디치널 허브 가든
Medicinal Herb Garden
Kincaid Hall (Kin)
More Hall (Mor)
Northeast Stevens Way
Mason Rd
William H Foege Hall
Burke-Gilman Trail
Anderson Hall (And)
Wilcox Hall
Hitchcock Hall (HCK)
NE Pacific
Ocean Sciences
워싱턴
Bloedel
Wilson Annex

- 칼만 매키넬 & 우드 아키텍쳐 + LMN 아키텍쳐, 1997 + 2003
- www.kmwarch.com
- lmnarchitects.com

Seattle | 018

# 전기 엔지니어링 센터 & 폴 G. 앨런 센터 Center for Electrical Engineering & Paul G. Allen Center

전기 엔지니어링 센터와 폴 G. 앨런 센터는 워싱턴 대학 내 상징적인 드럼헬러 분수에 면하여 위치하고 있으며, 두 건축물은 네오고딕 풍 기존 캠퍼스의 건물들 맥락에 맞추어 주랑이 있는 벽돌 마감의 건축물에 박공형 지붕을 한 현대식 건축물로 디자인되었다.

전기 엔지니어링 센터는 강의실, 교수연구실, 강당 등으로 이루어진 연구와 교육을 위한 건축물로 1997년 증축과 리노베이션이 이루어졌다.

센터는 장단기적인 가변성에 대응하면서 실험을 위한 설비와 서비스를 위한 모듈 시스템으로 디자인되었으며 강의실 등은 최첨단 컴퓨터시스템의 인프라가 제공되고 있다.

전기 엔지니어링 센터와 연결된 폴 G. 앨런 센터는 마이크로소프트 사의 공동창업자의 이름을 붙인 컴퓨터 사이언스 교육을 위한 용도의 건축물로서 2003년 기존 네오고딕 풍 건물에 L자형으로 증축하여 천창으로 자연광이 들어오는 아트리움 구성을 한 현대식 건축물로 변모시켰다.

15,200m$^2$ 규모의 앨런 센터는 과거 고딕건축이 구조미를 표출하였던 건축양식이었던 점을 고려하여 네오고딕 풍의 건물을 증축, 현대적인 기능과 프로그램을 접목시키면서 구조미를 강조하는 하이테크한 건축물로 변모시키면서 재료, 스케일, 비례, 디테일 등을 섬세하게 고려하였다.

6층 규모로 보이드된 마이크로소프트 홀이라고 불리는 아트리움 공간은 가로등을 주랑처럼 배치, 휴먼스케일적인 장치로 사용하고 카페, 이벤트와 만남을 위한 다목적 공간으로 디자인하여 강의실, 연구실, 업무공간인 있는 센터의 중심이 되게 하였다.

벽돌조 외관의 창 상부에 부가된 루버시스템은 채광을 조절하는 장치이면서 건축물에 벽돌과 대비되는 현대적인 이미지를 부여하고 있다.

실내공간에서는 아트리움의 각 층에 있는 브릿지를 통하여 다니면서 공간감을 느낄 수 있으며 1층의 카페에서는 커피를 마시면서 책을 볼 수 있는 자유로운 분위기로 디자인되었다.

· 펠리 클라크 펠리 아키텍쳐, 1994
· University of Washington, 15th Avenue and Stevens Way, Seattle, Washington
· www.pcparch.com

Seattle | 019

# 위싱턴 대학 물리천문학부 동

## UW Physics & Astronomy Wings

위싱턴 대학 물리천문학부 동은 물리와 천문학의 교육을 위한 건축물로 서측에 6층 규모의 도서관 겸 업무동, 북측에 4층 규모의 연구 및 업무 동, 남동측에 위치한 2층 규모의 강당 동이라는 3개의 복합체로 구성되어 있다. 유리 커튼월로 마감된 엔트런스 타워, 랜드마크 같은 수직적인 동과 수평적인 동의 대비와 함께 중정의 거대한 조형물을 중심으로 구성된 열주랑이 인상적인 이 건축물은 24,400m² 규모로 연구실들과 실험강의실, 강의 및 세미나실, 강당과 함께 천문관이 들어서 있다.

타워에는 양 학부의 업무를 위한 공간과 회의실, 도서관이 있으며, 최상층인 도서관에서는 바다가 보이는 전망을 즐길 수 있다. 북측 동에는 주로 연구실들이 있으며 남동측 강당 동에는 4개의 강당과 천문관, 로비, 천문학부 강의실이 있다.

야간에는 마치 조명으로 랜턴처럼 빛나는 엔트런스 타워의 로비는 진자가 로비 가운데 조형물처럼 매달려 있는 공간으로 회합과 파티를 위한 장소로도 사용된다.

펠리 클라크 펠리로 사무소 이름을 바꾼 시자 펠리는 건축물의 외벽을 기존 건물들과의 맥락을 고려한 벽돌 패턴을 인용하기도 하면서 다양한 색채의 벽돌로 디자인하였다. 중정 가운데 서 있는 일명 땅콩으로 불리는 거대한 조형물은 마틴 퓨리어의 작품이다.

· 찰스 H. 벱 + 칼 F. 굴드, 빈돈 + 라이트(증축), 캐드웰 아키텍쳐 + 말럼 아키텍쳐(개수), 1926, 1963(증축), 2002(개수)
· www.lib.washington.edu/ suzzallo

Seattle | 020

# 수잘로 도서관

## Suzzalo Library

워싱턴 대학의 레드 스퀘어에 면해 위치한 수잘로 도서관은 15대 총장인 헨리 수잘로의 이름을 딴 대학원생을 위한 5층 규모의 도서관으로 캠퍼스 내에서 가장 잘 알려진 건축물 중 하나이다. 북미에서 유행했던 사암과 벽돌, 테라코타로 마감한 고딕양식의 대학 도서관은 상부의 플라잉 버트레스를 형상화 한 열주 같이 디자인한 구조미와 정면을 상징하는 3개의 박공형 출입구에 사고, 영감, 통제를 상징하는 조각상이 서 있는 것이 특징이다.

옥스포드나 캠브리지 대학의 크레이트 홀들을 연상시키는 도서관의 리딩룸은 길이 약 76m, 높이 20m 이 거대한 공간에 22개의 샹들리에가 매달려 있어 헨리 수잘로가 이야기했던 도서관이 학습을 위한 성당이어야 한다는 말에서 영향받았음을 보여주고 있다. 1926년 최초로 서측 윙을 건축한 이래, 1935년과 47년에는 남측에 증축을 하고 1963년에는 빈돈과 라이트가 고딕요소를 현대화 한 건축물을 후면에 증축하였다.

후에 후면부에 마이크로소프트의 폴 알렌의 이름을 딴 도서관을 1990년 에드워드 라라비 반스 + 존 M.Y. 리 & 파트너스가 역시 고딕적인 요소를 외관에 표현한 건축물로 증축, 현재는 수잘로 & 알렌 도서관으로 불리고 있다. 2002년에 지진 등에 대비하면서 도서관의 구조 및 기능 보강을 위하여 입구 로비, 대계단, 리딩룸 등의 개수를 캐드웰과 말럼 아키텍쳐가 공동으로 시행하였다.

- 과스메이 시겔, 1997
- University of Washington, 15th Avenue NE and NE 41st Street, Seattle, Washington
- www.gwathmey-siegel.com

Seattle | 021

# 헨리 아트 갤러리 증개축

## Henry Art Gallery Renovatio & Addition

지역의 사업가였던 호레이스 C. 헨리의 기부로 설립된 헨리 아트 갤러리는 위싱턴 대학 시애틀 캠퍼스 북서측 지역에 위치한 건축물로 1927년 위싱턴 주에 설립한 최초의 공공 미술관이다. 과거 뉴욕 5로 불리웠던 과스메이 시겔 팀의 찰스 과스메이는 최초 벱과 굴드(Bebb & Gould)가 건축하였던 2층 규모의 벽돌조 미술관에 부가하여 9m 레벨차가 있는 장소에 1997년 154석의 강당과 전시장을 포함한 4,300m² 규모의 건축물을 증축하였다. 이 프로젝트에서 건축가가 해결해야 할 문제는 기존과 증축 미술관의 관계 및 대학 캠퍼스의 서측 입구로서의 역할, 그리고 기존 캠퍼스의 훌륭한 전망을 유지시키는 것이다.

이 문제는 기존 건축물과 증축동 사이에 캠퍼스와 지역을 연결하는 브릿지를 설치하여 신구 건축물 사이를 분절시키면서 브릿지를 이용한 입구 역할의 활성화, 그리고 천창이 있는 곡선형 지붕을 도로쪽으로 기울게 하여 전망을 해치지 않게 하고 레벨이 높은 캠퍼스로 오르는 오브제 형의 철근콘크리트 나선계단으로 입구를 강조시키는 랜드마크를 만들어서 해결하였다. 현대미술과 사진의 역사에 대한 전시 프로그램을 진행하고 있는 미술관은 경사진 천창을 통하여 들어오는 빛과 높은 천정고를 이용한 공간감이 있는 전시공간에서 마야 린이나 제임스 터렐의 작품전을 전시하기도 하였다. 증축 미술관의 옥상은 캠퍼스 레벨과 연결시켜 조지 위싱턴 동상이 있는 광장과 연결하면서 천창 구조물과 조경이 있는 옥상정원으로 휴먼스케일에 맞는 휴식공간을 만들고 있다.

- KPF + 말럼 아키텍쳐, 2003
- www.kpf.com

Seattle | 022

# 윌리엄 H. 게이츠 홀

## William H. Gates Hall

윌리엄 H. 게이츠 홀은 변호사인 빌 게이츠의 아버지의 이름을 붙인 건축물로서 위싱턴대학 내에 위치한 6층, 19,000m² 규모의 법과대학이다. 강의실, 컨퍼런스 룸, 세미나실과 학생들을 위한 라운지 및 도서관의 기능으로 구성되어 있는 건축물은 경사지에 위치한 입지적인 조건을 이용하여 커튼월과 벽돌의 대비를 이루면서 몇 개의 단으로 이루어졌으며 사각형의 기단을 중심으로 ㄱ자형 평면 구성을 취하고 있다.

전체적인 공간 구성의 개념은 커뮤니티로서의 대학으로 디자인하였으며, 커튼월의 입면과 2개층의 실내 주랑을 통한 빛과 주변 자연경관의 유입으로 학생들과 교수들에게 활기찬 분위기를 제공하고 있다. 반쯤 지하에 묻혀 있는 기단 위 마당에는 유리로 마감된 오브제 같은 천창 구조물들을 설치하여 지하의 도서관에 자연채광을 제공하고 있으며, 야간에는 천창 구조물이 조명 오브제의 역할을 하고 있다. 천창 아래 위치한 마리안 굴드 갤러거 법률 도서관은 태평양 북부에서 가장 큰 공공 법률 도서관으로 2개층으로 구성된 도서관과 연구실 등으로 구성되어 있다.

현대적인 법과대학의 커리큘럼에 맞게 디자인된 다기능 강의실, 모의법정 등으로 구성된 실내공간은 자작나무 마감과 백색으로 처리하여 북부의 기후에 맞는 스칸디나비아 풍으로 디자인하였다. 주 출입구 층 외부에는 캐노피를 설치하여 북부지역의 눈과 비를 피할 수 있도록 하는 등 기후 같은 환경조건도 고려하였다.

· 제임스 시에렐리(건축), 올슨 쿤딕 아키텍처(전시), 1962(건축), 2009(전시)
· 17th Avenue N.E. Seatle, Washington
· www.washington.edu/burkemuseum

*Seattle* | *023*

# 버크 자연사 박물관

## Burke Museum of Natural & Culture

위싱턴 주에서 가장 오래된 자연사 박물관인 버크 자연사 박물관은 위싱턴대학 내에 위치하고 있으며, 건축가인 제임스 시에렐리가 건축할 당시 판사였던 토마스 버크의 기부로 만들어졌다.

벽돌 마감의 외관을 한 박물관은 약간 경사진 대지에 위치한 조건을 활용, 전시공간과 카페 등의 부속공간의 입구를 분리한 구성을 취하고 있다.

입구에 서있는 토템폴이 인상적인 박물관은 아마추어 자연사 클럽에서 발전된 것으로 전시품들은 공룡의 골격을 비롯하여 새와 포유동물 등 1,200점 이상의 인류학, 지질학, 생태학의 공예품들과 표본들로 구성되어 있다.

박물관에는 상설전시로 위싱턴 주의 삶과 시간, 퍼시픽 보이시스, 버크의 보물들이라는 3개의 존으로 구성되어 있으며, 일부 코너에는 한국의 전통적인 혼례를 보여주는 전시도 있다.

박물관에서는 전시 외에 인간의 삶, 자연, 환경에 대한 정보를 열람하는 것이 가능하며 얼음 위의 공룡들 같은 강의 등 다양한 프로그램을 통하여 지역사회와 연결되어 있다.

전시를 구경한 후, 시간을 거슬러 올라간 것 같은 분위기를 한 카페에서 커피를 한 잔 마시면서 전시를 음미해 보는 것도 좋을 것 같다.

WELCOME

# 7

024 벨뷰 아트 뮤지엄 / 025 벨뷰 환승 센터 / 026 벨뷰 시청사 / 027 메이든바우어 센터 / 028 엘리먼츠 투 & 989 주상복합

**024** Bellvue Art Museum / **025** Bellvue Transit Center / **026** Bellevue City Hall / **027** Meydenbauer Center / **028** Elements Too & 989

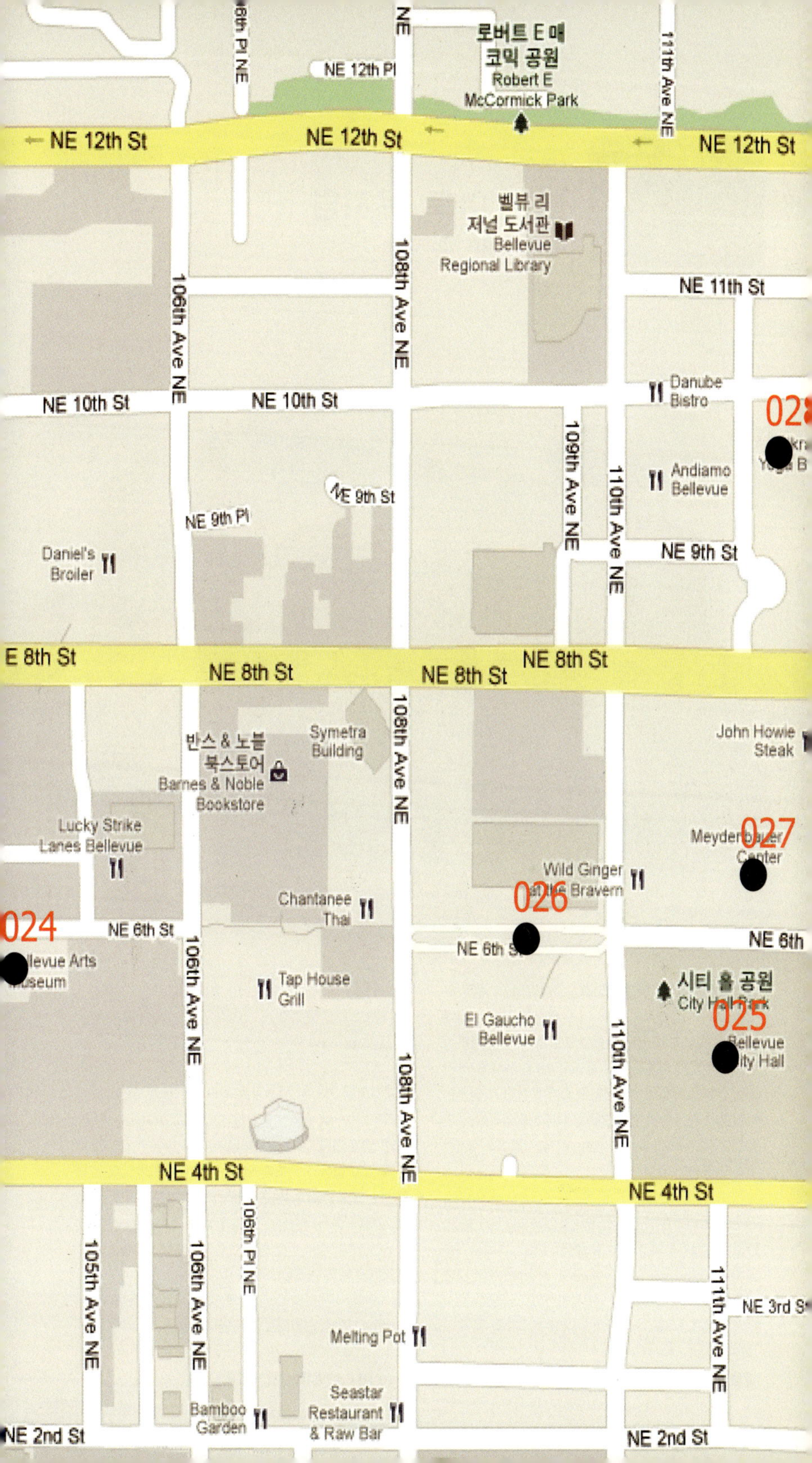

로버트 E 매코믹 공원
Robert E McCormick Park
NE 12th Pl
NE 12th St
벨뷰 리저널 도서관
Bellevue Regional Library
NE 11th St
NE 10th St
Danube Bistro
Andiamo Bellevue
NE 9th St
NE 9th Pl
Daniel's Broiler
106th Ave NE
108th Ave NE
109th Ave NE
110th Ave NE
111th Ave NE
NE 8th St
반스 & 노블 북스토어
Barnes & Noble Bookstore
Symetra Building
Lucky Strike Lanes Bellevue
Chantanee Thai
Wild Ginger
John Howie Steak
Meydenbauer Center
NE 6th St
Tap House Grill
El Gaucho Bellevue
시티 홀 공원
City Hall Park
NE 4th St
105th Ave NE
106th Pl NE
NE 3rd St
Melting Pot
Seastar Restaurant & Raw Bar
Bamboo Garden
NE 2nd St
024
025
026
027

- 스티븐 홀, 2001
- 510 Bellvue Way NE, Bellvue, Washington
- www.bellevuearts.org

Seattle | 024

# 벨뷰 아트 뮤지엄

## Bellvue Art Museum

유리, 알루미늄과 붉은색 노출콘크리트의 띠 같은 구조의 대비가 인상적인 벨뷰 아트 뮤지엄은 벨뷰 시내에 위치한 3층 규모의 미술관으로 창고에 도색하는 붉은색 때문에 예술창고로 불리고 있다. 전시공간, 강의실, 카페, 뮤지엄 샵, 강당으로 이루어진 미술관은 정방형의 기단부에 휘어진 3개의 매스를 올려놓은 것 같은 형태가 보여주는 것처럼, 디자인 컨셉이 3이란 숫자와 관련이 있다.

건축가는 미술관의 캐치프레이즈인 보고, 탐구하고, 만든다는 3가지에서 힌트를 얻어 디자인 컨셉을 3중성(Tripleness)으로 설정하여 경험, 사고, 관계의 개방성을 중시하는 미술관으로 디자인하였다. 3중성은 이외에도 3개층으로 구성되어 있으면서 3개의 행위(예술, 과학, 기술)를 촉발하는 미술관으로 3개의 갤러리, 3개의 다른 종류의 빛, 3개의 동선체계로 공간에서 표현하고 있다.

지역사회에 개방된 미술관을 추구하는 벨뷰 아트 뮤지엄은 거리 축제에서 영감을 얻어 1층의 카페와 뮤지엄 샵에 면한 유리 개구부나 최상층의 3개의 휘어진 구조의 갤러리 구조에 의해 만들어진 테라스 등으로 열린 미술관을 실현하고 있다. 외부 테라스는 여름날 저녁에 전시, 이벤트, 옥외 강좌를 개최하는 장소로 사용된다. 실내 공간에서 천창과 함께 2층까지 보이드된 로비와 연결된 포럼공간은 1층의 개방된 구조의 계단을 이용하여 작은 공연 같은 이벤트 등을 할 수 있는 다목적 공간으로 디자인되었다.

1층에서 3층까지 보이드된 공간을 따라 구성된 휘어진 계단은 시각적, 공간적 시퀀스를 연출하는 장치이기도 하며, 2층의 탐구 갤러리는 미술관의 실험적인 교육장소, 3층의 휘어진 구조의 전시공간은 전시공간이면서 동시에 시퀀스를 유발하는 공간장치이기도 하다. "건축이란 대지의 경험과 결합되어야 하며 형이상학적이고 시적이어야 한다"는 스티븐 홀의 말을 상기하면서 미술관을 돌아보면, 공간에서 그 의미를 느낄 수 있을 것이다.

· SRG 파트너십, 2005
· 450 110th Ave. N.E. Bellvue
· www.srgpartnership.com

*Seattle* | 025

# 벨뷰 시청사

## Bellevue City Hall

빌 게이츠가 만든 마이크로소프트 사의 창립지이면서 본거지이기도 한 시애틀의 위성도시인 벨뷰는 아름다운 경치라는 의미처럼 수려한 풍광으로 알려진 도시로 최근 급격하게 도시가 팽창하면서 새로운 시청사가 필요하게 되었다.

시애틀에서 위싱턴 호수를 건너 도시로 진입하다 보면 보이는 역동적인 사선의 지붕구조가 매우 인상적인 이 시청사는 시애틀 시내의 노스이스트 110번 거리의 경사지에 위치하고 있던 과거 퀘스트 통신회사의 본사였던 건물을 벽돌색 테라코타 마감의 하부와 알루미늄에 의한 상부 구조의 대비가 인상적인 건축물로 리노베이션하였다.

경사지를 따라 마치 스텔스 같은 비행기가 착륙한 것 같은 사선의 평면 구성을 취하고 있는 이 시청사 건물은 시청사, 소방서, 경찰서, 911 콜센터 등의 기능이 통합되어 있으며 사선구조를 이용한 외관은 진취적이면서 역동적이다.

이러한 역동적인 구조를 완화시키기 위하여 조경 디자인 팀인 필립스 파레바그 스몰렌버그는 주 출입구를 중정측에 설치하여 자연을 즐기면서 진입하게 하였고 또한 경사지라는 지형을 이용한 주차공간과 수공간, 그리고 녹지로 이루어진 입지의 자연환경과 린다 버몬트와 댄 코르손 같은 작가들의 조형물들이 건축물과 조화를 이루도록 하는 예술적인 분위기를 창출하였다.

실내 공간은 폭 9m, 길이 90m의 중이층으로 이루어진 그랜드 로비를 공간의 축으로 하여 다양한 시설들이 들어서 있는 시청사의 안내 기능과 함께 다목적 공간으로 사용하고, 노출된 목재 기둥과 보, 일부 벽체나 천정의 목재마감은 부드러우면서 자연적인 분위기를 연출하게 하였다.

친환경적인 디자인에 대한 접근은 자연환기의 이용과 바닥을 이용한 냉난방시스템으로 해결하였다.

시민들에게 개방적인 시청사로 기능하기 위하여 시에서는 입지 내에 독립된 건축물인 갤러리와 청사의 홀에서 라이브 엣 런치(Live at Lunch)라는 프로그램으로 전시회와 공연을 하고 있다.

· 아라이잭슨 엘리슨 무라카미, 2002
· 10850 NE Sixth St., Bellevue
· www.araijackson.com

Seattle | 026

# 벨뷰 환승 센터

## Bellvue Transit Center

기존 시설이 옮기면서 새로 들어선 벨뷰 환승 센터는 버스를 타고 통근하는 사람들을 위한 180m 길이의 대기시설로서 시청사가 있는 시 중심가에 위치한 24시간 이용이 가능한 전천후 시설로 실내 자전거 주차장도 갖추고 있다. 시 중심가에서 하루 100여 대 이상의 버스들이 정차하고, 승객이 승차하는 것을 원활하게 도와주기 위해서 만들어진 시설은 콘크리트 기둥에 파이프 구조를 이용한 천창이 있는 지붕구조로 눈이나 비를 피하면서 버스를 기다리는데 효율적이다. 센터의 천정부를 목재로 마감하여 따뜻한 느낌이 들도록 디자인하면서 콘크리트 기둥과 지붕을 연결하는 파이프 구조는 목재와 보색 대비를 이루는 녹색으로 마감하였으며, 기둥 상부에 조명을 설치하여 야간에는 천정부를 비추도록 디자인하였다. 벤치나 바람막이, 버스 운행시간 등의 서비스를 제공하는 센터에 바로 인접하여 자전거 주차장, 공중 화장실, 공중 전화 등의 편의시설이 있는 승객 서비스 빌딩이 위치하고 있다.

서비스 빌딩과 환승센터 근처에는 스튜어트 켈러가 만든 하이 로드(High Road)나 바바라 그리구티스가 만든 바람받이(Windswept) 같은 환경조형물이 버스를 타고 내리는 사람들에게 도시의 분위기를 새롭게 느끼게 하고 있다. 건축설계를 한 아라이 잭슨 엘리슨 무라카미 건축사무소는 시애틀에 있는 교통 관련 시설을 다수 디자인하였으며, 시애틀 공항과 시내를 연결하는 지상철도의 역과 웰러 거리의 보행자용 다리 등을 디자인하였다.

- KPF, 1993, 2007, 2009
- 11100 NE 6th Street, Bellevue, Washington
- www.meydenbauer.com

*Seattle* | *027*

# 메이든바우어 센터

## Meydenbauer Center

벨뷰 시의 컨벤션 센터인 메이덴바우어 센터는 시애틀 지역에서 두 번째 규모의 시설로 이벤트 공간, 센터 홀, 컨퍼런스 홀이라는 컨벤션 기능과 410석 규모의 극장이 복합된 건축물이다. 시의 설립자인 윌리엄 메이든바우어의 이름을 붙인 컨벤션 센터는 시청사나 니이만 마커스 백화점이 입점해 있는 주거와 업무, 상가가 복합된 시설인 더 브레이번, 마이크로소프트 본사 등이 있는 시의 중심 요충지에 위치하고 있다. 50,000m² 규모의 복합용도 건축물은 복합된 기능을 외관에서 나타내기 위하여 커튼월 마감의 개방적인 외관을 한 극장과 솔리드한 분위기의 외관을 한 컨벤션 기능을 복합시키면서 극장의 탑 같은 구성의 계단실로 두 기능을 분절시키는 등 전체적으로 통일감을 갖추면서도 형태를 분절시키는 등 디자인적인 배려를 하였다. 한 해에 400건의 이벤트를 소화하는 켄벤션 센터는 2007년 센터 홀을 두 개로 분리하면서 리노베이션을 하고, 2009년에는 게스트룸이 있는 다양한 규모의 이그제큐티브 컨퍼런스 스위트를 오픈하는 등 새롭게 변모하는 노력을 하고 있다.

또한 극장에서는 벨뷰 필하모닉 오케스트라의 공연이나 재즈 페스티벌, 뮤지컬 등 다양한 공연이 이루어지는 시의 중심문화시설이다. 바로 옆에 인접해 있는 명품 상가와 업무공간, 주거가 복합되어 있는 복합시설인 더 브레이번이 주거동은 칼리슨 아키텍쳐, 업무공간동은 NBBJ가 협력하여 디자인한 건축물이니 시간이 있다면, 저층부의 상가를 중심으로 한 번 둘러보기를 바란다.

- 커틀러 앤더슨 아키텍쳐 + 콜린스 워만 아키텍쳐, 2008
- 989 & 909 111th Ave NE, Bellevue, WA
- www.elementstoo.com

*Seattle* | 028

# 엘리먼츠 투 & 989 주상복합

## Elements Too & 989

엘리먼츠는 989 엘리먼츠와 엘리먼츠 투라는 커튼월로 마감한 3개의 동으로 구성된 조형적인 고층 주상복합 건축물로서 벨뷰 중심가에 위치한 관문과 같은 존재로 도시의 스카이라인을 변화시키고 있다. 단지의 모서리 부분에 위치한 원통형의 23층 규모인 989(166주호), 27층(124주호)과 17층(274주호)이 L자형으로 배치된 테라스형 주거가 인상적인 989는 일반적인 아파트와는 달리 단위주거의 일부에 녹지가 있는 테라스 구성으로 도심형 아파트의 문제를 해결하려고 한 미래적인 이미지의 주거를 제안하고 있다. 단지 내의 수공간과 조형물이 있는 정원은 입주민들을 위한 공간이면서 동시에 도시의 공원 같은 공용공간의 기능도 하고 있다. 로비 등의 실내 공간에서는 구조를 노출하거나 커튼월로 구성된 하이테크한 이미지의 내외부에서 보여지는 차가운 느낌을 완화시키기 위하여 목재를 부분적으로 사용하면서 수공간이나 녹지 등 자연적인 요소를 적극적으로 도입하고 있다. 단위주호 역시 전망을 강조한 구성이나 실내 공간은 모던하면서 따뜻한 느낌의 분위기를 연출하여 외부의 하이테크한 이미지와는 다르게 디자인하였다. 저층부는 프렌치 베이커리 같은 상가나 레스토랑 등 상업공간으로 구성되어 있으며, 최상층에는 스카이라운지 분위기의 바와 그릴도 있어 벨뷰의 아름다운 경관을 즐기면서 식사를 할 수 있다. 잘 정리된 외부 정원의 삼각형 연못과 수로로 연결된 수공간을 989 건축물의 로비와 연결하여 실내 공간의 볼거리로 연출하는 등 조경에도 세심한 배려를 하였다.

# 8

029 마이크로소프트 레드먼드 웨스트 캠퍼스

029 Microsoft Redmond West Campus

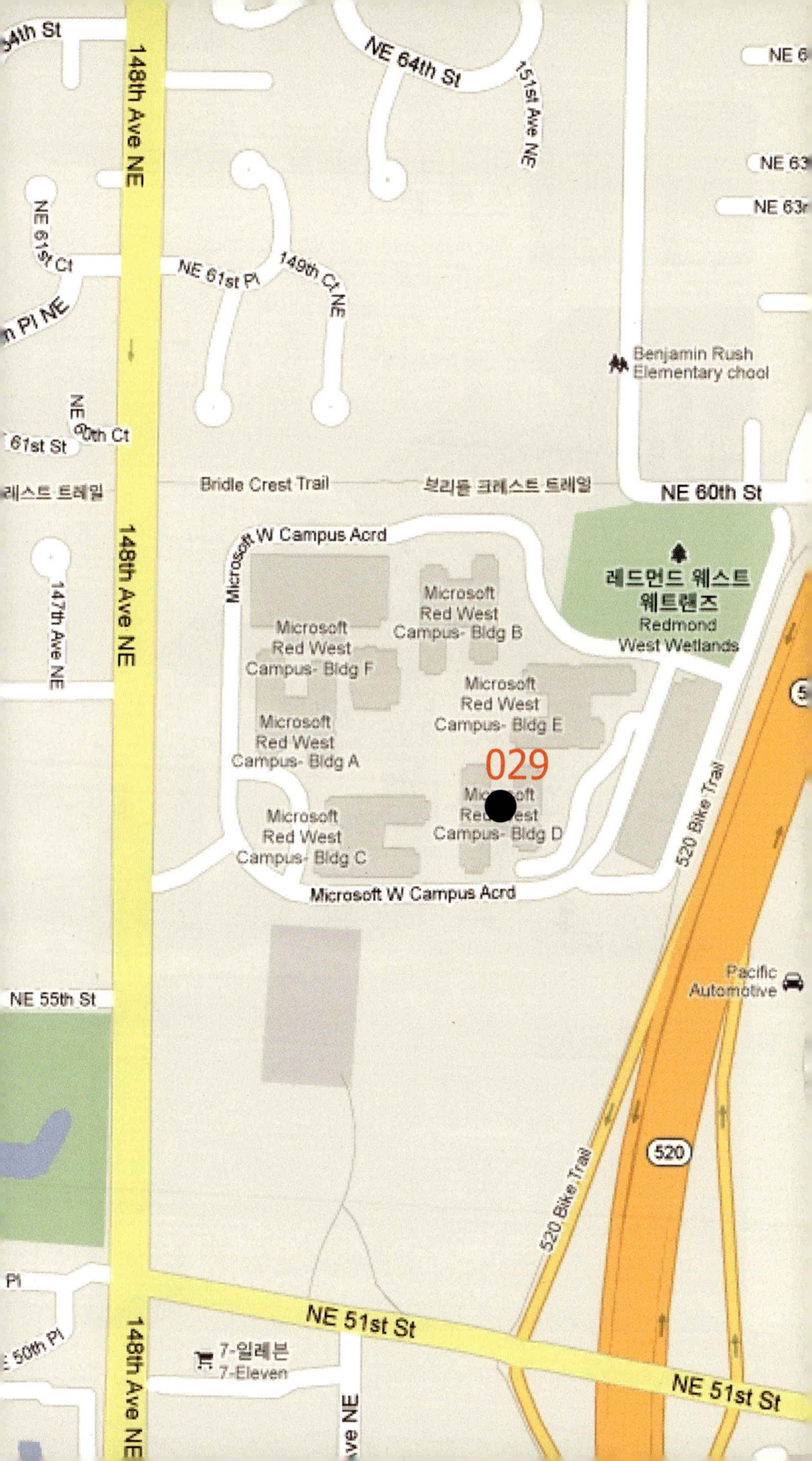

148th Ave NE
NE 64th St
151st Ave NE
NE 63
NE 63r
NE 61st Ct
NE 61st Pl
149th Ct NE
Benjamin Rush
Elementary chool
NE 60th Ct
61st St
Bridle Crest Trail
브리들 크레스트 트레일
NE 60th St
Microsoft W Campus Acrd
레드먼드 웨스트
웨트랜즈
Redmond
West Wetlands
Microsoft
Red West
Campus- Bldg B
Microsoft
Red West
Campus- Bldg F
Microsoft
Red West
Campus- Bldg E
Microsoft
Red West
Campus- Bldg A
029
Microsoft
Red West
Campus- Bldg C
Campus- Bldg D
520 Bike Trail
147th Ave NE
Microsoft W Campus Acrd
NE 55th St
Pacific
Automotive
520
NE 51st St
7-일레븐
7-Eleven

- 짐머 건설 프라스카 ZGF, 1996
- 5600 148th Avenue North East, Redmond, Washington
- www.zgf.com

Seattle | 029

# 마이크로소프트 레드먼드 웨스트 캠퍼스

Microsoft Redmond West Campus

마이크로소프트는 빌 게이츠와 폴 앨런이 1975년에 설립한 세계 최대의 다국적 소프트웨어 및 하드웨어 기업으로 워싱턴주 레드먼드에 본사가 있다. 시애틀 교외 레드먼드에 위치한 마이크로소프트 레드먼드 웨스트 캠퍼스는 마이크로소프트 사의 발원지로서 명칭이 보여주는 것처럼 대학 캠퍼스 같은 창조적이면서 자유로운 환경을 목표로 디자인되었다. 포틀랜드에 본사를 두고 있는 건축사무소인 짐머 건설 프라스카는 숲으로 둘러싸인 145,000m² 면적 부지에 3층 규모의 5개의 업무동들을 중정을 중심으로 배치하였으며, 주변 자연환경과 어우러진 자유로운 분위기에서의 창조적인 작업을 할 수 있는 환경에 대한 요구를 자연적인 지형과 어우러진 수공간이 있는 조경과 함께 개방적인 H형 평면의 업무동으로 채광, 전망, 환기를 해결하였다. 하늘을 향해 날개처럼 펼쳐진 집성재를 이용한 지붕구조가 인상적인 레스토랑과 카페는 높은 천정고를 가진 개방적인 공간으로 단지의 하이라이트라고 할 수 있으며, 이외에도 주차장, 플랜트 등의 시설이 있다.

ARCHITE

INTERIOR

GUIDE

SAN

T'S &

ESIGNER'S

TO

DIEGO

마이크김
골프교실
Torrey Pines
토리 파인스 로드
N Torrey Pines Rd
토리 파인스
Torrey Pines
Genesee Ave
CA84
노스 토리 파인스 로드
1
2
3
써굿 마샬 대학
Thurgood
Marshall College
보이트 드라이브
Voigt Dr
라 호야 팜
La Jolla
Farms
캘리포니아 대학교
샌디에이고
University of
California San Diego
La Jolla Shores Dr
라 호야 빌리지 드라이브
스크립스 인스티투션
오브 오세아노그래피
Scripps Institution
of Oceanography
버치 수족관
Birch
Aquarium
P
토리 파인스 로드
라 호야 스케너 드라이브 노스
라 호야
빌리지
La Jolla Villa
빌라 라
호야 공원
Villa La
Jolla Park
Gillman Dr
라 호야 쇼어스 드라이브
라 호야
쇼어스
La Jolla
Shores
켈로그 공원
Kellogg Park
라 호야
헤이츠
La Jolla

805
샌디에고 프리웨이
스렌토 밸리 로드
제이컵 데케마 프리웨이
Scranton Rd
스테이플스
Staples
Sorrento Valley Rd
Carroll Canyon Rd
5
Genesee Ave
San Diego Fwy
보이트 드라이브
제네시 애비뉴
Kyocera
Communications
손턴 스태프
롯 웨스트
Thornton Staff
Lot West
라 호야 컨트리
데이 스쿨
La Jolla Country
Day School
Jacob Dekema Freeway
La Jolla Village Dr
선 디에고
웨스트필드 UTC
Sun Diego
Westfield UTC
Nobel Dr
노벨 드라이브
La Jolla
Del Sol
유니버시티
시티
University City
스탠들리
레크리에이션
센터
Standley

룻 디포, 샌디에고
Marine Corps Recruit Depot, San Diego
리버티 스테이션
Liberty Station
샌디에고 국제공항
San Diego International Airport
미드웨이 디스트릿
Midway District
Terminal Rd
Airport
노스 하버 드라이브
Harbor Dr
노스 하버 드라이브
스페니시 랜딩 공원
Spanish Landing Park
하버 아일랜드 드라이브 공원
Harbor Island Drive Park
282
네이벌 베이스 코로나도
Naval Base Coronado
샌디에고 네이벌
서플라이 센터 NIA
San Diego Naval
Supply Center Nia
시 N 에어 골프 코스
Sea N Air Golf Course

미드타운
Midtown
Reynard Way
1st Ave
4th Ave
6th Ave
Io Fwy
리치몬드
샌디에고 동물원
San Diego Zoo
163
1C
18B
파시픽 하이웨이
샌디에고 프리웨이
파크 웨스트
Park West
로렐 스트리트
뱅커스 힐
Bankers Hill
Brant St
더 르우벤 H. 플릿 사이언스 센터
The Reuben H. Fleet Science Center
1B
India St
5
5th Ave
Palisades
Park Blvd
하버뷰
Harborview
163
Inspiration Point North
리틀 이탈리
Little Italy
State St
San Diego Fwy
15C
16A
Front St
6th Ave
Park Blvd
노스 하버 드라이브
Pacific Hwy
케트너 대로
인디아 스트리트
콜럼비아 스트리트
코어-콜럼비아
Core-Columbia
A 스트리트
1A
5
B St
샌디에고
San Diego
1st Ave
4th Ave
파시픽 하이웨이
프런트 스트리트
F 스트리트
11th Ave
F St
G St
16th St
94
마리나
Marina
가슬램프
Gaslamp
15B
Convention Center Corporation
이스트 빌리지
East Village
5
15A
커머셜 스트리트
하버 드라이브
내셔널 애비뉴
E Harbor Dr
1st St
코로나도 페리 랜딩
Coronado Ferry Landing
282
4th St
75
4th St
282
75
75
5
4

X

*Architect's & Interior Designer's Guide to*

# 샌디에고

## San Diego

서부 해안 최남단에 위치한 샌디에고는 스페인보다 아름다운 캘리포니아의 보물창고로 알려진 도시로 멕시코 국경 북쪽 20km 지점에 위치하고 있다. 캘리포니아에서 LA에 이어 두 번째로 큰 거대 도시인 샌디에고의 가장 큰 매력은 낙원 같은 자연기후로 겨울에 따뜻하고 여름에 선선한 지중해성 기후이다.

이런 천혜의 혜택을 기반으로 미국 굴지의 관광지 및 임해 휴양도시로 발전한 도시는 2005년 기준으로 인구도 1,255,540명으로 미국에서 여덟 번째로 큰 도시이기도 하다. 1542년 포르투갈 인 후안 카브릴로가 처음 발견하였던, 이 곳에는 1769년 에스파냐의 포교소가 설립되면서 주에서 가장 오래된 백인 마을이 생겨났다. 1834년 멕시코의 지배 하에 시가가 건설되었으며 1848년의 미국-멕시코 전쟁의 결과로 미국령이 되었다.

현재는 안정된 치안과 비싼 물가로 부유한 백인들의 은퇴 도시이기도 한 시의 경제는 농업, 생명공학, 생명과학, 컴퓨터과학, 전자업체, 방위산업, 금융과 비지니스 서비스, 선박 수리와 건조, 소프트웨어 개발, 통신산업 그리고 관광 산업이 뒷받침을 한다. 캘리포니아 주의 남단은 어업 및 스포츠로서의 낚시 기지로 어류의 통조림 공장이 많다. 항만도시라 항공모함이 기항할 수 있는 큰 군항을 비롯하여 해군, 해안경비대 및 해병대를 위한 16개의 군사시설이 자리 잡고 있어 해군 도시라 불리기도 한다. 또한 퀄컴 본사가 있는 곳으로 CDMA 기술을 바탕으로 크게 성장하면서 지역 경제에 크게 기여하고 있다.

스크립스 연구소가 있는 캘리포니아 대학교 샌디에고(USCD) 캠퍼스를 비롯하여 고등 교육기관이 많다. 그 밖에 셰익스피어 제가 열리는 극장과 해상 스포츠 시설이 있다. 또 여러 유적과 역사 깊은 에스파냐 계 거리가 관광지로서의 조건을 충족시켜 주고 있다. 시는 빠른 속도로 발전하여, 출라비스타, 엘카혼 등의 위성도시 등이 샌디에고를 형성할 뿐만 아니라, 북쪽 약 150km에 위치하는 LA와 더불어 남부 캘리포니아의 거대한 대도시권을 이룬다.

샌디에고의 주요 건축물을 살펴보면 다음과 같다. 역사적인 건축물은 120여 년간 보존된, 단일 목조 건물 중 가장 큰 코로나도 호텔은 빅토리안 양식으로 건축되어 빅토리안 호텔이라고도 불린다. 1887년에 못 하나 없이 순수 나무만을 사용해 1년 만에 400개 객실을 갖춘 초대형 빅토리아풍 건축물로 에디슨이 처음으로 점화스위치를 개발, 사용한 곳도 이곳이라고 한다.

현대건축물로는 샌디에고라고 하면, 존 저드의 호튼 플라자를 떠올리게 한다. 국내의 디큐브시티, 스타시티 등 쇼핑몰 건축으로 유명한 저드 파트너십의 존재감을 알린, 1989년에 세워진 호튼 플라자는 장소 만들기와 할리우드의 스토리텔링 기술이 접목된 공간이기도 하다. 그리고 해변가에서는 1990년 세워진 아서 에릭슨의 샌디에고 컨벤션 센터와 그 주변의 맨체스터 그랜드 하얏트 샌디에고 호텔과 힐튼 샌디에고 베이후론트 등을 만날 수 있다.

또한 샌디에고의 라호야에서는 1965년에 건축된 루이스 칸의 솔크 연구소와 1996년 건축된 토드 윌리암스와 빌리 치엔의 뉴로사이언스 연구소를 만날 수 있다. 루이스 바라간의 조언으로 만든 바다로 열린 광장이 있는 솔크 연구소와 함께 과학의 수도원이라고 불리는 뉴로사이언스 연구소를 방문하는 것은 연구소 건축의 새로운 경험이라고 할 수 있다.

근처에 위치한 USCD 캠퍼스에는 윌리엄 L 페레이라, 군나 버커츠가 설계한 USCD 게이젤 도서관, 야즈다니 스튜디오 + 캐논디자인의 프라이스 센터, 발레리오 드윌트 트레인 아키텍츠의 리타 애트킨스 레지던스, 로브 웰링톤 퀴글리의 길먼 파킹 스트럭춰 같은 캠퍼스 내에 위치한 건축가들 작품을 10개 이상 감상할 수 있다.

캠퍼스 근처에는 마이클 그레이브스가 디자인한 하얏트 리전시 라호야도 있으며, 라호야 지역에는 로버트 벤츄리와 스캇 브라운의 샌디에고 현대미술관 라호야 분관도 있다. 또한 샌디에고 외곽 북측에 있는 델 마에는 존 저드의 델 마 플라자, 남측의 츌라 비스타에는 리카르도 레고레타가 디자인한 사우스 츌라 비스타 도서관이 있기에 시간이 있다면, 방문해 보기 바란다.

# 1

001 솔크 생물학 연구소

**001 Salk Institute for Biological Studies**

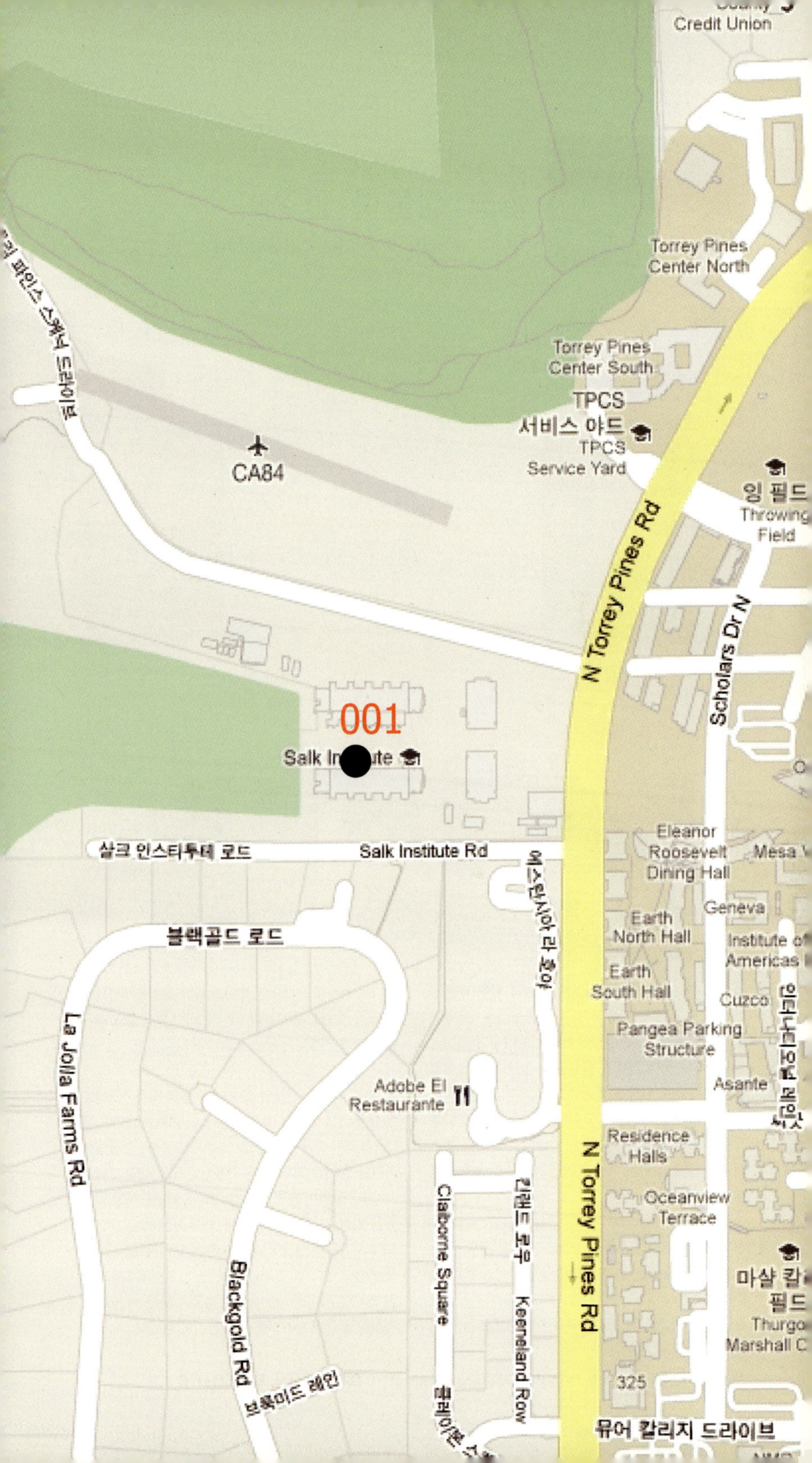
Credit Union
Torrey Pines Center North
Torrey Pines Center South
TPCS 서비스 야드
TPCS Service Yard
CA84
N Torrey Pines Rd
Scholars Dr N
001
살크 인스티투테 로드
Salk Institute Rd
에스탄시아 라 호야
블랙골드 로드
La Jolla Farms Rd
Eleanor Roosevelt Dining Hall
Geneva
Earth North Hall
Earth South Hall
Cuzco
Pangea Parking Structure
Asante
Adobe El Restaurante
Residence Halls
Oceanview Terrace
N Torrey Pines Rd
Claiborne Square
킨랜드 로우
Keeneland Row
Blackgold Rd
브룩미드 레인
325
뮤어 칼리지 드라이브

- 루이스 칸
- 10010 N Torrey Pines Rd, San Diego, CA 92037
- http://www.salk.edu

San Diego | 001

# 솔크 생물학 연구소

## Salk Institute for Biological Studies

캘리포니아 샌디에고 블랙비치의 언덕 위에 태평양을 바라보고 위치한 솔크 생물학 연구소는 1962년 소아마비 백신을 개발한 조나스 솔크 박사가 루이스 칸에게 의뢰하여 건축된 생명공학 연구소이다. 태평양을 향해 동서 방향을 축으로 하여 격자 패턴 판석으로 이루어진 중정 광장이 조성되어 있다. 광장의 양쪽으로 지상 4층의 개인 연구실 건축물이 대칭을 이루며 자리잡고 있으며, 계단으로 연결된 지하층의 공동 실험실로 구성되어 있다.

진입부부터 시작되는 중정 광장의 바닥에 좁고 긴 수로가 공간적으로는 건축물의 축의 방향성과 함께 전면에 보이는 바다의 수평선을 향하여 열려진 개방감을 강조하며, 시각적으로는 수로를 통해 흐르는 물이 바다로 곧바로 연결되어 흐르는 듯한 효과를 준다. 그래서 중정 광장은 하늘과 바다와 비워진 광장의 공간이 하나로 연결되는 듯한 느낌을 준다.

중정 광장 양쪽의 개인 연구실 건물은 노출콘크리트로 이루어져 있으며 서로 대칭을 이루며 배치되어 있다. 각각의 연구실은 45도 사선으로 창이 조성되어 바다를 향하게 되어 있어 사용자들의 조망을 고려하고 있다. 붙박이 창의 스테인리스 스크린은 환기의 기능을 하며 부분적으로 목재로 이루어진 벽은 콘크리트의 차가운 물성을 상쇄시켜 주는 동시에 실내의 온도 조절과 환기의 기능을 함께 한다. 1층과 3층의 개인 연구실 사이의 2층 내부에 층고가 낮은 배관 설비 시설용 공간과 서비스용 통로 공간을 두었다.

그리고 이를 수직적으로 배치하여 주거공간과 서비스 공간을 분리하고 있다. 그러나 외부에서는 개인 연구실의 외관의 형식을 그대로 연장시켜 서비스 공간을 노출시키지 않으면서 개인 연구실 공간의 수직적 높이를 만들어 주고 있다. 중정 광장의 좌우로 연결되어 있는 계단을 통해 내려가면 선큰된 중정을 따라 지하층 실험실 동이 위치하고 있으며 중정 상부의 보이드 공간을 통하여 들어오는 자연광이 중정 전체로 퍼지면서 극적인 분위기를 보여준다.

침묵과 빛의 건축가라 일컬어지는 루이스 칸의 작품답게 비워진 공간에 담겨진 깊이와 사유의 무게감을 느낄 수 있으며 더불어 계단과 벽들 사이로 통해 들어오는 빛의 극적인 연출이 건축물에서 느껴지는 경외감을 더해 준다. 초기 계획 단계에서 루이스 칸이 중정 광장에 조경을 두려 했으나 루이스 바라간의 조언으로 비우게 되었다는 일화가 알려져 있으며, 부분적으로 노출콘크리트의 줄눈의 패턴이나 디테일에서 보여지는 건축가의 세심한 면모도 주목할 만하다. 그리고 연구동 진입로 전에 위치한 양쪽의 건축물은 사무동과 홍보관 등의 기능으로 쓰이는 신축 건축물로 안센 & 알렌이1990년에 완공하였다.

# 2

002 리타 애트킨슨 레지던스 / 003 스캑스 약학 및 조제과학 대학 / 004 UCSD 생물의학 도서관 / 005 라이탁 가족재단 생의학 연구소

**002 Rita Atkinson Residences / 003 Skaggs School of Pharmacy and Pharmaceutical Sciences / 004 UCSD Biomedical Branch Library / 005 Leichtag Family Foundation Research Building**

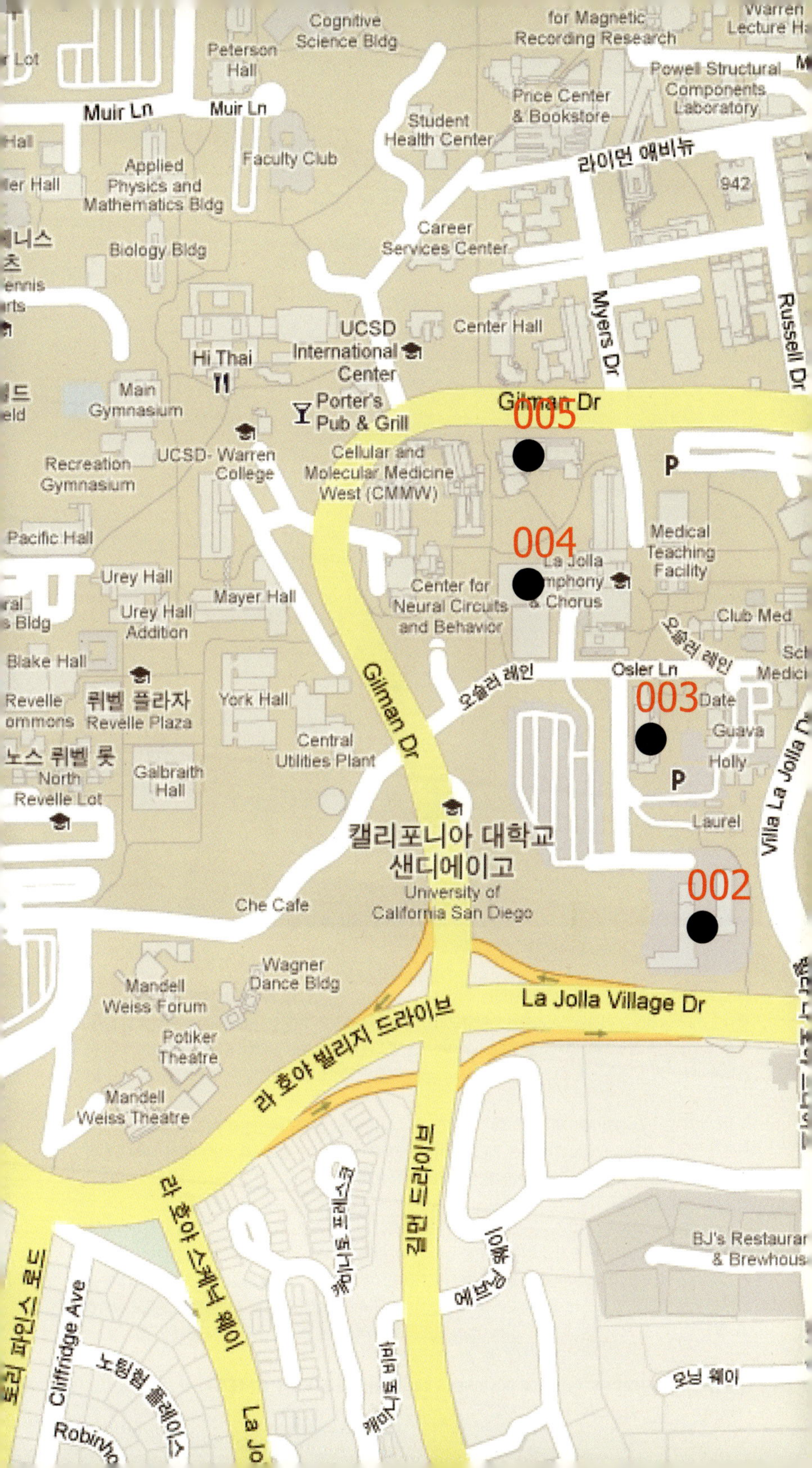

005
004
003
002
Gilman Dr
La Jolla Village Dr
라 호야 빌리지 드라이브
캘리포니아 대학교
샌디에이고
University of
California San Diego
Cognitive Science Bldg
Peterson Hall
Muir Ln
Applied Physics and Mathematics Bldg
Faculty Club
Biology Bldg
Student Health Center
Price Center & Bookstore
Powell Structural Components Laboratory
라이언 애비뉴
942
Career Services Center
Center Hall
Myers Dr
Russell Dr
UCSD International Center
Hi Thai
Porter's Pub & Grill
Main Gymnasium
Recreation Gymnasium
UCSD- Warren College
Cellular and Molecular Medicine West (CMMW)
Medical Teaching Facility
Center for Neural Circuits and Behavior
Pacific Hall
Urey Hall
Urey Hall Addition
Mayer Hall
Club Med
오슬러 레인
Osler Ln
Date
Guava
Holly
Laurel
Villa La Jolla Dr
Blake Hall
리벨 플라자
Revelle Plaza
York Hall
Central Utilities Plant
노스 리벨 롯
North Revelle Lot
Galbraith Hall
Che Cafe
Wagner Dance Bldg
Mandell Weiss Forum
Potiker Theatre
Mandell Weiss Theatre
라 호야 스케너 웨이
길먼 드라이브
BJ's Restaurant & Brewhouse
Cliffridge Ave
모닝 웨이

· 발레리오 드월트 트레인 아키텍츠, 2010
· 9500 Gilman Drive, UCSD Campus, La Jolla
· www.buildordie.com

*San Diego* | *002*

# 리타 애트킨슨 레지던스

## Rita Atkinson Residences

UCSD의 정문에서 바라보면, 우측의 보이는 위치에 세워진 리타 애트킨슨 레지던스는 9층과 7층 규모의 두 동이 연결된 구성의 의학 캠퍼스를 위한 기숙사용 건축물이다.

경사지붕을 한 연녹색의 매스가 기둥으로 떠올려진 구성의 동들이 전후로 연결된 기숙사는 기단부에서 기둥으로 매스를 분절시키는 것에 의하여 녹지가 있는 옥상정원을 확보하고 있다.

이렇게 매스를 분절시키는 디자인 전략은 평면에서도 적용하고 있으며 L자형으로 꺽이는 부분을 분절시키면서 작은 정원을 만드는 등 휴게공간과 연결시키고 있다.

평면과 단면, 그리고 매스를 부분적으로 분절시켜 만남이나 휴식을 위한 공간을 확보하는 동시에 좀 더 휴먼스케일에 가까운 친밀한 공간을 만들고자 하는 전략을 레지던스에서 발견할 수 있다.

레지던스의 곳곳에는 상층부 매스의 일부를 돌출시켜 휴게공간이나 발코니로 사용하면서 형태나 입면 구성에 있어 변화를 주고 있다.

전망 등을 고려한 단위 유닛은 현대적인 디자인의 두 개의 방과 식당, 주방과 식탁이 있는 거실로 구성되어 있으며 자연환기를 활용하고 있다. 또한 연결된 두 동 사이에 만들어진 ㄷ자형의 중정은 스터디와 모임을 위한 레크리에이션 공간으로 제공된다.

· 씨오 아키텍츠, 2006
· 9500 Gilman Drive, UCSD Campus, La Jolla
· www.coarchitects.com

*San Diego* | *003*

# 스캑스 약학 및 조제과학 대학

## Skaggs School of Pharmacy and Pharmaceutical Sciences

UCSD의 스캑스 약학 및 조제과학 대학은 지하 1층, 지상 4층에 10,000m$^2$ 규모의 건축물로 정면에 리드미칼하게 설치한 반투명 루버가 인상적이다.

수평적인 커튼월의 매스와 우측 단부에 위치한 수직의 콘크리트 매스가 대비를 이루는 외관을 한 건축물은 저층부에 돌출된 사선형 루버와 상층의 리드미칼한 수직적인 구성 루버의 대비, 우측 하부의 콘크리트 매스와 상층부 커튼월의 대비 등 재료의 섬세한 사용과 입면의 비례 등을 통하여 디자인적인 완성도를 달성하고 있다.

연구실, 회의실, 행정실, 업무공간, 학습센터와 260석을 수용하는 강당, 50석 규모의 3개 강의실과 동물사육장 등이 있는 건축물은 유전자 시대의 약재 개발에 대한 교육하는 대학이라는 성격에 맞게 공간에서도 사용자들의 상호 소통과 교류를 촉진하도록 디자인하였다.

이 건축물을 설계한 씨오 아키텍츠는 이외에도 UCSD 캠퍼스 내에 포웰 혹트 바이오엔지니어링 홀(2003)과 엔지니어링 사이언스 빌딩(2004)도 설계하였기에 시간이 있다면, 다른 건축물에서는 어떻게 디자인적인 표현을 하였는지를 살펴 보기 바란다.

Pharmaceutical
Sciences

- 로버트 알렉산더, 파이퍼 파트너스 아키텍츠(증축), 1968, 2006(증축)
- 9500 Gilman Drive, UCSD Campus, La Jolla
- www.pfeifferpartners.com

San Diego | 004

# UCSD 생물의학 도서관

## UCSD Biomedical Branch Library

UCSD의 생물의학 도서관은 1968년 리차드 노이트라와도 같이 사무실을 하였던 로버트 알렉산더가 디자인한 버섯형 지붕을 한 구조미가 돋보이는 건축물이다.

건축한지 40여 년이 지난 건축물은 21세기에 맞는 의학의 연구와 혁신을 위한 새롭고 역동적인 환경을 조성하기 위하여 파이퍼 파트너스 아키텍츠에 의해 증축이 되었다.

건축사무소는 알렉산더가 건축한 기존 도서관의 특징적인 버섯형 지붕에 주목하여, 지붕구조를 비정형적으로 해석하여 새로운 시대에 맞는 건축물로 변신시켰다.

과거의 도서관이 정형적, 규칙적인 버섯형 지붕을 지닌 것이었다면, 새로 증축한 공간은 버섯형 지붕의 맥락을 유지하면서 비정형적으로 해석, 3개층 레벨의 구조로 디자인하고 하부는 커튼월로 처리하여 마치 종이를 접은 것 같은 역동적인 형상의 지붕이 커튼월 위에 떠 있는 것처럼 디자인하였다.

증축한 도서관은 24시간 공부하는 학생들을 위한 라운지, 세미 프라이빗한 연구를 위한 협동 연구 구역, 연구와 그룹 스터디를 위한 공간 등을 구비하였다.

야간에 방문자들이 길먼 드라이브를 운전해서 UCSD의 캠퍼스에 도착했을 때, 24시간 운영하는 도서관이 마치 랜턴처럼 방문자를 반기는 건축물로 생각하여 디자인하였다고 한다.

Biomedical Library

UCSD
School of Me

- ZGF, 2004
- 9500 Gilman Drive, UCSD Campus, La Jolla

San Diego | 005

# 라이탁 가족재단 생의학 연구소

## Leichtag Family Foundation Research Building

라이탁 가족재단 생의학 연구소는 UCSD 캠퍼스의 의학 존 구역에 위치한 지하 4층, 지상 5층의 건축물로 중앙부가 커튼월, 양측이 석조로 마감된 대칭적인 분위기를 지닌 외관을 하고 있다. 대칭적인 느낌의 외관을 거대한 보울트 형 캐노피가 오브제처럼 출입구를 상징하면서 입면에 변화를 부여한 것이 인상적이다. 건축사무소인 짐머 건설 프라스카 파트너십(ZGF)은 13,563$m^2$ 규모의 아동들의 질병을 위한 실험실과 연구실이 있는 생의학 연구소를 디자인하면서 캠퍼스에서 가장 통행량이 많은 도서관 길에 면한 입지를 고려하여 디자인하였다. 외관 분위기와는 달리 연구소의 실내에 들어가면, 5개층 높이로 보이드된 아트리움에서 연구소라는 경직된 분위기에서 탈피한 공간을 조우할 수 있다.

특히 대규모로 보이드된 공간에는 에드 카펜터의 철골구조와 와이어, 유리로 구성된 설치조형물이 공간의 분위기를 반전시킨다. 올라가면서 철골 프레임이 약간씩 작아지는 구조에 매달린 색을 입힌 유리들은 시간의 흐름에 따라 외부의 빛에 의해 바닥이나 벽에 빛에 의한 색이 패턴을 만들어 내면서 공간을 생동감 있게 만든다. 보이드된 공간에 매달린 조형물은 실내 공간에 있는 사람들 외에도 통행량이 많은 도서관 길을 걷는 사람들에게도 커튼월을 통하여 흥미로운 체험을 하게 한다. 연구소 건축물은 건축과 조형물이 완벽하게 결합된 예술품 같은 공간이기에 UCSD 캠퍼스를 방문하는 디자인이나 건축 전공자들이 들리기 바란다. ZGF에서는 UCSD 캠퍼스 내에 레베카 & 존 무어 UCSD 암 센터도 설계, 완공하였다.

# 3

006 학생 서비스 센터, 길먼 파킹 스트럭춰 / 007 콘라드 프레비스 뮤직 센터 / 008 시각 예술 시설 / 009 프라이스 센터 / 010 UCSD 게이젤 도서관 / 011 애트킨슨 홀 + Calit2

**006** Student Services Center, Gilman Parking Structure / **007** Conrad Prebys Music Center / **008** Visual Arts Facility / **009** Price Center / **010** UCSD Geisel Library / **011** Atkinson Hall + Calit2

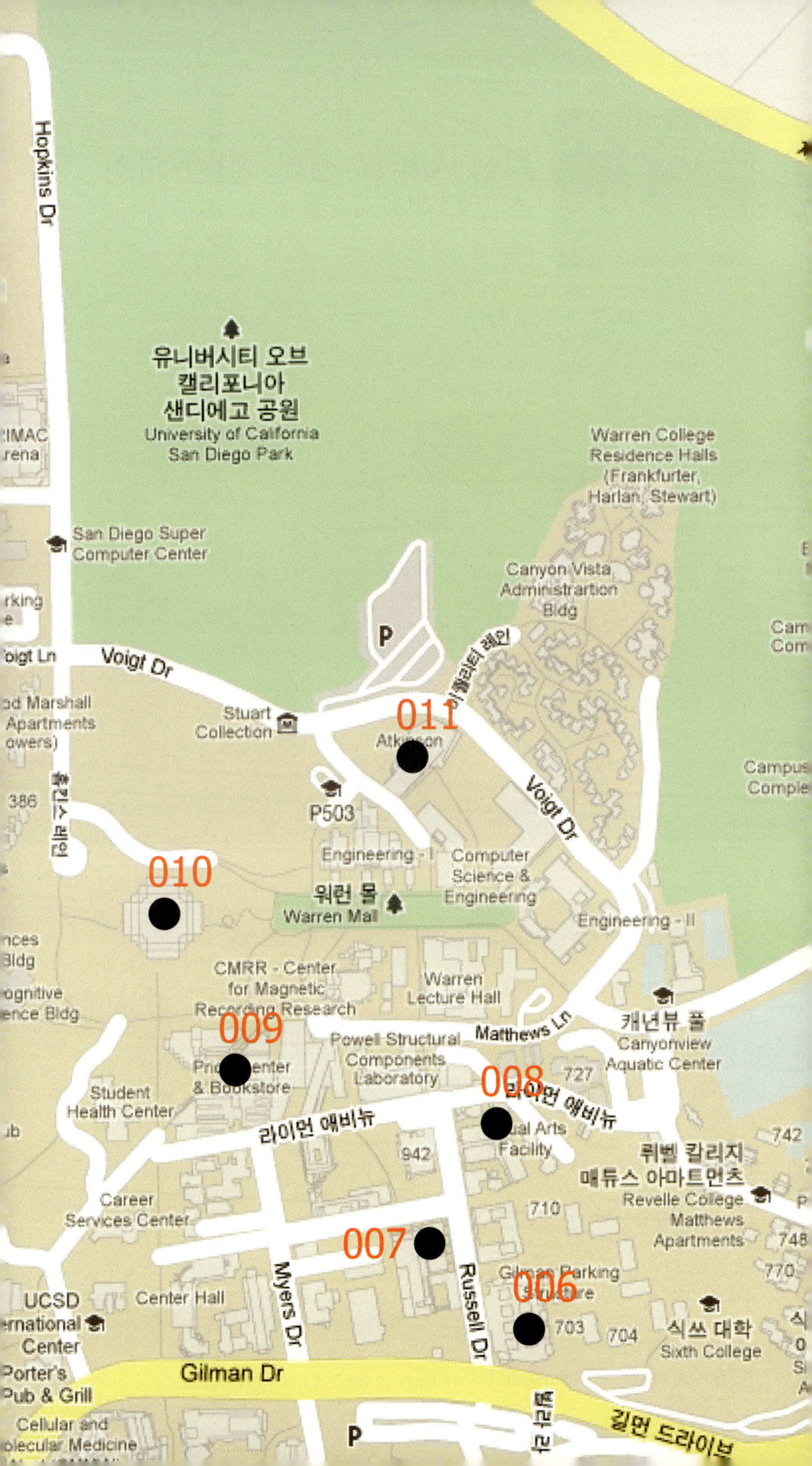

유니버시티 오브 캘리포니아 샌디에고 공원
University of California San Diego Park
Hopkins Dr
Warren College Residence Halls (Frankfurter, Harlan, Stewart)
San Diego Super Computer Center
Canyon Vista Administration Bldg
Voigt Dr
Stuart Collection
011
Atkinson
P503
Engineering - I
Computer Science & Engineering
010
워런 몰
Warren Mall
Engineering - II
CMRR - Center for Magnetic Recording Research
Warren Lecture Hall
009
Powell Structural Components Laboratory
Matthews Ln
캐년뷰 풀
Canyonview Aquatic Center
Price Center & Bookstore
Student Health Center
008
라이언 애비뉴
727
Visual Arts Facility
942
742
리벨 칼리지 매튜스 아파트먼츠
Revelle College Matthews Apartments
Career Services Center
710
007
Myers Dr
Russell Dr
748
770
006
Gilman Parking Structure
703
704
식스 대학
Sixth College
UCSD International Center
Center Hall
Porter's Pub & Grill
Gilman Dr
Cellular and Molecular Medicine
길먼 드라이브
P

· 로브 웰링톤 퀴글리, 2007, 2000
· 9500 Gilman Drive, UCSD Campus, La Jolla
· www.robquigley.com

San Diego | 006

# 학생 서비스 센터, 길먼 파킹 스트럭춰 Student Services Center, Gilman Parking Structure

노출콘크리트 기둥의 열주랑 위에 루버가 부착된 입면의 인상적인 외관을 한 학생 서비스 센터는 UCSD 캠퍼스의 중심부에 위치한 5층 규모의 건축물로 학생들을 위한 교무, 재정 지원, 입학과 관련한 부서들이 있다.

그 외에도 업무공간, 다양한 크기의 회의실, 강당과 식당, 판매점 등이 있는 ㄱ자형 평면의 학생 서비스 센터는 도로에 면한 입면을 리드미컬하게 배치된 루버가 부착된 외관으로 소음을 차단하고, 후면의 정원을 향한 입면은 유리로 마감한 커튼월로 디자인하여 정원의 풍경을 즐길 수 있게 하였다.

열주랑이 있는 1층에는 원스톱 서비스, 강당과 식당, 복사실, 메자닌 층에는 교무 관계실과 카페, 그 위층에 입학과 재정 지원, 업무공간이 있는 센터는 업무공간이 있는 층에는 광정을 설치하여 환기와 채광을 배려하였다. 열주랑이 있는 1층, 루버가 부착된 중간층, 그리고 사방이 커튼월로 마감된 업무공간 층이라는 3부분으로 구성된 센터는 1층은 열주랑으로 거리 같은 분위기를 연출하고 있으며, 상층으로 오르는 계단도 오브제인 동시에 전망을 즐기는 장치로 디자인하여 거리의 흐름을 연장하고 있다.

공간의 내외부를 돌아다니면서 로브 웰링톤 퀴글리 특유의 철골구조로 돌출된 계단참들이 만들어 내는 오브제적인 공간장치에서 전망을 즐겨 보기 바란다. 또한 로브 웰링톤 퀴글리는 UCSD 캠퍼스 내에 길먼 파킹 스트럭춰라는 주차장 시설이면서 오브제적인 성격이 강한 6층 규모의 건축물을 완성하였다.

길먼 드라이브에 면해 세워진 조립식 콘크리트 구조의 861대 수용의 주차장용 건축물은 노출콘크리트 매스에 보행자용 입구를 암시하는 비스듬하게 세워

진 골조 구조, 상층부 외관을 마감한 금속 밴드로 엮은 구조, 옥상부에 주차한 자동차를 위한 캐노피 겸 태양열 집열판 구조 등 기능적인 요소를 조형적으로 해석한 장치들이 인상적이다.

주차장 건축물에는 주차장 기능 외에도 지상에 면하여 크레디트 유니온, 주차 사무소가 있으며 2층 레벨에는 커피숍도 있다.

· LMN 아키텍츠, 2009
· 9500 Gilman Drive, UCSD Campus, La Jolla.

*San Diego* | *007*

# 콘라드 프레비스 뮤직 센터

## Conrad Prebys Music Center

콘라드 프레비스 뮤직 센터는 UCSD 캠퍼스의 중심인 길먼 파킹 스트럭춰 건너편의 예술 구역에 위치한 400석의 콘서트 홀, 150석의 실험 극장, 140석의 리사이틀 홀과 앙상블 홀이 있는 뮤직 센터이다.

다양한 음악을 위한 공연 및 제 시설들을 기하학적인 콘크리트 격자 프레임 안에서 해결한 뮤직 센터는 인상적인 기하학적인 프레임과는 달리 콘서트 홀의 실내는 부정형한 형태를 취하고 있다.

7,800m$^2$ 규모의 센터는 합리적인 기하학적 건축 구조물 안에 합리에서 탈피하려는 낭만적인 예술공간을 내포하고 있는 것 같은 건축물로 부정형한 형태의 콘서트 홀의 실내는 세계적인 음향학자인 시릴 해리스와의 협력에 의한 결과이다.

건축물 안에는 인공적으로 건축화된 계단식 야외 공연장도 만들어 퍼포먼스나 이벤트도 할 수 있게 하였으며 후면의 브릿지는 통로의 역할과 함께 공연 시 관람하는 공간의 기능도 하고 있다.

콘크리트 프레임에 의한 열주랑 하부에는 금속망이 철골구조의 캐노피에 올려져 있어 보행자들에게 차양의 기능과 함께 휴먼스케일적인 공간의 느낌을 부여하고 있다.

- 레베카 L 빈더, 1993
- 9500 Gilman Drive, UCSD Campus, La Jolla
- www.binderarchitects.com

San Diego | 008

# 시각 예술 시설

## Visual Arts Facility

UCSD의 시각 예술학과를 위한 시설은 2층, 6,640m² 면적의 건축물로 스튜디오, 갤러리, 공방, 세미나를 위한 공간으로 구성되어 있으며 서측에 대학 본부가 있는 입지에 위치하고 있다.

기본적으로 대칭적인 배치에 부분적으로 변화를 준 시설의 1층에는 학부의 스튜디오, 금속과 목공 공방, 사진과 컴퓨터 아츠 랩, 갤러리 등, 2층에는 스튜디오, 대학원생실, 교수실과 세미나실로 구성되어 있다. 건축가는 남 캘리포니아의 온화한 기후와 프로그램에 맞게 중정과 외부 통로로 연결된 지붕의 형태가 다른 5개동으로 디자인하였으며, 후면에 위치한 동들은 옥외 계단을 중심으로 축을 약간 틀어서 변화를 부여하였다.

이탈리아의 언덕에 있는 마을을 연상시키는 2층 규모의 건축물들이 모여 있는 구성의 시설 정문에는 원형 콘크리트 기둥 위에 지지된 보울트 형 캐노피가 입구임을 암시하고 있으며, 1층은 석조를 쌓아 만든 열주랑의 분위기로 친근하면서 예술적인 분위기를 지닌 아트타운 같은 공간을 연출하고 있다.

석재와 콘크리트, 알루미늄, 회벽이라는 재료를 섬세하게 대비시키면서 사용한 시설에는 몇 개소에 설치된 옥외 계단을 수직 동선인 동시에 공간에 변화를 부여하는 오브제이면서 시퀀스를 유발하는 장치로 디자인한 것이 흥미롭다.

- 야즈다니 스튜디오 + 캐논디자인(증축), 1993, 2003, 2008(증축)
- 9500 Gilman Drive, UCSD Campus, La Jolla
- www.yazdanistudio.com

*San Diego* | 009

# 프라이스 센터

## Price Center

프라이스 센터는 UCSD 캠퍼스의 중심에 위치한 학생회관으로 우체국, 슈퍼마켓, 영화관, 카페와 레스토랑, 서점 등 학생들을 위한 다양한 편의시설이 있는 건축물이다. 1989년 SOM의 마스터플랜에 따라 1993년 소규모의 학생회관으로 지어졌던 프라이스 센터는 2003, 2008년에 증축을 하였으며, 증축을 위한 현상설계에서 에릭 오웬 모스나 라파엘 비놀리를 물리치고 야즈다니 스튜디오가 당선하였다.

2003년에 증축한 라운지가 있는 원통형 구조를 중심으로 전개한 프라이스 센터 웨스트 동과는 달리 2008년 야즈다니 스튜디오는 역동적인 V자형 평면을 한 프라이스 센터 이스트 동을 증축하였다. 웨스트 동에 극장, 서점, 볼룸이 있다면, 이스트 동에는 레스토랑이나 카페는 물론이고 은행, 편의점, 컴퓨터 랩이 있는 24시간 스터디 라운지 같은 기능의 시설이 들어가 있어 학생들이 캠퍼스 내에서 쾌적한 생활을 즐길 수 있게 하였다. 사각형 프레임을 한 매스가 돌출된 듯한 외관의 이스트 동은 V자형 평면의 중간부는 천창이 설치되어 있으며, 몇 개층이 사선으로 보이드된 공간은 거리 같은 분위기에 모뉴멘탈한 계단, 거대한 벽면의 그래픽이나 로고, 색채, 그리고 천창의 빛을 통한 연출로 학생들을 위한 공간다운 역동감을 표현하고 있다. 이스트 동의 실내 공간은 실외의 거리에서 느끼는 역동성을 실내 공간으로 연장한 것 같은 프로젝트로서 캠퍼스 타운 내에서 모든 것이 해결되게 한 원스톱 공간인 것이다.

ANOTHER DAY
have a hard time

SANTORINI

BURGER KING
SANTORINI

· 윌리엄 L 페레이라, 군나 버커츠(증축), 1970, 1993(증축)
· 9500 Gilman Drive, UCSD Campus, La Jolla
· http://en.wikipedia.org/wiki/Geisel_Library

San Diego | 010

# UCSD 게이젤 도서관

## UCSD Geisel Library

게이젤 도서관은 1970년 윌리엄 L 페레이라가 설계한 USCD 캠퍼스의 랜드마크 같은 건축물로 2층의 기단부 위에 버섯처럼 각 면마다 4개의 경사진 RC 구조의 기둥들로 들어 올려진 6층의 상층부 구조미가 인상적이다. 경사진 구조미와 함께 각 층 커튼월의 대비가 인상적인 도서관은 지상의 숲과 대비되면서 오브제 같은 형태를 취하고 있다. 기단부의 1층은 예술과 과학 분야 및 컴퓨터 랩, 주 출입구가 있는 2층에는 과학 분야와 특별 수집품, 4층은 동아시아 수집품, 5-8층은 분류에 따른 서고와 열람실이 있다. 1993년 도서관의 증축 요구에 따라 군나 버커츠는 캠퍼스의 명물인 페레이라의 도서관에 걸맞게 12,600m$^2$ 면적으로 증축하였다. 그는 기단부에 2개층을 증축하면서 외부에서 보면 일부는 기단부, 일부는 지하로 느끼게 처리하고 사이에 빛의 계곡이라는 비교적 규모가 큰 드라이에리어를 설치, 채광과 환기 및 페레이라의 건축에 걸맞는 조형성을 획득하였다.

빛의 계곡이라는 드라이에리어에 면한 개구부에 하프밀러 유리를 설치한 복잡한 면이 계곡에 식재된 식물 등을 반영, 다양한 표정을 만들어 내고 있다. 지하로 처리된 증축 부분에는 6개의 오브제 같은 천창 구조물을 설치하여 도서관 실내로 자연광을 유입시키고 있다. 도서관의 실내는 천창이나 드라이에리어를 통해 들어오는 빛에 의해 밝은 공간이 제공되며, 출입구 근처의 벽면에 부착된 필기구를 확대한 설치조형물이나 유리에 부착한 그래픽 등이 공부를 하러 들어가는 학생들에게 즐거운 분위기를 제공한다.

· NBBJ, 2003
· 9500 Gilman Drive, UCSD Campus, La Jolla
· www.nbbj.com

*San Diego* | 011

# 애트킨슨 홀 + Calit2

## Atkinson Hall+Calit2

UCSD는 전기통신과 정보기술 분야에 있어 캘리포니아 주 전체에 있어 주도권을 잡기 위하여 4개의 연구소의 네트워크를 형성하기 위한 시설로 Calit2를 건축하였으며, 건축물은 금속 패널과 커튼월의 대비가 인상적인 외관을 하고 있다.

UCSD 중심부에 위치한 6층, 20,438m$^2$ 규모의 전기통신과 정보기술을 위한 캘리포니아 연구소를 위한 건축물인 Calit2는 뉴미디어 아츠 윙과 클린 랩 윙으로 구성되어 있다.

자형 매스에 중앙에 진입로가 화살처럼 관통한 구성을 한 연구소는 1층에는 진입로를 중심으로 조닝이 분할되고 있으며, 뉴미디어 아츠 윙에는 갤러리와 뉴미디어 아츠를 위한 강당, 클린 랩 윙에는 클린 랩들이 들어서 있다.

상층부는 자형의 1층 평면과는 달리 1자형 평면의 랩을 중심으로 업무공간과 휴게공간이 둘러싼 형식을 취하고 있다.

건축사무소인 NBBJ는 건축물과 공간을 디자인하는데 있어 유비쿼터스 같은 커뮤니케이션의 방법에서 힌트를 얻어 자연스럽게 공간적인 구성에 의한 연구원들의 소통과 협력이 활성화 되도록 하였다.

실내 공간에서 홀이나 라운지, 연구소에서 공간적으로 우연한 만남을 유도하여 소통과 협력의 활성화를

꾀하였으며 실내의 바닥이나 천정에 영역별로 영역을 인지할 수 있는 차별화된 도색을 하여 공간을 구분하는 등 세심하게 디자인한 것을 알 수 있다.

조경디자인이 잘 되어 있는 옥외 공간에는 팀 호킨스이 만든 거대한 돌들을 붙여서 곰의 형상을 한 조형물도 있으니 잠시 옥외 공간의 벤치에 앉아서 즐겨 보기 바란다.

# 4

012 웨스트필드 호턴 플라자 / 013 맨체스터 그랜드 하얏트 샌디에고 호텔

012 Westfield Horton Plaza / 013 Manchester Grand Hyatt San Diego

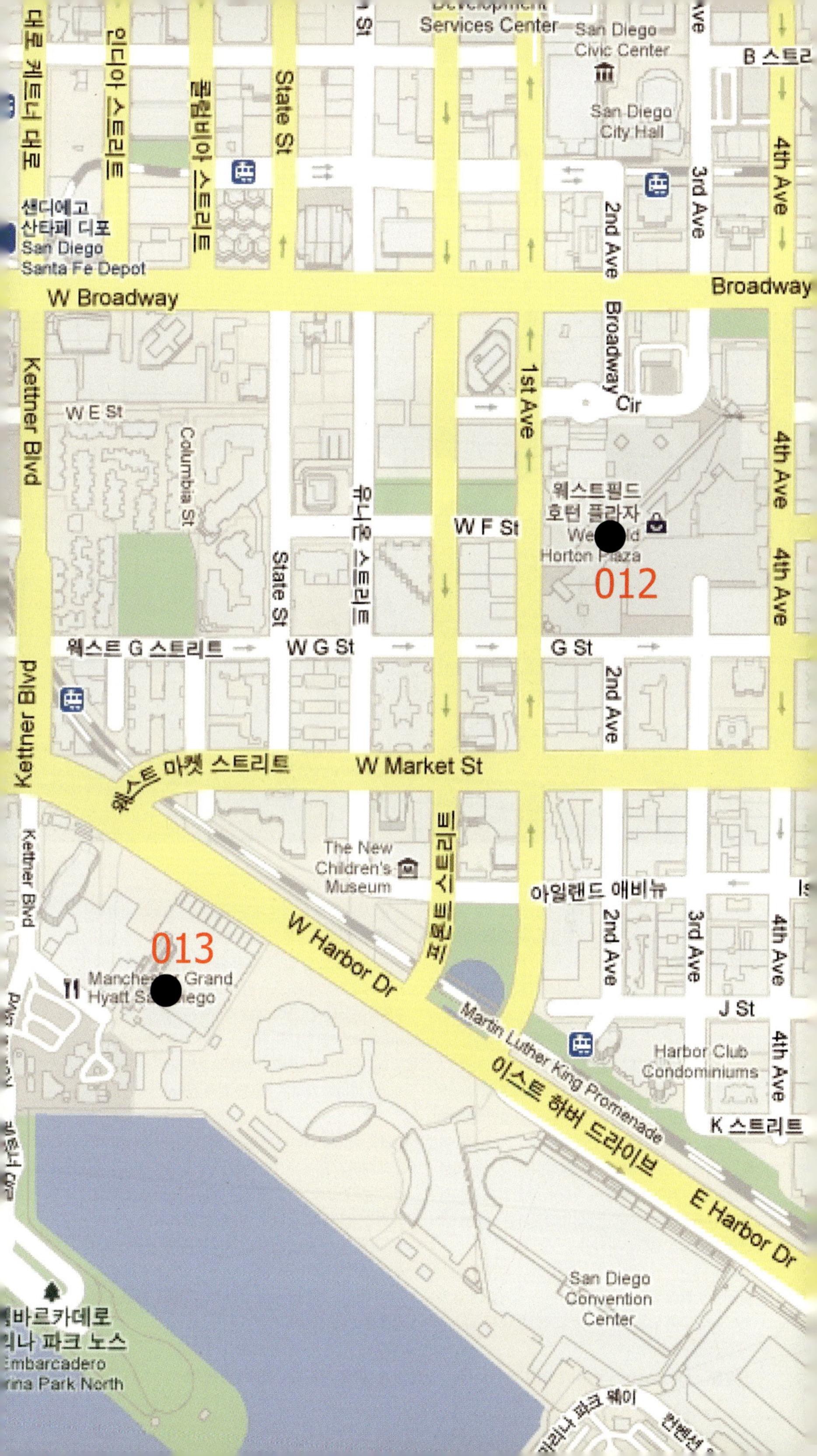

Services Center
San Diego Civic Center
B 스트리
San Diego City Hall
대로 케트너 대로
인디아 스트리트
콜럼비아 스트리트
State St
2nd Ave
3rd Ave
4th Ave
샌디에고 산타페 디포
San Diego Santa Fe Depot
W Broadway
Broadway
Kettner Blvd
W E St
Columbia St
Broadway Cir
1st Ave
유니온 스트리트
웨스트필드 호턴 플라자
Westfield Horton Plaza
012
W F St
웨스트 G 스트리트
W G St
G St
웨스트 마켓 스트리트
W Market St
The New Children's Museum
프론트 스트리트
아일랜드 애비뉴
013
Manchester Grand Hyatt San Diego
W Harbor Dr
Martin Luther King Promenade
J St
Harbor Club Condominiums
K 스트리트
이스트 하버 드라이브
E Harbor Dr
San Diego Convention Center
엠바르카데로 마리나 파크 노스
Embarcadero Marina Park North
마리나 파크 웨이

- 존 저드, 1985
- 324 Horton Plaza, San Diego, California
- www.jerde.com

San Diego | 012

# 웨스트필드 호턴 플라자

## Westfield Horton Plaza

웨스트필드 호턴 플라자는 샌디에고 중심가에 위치한 5층, 140,000m² 규모의 쇼핑몰로 시의 중심가 개발에 공헌을 한 알론조 호턴을 기념하기 위하여 명명하였던 호턴 플라자를 1998년 웨스트필드 그룹이 매입하면서 지금의 이름으로 불리고 있다.

전세계 쇼핑몰의 패러다임을 바꾼 호턴 플라자를 디자인한 저드 파트너십은 이후 후쿠오카의 카날시티를 디자인하면서 명실상부한 쇼핑몰 디자인 전문회사로 부각되었다. 샌디에고의 발상지인 가스램프 쿼터가 주변에 있는 대규모 광장이었던 6개 블록을 1980년대 1억4천만불을 투자하여 쇼핑몰을 건설하였으며, 개장 당시 2,500만명이 방문하는 등 샌디에고 최대의 쇼핑물로 부각되었다.

전통적인 폐쇄적 공간의 쇼핑몰과는 달리 개방적인 거리와 광장이 있는 공간으로 디자인한 호턴 플라자는 존 저드의 장소 만들기라는 디자인 철학에 근거하여 무대 셋트 같은 분위기로 축제 분위기를 고조시킨다. 대각선으로 난 길을 주축으로 구성된 165개의 상점과 레스토랑, 멀티스크린 영화관, 옥외 극장, 호텔, 우체국, 업무공간 등이 있는 쇼핑몰은 공간의 수축과 확장에 의한 공간감의 확대와 함께 계단, 경사로, 노천 에스컬레이터 같은 다양한 동선체계로 공간을 돌아다닐 때마다 새로운 경험을 하게 한다.

지역의 특성을 나타내는 파스텔 톤 색채와 그리드 패턴의 대비가 인상적인 쇼핑몰 외관의 색채 계획은 색채 전문가인 서스먼 프레자의 작품으로 공간을 활성화 하는데 기여하고 있다. 서울의 디큐브시티, 스타시티, 창원의 시티세븐의 원조가 되는 저디 파트너십의 초기 대표작으로서 의미를 갖는 동시에 전세계 쇼핑몰 디자인의 흐름을 바꾼 공간이기에 필히 방문해 보기를 권한다.

macy's

macy's

· SOM, 마르티네즈+ 쿠트리(증축), 1992, 2002(증축)
· One Market Place, San Diego, California

San Diego | 013

# 맨체스터 그랜드 하얏트 샌디에고 호텔 Manchester Grand Hyatt San Diego

맨체스터 그랜드 하얏트 샌디에고는 샌디에고 컨벤션 센터 근처에 위치한 40층의 하버 타워와 33층의 시포트 타워의 두 동으로 구성된 호텔로 박공지붕을 한 랜드마크 형의 외관이 인상적인 건축물이다. 웨스트 코스트의 수변 공간에서 가장 높은 호텔은 1,625개의 객실, 연회장, 주니어 볼룸, 컨퍼런스 룸, 주차장 등이 있는 대규모 건축물로서 외관에 걸 맞는 열주랑이 있는 고전적인 분위기의 디자인과 높은 층고를 한 로비 등 실내 공간의 분위기가 압권이다. SOM이 설계한 기존 건축물의 근대적인 디자인 분위기를 마르티네즈 + 쿠트리가 증축하면서 3부 구성을 한 고전적인 외관으로 변형을 시킨 호텔의 파사드는 뉴욕의 플래트아이언 빌딩을 참조하여 디자인하였다고 한다. 야간에 박공지붕을 업라이트 조명으로 하여 멀리서도 존재감을 느낄 수 있는 호텔에는 비지니스 센터, 테니스 코트, 수영장, 스파, 피트니스 센터 같은 시설을 갖추고 있으며, 최상층부에 위치한 하얏트 바에서 보이는 바닷가의 전망은 일품이다. 하얏트 호텔 근처에는 웰튼 베킷 & 어쏘시에이츠가 1987년에 완공한 25층 규모의 샌디에고 매리어트 마르퀴스 & 마리나도 있으니, 시간이 있다면 한 번 방문해 보기 바란다.

# 5

014 샌디에고 컨벤션 센터 / 015 힐튼 샌디에고 베이후론트 / 016 옴니 샌디에고 호텔

**014** San Diego Convention Center / **015** Hilton San Diego Bayfront / **016** Omni San Diego Hotel

G St
G St
G 스트리트
2nd Ave
Market St
Marke
Field
7th Ave
8th Ave
Island Ave
아일랜드 애비뉴
아일랜드 애비뉴
2nd Ave
3rd Ave
4th Ave
5th Ave
6th Ave
J St
J 스트리트
Harbor Club
Condominiums
4th Ave
5th Ave
Martin Luther King Promenade
이스트 하버 드라이브
K 스트리트
K St
K St
E Harbor Dr
L 스트리트
L St
014
016
San Diego
Convention
Center
하버 드라이브 하버 드라이브
펫코
Petco
토니 그윈 드라이브
마리나 파크 웨이
컨벤션 웨이
Convention Way
Park Blvd
파크 대로
015
Gull Street
엠바르카데로
마리나 파크 사우스
Embarcadero
Marina Park South
Convention Center
Water St
워터 스트리트
터미널 스트리트

· 아서 에릭슨, 1990, 2001(증축)
· 111 West Harbor Drive, San Diego, California
· www.arthurerickson.com

San Diego | 014

# 샌디에고 컨벤션 센터

## San Diego Convention Center

샌디에고 컨벤션 센터는 샌디에고 수변 공간에 위치한 45,000m² 면적의 입지에 컨벤션 기능의 161,000m² 규모를 한 건축물로 삼각형의 콘크리트 프레임들 안에 원형의 유리 실린더들이 연속되어 있는 기계적인 느낌의 역동적인 외관이 인상적인 건축물이다.

또한 콘크리트 골조 위에 항해하는 요트를 연상시키는 테프론 마감의 거대한 텐트 구조를 한 컨벤션 센터는 23,700m²의 전시장, 9,480m²의 텐트 구조를 한 옥외 전시장인 세일즈 파빌리온, 회의공간과 2,000대를 수용하는 지하주차장으로 구성되어 있다. 컨벤션 센터의 각 층 구성은 지상층의 전시공간, 메자닌층의 회의공간, 상층의 회의실, 볼룸, 세일즈 파빌리온이다. 3층 전시공간을 덮고 있는 유리 실린더들은 역동적인 조형성과 함께 실내에 자연광을 유입시켜 환상적인 실내 공간을 연출한다.

증축한 부분은 삼각형 콘크리트 프레임과 원형의 유리 실린더를 변형하면서 축을 중심으로 약간 틀어서 배치하고 있다. 특히 증축한 부분의 옥외 공간에는 컨벤션 센터와 연결되는 열주랑 같은 거대한 구조물의 일부를 절단한 형태로 오브제처럼 설치하여 조형물이면서 동시에 유모어를 느끼게 하는 건축적 장치로 디자인한 것인 인상적이다. 컨벤션 센터에는 2011년 새로운 하버 드라이브 보행자 다리가 개통하여 항구의 다른 지역을 연결시키고 있다.

Registration
D

Parking

A
EXHIBIT HALL A

- 존 포트만, 2008
- 1 Park Boulevard San Diego, California
- www.portmanusa.com
- http://en.wikipedia.org/wiki/Hilton_San_Diego_Bayfront

*San Diego* | 015

# 힐튼 샌디에고 베이후론트

## Hilton San Diego Bayfront

힐튼 샌디에고 베이후론트 호텔은 샌디에고 컨벤션 센터 근처에 위치한 32층, 15,300m² 규모의 건축물로 매시브한 석조 마감의 기단부와 푸른색의 커튼월 상층부를 지닌 현대적인 외관을 하고 있다. 마치 두 개의 건축물이 겹쳐 있는 듯한 구성의 호텔은 1,200석의 객실, 그랜드 볼룸, 주니어 볼룸, 22개의 회의실을 포함한 집회와 만남의 공간, 비즈니스 센터, 점포, 헬스클럽, 라운지와 카페 등 기단부에 위치한 9,850m² 규모의 공간으로 구성되어 있다. 날렵하게 처리된 캐노피, 조형적인 외부 계단 등 호텔 건축의 전문가인 존 포트만의 디자인적인 역량이 보여지고 있으며, 호텔 기단부의 실내는 백색의 벽을 바탕으로 목재로 마감된 루버 구성의 디자인이 현대적이면서 동시에 자연스러운 분위기를 제공하고 있다.

그리드 형의 커튼월로 마감된 파사드는 야간에 바둑판처럼 디자인된 창에 랜덤하게 조명이 들어오면, 조명에 따라 흥미로운 입면이 만들어지기도 한다. 해변에 면하여 배치된 지상층의 수영장은 유기적 형태의 수영장과 오브제 같은 계단실이 어우러져 아름다운 전경을 연출하고 있으며, 야간에는 외부 공간에 화이어플레이스를 하면서 담소와 함께 음료를 즐길 수 있는 공간을 만들어 놓는 등 디자인에 세심한 신경을 쓴 것이 보인다.

· 혼버거 + 워스텔 어쏘시에이츠, 2004
· 675 L Street San Diego, California
· www.hornbergerworstell.com

*San Diego* | *016*

# 옴니 샌디에고 호텔

## Omni San Diego Hotel

샌디에고 파드레스 야구팀의 홈 구장인 페트코 파크와 스카이브릿지로 연결된 옴니 샌디에고 호텔은 호텔과 콘도미니엄 기능을 갖춘 32층, 55,809m$^2$ 규모의 건축물로 커튼월 마감의 원통형 구성 외관이 인상적이다.

호텔은 511개의 객실 외에도 볼룸을 포함한 집회공간, 옥상의 외부 테라스에 위치한 수영장과 자쿠찌, 레스토랑과 비지니스 센터를 갖추고 있으며, 콘도미니엄은 12층에서 32층까지 점하고 있다.

콘도미니엄은 독립된 출입구와 함께 22층에 위치한 옥외 수영장, 객실과 딜럭스 룸과 프리미엄 룸 등으로 구성되어 있다. 도심 속의 리조트를 표방하고 있는 호텔은 기단부인 6층 옥상의 옥외 공간에 위치한 테라스 바와 그릴, 스파와 수영장, 화이어플레이스를 갖추어 도심 속이나 도심을 탈피한 것 같은 공간으로 연출하고 있으며, 로비나 공용부분은 현대적이면서 온화한 분위기로 디자인하여 손님들에게 쾌적한 환경을 제공하고 있다.

호텔의 손님들은 9m 높이에 위치한 24m 길이의 스카이브릿지를 통하여 페트코 파크라는 경기장을 편안하게 이용하도록 하였다. 호텔과 연결된 페트코 파크는 안토닌 프레독이 디자인한 야구경기용 스타디움으로 2004년에 완공되었기에, 시간이 있다면 스타디움도 둘러 보기 바란다.

O

S T

U R

O R Y

# 엮은이 한마디

대표저자_ **김문덕**

전필규 / 강연주, 김수미, 김영희, 노경우, 박민석, 박형진, 백원정, 서민우, 서유정, 우은영, 우창옥, 윤상윤, 윤종민, 이성아, 이정미, 정재원, 황복득

구자승, 송연주, 최진석, 정희선

# OUR STORY

Architect's & Interior Designer's
Guide to Western America

여행은 3가지 과정을 거쳐야 완성된다는 사실을 깨달았던 미국 서부 기행..!! 여행을 준비하는 과정, 실제의 여행..!! 그리고 책이 바로 출간되기 전까지도 이어지는 마무리 과정..!! 어려운 과정들이지만.. 그렇게 해서 미국 서부 기행의 즐거운 추억이 내 마음 속에 각인되었다.

**김 문 덕** KIM MOON DUCK

건국대학교 실내디자인학과 교수 및 디자인대학원 주임교수, 한국실내디자인학회 명예회장, 삼성물산 자문교수. 렘 콜하스와 네덜란드 근 현대건축, 유럽 현대건축여행 2@@2, 현대 일본건축 현장 탐방 등 저서 다수

내 평생 잊지 못할 추억!!
좋은 추억 만들어주셔서 교수님과
선생님들께 감사드립니다.
잊지않고오래토록 간직하겠습니다.

**백 원 정** PAIK, WON JUNG

건국대학교 건축전문대학원 실내건축설계학과 석사과정 졸업, 현 (주)서울실내건축 근무

2010년 그해 여름을 회상하면
행복한 미소만 지어지는...
미국에서 맞은 생일파티...
언제 또다시 헐리우드거리를...
아직도 선한 잊지 못할 시간입니다.

**서 유 정** SEO, YU-JUNG

건국대학교 건축전문대학원 실내건축설계전공 박사과정 수료, 현 한디자인 실장, 현 동원대학교 실내건축과 출강

좋은 사람들과 좋은 공간,
좋은 곳을 경험할 수 있어서
잊을 수 없을 것 같습니다.
평생 좋은추억으로 간직하겠습니다.

**우 창 옥** WOO, CHANG-OK

건국대학교 건축전문대학원 실내건축설계 박사과정 수료, 현 인하공전 실내건축과 출강

어느 덧 과거가 되어버린
우리들의 추억들!!
도시의 산보자 김문덕 교수님의
빛 바랜 모자가 그리워집니다.

**윤 상 윤** YOON SANG RYUN

건국대학교 건축전문대학원 실내건축설계전공 박사과정, H.RAM STUDIO 대표, 고양시 도시경관디자인 자문위원, 인하공업전문대학 실내건축과 출강

내 인생의 최고의 2010년 여름!!
불타는 열정, 소중하고행복한
추억을 같이하신 교수님,
선생님들께 감사드립니다.

**강 연 주** KANG, YEON JOO

건국대학교 건축전문대학원 실내건축설계학과 실내건축설계전공 박사과정수료. 현 신흥대학교 출강

2010년 어느 여름날, 설렘과 행복한 감성은 영원할 것 같습니다.
추억을 공유할 수 있게 해주신 교수님..
정말! 감사드리고요, 추억속에 함께한
선생님들 감사드립니다.

**우 은 영** WOO, EUN YOUNG

건국대학교 건축전문대학원 실내건축설계학과 박사수료, 현 건양대학교 산학협력중점교수.

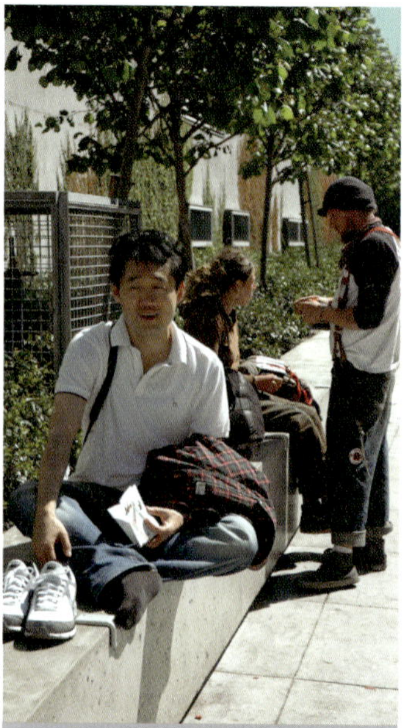

# OUR STORY

Architect's & Interior Designer's Guide to Western America

물리적 공간에서 무엇이 그 공간을
만들어 내는지를 경험할 수 있는
소중한
시간이었습니다.
감사합니다.

## 구 자 승 Koo Ja Seung

홍익대학교 산업미술대학원 산업디자인학과 공간디자인 전공, 현 공이일일플래닝 소장, 현 동국대학교 건축공학과 출강

힘든 일정이었지만
행복한 시간이었습니다.
이 결과물이 건축투어를 원하는
많은 사람들에게 좋은 길잡이가
되었으면 좋겠습니다.
참여할 수 있게 해 주신 교수님과
기행을 통해 인연이 된 선생님들께
깊은 감사드립니다.

## 송 연 주 SONG YEONJU

건국대학교 건축대학원 석사 졸업, 디자인주 대표. 경원대학교, 남서울대학교, 성신여자대학교 출강

호기심 가득한 눈과 뜨거운 열정으로
함께 했던 그 여름날,
좋은 사람들과 좋은 곳에서의 추억
잊지 못할 겁니다.
고맙습니다.

## 정 희 선 JUNG, HEE-SUN

건국대 디자인대학원 실내환경학과 석사과정 졸업, 현 (사)한국복지환경디자인연구소 실장, 현 관동대학교 인테리어학과 겸임교수

벌써 2년이 지났네요~
그날 기억들이 아직도 생생한것
같습니다. 더위도 날려버릴 만큼의
뜨거운 열정과 즐거운 추억...
모두 화이팅 입니다!!

## 최 진 석 CHOI JIN SEOK

건국대학교 건축전문대학원 실내건축설계학과 박사과정, 현 PLANZIP 근무, 현 관동대학교 인테리어디자인학과 출강

2010년 그곳에서 그들과 함께
할 수 있었음에 감사합니다.

**김 수 미** KIM SUMI

건국대학교 건축전문대학원 실내건축설계학과 박사수료, 현 (주) 뉴-테크 부설디자인연구소 소장, 현 조선대학교 광주여자대학교 실내디자인학과 출강

한 권에 담긴 추억의 장소와 사람들...
그 때를 기억하며 박수를 보냅니다.

**박 형 진** Park, Hyung-Jin

인하공업전문대학 실내건축과 교수, 건국대학교 실내디자인학과 졸업

모든게 두배가 되는 뜻깊은 건축기행이었습니다. 특히 투어 초반에서 후반으로 넘어가는 시간차 사진에서 명확히 입증되는 맛있는 투어로 인해 제 얼굴사이즈의 두 배 증가는 지금도 남아 여독의 증거를 여실히 보여주고있습니다.

**이 성 아** LEE, SUNG-AH

LIU NY 석사 졸업, 건국대학교 건축전문대학원 실내건축설계전공 박사과정 수료, 현 (주)리즈디자인 대표이사, 서울시 디자인위원회 심의위원, 동원대학 실내건축과 출강

우리가 건축물에서 얻은 아름다운
인상은 강도 높은 일정의 막강 압박과
비례했을지도 모른다는 생각이 듭니다.
함께 했던 여러분들께 뜨겁게
감사합니다.

**정 재 원** CHUNG, JAE-WON

건국대학교 건축전문대학원 실내건축설계전공 박사수료,현 비욘드 디자인 대표, 현 동원대학교 실내건축과 겸임교수

# OUR STORY

Architect's & Interior Designer's
Guide to Western America

교수님과 건국대학교 선생님 모두들!
행복한 추억을 함께할 수 있는
기회 주시고따뜻하게 대해주셔서
감사합니다!

## 서 민 우 SEO MIN WOO

건국대학교 디자인대학원 실내환경디자인 석사 수료 \ (주)선인터내셔날, ZOOM design 근무 \ 현, BLUEis 대표, 계명문화대학 겸임

---

화려한 유럽의 건축디자인과는
상반된 미서부의 기능위주의 합리적
디자인에서 많은 것을 배우고
돌아 왔던 귀한 시간이었습니다.
또한, 헐리우드의 환상적인 날씨는
잊지 못할 것 같습니다.

## 황 복 득 Hwang BokDeuk

건국대학교 건축대학원 실내건축설계 박사수료, 현 우송대학교 건축디자인학과 초빙교수, 현 아산시 도시경관위원회 위원

뜨거운 여름을 미국서부에서
무법자처럼 누비고왔던 기억이
이젠 출판이라는 결실이 되어
돌아 왔습니다.
모두모두에게 감사하고
고마울 일입니다.
화이팅!

**윤 종 민** YOUN, JONG MIN

건국대학교 건축대학원 실내건축설계 박사수료, 현 금강SP건축사사무소 대표, 현 건국대학교 디자인대학원 겸임교수.


신대륙으로 건너와 빈 땅에 이룬
건축역사를 그리고근대 산업경제성장
의 동력이 된 미국 서부를 동양은
어려울거라 여겼던 한국인들이
함께한 게릴라 투어였습니다.
교수님과 선생님들께 감사드립니다.

**이 정 미** LEE, JOUNG MI

건국대학교 건축대학원 석사과정 졸업, 건국대학교 건축전문대학원 실내건축설계전공 박사과정 수료, 현 동양미래대학 건축과 조교수


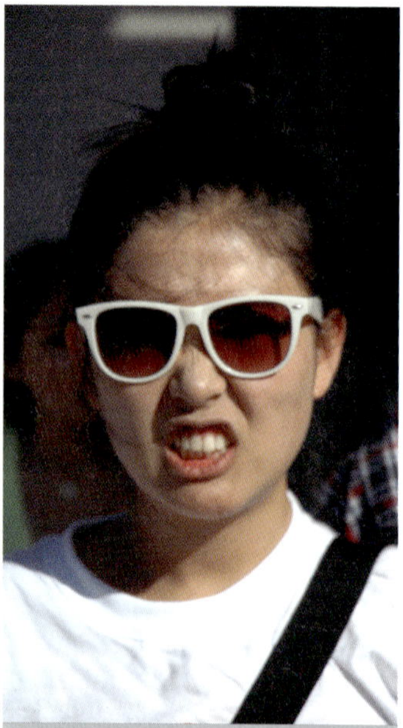

O U R
STORY

Architect's & Interior Designer's
Guide to Western America

# OUR STORY

Architect's & Interior Designer's Guide to Western America

우연히 마주한 건축물 앞에서의 매료된 시선들, 토론에서 묻어나는 다양한 시각들, 다시 사진으로 느껴지는 열정들, 뜨거웠던 미국 서부를 기억합니다.

## 김 영 희 KIM, YOUNG-HEE

건국대학교 건축전문대학원 실내건축설계학과 박사수료, 현 서남종합건설(주) 실장, 현 서정대학교 실내건축디자인과 겸임교수

"배움 없는 삶은 향기 없는 삶" 항상 자신의 부족한 부분을 인식하고 극복하려고노력하면 언젠간 엄청난 강점이 된다는 말이 실감이 납니다. 항상 열정적인 모습들이 만들어 낸 결과물인 것 같습니다. 많이 배우고 느끼게 만든 여행이죠. 추억 속으로 빠져듭니다.

## 노 경 우 NOH KYUNG WOO

건국대학교 디자인대학원 석사, 경북대학교 건축대학원 박사수료, (주)케이스 디자인 대표, 대구한의대 실내건축학과 출강

14일... 보고느끼기엔 부족한 시간일지도 모르지만 그래도 디자인이 뭘까?라는 고민에 작게나마 답이 되었던 순간이었던것 같다. 책을 정리하면서 다시 보고, 아... 하면서 생각하고, 아쉬움과 기쁨... 그리고변해 있는 모습을 보며 잘 갔다 왔구나 하는 생각이 든다.

**전 필 규** JEON PIL GUE

건국대학교 건축대학원 실내건축학과 석사과정 졸업, 동 대학원 실내건축학과 박사과정 수료 현&전 디자인 파트너스 대표이사

한 구석 쌓아 두었던 사진 한 컷,
한 컷 넘겨 보며, 새삼 새롭게
떠올린, 유쾌했고뜨거웠던 열정이
함께 했던 날들.
또 다른 오늘의 열정을 살라 보게 되는
불씨같은 추억.

**박 민 석** Park, Min Seok

건국대학교 건축대학원 실내건축 설계학과 박사과정 수료, Studio il 대표, 현 한성대학교 겸임교수, 안양과학대학 겸임교수, 건국대학교 출강

O U R
S T O R Y

Architect's & Interior Designer's
Guide to Western America

Archi

L i

tect's

s t

건축가 List

**가에 아울렌티 Gae Aulenti**

밀라노 공과대학을 졸업한 여성건축가 가에 아울렌티는 건축잡지 카사벨라 아트 디렉터로 10년간 종사했으며, 오르세 박물관의 실내 개수를 위한 국제 공모전에 당선, 세계적인 건축가로 발돋움하였다. 다양한 시각을 가진 이탈리아 태생의 건축가인 가에 아울렌티는 베네치아 그라시 궁전의 전시관으로의 개수와 바로셀로나의 카탈루냐 미술관 개수 프로젝트를 하여 유명해졌으며, 미국에서는 샌프란시스코의 아시안 아트 뮤지엄의 실내공간을 개수하였다.

**겐슬러 Gensler**

겐슬러는 뉴욕, LA, 워싱턴, 시카고, 런던, 두바이, 상하이 등에 지사를 둔 세계적인 건축사무소로 샌프란시스코에 본사를 두고 있다. 미국에서 두 번째로 큰 건축사무소인 겐슬러는 오피스 빌딩, 공항, 교육 관련 프로젝트에서부터 도시설계나 지속가능한 디자인 컨설팅에 이르는 프로젝트를 수행하는 전문적인 회사로서 LA의 리츠-칼튼 호텔 & JW 메리어트 호텔을 디자인하였다.

**그린 형제 Greene & Greene**

미주리 주의 세인트 루이스 출생의 그린 형제는 메사추세츠 공과대학 건축학과에서 전통적인 고전양식을 공부한 형제 건축가들로 유럽의 예술과 수공예운동을 미국식으로 발전시키는데 큰 역할을 하였다. 1983년 캘리포니아 파사데나에 건축회사 그린 & 그린을 설립한 형제는 세계 콜럼비안 전시회에서 관람한 일본 건축 양식 등의 영향을 받아 캘리포니아 지역의 전통 목조 주택 양식, 예술과 수공예운동의 장인 정신을 결합한 독특한 미국적 양식의 작품인 갬블 하우스 같은 작품을 남겼다.

**노먼 포스터 Norman Foster**

1935년 영국 출생으로 맨체스터 대학에서 건축학과 도시계획을 복수 전공한 노먼 포스터는 예일 대학에서 수학하면서 벅민스터 풀러에게 사사, 건축학 석사 학위를 받았다. 과거 리처드 로저스와 함께 사무실을 운영하였던 포스터는 하이테크한 건축을 지향하면서도 풀러의 영향으로 루이스 칸에게 사사한 로저스와 달리 유리의 스킨 안에 설비를 내장시키는 등 구조나 설비의 노출을 자제하는 특성이 나타나고 있다. 1967년 포스터 어쏘시에이츠를 설립, 현재 국제적으로 유명한 포스터 & 파트너스로 발전한 건축사무소은 창립 이래 130개에 달하는 상과 표창을 받았으며 미국 서부에서는 스탠포드 대학 의료과학연구 센터 같은 작품들을 완성하였다.

**다니엘 리베스킨트 Daniel Libeskind**

다니엘 리베스킨트는 음악을 전공하였으나 건축으로 전향한 건축가로 주로 건축학을 가르쳤으나 1989년 베를린 유태인 박물관의 건축가로 선정되면서부터 세계 건축계에 알려지기 시작하였다. 타 전공을 하였던 건축가답게 디자인 컨셉을 해석, 건축에 용해하는 능력이 탁월한 건축가로 미국에서는 샌프란시스코 유태인 박물관 외에도 라스베가스의 시티 센터 등 대규모 프로젝트를 통하여 디자인 능력을 선보이고 있다. 해체주의적인 경향이 농후한 건축을 전개하는 다니엘 리베스킨트는 국내의 삼성동 현대산업개발 본사 사옥과 해운대 아이파크를 디자인하였다.

**데이비드 락웰 David Rockwell**

1984년 락웰 그룹을 설립한 데이비드 락웰은 시카고 출생으로 뉴욕에 본사를 둔 사무소를 운영하는 미국 건축가이다. 극장의 댄서였던 어머니와 어린 시절 멕시코에서 자랐던 영향, 그리고 시라큐스 대학과 런던 AA 스쿨에서의 영향이 바탕이 되어 멕시코의 색상과 풍경이나 극장 같은 공간을 레스토랑, 극장 세트 디자인, 박물관, 리조트, 호텔 등에서 다양하게 풀어내고 있는 락웰은 LA의 코닥 극장을 디자인하였다.

**라파엘 모네오 Rafael Moneo**

스페인 출신인 라파엘 모네오는 교수 건축가로서 스페인 현대건축에 중요한 영향을 부여하고 있는 사람 중의 하나로 거론되고 있다. 그의 디자인 전략은 프로젝트가 지닌 주변 맥락의 다양한 측면들을 해석하여 아이디어를 발견, 디자인하는 것이다. 로마 미술 박물관으로 알려진 그의 건축에는 르 꼬르뷔지에의 빛의 사용, 건축적 산책로, 중정 등을 독자적인 독해를 통하여 표현하였으며 LA의 성모 마리아 대성당에서 그것이 잘 나타나 있다.

**런드버그 디자인 Lundberg Design**

런드버그 디자인은 올레 런드버그가 1987년 샌프란시스코에 설립한 디자인 사무소로 주거, 호텔, 식음공간을 주로 디자인하였다. 올레 런드버그는 신시내티 출생으로 워싱톤 & 리 대학에서 문학과 조각, 버지니아 대학 석사 출신으로, 그의 사무소는 샌프란시스코에 위치한 디자인 호텔인 디바 호텔이나 더 슬랜티드 도어 같은 식음공간, 엘리슨 레지던스 같은 주거공간을 디자인하였다.

**레베카 L. 빈더 Rebecca L. Binder**

1979년에 설립된 R. L. 빈더 아키텍트는 캘리포니아에서 디자인 회사를 운영하면서 국내외로 알려졌으며, 상업공간, 보호시설, 교육시설, 메디컬 센터, 시민기관, 주거공간을 디자인하는 등 다양한 활동을 하였다. 빈더는 1975년 캘리포니아 대학 졸업 후에 SCI-Arc에서 1978-88년까지 교육과 함께 설계활동을 했으며 USCD의 시각예술 시설 같은 학교 관련 프로젝트를 하는 것으로 잘 알려졌다.

**렌조 피아노 Renzo Piano**

파리의 퐁피두 센터의 건축가로 알려진 렌조 피아노는 1937년 제노바의 시공업자 집안에서 태어났다. 1964년 밀라노 기술대학 건축과를 졸업한 피아노는 1965-70년까지 루이스 칸 건축사무소와 런던의 마코비스키 건축사무소에 근무 후, 그의 건축에 많은 영향을 끼친 장 프루베를 만나게 되면서 퐁피두 센터 같은 하이테크 건축을 선보이게 된다. LA의 LACMA 브로드 현대미술관을 설계한 피아노는 제노바, 파리, 베를린에서 렌조 피아노 빌딩 워크샵이라는 건축설계사무소를 운영하고 있으며 국내에서도 용산의 트리플원 타워, KT 신사옥 프로젝트를 진행 중이다.

**렘 쿨하스 Rem Koolhaas**

네덜란드 로테르담에서 태어난 렘 쿨하스는 기자 및 시나리오 작가로 일하다가 런던의 AA 스쿨에서 건축을 공부하였다. 프라다 LA 에픽 센터를 설계한 그는 네덜란드 로테르담에 위치한 건축사무소인 OMA (Office for Metropolitan Architecture)의 소장이면서 하버드 대학교의 디자인 대학원의 교수로 재직 중으로 정신착란증의 뉴욕, SMLXL의 저술 등으로 유명하다.

**로스 + 셰퍼드 Roth + Sheppard**

1983년 덴버에 설립하여 기반을 잡은 로스 + 셰퍼드는 우아하고 기능적인 디자인을 하고 있는 건축사무소로, 이러한 작업으로 인해 디자인협회 등 여러 기관에서 많은 건축상을 받았다. LA 폴리스 디파트먼트를 설계한 로스 + 셰퍼드의 대표작으로는 덴버 박물관 아트스토어, 21 도쿄 조 레스토랑 등이 있다.

**로렌스 할프린 Lawrence Halprin**

로렌스 할프린은 1916년 뉴욕 브루클린에서 출생하여 2009년까지 활동하였던 조경디자이너로 코넬 대학, 위스콘신 대학, 하버드 디자인 대학원에서 조경을 전공하였다. 그는 사사했던 월터 그로피우스나 마르셀 브로이어와 함께 무용가인 그의 아내의 영향으로 사람과 사람, 환경과 사람과의 상호관계를 연구하여 적용하였다. 광장 등에서 사람들의 움직임과 참여, 체험을 활성화 하는 디자인을 추구하는 그의 작품은 엠바카데로 플라자처럼 수공간에 사람들이 들어가서 체험하는 공간으로 디자인하였다.

**로버트 벤츄리 & 스캇 브라운 Venturi & Scott Brown**

1925년 필라델피아 출생의 건축가로 프린스턴 대학 졸업 후, 에로 사아리넨, 루이스 칸 사무실에서 근무 후에 그의 부인이자 파트너인 데니스 스캇 브라운과 함께 건축사무소를 설립하였다. 건축에 있어 복합과 대립, 라스베가스에서 배우는 것 등 건축사에 미치는 중요한 이론서를 저술하기도 한 그는 로마 대상을 수상 후 로마에서의 체류나 루이스 칸의 영향 등이 그의 건축 이론을 정립하는데 크게 기여하였다. 프리츠커 상을 수상한 그는 포스트모던 건축의 기념비적인 건축물인 바나 벤츄리 하우스를 비롯하여 UCLA 맥도날드 의료연구소 등의 작품이 있다.

### 로버트 스턴 Robert A.M. Stern

1939년 뉴욕 태생의 건축가로 컬럼비아 대학, 예일 대학 석사를 졸업한 후에 리차드 마이어의 사무소 근무 후 설립한 로버트 스턴 아키텍츠를 운영하고 있는 건축가 겸 교수이다. 컬럼비아 대학의 대학원 교수로 활동하며 교육과 실무에 왕성한 활동을 하는 그는 1975년 루즈벨트 섬의 1000세대 주택단지 공모에서 1등으로 입상하면서 세상에 알려지기 시작하였다. 포스트 모던한 성향을 나타내고 있는 그의 작품으로는 월트 디즈니 애니메이션 빌딩 등이 있다.

### 로토 아키텍츠 ROTO Architects

마이클 로톤디는 1949년 LA 출생으로 1973년 SCI-Arc을 졸업한 건축가로 근무하였던 건축사무소인 모포시스 탈퇴 후, 1992년에 로토 아키텍츠를 설립하였다. SCI-Arc와 모포시스 출신답게 해체적인 분위기의 건축을 전개하는 로토 아키텍츠의 대표작은 마담 투쏘를 비롯하여 CDLT 1, 2 같은 주택으로 유명하다. 마이클 로톤디는 모포시스 시절 이대 앞의 선 타워를 톰 메인과 같이 디자인하였다.

### 루돌프 쉰들러 Rudolph M. Schindler

빈 태생의 건축가 루돌프 쉰들러는 LA 모더니즘 건축에서 중요한 건축가들 중의 한 사람으로 같은 오스트리아 출신인 리차드 노이트라와 함께 미국 근대건축의 발전에 지대한 기여를 한 인물이다. 오토 바그너, 아돌프 로스, 프랭크 로이드 라이트의 영향을 받은 그는 라이트의 사무실에 근무하기도 하였고, 독립 후에 자신과 친구인 체이스 부부를 위한 쉰들러 하우스에서 라이트에게 영향 받은 유기적인 건축개념을 자신의 방식으로 완벽하게 소화하였다.

### 리오스 클레멘티 할레 스튜디오 Rios Clementi Hale Studios

1985년에 설립된 리오스 클레멘티 할레 스튜디오는 건축, 조경, 도시, 인테리어, 전시, 그래픽디자인, 제품 디자인에 이르기까지 다양한 분야를 넘나들며 활동하고 있는 건축사무소이다. LA의 마크 테이퍼 포럼을 설계한 건축사무소는 문화시설, 기업, 상점, 지방자치단체 등 다양한 작품 활동을 하고 있으며 2012년 완공될 LA 도심의 녹색 문화공간인 시빅 파크도 계획하였다.

### 리차드 마이어 Richard Meier

1934년 미국 뉴저지에서 태어난 리차드 마이어는 르 꼬르뷔지에의 영향을 받은 백색건축을 전개하여 뉴욕 5로 불리기도 하였다. 그는 코넬 대학에서 건축 교육을 받은 후, 1963년 뉴욕에 사무소를 개설하여 교육시설 및 박물관 등 다양한 건축물을 설계하여 프리츠커 상을 수상하기도 하였다. 프린스턴, 하버드, 예일, UCLA에서 학생들을 교육한 건축가이기도 한 그는 프랑크푸르트 수공예 박물관과 함께 LA의 게티 센터가 있다.

### 리처드 키팅 Richard Keating

리처드 키팅은 1944년 샌디에고 출생의 건축가로 1976년 휴스톤에 SOM 지부를 설립 후, 많은 작품을 남겼다. LA의 가스 컴패니 타워를 설계한 리처드 키팅은 가격 대비 효과적인 디자인을 하는 건축가로 1990-1994년 키팅 맨 저니간 로테트 설립 후, 현재는 DMJM 키팅에 합류하여 일을 하고 있다.

### 리카르도 레고레타 Ricardo Legorreta

리카르도 레고레타는 1931년 멕시코에서 출생한 건축가로 멕시코 근대 건축의 아버지 호세 비야그란 가르시아의 사무실에서 건축을 시작하였으며 루이스 바라간에게 사사하였다. 멕시코의 지역 색을 꾸준히 작품 속에 반영, 다양한 문화권의 사람들이 공감할 수 있도록 보편화 한 그는 LA의 퍼싱 스퀘어를 설계하였다. 2011년 말 세상을 떠났으나, 그의 사무소에서 제주도에도 호텔 프로젝트를 진행 중에 있다.

### 마리오 보타 Mario Botta

마리오 보타는 루이스 칸과 르 꼬르뷔지에, 카를로 스카르파에 영향을 받은 신합리주의 경향의 건축가이다. 그는 1969년 루가노에 자신의 사무실을 개설하여 주로 소규모 주택을 설계하였으나, 이후 학교, 교회, 미술관, 공공건물 등으로 영역을 넓혔다. 샌프란시스코 현대미술관 등 국제적으로도 많은 활동을 하고 있는 그는 국내의 강남 교보 타워와 삼성미술관 리움을 설계한 건축가로도 잘 알려져 있다.

### 마크 맥 Mark Mack

오스트리아 빈 출신의 건축가로 1978-84년까지 베티 & 맥의 파트너로 근무하다가 1985년 샌프란시스코에 맥 아키텍츠를 설립, 운영하였으나 현재는 LA 베니스 지역을 근거지로 샌프란시스코와 LA 등에 많은 작품 활동을 하고 있다. 대학의 객원교수이자 아키타입 지의 창간인 겸 편집자로 활동하는 건축가로 색채감 있는 명확한 형태, 단순한 구조, 전통 특성과 재료 등을 이용한 건축을 전개하고 있다. 대표작으로는 애보트 키니 로프츠 등과 함께 국내의 서판교 타운하우스, 후쿠오카의 넥서스 월드가 있다.

### 메이어 & 홀러 Meyer & Holler

1905년 멘델 메이어와 가브리엘 홀러가 설립한 건축사무소로 1911년 LA의 메이어 & 홀러가 되었다. 초기에 주거를 주로 설계하다가 1차 세계 대전 이후 상업적인 작업에 중점을 두었다. 아파트 건물, 호텔, 은행, 교회와 함께 그로맨즈 차이니스 극장 등 역사적인 장소가 된 1920년대 남 캘리포니아의 랜드마크가 된 수많은 건축물들을 설계하였다.

### 모포시스 Morphosis

모포시스는 톰 메인과 마이클 로톤디가 설립한 건축사무소로서 톰 메인은 건축전문대학교인 SCI-Arc의 설립자 중 한 명이기도 하다. 남 캘리포니아 문화를 반영하는 해체주의적인 건축을 전개하는 모포시스는 이화여대 앞의 선 타워를 완성하기도 하였다. 마이클 로톤디가 탈퇴, 톰 메인의 주도로 운영하고 있는 모포시스는 2005년 LA 칼트랜스 제 7지구 본사로 2005년 플리츠커 상을 수상하였다.

### 무어 루블 유델 아키텍처 & 플래너스 Moore Ruble Yudell Architects & Planners

무어 루블 유델 & 플래너스는 찰스 무어가 참여한 건축사무소로 장소성에 대한 연구와 함께 그 특징을 최대한 살려 디자인하여 많은 상과 함께 명성을 얻었다. 건축뿐만 아니라 도시계획, 조경디자인, 실내디자인, 그래픽 등 다방면의 포괄적인 디자인을 수행하였으며 대표작으로는 산타모니카 시빅 센터 주차장이 있다.

### 바튼 마이어스 어쏘시에이츠 Barton Myers Associates, Inc.

1934년 버지니아 노퍽에서 출생한 바튼 마이어스는 캠브리지 대학 학사, 펜실바니아 대학에서 석사를 취득 후에 루이스 칸 사무소에 근무하였다. 1986년 캐나타 토론토에 건축사무소를 설립한 마이어스는 LA에 9350 시빅 센터 드라이브를 설계하기도 하였다. 그는 캐나다에서의 건축작업의 공헌을 인정받아 토론토 예술상 등을 수상하였다.

### 볼린 시윈스키 잭슨 Bohlin Cywinski Jackson

1965년에 피터 볼린과 리차드 파월이 설립한 건축사무소로 후에 버나드 시윈스키 등이 합류, 볼린 시윈스키 잭슨(BCJ)으로 발전하여 주거, 교육, 상업 등 다양한 프로젝트를 진행하면서 유명해졌다. 그들은 지속 가능한 디자인을 기초로 건축물과 물리적 환경에 대한 관심을 가지고 설계를 진행하였으며 시애틀 시청과 전세계의 많은 애플 스토어를 설계하였다.

### 벨츠버그 아키텍츠 Belzberg Architects

벨츠버그 아키텍츠는 1997년 하기 벨츠버그에 의해 산타모니카에 설립된 건축사무소이다. 하기 벨츠버그는 아리조나 주립대학 및 하버드 디자인대학 출신으로 프랭크 게리 건축사무소에 근무한 경험을 기반으로 물리적 환경의 제약을 디지털 디자인으로 해결하고 있다. 그들의 대표작은 월트 디즈니 콘서트 홀 내의 파티나 레스토랑과 최근 완공한 LA 홀로코스트 뮤지엄이 유명하다.

### 스캇 존슨 Scott Johnson

스캇 존슨은 스탠포드 대학, UC 버클리, 하버드 디자인대학원에서 교육을 받은 건축가로 현재는 LA를 중심으로 활동하는 존슨 페인의 파트너 겸 공동 설립자이다. 그는 졸업 후에 월터 그로피우스가 설립한 TAC, LA의 SOM, 뉴욕의 필립 존슨 & 존 버기 사무소에 근무하였으며 윌리엄 페레이라 사무소에서 디자인 디렉터를 맡기도 하였다. LA의 미구엘 콘트레라스 학습 컴플렉스를 건축하였던 그는 현재 하버드의 동창이었던 윌리엄 H. 페인 주니어와 존슨 페인을 설립, 건축작업을 하고 있다. 또한 SCI-Arc과 UCLA, USC에서 강의를 하기도 하였다.

### 스탠리 사이토위츠 Stanley Saitowitz

남아프리카 공화국 요하네스버그 출신인 건축가인 스탠리 사이토위츠는 비트바테르스란트 대학에서 학사, 버클리 대학원에서 건축학 석사를 받았으며 스탠리 사이토위츠 건축사무소를 설립하였다. 현재 스탠리 사이토위츠/나토마를 운영 중인 그는 인문지리학에 기반하여 건축물의 프로그램과 대지에 독특한 개념을 부여한 설계를 하였다. 독창적인 설계와 이론적 기반을 토대로 버클리 대학교, 하버드 대학원 등에서 강의를 하기도 한 그는 샌프란시스코의 예르바 부에나 로프츠 등을 설계하였다.

### 스티븐 엘리히 Steven Ehrich

1946년 뉴욕 출생의 건축가로 1968년 뉴욕에 있는 렌셀라 폴리테크닉 대학에서 학사를 취득한 후 1979년 컬버시티에 건축사무소를 설립하였다. 그는 아프리카의 모로코에서 6년간 건축실무와 교육경험을 쌓는 등 다양한 문화, 다 인종을 경험한 건축인지학의 연구를 바탕으로 왕성한 건축 활동을 전개하고 있다. 그의 작품으로는 로버트슨 브랜치 도서관, 킨로스 스테이징 빌딩 등이 있다.

### 스티븐 홀 Steven Holl

1947년 워싱턴 브레머튼에서 출생한 스티븐 홀은 워싱턴 대학 졸업 후, 로마와 런던에서 건축공부를 마치고 1976년 뉴욕에서 스티븐 홀 아키텍츠를 설립하였다. 그는 건축을 맥락적, 유형학적인 질서에 대한 고려로 발전시키면서 동시에 현상학에 입각한 건축을 전개하였다. 대표작인 넥서스 월드 집합주택 외에 벨뷰 아트 뮤지엄, 성 이그나티우스 성당 등으로 유명한 그는 1998년에 알바 알토 상을 수상하였다.

### 슐렘머 알게이즈 어쏘시에이츠 Shlemmer Algaze Associates

SAA는 릭 슐렘머와 넬슨 알게이즈가 2000년 LA에 설립한 상업적인 디자인을 주로 하는 실내디자인 사무소이다. 창립 이래 LA, 뉴포트 비치, 파사데나의 사무실과 함께 남 캘리포니아에서 가장 큰 회사 중 하나가 된 사무소는 대표작으로 LA의 안다즈 웨스트 할리우드 호텔을 비롯하여 웨스트레이크 빌리지 내의 디 오크스 등이 있다.

### 아서 에릭슨 Arthur C. Erickson

밴쿠버 출신의 아서 에릭슨은 1924-2009년까지 활동한 국제적으로 유명한 캐나다 건축가로 맥길 대학에서 학위를 취득하였다. 밴쿠버에서 1963년 사무소를 설립한 그는 근대건축에 영향을 받은 다양한 재료와 구조 시스템을 이용하는 설계로 캐나다 최고의 건축가로 인정받았다. 건축물 대부분을 콘크리트 구조로 자연 조건에 상응하도록 설계한 그의 대표작으로는 프레스노 시청 및 캘리포니아 대학 내 건축물, 샌디에고 컨벤션 센터 등이 있다.

### 안소니 J. 럼스덴 Anthony J. Lumsden

1928년 영국 출생으로 호주 시드니에서 성장, 시드니 대학 건축과를 졸업한 안소니 J. 럼스덴은 에로 사아리넨 사무실에 근무하였다. 에로 사아리넨 사망 후 케빈 로쉬와 존 딘켈루와 계속 작업을 같이 하였으며 1965년 로쉬와 딘켈루와 결별

후 DMJM(다니엘, 만, 존슨 & 멘든홀)에 입사, 주요 건축가로 부각되었다. 그의 미국 서부 대표작으로는 샌프란시스코 메리어트 호텔 등이 있다.

**알도 로시 Aldo Rossi**

1931년 이탈리아 밀라노 출신으로 1959년 밀라노 공대 건축학부를 졸업한 알도 로시는 1966년 도시의 건축이란 책을 출간하면서 로버트 벤츄리와 함께 포스트모던 건축의 태동에 중요한 역할을 하였다. 이탈리아 도시적 형성물의 형태로부터 추출한 건축물의 유형과 유추의 과정, 도시구성원들의 집단적 기억, 도시적 기념물의 지속성 등의 개념들을 대표작인 가라라테제 집합주택에서 일팔라초 호텔, ABC 빌딩에 반영하였던 그는 1997년 불의의 교통사고로 사망하였다.

**앨버트 랜스버그 Albert Lansburgh**

1876년 파나마 태생의 건축가로 미국 내의 고급 영화관, 극장을 디자인하였다. 버클리 대학을 졸업하고 프랑스로 가서 에콜 데 보자르를 나온 랜스버그는 에콜 데 보자르의 영향으로 석고 장식과 벽화 등 화려하게 장식한 아르데코 양식을 한 많은 프로젝트를 디자인하였다. 대표작으로는 헐리우드의 워너극장와 다운타운의 오르피움, 월턴 센터의 실내디자인이 있다.

**앨버트 C. 마틴 Albert C. Martin**

1879년 일리노이 라살 출생으로 일리노이 대학에서 건축공학을 수료한 후, 펜실바니아 철도 회사 검열관으로 일하며 철강 기술을 습득, 구조적 경험을 얻는다. 그는 1904년 웨스트 코스트의 주요 건축업자를 위한 공사의 감독관으로서 LA에 정착한 후에 1908년 자신의 사무실을 설립한다. LA 시청사와 밀리언 달러 시어터를 설계하기도 한 그는 1960년 LA에서 사망하였다.

**에릭 오웬 모스 Eric Owen Moss**

1943년 LA 출생, UCLA 예술학부 졸업 및 건축학 석사, 1972년 하버드 건축학 석사를 졸업한 모스는 SCI-Arc의 학장을 지내기도 한 교수 겸 건축가로 LA 컬버시티 지역의 창고 등을 개수한 건축 프로젝트로 유명하게 되었다. 1973년 건축사무소를 개설한 이래, 컬버시티에 건축한 스텔스 등 다양한 프로젝트에서 보여준 입지 특성을 해석한 독특한 건축 스타일을 확립하였다. 그는 건축 재료를 공간 디자인의 요소로 사용하는 건축가 중 한 명으로 자신의 건축은 세상에 대한 사회적, 정치적인 표현이라고 전제하면서 건축은 과거의 구속으로부터 해체될 수 있다고 주장한다.

**웰튼 베킷 Welton Becket**

1902년 시애틀 출신의 건축가로 1927년 워싱턴 대학교 건축학과를 졸업 후에 1933년 LA에 정착 하여 재학 시절 친구인 월터 우더만과 찰스 플러머와 공동 작업을 시작하였다. 그의 대표작은 캐피털 레코드 타워와 도로시 챈들러 파빌리온으로 그 후 세계적인 건축사무소가 되었다. 1969년 사망하기 전까지 LA의 수많은 건축물들과 함께 국내에서도 중앙일보 사옥, 삼성화재 본사 등을 설계하였다.

**윌리스 폴크 Willis Polk**

윌리스 폴크는 1867년 일리노이 주 잭슨빌에서 출생한 건축가로 맥킴, 미드, 화이트 사무소에서 일하기도 하였다. 그는 샌프란시스코에서 다니엘 번햄의 사무실을 설립, 관리하기도 한 후에 자신의 사무소를 설립하여 상업용 건축물을 주로 설계하였다. 그는 샌프란시스코의 할리디 빌딩으로 부각되었으며 1924년에 사망하였다.

**윌리엄 L. 울렛 William L. Woolett**

1874년 알바니에서 출생한 울렛은 건축가 집안에서 자랐으며 1892년 MIT에서 건축을 전공, 1905년 그의 형제인 W. 울렛과 함께 작업을 했다. 1909년 캘리포니아에서 자신의 사무실을 설립한 그는 샌프란시스코와 LA에서 수많은 학교, 사무실 건물, 극장, 집 등 다양한 프로젝트를 진행했으며 1955년 LA에서 사망하였다.

**윌리엄 페레이라 Pereira Associates**

1909년 미국 시카고 출생의 건축가로 캘리포니아 대학에서 교수로 재직하였으며, 그 후 찰스 럭맨과 파트너로서 많은 건축물을 설계하였다. 그는 미래에 대한 생각과 개념을 바탕으로 본인만의 특정 감각과 기능, 스타일을 추구한 건축가로 대표작으로는 트랜스아메리카 피라미드, 게이젤 도서관, 유니온 76 가스 스테이션 등이 있다.

**제임스 스튜어트 폴쉑** James Stewart Polshek

1930년 오하이오 출생의 건축가로 뉴욕에 본사를 둔 폴쉑 파트너십의 설립자이기도 한 제임스 스튜어트 폴쉑은 샌프란시스코의 예르바 부에나 가든에 위치한 예술극장을 설계하였다. 자신의 사무소를 설립하기 전에는 I. M. 페이 건축사무소에 근무하기도 하였던 그는 모던한 경향의 건축을 지향하는 건축가이다. 그는 1986년 미국 골드메달을 수상하였으며 프랫 인스티튜트, 파슨스 스쿨 등에서 명예학위를 받았다.

**젠스 & 머시 아키텍츠** Jensen & Macy Architects

마크 젠슨과 마크 머시에 의해 1994년 샌프란시스코에 설립된 건축사무소로 소매 상업공간 및 주거 프로젝트의 풍부한 경험을 기반으로 작품 활동을 하고 있다. 그래픽 디자이너, 조경 디자이너 등과 긴밀한 작업을 하는 건축사무소로 샌프란시스코 현대미술관의 옥상정원 설계로 AIA 명예상을 수상을 하기도 하였다.

**조셉 에쉐릭** Joseph Esherick

1914년 필라델피아의 펜실바니아에서 출생한 건축가로 1937년 펜실바니아 대학을 졸업한 후에 샌프란시스코에서 일했다. 1972년 그의 사무소를 설립하였으며 1990년대까지 EHDD (Esherick, Homsey, Dodge, and Davis)의 회장으로 지냈다. 그는 실용적 디자인 철학을 건축물 설계에 반영하면서 캘리포니아 토착디자인을 그의 디자인에 병합하고자 노력하였으며, 샌프란시스코의 캐너리 등이 대표작이다.

**조지 H. 와이만** George H. Wyman

조지 H. 와이만은 오하이오 주 데이톤 출생의 건축가로 1860–1939년까지 활동하였다. 삼촌의 건축사무소에서 견습생으로 교육을 받았으며 1891년 LA의 섬너 헌트 사무실에서 근무하였다. 그는 헌트의 설계에 실망한 루이스 브래드배리로부터 브래드배리 빌딩의 설계를 맡게 되어 그의 대표적인 작품이 되었다.

**존 & 도날드 파킨슨** John Parkinson & Donald Parkinson

존과 도널드 파킨슨은 아버지와 아들 관계인 부자지간의 미국 건축 팀이다. 아버지인 존 파킨슨은 1861년 영국에서 출생하여 16살부터 구조, 건축 제도, 실무 등을 배운 후 미국으로 이주하여 프로젝트를 하였다. 1988년 그의 건축사무소를 설립, 학교, 연구소, 오피스 등 많은 프로젝트를 진행하였으며 1920년에는 아들인 도날드 파킨슨과 같이 건축 설계를 하였다. 대표작으로는 LA 메모리얼 콜로세움 등이 있다.

**존스턴 마크리** Johnston Marklee

존스턴 마크리는 1988년 LA에 설립한 건축사무소로 샤론 존스턴과 마크 리가 파트너로 운영하고 있다. 샤론 존스턴은 스탠포드 대학 학사, 하버드 대학원 석사 출신, 마크 리는 남 캘리포니아 대학 학사, 하버드 대학원 석사 출신의 건축가로 그들의 대표작은 LA 비벌리힐스에 위치한 친환경적인 주유소인 헬리오스 하우스이다. 그들은 비벌리힐스의 메종 마르땡 마르지엘라 등 상업 공간과 소규모 수거 등 다양한 프로젝트를 하고 있다.

**존 저드** Jon Jerde

존 저드는 1940년생으로 찰스 코버 사무실을 거친 후, LA에 본사를 둔 저드 파트너십을 운영하면서 전세계에 쇼핑몰 전문 건축가로 알려졌다. 장소 만들기라는 개념으로 전개하는 그의 건축은 그랜드 캐년처럼 호기심을 유발하는 공간으로 디자인하면서 헐리우드 영화에서 영향을 받은 프로그램을 결합시킨 것이 특징이다. 샌디에고의 허튼 플라자의 성공 이후 후쿠오카의 카날 시티를 시작으로 동양권에 알려진 그는 현재 중국, 한국, 아시아 태평양, 동유럽, UAE 등에서 많은 상업공간 프로젝트를 완성하였다. 국내에서도 서울의 건국대 앞의 스타 시티, 신도림 역의 디큐브 시티, 창원의 시티 세븐 등 많은 프로젝트를 실현하였다.

### 존 포트만 John Portman

1924년 사우스 캐롤라이나 출생의 건축가로 1950년에 조지아텍을 졸업한 후 호텔, 오피스 빌딩 등 많은 건축물을 설계하였으며 현재는 건축가 겸 개발업자로 활동하고 있다. 그는 70년대 기존의 호텔 양식에서 벗어난 아트리움 호텔을 선보이면서 건축계의 기린아가 되었다. 아트리움 호텔은 기존의 숙박 개념의 호텔을 서로 소통하고 교류하는 만남의 공간으로 변화시키는데 큰 몫을 하였다. 대표작으로는 하얏트 리젠시 샌프란시스코, LA의 웨스틴 보나벤처 호텔 등이 있으며, 국내에서도 인천의 송도 인천 타워 프로젝트에 개발업자 겸 건축가로 참여하고 있다.

### 찰스 럭맨 Charles Luckman

1909년 캔사스 시티 출생의 건축가로 사업가로 성공하여 건축가가 된 입지적인 인물이다. 1939년 30세에 치약회사를 경영하여 유명한 경영인이 되었으나 건축가가 되려고 일리노이 대학에서 교육받아 건축을 시작하였다. 윌리엄 페레이라의 사무소에서 실무를 익힌 그는 1950년 페레이라 & 럭맨을 설립, 동업을 하였다. 1959년 독립적인 자신의 사무소를 설립한 그의 미국 서부에 세워진 대표작은 LA 컨벤션 센터로 그 외에도 보스톤의 푸르덴셜 타워, 뉴욕의 메디슨 스퀘어 가든 등이 있으며 1999년 LA에서 사망하였다.

### 찰스 무어 Charles Moore

1925년 미국 미시간 주 벤턴하버에서 출생한 건축가로 1947년 미시간 대학교에서 건축학 학위, 프린스턴 대학에서 석, 박사를 취득하였다. 루이스 칸의 영향을 받은 그는 로버트 벤츄리와 함께 60년대 초 건축설계의 새로운 방향을 제시하면서 제 3세대 건축가들에게 많은 영향을 주었다. 그는 건축이란 해당 지역에 대한 상징성을 표현해야 한다고 주장하면서 신체의 기억을 통해서 지각되는 장소성의 공간개념을 실현하기 위한 디자인 이론으로 비벌리힐스 시빅 센터의 증축 등 많은 건축물을 설계하였다.

### 칼리슨 아키텍쳐 Callison Architect

시애틀 W 호텔을 디자인한 칼리슨 아키텍춰는 1975년 토니 칼리슨이 시애틀에 설립한 국제적인 건축 및 디자인사무소로 구미와 아시아에서 복합공간, 판매공간, 사무공간 등 다양한 프로젝트를 진행하였다. 세계 최고의 소매점 디자인 회사로 선정되기도 하였던 칼리슨 아키텍춰는 마이크로 소프트, 돌체 앤 가바나, 펜디, AT & T, 보잉, 페덱스, 스타우드 호텔 & 리조트 등 많은 작품이 있다.

### 코닝 & 아이젠버그 Koning & Eizenberg

오스트레일리아 출신의 행크 코닝과 줄리 아이젠버그가 1981년 산타모니카에 설립한 건축사무소이다. 행크 코닝은 기술 혁신과 디자인을 병합한 창조적인 사고를 통해 디자인을 하는 부분을 주도하고 있으며 줄리 아이젠버그는 디자인에 있어 사회지향적인 부분을 부각시키고 있다. 그들의 대표작으로는 아바론 호텔, 다운타운 LA 호텔, 켄 에드워즈 커뮤니티 센터 등이 있다.

### 크레이그 엘우드 Craig Ellwood

1922년 텍사스 출생의 건축가로 강철과 플라스틱 패널에 대한 연구를 통해 철골 건축을 심도있게 연구하였다. 구조적이면서 세심한 디자인을 추구하고 있는 그는 철골을 사용한 트러스로 구조적 장치를 개발하는 등 새로운 건축적 방법을 추구하였다. 많은 주택을 디자인한 그는 1992년 사망하였으며 대표작으로는 아트 센터 칼리지 어브 디자인이 있다.

### 크리스토퍼 알렉산더 Christopher Alexander

1936년 오스트리아 빈에서 태어난 크리스토퍼 알렉산더는 건축 설계 이론과 함께 미국 캘리포니아, 일본, 멕시코 등지의 200개 이상의 건축작품으로 유명한 건축가이다. 사용자들이 그들이 원하는 건축물에 대해 건축가들보다 잘 알고 있다고 추론한 그는 모든 인간이 건축물을 설계, 건축할 수 있게 만들어준 패턴 언어라는 개념을 만들어낸다. 1958년 그는 미국으로 이주, 1963년부터 캘리포니아 대학교 버클리의 명예교수로 활동하였으며 미국 서부의 대표작으로 줄리안 스트리트 인이 있다.

### 퍼킨스 & 윌 Perkins & Will

퍼킨스 & 윌은 로렌스 퍼킨스와 필립 윌에 의해 시카고에 1935년 설립된 건축사무소이다. 오늘날 국제적으로 많은 작업들을 하고 있으며 높은 질의 디자인 작업을 하는 건축사무소로 혁신적이면서 통합된 디자인 작업으로 유명하다. 이들의 목표는 건축물과 환경과의 새로운 관계를 형성하는 것으로 대표작은 시카고의 체이스 빌딩이다. 국내에서도 63 컨벤션 센터의 실내를 리노베이션하기도 하였다.

### 페이 콥 프리드 Pei Cobb Freed & Partner

발터 그로피우스에게 수학하고 미스 반 데어 로에에게 영향을 받은 I. M. 페이를 중심으로 1955년 설립한 건축사무소가 발전된 페이 콥 프리드는 헨리 콥, 제임스 잉고 프리드가 파트너로 합류하여 만들어진 사무소이다. 근대적인 디자인을 지향하면서 환경과 인간의 관계를 회복하고, 전통적인 문화유산을 되살리는 등 문화적 배경에 고민한 그들의 작품은 노출콘크리트와 커튼월을 이용한 첨단적인 구조 등으로 디자인하였다. 그랑 루브르 등으로 알려진 그들의 미국 서부 대표작으로는 샌프란시스코 공립 도서관, 라이브러리 타워가 있다.

### 펜트레스 아키텍츠 Fentress Architects

펜트레스 아키텍츠는 국제적 건축사무소로 상징적인 공공 건축물과 친환경 디자인을 추구하고 있다. 커티스 펜트레스는 북부 캐롤라이나 주립대학 건축학부를 졸업 후, I. M. 페이 사무소와 KPF에서 근무하였다. 덴버에 펜트레스 아키텍츠를 설립한 후 같은 해 말 덴버 국제공항 디자인으로 이름을 알리면서 유명해졌으며 국내에서는 인천국제공항을 디자인하였다.

### 프랭크 게리 Frank O Gehry

캐나다 토론토에서 1929년 출생한 건축가로 1950년대 미국으로 이주 후, USC에서 건축, 하버드 대학원에서 도시계획을 전공하였다. 1962년 건축사무소를 개설한 그는 자택인 게리 하우스를 완공하면서 미국 해체주의 건축의 대표적인 건축가로 알려지게 되었다. 론 데이비스 등 예술가들과 교류가 많았던 그는 건축가 외에도 예술가들에게 많은 영향을 받았으며 빌바오 구겐하임으로 세계적인 명성을 얻게 되었다. 대표작으로는 이즈마 센터, 치애트/데이 광고대리점, 월트 디즈니 콘서트 홀 등이 있다.

### 프랭크 로이드 라이트 Frank Lloyd Wright

1867년 미국 위스콘신 주 리치랜드 센터에서 출생한 건축가로 마천루 건축을 주로 설계하였던 루이스 설리반의 사무실에 근무하다가 1893년 시카고에 자신의 사무실을 개설하였다. 시카고 만국박람회를 통하여 일본과 동양 건축에 영향을 받으면서 유기적 건축 이론에 바탕을 둔 프레리 하우스 시리즈를 통해 주택 중심의 많은 걸작을 선보이나 대공황을 거치면서 유소니안 하우스 양식으로 변화하였다. 존슨 왁스 본사를 통해 국제 건축 양식을 받아들이면서 제2의 황금기를 맞이하였으며 1959년 뉴욕 구겐하임 미술관을 완성하기 직전 사망하였으며, 미국 서부에는 서클 갤러리나 홀리혹 하우스 같은 작품이 있다.

### 필립 스탁 Philippe Starck

필립 스탁은 1949년 파리 출생의 세계적인 디자이너로 운송기기 같은 제품 디자인에서 가구, 조명과 실내디자인, 건축 등 다양한 프로젝트를 하고 있다. 에꼴 까몽도를 중퇴한 그는 피에르 가르뎅의 아트디렉터로 활동하기도 한 디자이너로 카페 코스트 등으로 부각되기 시작하였다. 돈키호테 컨셉이란 개념으로 디자인을 전개하는 그는 샌프란시스코의 클리프트 호텔, LA의 몬드리안 호텔 같은 디자인 호텔들이 미국 서부의 대표작이다.

### 필립 존슨 Philip Johnson

필립 존슨은 1906년 미국 오하이오 주 클리블랜드 출생으로 2005년 사망하였다. 1930년대 초반 유럽의 국제주의 양식을 미국에 소개한 건축가로 늦게 건축을 시작하였으며, 1946년 설계를 시작하여 미스 반 데 로에의 영향이 뚜렷한 글라스 하우스로 유명해진 필립 존슨은 시간의 흐름에 따라 건축 경향이 포스트모던, 해체주의로 급변하는 것을 볼 수 있다. 서부에서는 샌프란시스코의 니이만-마커스 백화점이 유명한 그는 1회 플리츠커 상을 수상하였다.

**하젯 + 훈 Hodgetts + Fung**

부부 건축가인 하젯과 훈은 1984년 건축, 디자인 회사 HplusF를 설립하였으며, 그들의 건축적 접근 방법은 매우 복합적이며 내레이티브적 경험을 포함한다. 혁신적인 기술과 키네틱적인 방법 등을 이용한 높은 수준의 하이테크 건축물을 완성하는 하젯과 훈은 각각 UCLA와 SCI-Arc의 교수이자 디렉터이기도 하며, LA의 전통적인 건축 유산과 현대건축의 조화를 추구하고 있다.

**헬머스 오바타 카사바움 Hellmuth, Obata & Kassabaum**

미국을 근거지로 활동하는 건축, 실내디자인 등을 전문으로 하는 건축사무소로 1955년 워싱턴 대학 졸업 동기들인 조지 헬머스, 교 오바타, 조지 카사바움이 설립하였다. 설립 초기 일반적인 건축 프로젝트를 시작으로 1992년 볼티모어의 캠든 야드로 스포츠 시설로 데뷔하면서 유명해지기 시작한 HOK는 샌프란시스코의 조지 모스콘 컨벤션 센터가 미국 서부의 대표작으로 국내에서는 수원에 위치한 삼성전자의 R & D 센터를 디자인하였다.

**허쉬 & 베드너 사무소 Hirsch & Bedner Associates**

HBA는 LA를 근거지로 하여 활동하는 실내디자인사무소로 UCLA 출신 하워드 허쉬와 마이클 베드너가 1964년 설립하였다. 4개 대륙에 11개 사무소를 둔 다국적 디자인사무소로 실내디자인과 그래픽, 아트 컨설팅을 통합적으로 실시하고 있으며 특히 동양권에서 호텔, 리조트, 스파, 카지노 등의 프로젝트를 진행하고 있다. 샹그리라 호텔 도쿄의 실내디자인도 한 HBA는 국내에서도 카지노 프로젝트를 수행하고 있다.

**헤르조그 & 드 무론 Herzog & de Meuron**

자크 헤르조그와 피에르 드 무론은 1950년 스위스 바젤 출생의 건축가들로 스위스 취리히 연방공과대학 수학하면서 알도 로시의 조수를 하는 등 같은 지역적, 교육적 배경으로 건축적 사상을 공유하였다. 두 사람은 1978년 바젤에 설계사무소를 설립하면서 헤르조그는 디자인, 드 무론은 전체적인 매니징을 맡는 협업의 형태로 일을 하고 있다. 샌프란시스코의 드 영 박물관으로 미국 서부에 알려진 그들은 베이징 올림픽 경기장 등으로 세계적인 건축사무소로 부각하였다.

**혼버거 & 워스텔 Mark Hornberger & Jack Worstell**

혼버거 & 워스텔은 샌프란시스코에 본사를 둔 역사적인 건축물의 재생뿐만 아니라 호텔, 리조트 등을 전문적으로 디자인하는 건축사무소이다. 마크 혼버거는 코넬 대학에서 건축학을 전공한 건축가이고 워싱턴 대학에서 건축학을 전공한 잭 워스텔은 혼버거 & 워스텔 사무소에 합류하기 전에 HOK에서 근무하였으며, 그들의 미국 서부 대표작은 W 호텔 샌프란시스코가 있다.

**홀트 힌쇼 파우 존스 Holt Hinshaw Pfau Jones**

1980년 샌프란시스코에 폴 홀트와 마크 힌쇼에 의해 설립된 건축사무소로 1989년 피터 파우와 웨스 존스가 합류, 홀트 힌쇼 파우 존스가 되었다. 컨테이너 하우스 같은 미국적인 기계미학적 건축을 전개하는 그들의 대표작은 UCLA 칠러/코제네레이션 플랜트로 파우와 존스는 각각 1991, 1993년에 사무실을 떠났다.

**후미히코 마키 Fumihiko Maki**

1928년 도쿄 출생의 건축가로 1952년 도쿄 대학 건축학과에서 단케 겐조에게 사사, 1953년 크랜브룩 미술 아카데미를 수료, 하버드 건축대학원에서 석사학위를 취득하였다. 졸업 후 뉴욕의 S.O.M과 서트 잭슨 & 어쏘시에이츠에서 근무하였던 그는 샌프란시스코의 예르바 부에나 가든의 시각예술 센터를 설계하기도 하였으며, 프리츠커 상을 수상하기도 하였다. 대표작인 도쿄의 힐사이드 테라스 같은 기하학적인 구성의 공간과 장소를 만드는 계단 같은 공간을 이용한 건축이 특징이다.

### HHPA Hardy Holzman Pfeiffer Associates

하디 홀츠만 파이퍼 어쏘시에이츠(HHPA)는 1967년 휴 하디, 말콤 홀츠만과 노만 파이퍼가 건축사무소인 HHPA를 공동 설립하였다. LA에서 카운티 아트 뮤지엄, LA 공공 도서관 개수 및 증축, 콜번 학교 같은 대규모 프로젝트를 행하였던 HHPA는 LA의 도시적 맥락을 고려한 디자인으로 유명하다. 그들의 디자인한 공간과 LA 아르데코 건축을 비교해 보면, 그들의 디자인에서 표현한 색채나 형태를 이해할 수 있을 정도로 지역적인 건축에 대한 이해를 바탕으로 디자인을 전개하고 있다.

### KPF Kohn Pedersen Fox Associates

콘 피더센 폭스 어쏘시에이츠는 여섯 개의 글로벌 사무소가 하나로 운영되고 있는 전세계적인 건축사무소로 건축, 실내디자인, 프로그래밍 및 마스터 기획 서비스를 제공하고 있다. 1976년 유진 콘, 윌리엄 피더센, 쉘던 콕스가 뉴욕에 설립한 KPF는 건축의 매스감과 비례, 재료의 섬세한 사용과 디테일로 전세계 도시의 대형 오피스 건축물을 설계하는 대형 건축사무소가 되었다. 미국 서부의 만다린 오리엔탈 라스베가스, 윌리엄 게이츠 홀, 메이덴바우어 센터 같은 건축물을 세운 KPF는 국내에도 삼성 서초 사옥이나 송도 IBD 같은 대형 프로젝트를 완성, 혹은 진행 중에 있다.

### LMN 아키텍츠 LMN(George Loschky, Judsern Marquardt, John Nesholm) Architects

LMN 아키텍츠는 1979년 시애틀을 근거지로 하여 설립된 건축, 도시계획, 실내디자인에 이르는 작업을 하는 건축사무소이다. 시애틀의 베로나야 홀이나 폴 앨런 센터, OMA와 공동 진행한 시애틀 중앙도서관을 디자인한 것으로 알려져 있는 LMN은 로버트 위드메이어를 포함한 6명의 공동대표들이 운영하고 있다.

### NBBJ Floyd Naramore, William J. Bain, Clifton Brady and Perry Johanson

나라모어 베인 브래디 요한슨(NBBJ)은 플로드 나라모어, 윌리엄 J. 베인, 클립톤 브래디, 페리 요한슨이 1943년 설립한 건축사무소로 현재는 보스턴, 콜럼버스, 두바이, 런던, LA, 뉴욕, 샌프란시스코, 시애틀, 상하이, 베이징에 사무소를 두고 있는 글로벌 건축사무소이다. 컨설팅, 건축, 실내디자인, 도시설계 분야 등 다양한 디자인을 하는 NBBJ는 시애틀의 세이프코 필드, 시애틀 법원과 LA의 스테이플스 센터, USCD의 애트킨슨 홀 같은 작품이 있다.

### RTKL Rogers, Taliaferro, Kostritsky and Ramb

RTKL은 1946년 아치볼드 로저스와 프랜시스 탈리아페로가 아나폴리스에 설립한 건축사무소로 세계적인 건축사무소로 발전하였으며 현재는 코스트리츠키와 램이 합류, 로저스 탈리아페로 코스트리츠키 램(RTKL)으로 명칭을 변경하였다. 호텔, 백화점, 사무실 등 다양한 분야의 설계를 하는 국제적인 건축사무소인 RTKL은 시애틀의 웨스트레이크 센터를 설계하였으며 국내에는 서울의 카톨릭 중앙의료원 등의 작품이 있다.